土壤污染修复丛书

丛书主编　朱永官

钒在土壤中的迁移转化与生物毒性

杨金燕　黄　艺　等　著

科学出版社

北　京

内 容 简 介

本书阐述了土壤主要有机及无机胶体与钒在多孔介质中的共迁移，并从分子、细胞、微生物、植物和人体健康各层面阐述了钒的毒性效应，探讨了农作物抵抗钒胁迫的主要机制，筛选了土壤中的耐钒微生物，揭示了藻类、微生物群落结构、人体细胞对钒毒性的响应特征，并基于多暴露途径下的体外仿生结果对不同目标人群钒暴露的健康风险进行了综合分析。

本书可供研究土壤学、植物学、微生物学、分子生物学、医学的学者们以及致力于环境污染防治的学者、政府管理人员、企业环保人员参考。

图书在版编目（CIP）数据

钒在土壤中的迁移转化与生物毒性 / 杨金燕等著. -- 北京 : 科学出版社, 2025. 6. --（土壤污染修复丛书 / 朱永官主编）. -- ISBN 978-7-03-081872-0

Ⅰ. X53

中国国家版本馆 CIP 数据核字第 2025UQ8551 号

责任编辑：郑述方 孙静惠 / 责任校对：郝璐璐
责任印制：罗 科 / 封面设计：墨创文化

科学出版社 出版
北京东黄城根北街 16 号
邮政编码：100717
http://www.sciencep.com
四川煤田地质制图印务有限责任公司 印刷
科学出版社发行 各地新华书店经销
*
2025 年 6 月第 一 版 开本：787×1092 1/16
2025 年 6 月第一次印刷 印张：15 1/2 插页：4
字数：380 000

定价：198.00 元

（如有印装质量问题，我社负责调换）

“土壤污染修复丛书”编委会

《钒在土壤中的迁移转化与生物毒性》
著者名单

杨金燕　黄　艺　于雅琪　田丽艳

杨　杰　杨　锴　武振中　欧阳莉莉

罗后巧　鲁　荔

丛 书 序

土壤是地球的皮肤，是地球表层生态系统的重要组成部分。除了支撑植物生长，土壤在水质净化和储存、物质循环、污染物消纳、生物多样性保护等方面也具有不可替代的作用。此外，土壤微生物代谢能产生大量具有活性的次生代谢物，这些代谢产物可以用于开发抗菌和抗癌药物。总之，土壤对维持地球生态系统功能和保障人类健康至关重要。

长期以来，工业发展、城市化和农业集约化快速发展导致土壤受到不同程度的污染。与大气和水体相比，土壤污染具有隐蔽性、不可逆性和严重的滞后性。土壤污染物主要包括：重金属、放射性物质、工农业生产活动中使用或产生的各类污染物（如农药、多环芳烃和卤化物等）、塑料、人兽药物、个人护理品等。除了种类繁多的化学污染物，具有抗生素耐药性的病原微生物及其携带的致病毒力因子等生物污染物也已成为颇受关注的一类新污染物，土壤则是这类污染物的重要储库。土壤污染通过影响作物产量、食品安全、水体质量等途径影响人类健康，成为各级政府和公众普遍关注的生态环境问题。

我国开展土壤污染研究已有六十多年。20 世纪 60 年代初期，我国进行了土壤放射性水平调查，探讨放射性同位素在土壤-植物系统中的行为与污染防治。1967 年开始，中国科学院相关研究所进行了除草剂等化学农药对土壤的污染及其解毒研究。20 世纪 60 年代后期、70 年代初期，我国陆续开展了以土壤污染物分析方法、土壤元素背景值、污水灌溉调查等为中心的研究工作。随着经济的快速发展，土壤污染问题逐渐为人们所重视。20 世纪 80 年代起，许多科研机构和大专院校建立了与土壤环境保护有关的专业，积极开展相关研究，为“六五”“七五”期间土壤环境背景值和环境容量等科技攻关任务的顺利开展打下了良好基础。

习近平总书记在党的二十大报告中明确指出：中国式现代化是人与自然和谐共生的现代化。必须牢固树立和践行绿水青山就是金山银山的理念，站在人与自然和谐共生的高度谋划发展。

土壤环境保护已经成为深入打好污染防治攻坚战的重要内容。为有效遏制土壤污染，保障生态系统和人类健康，我们必须遵循“源头控污-过程减污-末端治污”一体化的土壤污染控制与修复的系统思维。

由于全国各地地理、气候等各种生态环境特征不同，土壤污染成因、污染类型、修复技术及方法均具有明显的地域特色，研究成果也颇为丰富，但多年来只是零散地发表在国内外刊物上，尚未进行系统性总结。在这样的背景下，科学出版社组织策划的“土壤污染修复丛书”应运而生。丛书全面、系统地总结了土壤污染修复的研究进展，在前沿性、科学性、实用性等方面都具有突出的优势，可为土壤污染修复领域的后续研究提供可靠、系统、规范的科学数据，也可为进一步的深化研究和产业创新应用提供指引。

从内容来看，丛书主要包括土壤污染过程、土壤污染修复、土壤环境风险等多个方面，从土壤污染的基础理论到污染修复材料的制备，再到环境污染的风险控制，乃至未来土壤健康的延伸，读者都能在丛书中获得一些启示。尽管如此，从地域来看，丛书暂时并不涵盖我国大部分区域，而是从西南部的相关研究成果出发，抓住特色，随着丛书相关研究的进展逐渐面向全国。

丛书的编委，以及各分册作者都是在领域内精耕细作多年的资深学者，他们对土壤修复的认识都是深刻、活跃且经过时间沉淀的，其成果具有较强的代表性，相信能为土壤污染修复研究提供有价值的参考。

与当前日新月异、百花齐放的学术研究环境异曲同工，“土壤污染修复丛书”的推进也是动态的、开放的，旨在通过系统、精炼的内容，向读者展示土壤修复领域的重点研究成果，希望这套丛书能为我国打赢污染防治攻坚战、实施生态文明建设战略、实现从科技大国走向科技强国的转变添砖加瓦。

朱永官

中国科学院院士

2023 年 4 月

前　言

《钒在土壤中的迁移转化与生物毒性》系统介绍了十余年来本课题组在土壤中钒的环境行为及钒的生物效应方面的研究成果。全书共 5 章：第 1 章概述了钒的性质、环境中钒的来源及钒污染环境的修复；第 2 章阐述了土壤主要无机胶体及有机胶体对钒在饱和多孔介质中运移的影响；第 3 章系统介绍了钒对植物从种子萌发到生长成熟过程中的毒性效应；第 4 章介绍了微生物群落结构、藻类、人体细胞对钒污染的响应；第 5 章基于体外仿生模型探讨了钒暴露的人体健康风险。

本书内容由团队多名成员共同完成。第 1 章（绪论）由杨金燕完成，第 2 章（土壤胶体对钒在饱和多孔介质中运移的影响）由罗后巧完成，第 3 章（钒的植物毒性）由杨金燕、杨锴、田丽艳、武振中完成，第 4 章（钒的微生物群落、藻类、细胞毒性）由鲁荔、杨金燕、欧阳莉莉、杨杰完成，第 5 章（钒污染的人体健康风险）由杨金燕、于雅琪完成。全书由杨金燕统稿，由杨金燕、黄艺校对。

本书的研究内容是在国家自然科学基金项目“钒钛磁铁矿尾矿中钒的形态转化及地球化学迁移归趋”（编号：42077346）、“土壤中钒的生物有效性及生物可给性研究”（编号：41101484）、科技部中国-欧盟科技合作专项“特殊环境微生物资源的开发利用与矿区生态修复”（编号：2011DFA101222）、教育部高等学校博士学科点专项科研基金“攀枝花矿区土壤中钒的生物有效性及农产品安全评价”（编号：200806101129）、四川省国际科技创新合作项目“钒高背景值地区土壤钒含量的高光谱反演研究”（编号：2023YFH0024）、钒钛资源综合利用国家重点实验室开放课题“攀枝花钒钛磁铁矿区排土场土壤改良及生态修复”（编号：21H0512）的大力支持下完成的。在此，一并表示衷心的感谢。此外，感谢科学出版社的郑述方编辑及其同事，是他们出色的编校工作让本书以规范和美观的形式呈现给读者。

本书涉及学科领域较多，限于著者的能力和知识水平，疏漏之处在所难免，敬请广大读者批评指正，欢迎随时与著者联系（yanyang@scu.edu.cn）。期待本书能对从事钒污染相关研究的学者及莘莘学子有所帮助，推动我国钒污染防治理论研究、技术研发及工程实践的持续进步。

著　者

2025 年 4 月

目　　录

第1章　绪　　论

1.1　钒的物理化学性质

钒（vanadium）的发现及命名极具浪漫色彩，其名字蕴含了化学、音乐和神话之间的联系。钒是柔软且有韧性的金属，因为它美丽且其化合物五彩缤纷，尼尔斯·赛弗斯特罗姆（Nils Sefstrom）用女神 Vanadis 来命名这个元素，元素符号 V。钒是银白色金属，是地壳的自然组成元素。钒是ⅤB 族第一个元素，原子序数为 23，原子量 50.9414，密度 6.11×10^3 kg·m^{-3}，沸点 3380℃，熔点 1919℃，属于高熔点稀有金属之一。钒具有良好的延展性，质坚硬，有弱顺磁性，有很好的耐盐酸性和耐硫酸性，在空气中不被氧化，可溶于氢氟酸、硝酸和王水。钒原子的价电子结构为 $3d^34s^2$，五个价电子均可参与成键。

钒是典型的变价元素，常见的化合价有 + 5、+ 4、+ 3、+ 2，其中以 + 5 价最为稳定。五价钒[V(Ⅴ)]是最易溶解和有毒的形式，钒酸盐的结构类似于磷酸盐，因此会抑制磷酸盐代谢酶的作用（Seargeant and Stinson，1979）。在有还原性物质存在的五价钒溶液中，容易形成四价钒[V(Ⅳ)]。三价钒[V(Ⅲ)]在极端还原条件（如湖泊沉积物）和有机螯合物中，可以稳定存在，但在土壤的不饱和带中易被氧化（Nriagu，1998）。土壤中的钒主要以钒酸盐阴离子（$H_2VO_4^-$）的形式存在。在高盐度环境中，钒酸盐可以发生聚合，主要为二聚体和三聚体。在有机组织中，因为处于还原条件，钒以三价和四价为主导，但血浆中以五价钒为主导。复杂的价态以及多样的配位形式产生了一系列氧化态不同或络合态不同的含钒化合物，从而使得钒的毒性在不同化合物之间表现出较大的差异（Nedrich et al.，2018；Tracey et al.，2007）。钒化合物常见的构型有三角双锥型、四角锥型、五角双锥型、四面体型和八面体型。在 V(Ⅲ)、V(Ⅳ)和 V(Ⅴ)化合物中，5 和 6 配位数的化合物最常见。钒矿物及其他钒化合物的配位体构型与配位数由钒的氧化态和配体的类型决定。

1.2　环境中的钒及主要来源

钒广泛分布于地壳中，在地壳中的总含量为 0.02%～0.03%，丰度高于镍、铜、锌等常见金属，在金属元素中位居第 22 位。但自然界中的钒分布分散，很难形成单独的矿床，一般与其他矿物形成共生矿或复合矿。目前已找到的含钒矿物有 65 种，主要有绿硫钒矿、钒铅矿、硫钒铜矿、钾钒铀矿、石油伴生矿、钒钛磁铁矿等。其中，钒钛磁铁矿是最为重要的含钒矿产资源，世界上已知钒储量的 98%都产于钒钛磁铁矿。我国是钒资源大国，钒矿储量位居世界第一，约占全球总储量的 36.54%，其次是澳大利亚、俄罗斯和南非等国家。我国的钒资源主要以攀西地区为代表，攀西地区钒钛磁铁矿保有储量 86.7 亿 t。国内钒钛磁铁矿伴生有钒、钛、铬、钴、镍、镓等多种有色和稀有金属，V_2O_5 储量为 1578 万 t，约占全国储量的 55%，占世界储量的 11%。在河北承德地区，高铁品位钒钛磁铁矿（铁含量大于 30%，V_2O_5 含量大于 0.7%）已探明储量为 2.6 亿 t，其中保有储量 2.2 亿 t；低铁品位钒钛磁铁矿（铁含量大于 1%，V_2O_5 含量大于 0.13%）已详细勘查确定的储量为 29.6 亿 t。另外，在我国湘、鄂、浙、赣、桂、川、陕、黔诸省区富产含碳页岩（石煤）中，探明钒钛磁铁矿储量为 618.8 亿 t，其含 V_2O_5 品位多在 0.3%～1.0%之间，其中品位高于 0.5%的石煤中 V_2O_5 储量为 7707.5 万 t，是我国钒钛磁铁矿中 V_2O_5 储量的 2.7 倍。石油中钒的含量变化很大，氧化态钒在石油中几乎只有单一的 +4 价，它以 VO^{2+} 的形式在石油中与卟啉或非卟啉的离子配位，其中钒卟啉化合物占钒含量的 50%。钒卟啉化合物的稳定性强于镍卟啉化合物、锌卟啉化合物和锰卟啉化合物，是目前已知的金属卟啉化合物中最稳定的。钒卟啉化合物的低挥发性使得它在原油蒸馏过程中留在残渣中，当这些残渣被用作燃料油后，随之排放的气载钒便增多了。

1.2.1 环境中钒的主要来源

钒的化学迁移性较强，可以在水圈、大气圈、土壤圈及生物体内迁移。研究认为环境中钒的来源主要有三种途径：天然岩石的风化作用；煤、石油等燃料的燃烧；钒钛磁铁矿等含钒矿物的开采、冶炼等。钒的全球生物地球化学循环过程如图 1.1 所示。Nriagu 和 Pacyna（1988）应用模型定量研究了包括钒在内的众多微量元素的污染状况，结果表

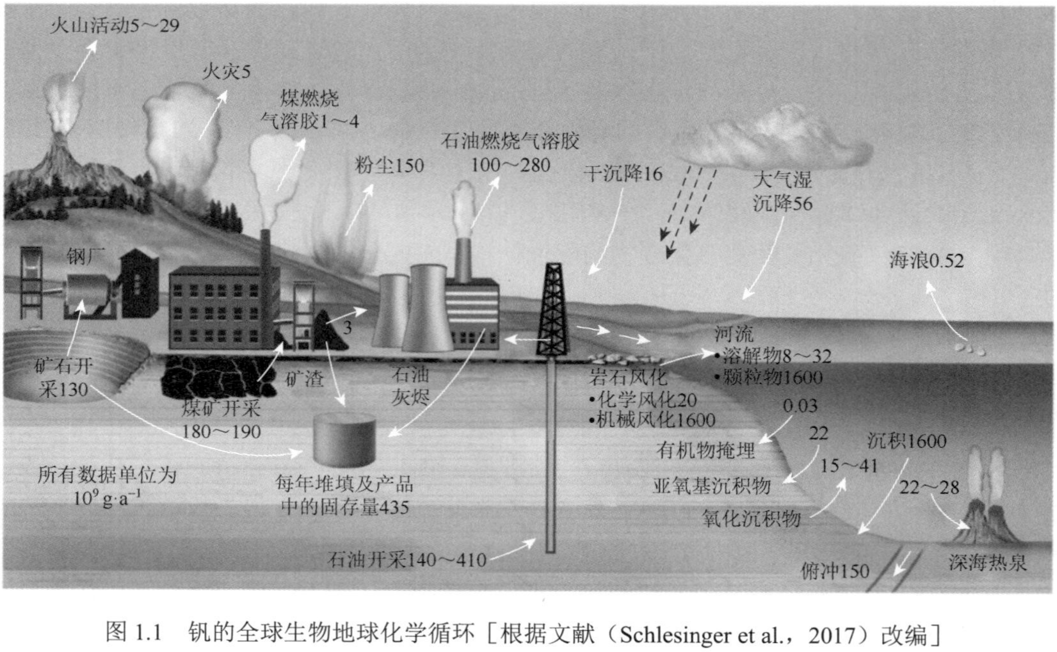

图 1.1 钒的全球生物地球化学循环［根据文献（Schlesinger et al.，2017）改编］

明1983年仅人为源排入环境中的钒就达到7.1×10^4 t，人为源是环境中微量元素的最大来源，这一结论也得到Hernandez和Rodriguez（2012）关于墨西哥城市萨拉曼卡（Salamanca）钒污染研究的支持。因此，钒污染问题在近年来逐渐重新引起了人们的关注。

1.2.1.1 天然岩石的风化作用

大陆地壳中钒的平均浓度约为97 mg·kg^{-1}，每年约有20×10^9 g钒通过化学风化作用进入地球表层的生物地球化学循环。钒通常以三种氧化态存在，在近中性pH的天然氧化性水体中，其主要以钒酸根离子（$H_2VO_4^-$）形式存在。河流水中的溶解态钒浓度约为0.7 μg/L，不足海水中溶解态钒浓度（约1.8 μg·L^{-1}）的一半（Schlesinger et al.，2017)。

1.2.1.2 燃料的燃烧

煤、重油和石油等燃料中均含有大量的钒，并且这些钒在燃烧后的灰渣中富集，且随着灰渣中钒的回收冶炼过程进入环境系统，从而对生物体造成危害。矿物燃料中普遍含钒，世界各地硬煤含钒约19 mg·kg^{-1}（灰分含126 mg·kg^{-1}），褐煤含钒约10 mg·kg^{-1}（灰分含63 mg·kg^{-1}）。全球原油中含钒量1～1200 mg·kg^{-1}，沙特阿拉伯原油中为18～80 mg·kg^{-1}，伊拉克原油中为6～90 mg·kg^{-1}，伊朗原油中为36～114 mg·kg^{-1}，委内瑞拉原油中最高可达1200 mg·kg^{-1}。每燃烧1000 t原煤会产生0.2～2 kg金属钒，均值约为1 kg。由于生产制造以及加工处理等工艺相对落后，传统的如石油化工等重工业相关的人类活动使得大量的钒不断被排入环境中。邹宝方和何增耀（1993a）指出在石油冶炼过程中，对钒的回收率仅为60%～70%，也就是说，有30%～40%的钒被排放到环境中。每年由于人为活动排入环境中的钒量高达2.3×10^8 kg，因此，在历史上钒一直是一种长期受到监管的污染物。自20世纪70年代以来，这一历史污染源的贡献逐渐降低。但近几十年来，化石燃料燃烧导致的大气钒浓度的升高不可忽视（Mejia et al.，2007）。

1.2.1.3 钒钛磁铁矿等含钒矿物的开采、冶炼

钒的冶炼和钒合金的冶炼，也是环境中钒污染的重要来源。通常在钒的冶炼过程中会有30%左右的冶炼钒排入环境而导致污染。冶炼厂周围的土壤含钒量为对照样品的16.5倍，植物含钒量为对照样品的6.6倍。空气中53%的钒是由钒矿石冶炼和开采等工业活动排入的（Hope，1994）。由于钒分布比较分散，主要为伴生矿，所以在开采过程中会产生大量的尾矿，同时在提取冶炼过程中也会有大量的矿渣产生。例如，用含V_2O_5 1%的钒矿石生产1 t V_2O_5，产生的矿渣量为150～200 t（舒型武，2007）。以石煤为例，每年生产200 t V_2O_5需消耗石煤21万t，年产生沉钒废渣量约为1.9528万t，折合每年1.30万m^3（刘莎等，2008）。钒造成的影响主要体现为严重影响矿区周边农村村民生活

用水、畜牧业用水和农业灌溉。露天钒矿会随雨水或地表水流入农田或河流，造成水及土壤污染。钒矿的提炼过程中会产生废气，如破碎矿石时产生的含粉尘气体、焙烧时产生的烟气和灼烧氨时产生的氨气等，这些气体会随大气降水落到地面，形成酸雨，导致土壤酸化及建筑损坏等。由于钒自身较高的地球化学背景值以及采矿、冶炼活动的影响，钒在西南地区土壤中的含量值明显高于其他地区。且西南地区多数土壤中含钒量高于我国土壤平均含钒量（82 mg·kg^{-1}）（基于 3874 个样本点）（Chen et al.，1991）。

1.2.2 土壤中的钒的主要来源

钒由人为因素从岩石矿物中进入水体、大气和土壤环境，同时岩石风化、火山活动等自然活动也会释放大量的钒进入水体、大气和土壤环境中，这些都是土壤中钒的来源。土壤中钒含量高的区域大多具有高钒背景值，而人为因素对局部土壤中钒的含量具有很大影响。土壤中钒的来源主要有四个方面：①含钒岩石风化后的母质所形成的土壤；②大气干湿沉降；③污水灌溉；④农业化学用品施入。世界上大部分土壤中的钒含量主要与母质中的钒含量相关。受土壤类型和土壤理化性质的影响，土壤中钒的浓度在 10～220 mg·kg^{-1} 之间。全球土壤中钒的平均浓度约为 90 mg·kg^{-1}，中国土壤中钒的浓度平均约 82 mg·kg^{-1}（Teng et al.，2011b），欧洲土壤钒浓度为 1.28～537 mg·kg^{-1}，平均浓度约为 60 mg·kg^{-1}（Salminen et al.，2005），苏格兰土壤钒浓度为 20～250 mg·kg^{-1}（Mitchell，1960），波兰土壤钒浓度平均为 18.4 mg·kg^{-1}（Dudka and Markert，1992），美国标准参考土壤中钒浓度为 36～150 mg·kg^{-1}（Govindaraju，2007），日本土壤钒浓度中值为 180 mg·kg^{-1}（Takeda et al.，2004）。夏威夷土壤 A 层中钒的浓度为 190～1520 mg·kg^{-1}，平均值为 450 mg·kg^{-1}，最高值出现在腐殖铁质砖红壤组（humic ferruginous latosol group）（Nakamura and Sherman，1961）。然而，在受人类活动影响较大的地区，土壤的钒浓度则相对较高（1510～33600 mg·kg^{-1}）（Panichev et al.，2006；Teng et al.，2006）。

虽然钒矿的开采技术已有了很大的进步，但其提取率和产业化程度并不高，并且提矿过程产生的废气和废渣中含有大量高浓度的钒及其他化学污染物，使环境中的钒含量在工业活动和人为活动的影响下不断增加（张清明等，2007；杨金燕等，2010b）。据廖自基（1992）的研究，日本东京湾千叶市工业区的石油联合企业在工业区附近地区每年产生 3357 t V_2O_5 废渣，土壤中钒浓度达 500 mg·kg^{-1}；春冬季节俄罗斯北极地区钒污染的 50%来源于大气钒沉降（Shevchenko et al.，2003）。

20 世纪 80 年代，瑞士就有因不恰当使用钒浓度高达 30 g·kg^{-1} 的碱性炉渣而导致牛死于急性钒中毒的事件（Frank et al.，1996）。2012 年也有关于匈牙利意外泄漏钒浓度为 1100 mg·kg^{-1} 的铝土矿渣“赤泥”的事件（Burke et al.，2012）。前些年，我国钒污染事件相继在湖北监利、河南淅川、湖南沅陵、湖南辰溪、陕西山阳等地发生。湖南某钒渣堆放区周围的钒浓度为 1613.30 mg·kg^{-1}，是我国土壤背景值的 14.9 倍（滕彦国等，2011）。攀枝花某矿区表层土壤中钒的浓度为 49～509 mg·kg^{-1}，平均值为我国土壤背景值的 2.79 倍（滕彦国等，2007）。

1.2.3 水体中的钒的主要来源

受采矿的影响，钒是地下水和地表水中一种重要的重金属污染物。美国环境保护署于2006年将钒列入了饮用水候选污染物的首位（US Environmental Protection Agency，2006）。钒也是水圈中含量较丰富的过渡金属之一，其平均含量与锌相似（Rehder，1991）。世界上不同地区淡水中钒浓度范围为0～0.22 mg·L^{-1}，波动较大（Naeem et al.，2007）；产生这种现象的主要原因是工业废水污染和地理位置不同。地表淡水资源中钒的浓度一般在3 μg·L^{-1}，但在高地球化学源附近钒的浓度可达70 μg·L^{-1}（Imtiaz et al.，2015）。美国加利福尼亚州和其他的一些州市约有 10%的地下水中钒浓度超过 25 μg·L^{-1}（Wright and Belitz，2010），这些钒是从含水岩石中冲刷出来的。岩石风化是环境中钒的一大来源，Shiller 和 Mao（2000）研究指出密西西比河河水中钒的最大来源是岩石的风化。

钒的开采冶炼是环境中钒污染的重要来源。在钒钛磁铁矿开采及提钒期间，会产生大量粉尘、废水和废渣，这些废弃物中含有大量的钒，通过扬尘、雨水冲刷等途径扩散到周围环境中，致使与矿山毗邻的水资源受到污染。美国科罗拉多河流域钒浓度范围为0.2～49.2 μg·L^{-1}，最高值出现在铀-钒矿区附近（Linstedt and Kruger，1969）。我国长江流域钒浓度范围为0.24～64.5 μg·L^{-1}（Zhang and Zhou，1992）。1973～1978年，我国攀枝花每年排入金沙江的钒量约为602 t（徐争启，2009）。

目前提钒工艺大致分为三种：碱法、酸法和氯化焙烧法（张蕴华，2006）。无论采用哪种提钒工艺，其生产废水和废渣中都含有一定浓度的钒，直接排入水体对周围水环境造成严重污染。矿坑排水主要是围岩地下水，若其进入自然水体将会对地表水的水质产生影响。由于环境条件的改变，地下水氧化形成酸性矿坑水。含有有害元素的酸性水渗入地下水或汇入地表水，都可能产生水体污染。此外，开采及提钒过程中产生的固体废弃物任意堆放，其在自然风化和雨水淋滤作用下发生系列的物理化学变化，从而产生一些有毒有害物质。这些有毒有害物质经雨水淋溶进入地表水或渗入地下水，对水体造成污染。

目前，对于钒在水相中的化学性质研究较多。在多数环境下V(Ⅴ)是主要的存在形态，某些条件下也存在V(Ⅳ)。通过对含V(Ⅲ)、V(Ⅳ)矿物的淋洗，钒化合物会溶解在水溶液中，这个过程加速了V(Ⅲ)和V(Ⅳ)转化为V(Ⅴ)。钒在水溶液中的存在状态取决于氧化还原性、酸碱性、配位化学以及成酐作用。钒的含氧酸在水溶液中形成VO_3^-、VO_4^{3-}或VO_3^+、VO^{2+}，以多种聚集态存在，其存在形态取决于溶液的酸度和总钒浓度。在碱性体系的氧化条件下，V(Ⅲ)转化为V(Ⅴ)并形成易溶于水、迁移能力强的VO_4^{3-}；在酸性条件下，+4、+5价钒聚合成多钒酸（Wright and Belitz，2010）。水体中不同形态的钒的相对浓度主要受总钒浓度、离子强度（IS）和酸碱度的影响。当总钒浓度高于100 μmol·L^{-1}时，钒酸盐多倍体开始形成（Charles and Baes，1976）。

1.2.4 大气中的钒的主要来源

大气中的钒源自不同的人为和自然途径。人为排放的钒可分为制造源和燃烧源。制造源包括金属的采矿、冶炼、铸造等加工过程和焦炭厂、化学和石油化工厂等排放过程；燃烧源包括市政污泥、危险废物焚烧及石油、煤炭、焦炭和原油等的燃烧。含钒原油的燃烧过程中，渣油中的有机钒化合物氧化并转化为各种化合物，包括 V_2O_5、V_2O_4、V_2O_3 和 VO_2（Linton et al.，1976）。自然源主要包括火山喷发、森林火灾、粉尘夹带，以及花粉、角质层等生物悬浮颗粒（Nriagu，1998），这些来源可能包括之前人为沉积的钒。Galloway 等（1982）估算了全球人为排放到大气中的钒约为 21 万 $t \cdot a^{-1}$。据估计，全球每年约有 8.4 t 钒来自天然源的大气排放（1.5～49.2 t）。

1.3　钒的生物效应

1.3.1　植物毒性

在土壤中能引起植物毒性反应的钒的浓度范围为 10～1300 $mg \cdot kg^{-1}$，具体的毒性反应主要取决于钒的形态、植物种类和土壤类型（Hidalgo et al.，1988）。钒对植物特别是豆科植物的生长发育有重要的作用和影响。适量的钒可促进植物的生长发育和新陈代谢，增强植物的固氮作用；而较高浓度的钒可能会限制植物的生长发育，引起枯萎症等（Kabata-Pendias，2010；Wilkinson and Duncan，1993）。研究表明，高浓度的钒会同钙、磷酸盐等营养物质形成拮抗作用，从而影响植物对营养物质的吸收。虽然目前尚未确定钒是否是高等植物生长所必需的营养元素，但钒对植物生长发育确实有着重要的作用和影响（汪金舫和刘铮，1999）。当植物体内的钒浓度累积过度，植物就会出现根、茎、叶等器官的枯萎凋落甚至死亡的严重中毒现象。当叶片中钒含量≥0.08 $mg \cdot kg^{-1}$ 时，植物开始表现出钒的毒害作用。钒和镉复合污染会影响水稻（*Oryza sativa* L.）生长发育，随着营养液中钒浓度增加，水稻的干重和根长均降低，当营养液中钒浓度较高时，水稻干重减少最为明显（胡莹等，2003）。利用标记钒溶液研究离体大麦根系对钒的吸收，结果表明，钒的吸收以主动吸收为主，Cl^-、NO_3^-、MoO_4^{2-} 等离子对钒的吸收没有明显的抑制作用（Wallace et al.，1977）。表 1.1 为一些植物中钒的平均含量。

表 1.1　植物中钒的平均含量

植株名称	植株体内钒平均含量/($\mu g \cdot g^{-1}$)
甘蓝	0.35
苔藓	11.00
扶芳藤	0.18
苦皮藤	0.35
山西卫矛	15.00
白杜	8.00
莴苣	0.30

数据来源：申大卫等，2008；王将克等，1999；Bowen，1979。

Rehder（1991）全面总结了钒在光合作用、转铁蛋白和其他蛋白合成等一系列生理生化反应中的重要作用，说明钒是许多植物和低等动物的必需元素。细菌、蓝藻、真菌和欧洲龙牙草叶芽的生长需要钒（Mishra et al.，2007；Morrell et al.，1986）。某些生化作用与代谢过程均与钒有关，如叶绿素合成的增加、番茄植株铁代谢的加强、叶绿素的希尔反应和脂类的生物合成及代谢的促进等。钒是固氮菌固氮的专一性催化剂，在固氮酶中代替钼，但有效性不如含钼的酶高，可能是因为后者更为稳定（Mishra et al.，2007）。

植物中的钒含量与产地地球化学背景等因素有密切联系（王将克等，1999），各种高等植物中以豆科钒含量最高，豆科植物根部的根瘤部位具有固定氮的细菌（邹宝方和何增耀，1992），该部位的钒浓度较其他植物根部高约 3 倍（Kaplan et al.，1990）。钒对植物尤其是豆科植物的生长具有重要的作用和影响，适量的钒可促进作物生长，加速植物的固氮、固氯作用等（Wilkinson and Duncan，1993）。苔藓类植物同样具有蓄积钒的作用，生长在乡村溪流中的苔藓中钒含量约为 10 $mg·kg^{-1}$，而市区内苔藓中钒含量则高达 167.95～367.95 $mg·kg^{-1}$。此外，同一植株不同部位的钒含量也有差别，植物根部几乎与它所生长的土壤中的钒含量一致，暴露在空气中的枝叶部分的钒含量最低，且与土壤中钒浓度无关。

对于水培植物，对已知的钒的有毒浓度范围进行比较，发现不同种类之间存在明显差异。Carlson 团队（1991）和 Kaplan 团队（1990）发现，水培钒浓度为 2.5～3.0 $mg·L^{-1}$ 时，对萝卜、卷心菜和羽衣甘蓝胚根生长有抑制作用；钒浓度高达 40 $mg·L^{-1}$ 时，小麦胚根的生长没有受到影响，水稻胚根则显示出促进作用。五种不同的植物生长在不同营养成分的人工土壤中，在土壤钒浓度为 21～180 $mg·kg^{-1}$ 时，植物生物量减少了 50%（Smith et al.，2013）。对大豆生长的影响实验发现，向土壤中外源添加 0～500 $mg·kg^{-1}$ $NaVO_3$，钒浓度小于 250 $mg·kg^{-1}$ 时不会影响大豆根和叶中钒的浓度（Yang et al.，2017b）。不同类型土壤中的钒的生物有效性不同。在钒浓度为 100 $mg·kg^{-1}$ 的壤土上生长的羽衣甘蓝没有观察到毒性作用，而在钒浓度为 80 $mg·kg^{-1}$ 的砂土的羽衣甘蓝出现生物量减小的症状（Kaplan et al.，1990）。

在植物的不同组织内，钒的存在形态是不同的。在关于过渡金属元素的储存、转化以及矿化作用的研究中，发现容易被植物细胞吸收进入植物液泡的磷酸盐是影响钒酸盐进入液泡的抑制剂（Martin and Kaplan，1998；Theil，1998）。硫酸盐和铬酸盐不易被植物细胞吸收，因而不易对植物吸收钒酸盐产生影响。钒通过钒酸盐阴离子通道进入液泡，这一过程可以有效控制阳离子钒在细胞中的含量。若 V(Ⅴ)像 Cl^-、$H_2PO_4^-$ 等阴离子一样通过阴离子通道进入细胞，首先以五价的 $H_2VO_4^-$ 还原成 V(Ⅳ)通过阴离子通道，最终以 V(Ⅲ)的形式存在于液泡中。

1.3.2 动物毒性

研究表明，缺乏钒的小鸡和山羊会出现生殖异常和骨骼生长不健康的现象（Nielsen and Uthus，1990）。对动物进行体外实验发现，V(Ⅲ)、V(Ⅳ)和 V(Ⅴ)都会引起 DNA/染色体损伤。现有的数据表明，在细菌或者哺乳动物细胞的体外实验中，钒化合物不引起细胞基因突变。在实验室动物的吸入和口服研究中，无论是 V(Ⅳ)还是 V(Ⅴ)都主要分布在骨骼、肝、肾、脾和睾丸中。而进一步的实验表明钒有被骨骼吸收和积累的可能性（Sanchez et al.，1998；Ramanadham et al.，1991）。钒重要的排出渠道是尿液。钒的分布和排出模式表明，钒具有潜在的富集性，尤其是对骨骼。有证据表明 V(Ⅳ)能通过胎盘屏障进入胎体（Paternain et al.，1990）。表 1.2 列出了一些海洋生物中钒的浓度。

表 1.2　海洋生物中钒的浓度

生物	钒浓度/($\mu g \cdot kg^{-1}$)
浮游植物	1.5～4.7
浮游动物	0.07～290
海藻	0.4～8.9
海鞘	25～10000
环节动物	0.7～786
其他无脊椎动物	0.004～45.7
鱼	0.08～3
哺乳动物	<0.01～1.04（鲜重）

数据源自：Miramand and Fowler，1998。

将大鼠暴露于 V_2O_5 粉尘空气中 1 h 的急性空气毒性研究表明，67%致死浓度为 1440 $mg \cdot m^{-3}$。大鼠和小鼠的经口毒性试验表明，V_2O_5 和其他五价钒化合物的半数致死剂量为 10～160 $mg \cdot kg^{-1}$；四价钒化合物的半数致死剂量为 448～467 $mg \cdot kg^{-1}$（Llobet and Domingo，1984）。将 $NaVO_3$ 加到雄性小鼠的饮用水中，生殖毒性试验表明，食入 $NaVO_3$ 达 60～80 $mg \cdot kg^{-1}$ 可以直接导致雄性小鼠的精子数量减少和致孕概率降低。然而，一般通用毒性也表现在 80 $mg \cdot kg^{-1}$ 的水平（Llobet et al.，1993）。对于水生生物而言，急性半数致死浓度范围为 0.2～120 $mg \cdot L^{-1}$，大部分介于 1～12 $mg \cdot L^{-1}$。还有一些毒性试验是牡蛎的生长试验（在 0.05 $mg \cdot L^{-1}$ 的浓度下体重明显减小）和跳蚤的生殖试验（在 1.13 $mg \cdot L^{-1}$ 的浓度下无明显效应）。大部分植物研究是 5 $mg \cdot L^{-1}$ 或更高浓度的水培试验，这些试验很难解释土壤中植物与钒的关系（Taylor et al.，1985；Beusen and Neven，1987）。

有研究表明不同价态的钒对不同的生物有不同的毒性效应（Kamika and Momba，2014），例如，在废水系统中钒对某些细菌的毒性效应为随着价态升高毒性增加，然而对于原生动物的毒性效应为随着价态升高毒性降低。有资料表明钒的毒性效应有许多种，包括以下几类。①血液和生化反应指标：钒可以溶血、降低血细胞数量、降低血脂；②神经损伤：影响学习和行为能力；③生殖发育异常：胚胎毒性、致畸效应；④组织、器官病变或功能损伤：肝、肾、骨骼、脾等；⑤其他：呼吸道吸入钒会引起呼吸道各种炎症，钒还会引起厌食症而导致体重明显降低，并引起呕吐、体弱、流鼻血、腹泻、肺出血或者死亡（Ghosh et al.，2015）。

1.3.3 人体毒性

钒是多种动物必需的微量元素，人体对钒的正常需要量为100 μg·d^{-1}，钒在降低血糖、调节酶活性、生物固氮等方面起着重要作用（Cammack，1986）。Sakurai（2002）及Thompson和Orvig（2006）、Badmaev等（1999）均研究了钒的降糖作用，认为钒在治疗糖尿病上将会发挥重要潜在作用。缺乏钒会出现生长迟缓、生殖受损、红细胞形成受阻、铁代谢改变以及血脂水平变化等症状。钒在人体内含量极低，体内总量不足1 mg。钒主要分布于肝、肾、甲状腺等部位，骨组织中含量也较高。尽管钒在人体组织中的功能作用尚未得到证实，但一些科学家支持钒可能对动物至关重要的说法。钒与骨和牙齿正常发育及钙化有关，能增强牙齿的抗龋能力。钒还可以促进糖代谢，刺激钒酸盐依赖性还原型烟酰胺腺嘌呤二核苷酸磷酸（NADPH）氧化反应，增强脂蛋白脂肪酶活性，加快腺苷酸环化酶活化和氨基酸转化及促进红细胞生长等。因此钒缺乏时可出现牙齿、骨和软骨发育受阻，肝内磷脂含量少、营养不良性水肿及甲状腺代谢异常等（王夔，1996）。

当生物体暴露于高钒浓度环境下时，钒的毒性也随之出现。钒的毒性程度取决于多种因素，如钒的价态、钒化合物的化学形式、暴露途径、钒的剂量和给药周期等。值得注意的是钒的阳离子和阴离子形式均存在有毒离子。20世纪初期以来，人们发现了钒对人类和动物均有毒性，但是对钒中毒的发病机理知之甚少。钒能调节多种酶的活性，包括在肌肉收缩中很重要的(Na^+/K^+)-ATPase和位于生长因子受体、致癌基因编码蛋白、磷酸酶调控网络和胰岛素受体中的酪氨酸激酶（Nriagu，1998）。进入人体的V(Ⅳ)能够自发地氧化为V(Ⅴ)，且以复合阴离子形态存在的V(Ⅴ)（$H_2VO_4^-$）可通过体内特殊的阴离子通道被人体吸收，这一吸收量约为以阳离子形态存在的V(Ⅳ)（VO^{2+}）吸收量的5倍（Hirano and Suzuki，1996）。此外，V(Ⅴ)还可以影响人体内多种具有重要生理功能的酶的活性，并且可能会影响细胞膜内外钠钾离子的传输（Patterson et al.，1986）。因此，对于人体而言，毒性更高的V(Ⅴ)已被美国毒物与疾病登记署（Agency for Toxic Substances and Disease Registry，ATSDR）列为与汞、铅和砷同一类的危险污染物，并被列入美国《有毒物质控制法》优先测试清单当中。目前环境中潜在的急性钒暴露情况越来越严重，相关的钒污染危害仍有待于进一步深入探索（Watt et al.，2018）。

钒化合物如果经呼吸道吸收，会对呼吸道产生刺激作用。钒可以被全身吸收，能对肠胃、神经系统和心脏造成影响，钒中毒时肾、脾会出现严重的血管痉挛，肠胃会出现蠕动亢进等症状。当过量的钒进入生物体内并累积超过一定水平时，则会造成广泛的危害（ATSDR，2012；USEPA，2005）。对人类而言，体内过高的钒负荷会对肾、肝、脾、骨骼等众多组织、器官的形态和功能造成不同程度的损害，严重影响机体正常的生命活动，甚至导致肺癌等癌症的发生（Ghosh et al.，2015）。冯子道和安智珠（1989）认为，人体每天摄入的钒应为0.04～4.5 mg，18 mg及以上则是超标，具有毒性。人体内90%的钒在脂肪中，5%在血液中，血液中85%的钒在红细胞中。钒钾铀矿、钒铅矿对眼、呼吸道有刺激，可能引起肺炎而造成永久性肺部瘢痕。钒与镉协同损害人体呼吸道和消化道，长期积累，会抑制硫代谢和肝磷脂合成，引起造血异常及呼吸器官、神经系统病变和物质代谢病变；慢性中毒会导致蛋白代谢障碍、消瘦、中毒性肾炎；急性中毒会出现腹泻、喘息、头晕和恶心；钒中毒会导致肠、脾、肺、肾的末梢血管痉挛；吸入过量钒化合物的钒作业工人，轻者出现喷嚏、胸痛，重者出现支气管痉挛、气急及呼吸困难；长期接触钒化合物，则会出现神经衰弱、全身性神经症状、自主神经系统紊乱、眩晕、贫血、突发性期外收缩等病症。目前报道的空气中钒最低的危险浓度值是 20 $\mu g \cdot m^{-3}$，高于此值会出现慢性呼吸道疾病。钒的毒性在非肠道给药时很高，口服给药时很低，通过呼吸道暴露时为中等毒性（Gummow，2011）。钒化合物中钒的高氧化价态和严重急性接触钒是产生系统效应的原因。

已有研究表明钒可能与癌症及一些地方病的发生有关。曾昭华和曾雪萍（1996）对江西省鄱阳湖 18 个县市地下水成分与癌症的关系进行研究，发现食管癌、宫颈癌、肝癌、直肠癌等与地下水钒含量超标有密切关系，钒含量越高的地区癌症死亡率越高。李家熙和吴功建（1996）研究发现，克山病区和大骨节病区的人发中钒的含量显著高于其他非病区。鉴于钒对人体健康的危害，联合国环境规划署（United Nations Environment Programme，UNEP）在 20 世纪 80 年代末，已建议把钒列入环境危险元素清单表的优先位置，国际化学品安全规划署（International Programme on Chemical Safety，IPCS）、联合国环境规划署和世界卫生组织（World Health Organization，WHO）也相应指出：需不断加强钒的环境行为监测及毒理性研究。

1.4　钒污染环境的修复

1.4.1　钒污染土壤的修复

土壤是环境中各种物质的载体，空气中的钒以微尘的形式降落地表，进而进入土壤中；水流经土壤时，其中的钒可被土壤中的黏土矿物或有机质吸附。早期的研究资料表明（矫旭东和滕彦国，2007），钒在土壤中与铁锰氧化物紧密结合，在含铁氧化物较多的土壤中，一般钒含量也较高。汪金舫和刘铮（1994，1995）研究了我国一些主要类型土壤中的全钒和可溶态钒的含量，发现土壤中的全钒含量平均为 86 $mg \cdot kg^{-1}$，南部地区土壤全钒含量高于平均值，北部地区土壤全钒含量低于平均值，中部地区土壤全钒含量与平均值接近；在剖面分布中，有底层富集型、表层聚积型和均匀型三种类型。

钒进入土壤环境后可以很好地固持在土壤中（Cappuyns and Swennen，2014）。Matin 和 Kaplan（1998）的一项研究表明，在沿海平原修复 30 个月的土壤中有小于 3%的钒向下迁移。在 pH 为 4 的 3 种芬兰矿质土壤中，70%～80%的外源添加钒（510 $mg \cdot kg^{-1}$）能被土壤吸附（Mikkonen and Tummavuori，2010）。用不同的淋洗和浸提方法处理污染的土壤和沉积物，所得到的易溶解的钒含量通常小于 1%（Teng et al.，2011a）。Gäbler 等（2009）研究了矿物组成不同的 30 种土壤中不同浓度（25～125 $mg \cdot kg^{-1}$）钒的吸附特性，结果表明土壤对钒的吸附能力受土壤矿物组成的影响。铁、铝、锰及其氧化物的含量会影响土壤对钒的吸附能力，此外，黏土及有机质的含量也会对钒的吸附产生影响。土壤中存在的其他阴离子（如PO_4^{3-}、AsO_4^{3-}和CrO_4^{2-}等）也会影响土壤对钒的吸附能力。总体而言，虽然目前对钒在土壤中的行为的研究较少，但可以确定的是钒的溶解性随着时间的推移而降低（Matin and Kaplan，1998）。

Weil和Brady（2017）在*The Nature and Properties of Soils*一书中指出，减轻有毒无机化合物（主要指重金属）污染土壤的三种主要方法是：①从源头消除或大幅减少污染物进入土壤；②通过土壤管理措施固定污染物，防止其进入食物或水源；③在严重污染的情况下，通过化学、物理或生物修复从土壤中去除污染物。这是国外在面对重金属污染土壤的修复时所采用的主流方法。针对我国目前的土壤重金属污染情况，研究人员已经探寻出了有针对性的修复方法。主要思路是：一是去除土壤中重金属，使土壤中重金属含量达标；二是固定土壤中重金属，以限制其释放，从而降低风险（黄益宗等，2013）。目前，土壤修复行业常用的修复技术包括物理修复技术、化学修复技术、生物修复技术和农业生态修复技术。而钒污染土壤的修复主要从两个方面着手：一是改变土壤中钒的存在形态，降低钒的活性、迁移性和生物有效性；二是从土壤中去除钒（矫旭东和滕彦国，2008）。

1. 物理修复法

物理修复法一般包括客土法、电动法和玻璃化法。客土法需要耗用大量的运输成本，且对于土壤修复属于治标不治本；电动法是指在污染土壤中插入电极，施加电压使重金属离子在电场作用下进行电迁移、电渗透、电泳等过程，使其在电极附近富集，然后从土壤中导出，经过适当的物理或化学处理后，实现污染土壤修复的技术（黄益宗等，2013）；玻璃化法是指利用电热，将土壤中重金属离子固定到玻璃化介质中，从而实现重金属在土壤中的固定。目前对于钒污染土壤物理修复法的研究和应用较少。但已有研究表明，通过电热法加热土壤，会使得土壤中钒的迁移性增加，而且在碱性条件下会增大钒的迁移性（Goetz et al.，1995）。因此可以利用电热法加热后，结合土壤淋洗技术，将土壤中的钒去除。

2. 化学修复法

对于钒污染土壤的修复，目前已有许多关于化学修复技术的研究，主要分为淋洗法和钝化法。蒋建国等（2016）对湖南某地钒浓度为1613.3 $mg\cdot kg^{-1}$的表层土进行了实验室化学淋洗研究，发现在水土比为10∶1时，0.4 $mol\cdot L^{-1}$的柠檬酸、0.4 $mol\cdot L^{-1}$的酒石酸、0.4 $mol\cdot L^{-1}$的草酸和0.12 $mol\cdot L^{-1}$的EDTA-2Na对土壤中钒的去除率分别为91%、88%、88%和61%（Jiang et al.，2017）。

目前对于钒污染土壤修复的研究中，钝化法较为常见。李天然等（2017）采用铁基固体材料和液态铁基稳定剂对钒污染土壤进行固化和稳定化研究，采用对修复后土壤的浸出液中污染元素的浓度进行测定的方法来评价修复效果，0.5%添加量的硫酸亚铁稳定剂可以使固定率达到100%，1%添加量的铁粉和硫酸亚铁可以使钒的固定率分别达到97.7%和98.8%，材料施加量为2%时，铁粉、硫酸亚铁对钒的固定率分别为99.6%和99.9%。张文杰等（2016）采用壳聚糖和活性炭对钒污染土壤进行修复，其中1%添加量的壳聚糖在修复 30 d 时对钒具有最高固定率（74.04%）。丁旭彤等（2016）利用钙基固化剂修复钒污染土壤，在添加量分别为 0.5%、1%和 2%时，三种钙基固化剂对钒的固定率依次为氧化钙＞氯化钙＞羟基磷灰石，其中在添加量为 2%固化 3 h 时，氧化钙对钒的固定率为 99.0%；施加氧化钙后，土壤中钒的残渣态占比为 22.9%，与对照相比增加了 76.2%。按 750 kg·hm^{-2} 施加消石灰，土壤中钒的有效态可降低 15%（矫旭东和滕彦国，2008）。中性环境条件下施加 0.5%的氧化钙、氯化钙和羟基磷灰石，对钒的固定率分别约为 40%、30%和 20%（丁旭彤等，2016）。但是，近年来人们逐渐认识到硫酸亚铁的环境风险，如它会造成土壤局部过酸，且低品位的硫酸亚铁可能会引入 Cr、Pb 等二次污染（Warren and Alloway，2003；Li et al.，2017）。因此，选择合适的钝化材料十分重要，其中能够对土壤环境影响小，且不会产生二次污染的材料尤为关键。

3. 生物修复法

土壤生物修复技术是利用微生物、植物或者动物的生命代谢活动，将土壤中的污染物转化为无公害物质的工程技术，包括植物修复、微生物修复和动物修复。植物修复是利用植物自身忍耐或积累污染物的特征来修复污染的土壤，常见的技术有植物萃取技术、植物固定技术、植物叶片挥发技术、根系过滤技术和根际降解技术。目前已发现的钒富集植物主要有薇菜（28 μg·g^{-1}）、紫阳春茶（21 μg·g^{-1}）、大叶绞股蓝（18 μg·g^{-1}）、油菜（油菜籽 13 μg·g^{-1}）、蜈蚣草（地上部分 86.5 μg·g^{-1}，地下部分 814.3 μg·g^{-1}）、狗尾草（156.9 μg·g^{-1}）、蔊菜（15.1 μg·g^{-1}）和牛筋草（33.2 μg·g^{-1}）（矫旭东和滕彦国，2008；林海等，2016）。蒋建国等（2016）对于牛筋草在钒污染土壤的钒矿开采地的种植研究表明，牛筋草地上部分富集钒能达到（40±4）mg·kg^{-1}，地下部分富集钒能达到（346±6）mg·kg^{-1}，每亩（1 亩约为 666.7 m^2）收获 380 kg 牛筋草，种植一茬可吸收约 377 g 的钒。Aihemaiti 等（2017，2018）对钒矿周围的超富集植物的研究表明，本土植物狗尾草和地肤根部富集钒量均超过 1000 mg·kg^{-1}，同时土壤 pH、阳离子交换量和有效磷含量能显著影响狗尾草根部对钒的富集量。使用超富集植物吸收土壤中的钒是经济且安全的方法，但对于收获后植株的处理需要谨慎，同时也需要研究人员继续对钒超富集植物进行发掘，以达到更好的修复效果。

除了采用超富集植物将重金属从土壤转移到植株中之外，为了合理且安全地利用土壤，也可以采用钒耐受但低富集的植物用于土壤的合理使用。侯明等（2016）研究了不同甜玉米品种对钒的积累富集特性，结果表明，钒主要富集在玉米植株根部，其向地上部迁移的能力较弱，植物可食用部分中的钒含量较少（＜0.5 μg·g^{-1}），因此甜玉米植物可以作为钒的耐性植物。同时对水稻和蔬菜的研究也表明，在其根部富集的钒含量往往是可食用部分钒含量的若干倍（最高可达 30 倍）（侯明等，2013，2014a，2014b），这可能是植物的一种自我保护机制，对于这一机制的研究目前尚不全面。

微生物可以通过氧化还原、吸附和微生物矿物作用使土壤中的重金属离子稳定化。魏清清等（2015）从攀西地区朱家包包矿区表土中发现了 21 株对钒浓度为 200 mg·L^{-1} 的营养液耐受的微生物，这为钒污染土壤的微生物修复提供了基础。丁旭彤（2018）在研究微生物和植物联合修复钒矿污染土壤时发现，添加侧孢芽孢杆菌能提高狗尾草的生物量进而超富集钒。动物修复的研究主要集中于使用蚯蚓修复重金属污染的土壤。蚯蚓栖息在土壤环境中，并在其中觅食，它主要通过表皮接触和消化土粒来吸收重金属。生物修复技术是一种环境友好的方法，但是目前对于钒超富集植物、抗钒微生物及动物的研究还比较少。

1.4.2 钒污染水体的修复

钒在水溶液中的存在状态与接触空气与否、溶液 pH、溶液中共存的配体和溶液的浓度有关，涉及这四方面的性质分别为氧化还原性、酸碱性、配位化学和成酐作用（曾英等，2004）。同时，水体中存在的无机或有机胶体悬浮物会吸附单钒酸以及含氧钒阴离子，这使水中悬浮物含钒量高，并且随着悬浮物的沉积，水中钒向底泥迁移，故一般天然水体中的含钒量较低。在地表水中，钒常以带负电荷的聚合氧阴离子存在，+5、+4 价较为稳定。在地下水中，钒含量与岩性、氧化环境和介质的碱性条件有关。

未被钒污染的水体，钒含量为 0.2～100 $\mu g\cdot L^{-1}$（吴涛和兰昌云，2004），而沉钒废水中的钒含量为 100～400 $mg\cdot L^{-1}$（王英，2012），高于我国地表水环境质量标准中钒的限值。我国水体中钒的主要污染源为原油冶炼厂、燃油工厂、燃煤工厂以及含钒矿物冶炼厂等在生产过程中产生的废水。国内外研究的处理含钒废水的方法可分为四大类：物理法、化学法、物理化学法和生物法。物理法主要是硅藻土吸附法、活性炭吸附法等；化学法主要有钡盐法、铁屑（或硫酸亚铁）沉淀法、二氧化硫沉淀法等；物理化学法主要有离子交换法、反渗透法、电解法等；生物法主要有厌氧生物法和好氧生物法（张清明等，2007）。现在工业上对于含钒废水的处理大都采用化学沉淀法和离子交换法，其中主要包括铁屑（或硫酸亚铁）沉淀法、二氧化硫沉淀法和离子交换法（王英，2012）。目前，我国处理含钒废水的方法中多数处于实验研究阶段，大多存在去除效率低、操作过程复杂、成本高等问题，有的处理过程中还会产生二次污染，所以可真正实施的方法还很少，含钒废水的处理方法还有待探索。目前含钒废水处理采用的主要方法如下。

1. *化学沉淀法*

化学沉淀法是一种简易、有效的含钒废水处理方法，也是最早被采用的方法之一。化学沉淀法主要分为铁屑沉淀法、二氧化硫沉淀法和钡盐沉淀法。①铁屑沉淀法是在处理含钒废水的第一个阶段，即还原过程中投加铁屑或硫酸亚铁作为还原剂，使碱性条件下不生成沉淀的 V(Ⅴ)还原成碱性条件下生成沉淀的 V(Ⅳ)或 V(Ⅲ)。在处理含钒废水的第二个阶段，即中和过程中投加石灰或苏打粉末，使 V(Ⅳ)或 V(Ⅲ)形成沉淀从而被去除（张正明，2011）。该方法设备简单，反应速率快，但同时存在着处理含钒废水容易产生腐蚀和钝化的现象，从而影响水质处理效果的稳定性等问题。②二氧化硫沉淀法也是利用二氧化硫的还原性将含钒废水中的 V(Ⅴ)还原成 V(Ⅳ)或 V(Ⅲ)。通过向还原后的废水中投加石灰或苏打的方式使钒离子形成沉淀从而被去除（鲁栋梁和夏璐，2008）。这种方法虽然在工程上存在应用实例，但硫化物沉淀在形成过程中往往伴随着胶体的生成，导致沉淀分离困难，且二氧化硫易与废水中的盐酸、硫酸等发生反应产生有毒有害气体硫化氢，限制了此方法的实际应用范围。③钡盐沉淀法是在含钒废水中加入钡盐，使偏钒酸根离子和钡离子反应生成不溶于水的钡盐沉淀从而被去除（刘有才等，2005）。此种方法处理效果虽好，但是溶液中存在的其他离子，如碳酸根离子，也会和钡离子反应生成沉淀，需要消耗大量钡盐，而钡盐由于来源较少，价格昂贵，因此增加了含钒废水的处理成本。

2. 电化学法

电化学法是应用电解的基本原理，使废水中的重金属离子在电流的作用下分别在电解槽的阴阳两极发生氧化还原反应而被富集，在阳极上析出的亚铁离子将V(Ⅴ)离子还原成V(Ⅳ)或V(Ⅲ)离子，同时与阴极附近产生的氢氧根离子形成沉淀从而被去除（邹照华等，2010）。该方法操作简单，便于管理，可以将废水中的重金属离子作为一种资源来回收，但是一般只用于处理浓度较高且重金属种类比较单一的电镀废水，另外此方法在操作过程中消耗大量的电能和铁质材料，并产生大量污泥，容易对环境造成二次污染。

3. 离子交换法

离子交换树脂是一种人工合成的含有大量活性可交换基团的高分子功能材料。离子交换树脂上的可交换离子可以与废水中的金属离子进行交换反应，将金属离子置换到离子交换树脂上，从而予以去除。一般采用碱性季铵型阴离子交换树脂处理含钒废水，可以有效地分离和回收钒（车荣睿，1991）。采用该方法处理含钒废水，出水水质好，可回收废水中的钒，树脂材料可以再生，处理效果也较稳定，但是该方法只适用于处理含钒浓度较低的废水，另外离子交换树脂用量较大，树脂容易被污染而导致再生困难，从而导致废水处理成本偏高。

4. 生物絮凝法

生物絮凝法主要是利用微生物或微生物的代谢产物，通过絮凝沉淀的方式治理含钒废水。这些微生物，包括细菌、真菌等，其自身的代谢过程可以产生具有高效絮凝作用的高分子物质，其主要成分是由多糖、蛋白质、纤维素和核酸组成的。有研究表明，沙雷菌可以在厌氧条件下与乳酸盐、甲酸盐和丙酮酸盐共同作用将V(Ⅴ)还原成V(Ⅳ)并最终形成V(Ⅳ)的絮凝沉淀（张清明等，2007）。生物絮凝法具有安全无毒、环境友好、受外界影响小等优点，有利于实现产业化，具有良好的应用前景。

5. 植物富集法

植物富集法主要是利用某些金属超累积植物富集重金属。植物体从废水中吸收并富集重金属，通过自身代谢活动降低重金属毒性，减少重金属的淋滤或扩散，并将重金属转移到植株的根部或地上部分，通过收获重金属超累积植物植株或移去重金属超累积的组织来降低水体或土壤中的重金属浓度，达到环境修复的目的。植物富集法处理钒污染水体主要是利用薇菜、紫阳春茶、大叶绞股蓝等钒富集植物（方维萱等，2005），其主要优点是成本低，不产生二次污染，在治理环境的同时还可以绿化环境，因此植物富集法虽然具有一定的局限性，但由于其优点显著，具有广阔的应用前景。

6. 吸附法

吸附法是指利用多孔性的固体吸附剂将水中的一种或多种重金属离子吸附于表面，再通过解吸作用达到分离和富集重金属的目的。吸附材料主要包括多孔碳材料吸附剂、高岭土等无机吸附剂、腐殖酸等有机吸附剂以及生物吸附剂。能够从溶液中分离重金属离子的生物体或其衍生物都被称为生物吸附材料。生物材料主要包括花生壳、椰壳等农林废弃物以及蟹壳、贝壳等非活体生物组织（谈辉明和杨启文，1997）。利用活性炭（成应向等，2013）或沸石（陈昕和张漪丽，2009）处理含钒废水的研究已有报道，但利用生物材料处理含钒废水的相关研究仍较少。吸附法由于其材料廉价易得、环境友好等特点，被国内外学者广泛关注。大多数吸附材料本身吸附重金属的能力有限，并且因为材料结构和成分的复杂性，工程上较少采用，但由于其优点突出，具有广阔的应用前景。

第 2 章　土壤胶体对钒在饱和多孔介质中运移的影响

2.1　引　　言

胶体通常是指分散相的粒子直径为 10^{-9}～10^{-7} m 的分散系统（周皓，2008）。土壤胶体也是一种分散系统，粒径小于 2 μm 的层状硅酸盐、铁铝三氧化物、有机大分子、细菌和病毒等均可视为土壤胶体。土壤胶体广泛存在于土壤中，是土壤中最细小而最活跃的成分（熊毅等，1983），对于土壤整体的性质和功能具有重要的影响。也有学者认为粒径介于 1 nm 至 10 μm 之间的微粒都具有胶体的性质。单位质量的土壤胶体拥有较大的比表面积和巨大的表面能（James and Chrysikopoulos，1999），这种性质决定了其对污染物的吸附能力要高于土壤固相基质，能够吸附污染物质，通常在污染物的运移过程中起到载体的作用。

胶体对污染物的运移具有重要影响，其对污染物巨大的吸附能力能够造成污染物在地下环境的再运移，对环境构成潜在威胁。胶体像一把双刃剑，既能加速钒的运移，扩大污染范围，又能通过吸附固定，减小钒的危害。而目前关于钒在多孔介质中的动态运移的研究尚显匮乏。因此开展胶体、钒在饱和多孔介质中运移的研究，对于明确胶体在地下环境中的运移行为及作用机理具有重要意义。本章选取了土壤体系中常见的无机胶体（高岭石胶体）和有机胶体（胡敏酸胶体）作为主要的实验材料，通过静态吸附-解吸和动态释放-运移试验，研究了两种胶体在多孔介质中的运移规律及与钒的共迁移机制，以期加深胶体对钒在饱和多孔介质中运移影响的机理的认知，丰富胶体-钒-多孔介质三相体系中钒的动态运移理论，为精准评估钒污染风险提供理论参考。

2.2　土壤胶体对钒的吸附-解吸特征

2.2.1　胶体材料的特征分析

2.2.1.1　胶体材料的基本性质

研究区攀枝花市属侵蚀地貌，土质疏松，易受侵蚀，可能产生大量的土壤胶体并随水流迁移。攀枝花以 V_2O_5 计的钒资源储量达 1580 万 t，钒钛磁铁矿的开采导致的环保问题日益受到关注，尤其是钒的迁移转化逐渐受到环保领域的重视。通过前期的文献调研，攀枝花市分布最广的土壤类型为红壤，其占全市土壤的比例为 53.47%，而红壤的黏土矿物以高岭土为主（钟继洪等，2002），因此选取高岭石（kaolinite）为供试的无机胶体材料。本研究所用的高岭石平均粒径为 2 μm，密度为 2.6 $g{\cdot}cm^{-3}$。

腐殖质是指新鲜有机质经过微生物分解转化所形成的黑色胶体物质，一般占土壤有机质总量的 85%～90%，而以胡敏酸为代表的腐殖质是土壤、沉积物、地表水和地下水中重要的反应相（Riemsdijk et al.，2006），由于其芳香核的结构特点，相对于富里酸，胡敏酸有更大的吸附量，更大程度上影响着环境中胶体的运移（Wang et al.，2012），对土壤结构的形成具有重大影响。胡敏酸可以吸附到非常多种类的固相表面上，如高岭土、羟基磷灰石纳米颗粒等（李爱民等，2005）。因此选取胡敏酸胶体作为供试有机胶体材料。本研究用于提取胡敏酸胶体的腐殖酸的化学成分见表 2.1。

表 2.1　腐殖酸胶体化学成分表（%）

腐殖酸	C	H	O	N	S	P
HA	50.19	3.09	43.36	2.08	0.32	0.007

高岭石胶体储备液的提取采用虹吸法（王雨鹭，2016）。胡敏酸胶体的提取采用经典的酸碱提取法（Valdrighi et al.，1996）。采用盐滴定-电位滴定（陆泗进等，2006）测定胶体的电荷零点（ZPC）。采用《气体吸附 BET 法测定固态物质比表面积》（GB/T 19587—2017）测定胶体比表面积。阳离子交换量采用《森林土壤阳离子交换量的测定》（LY/T 1243—2015）乙酸铵法测定。供试胶体的基本理化性质见表 2.2。

表 2.2　供试胶体材料基本理化性质

胶体	电荷零点	比表面积/($m^2 \cdot g^{-1}$)	阳离子交换量/($cmol \cdot kg^{-1}$)
高岭石	5.64	54.8	16.2
胡敏酸	1.02	120.6	78.3

2.2.1.2　胶体材料的表征

胶体理化性质的表征一般包括颗粒粒径大小、表面形貌特征、元素组成、表面电荷、表面官能团、胶体浓度等方面。常用的表征技术有红外光谱、X 射线衍射（XRD）、X 射线荧光（XRF）谱、扫描电子显微镜等。

1. 粒径表征

采用激光粒度仪（JL-6000 型，成都精新粉体测试设备有限公司）对两种胶体的粒径分布进行分析，粒径分布见图 2.1。高岭石胶体和胡敏酸胶体的粒径均呈正态分布，分布变化范围较窄，中值粒径 D_{50} 分别为 0.627 μm 和 0.345 μm，表明所提取的胶体均符合胶体概念。

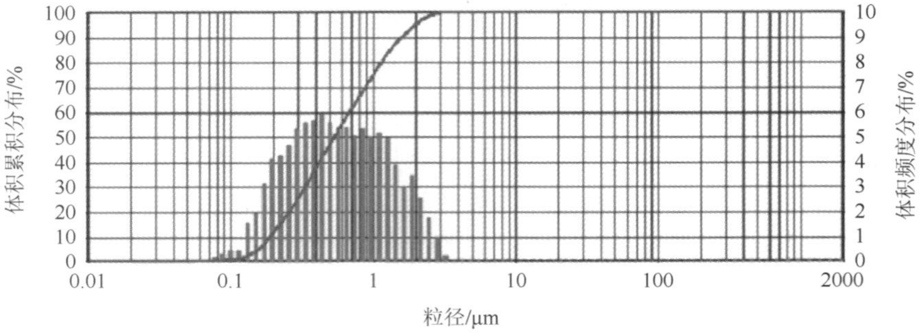

(a) 高岭石胶体

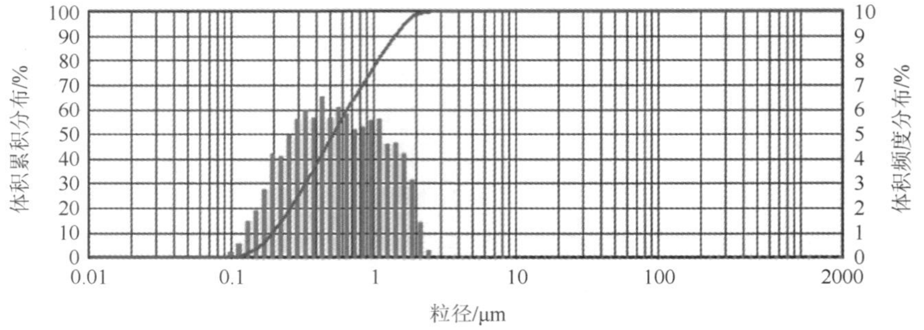

(b) 胡敏酸胶体

图 2.1　胶体悬浮液粒径分布图

2. 形貌表征

1）扫描电子显微镜分析

扫描电子显微镜（scanning electron microscope，SEM）结合能量色散 X 射线谱（X-ray energy dispersive spectrum，EDS）不仅能从微观上观察土壤胶体的表面形貌特征，也可以确定微区内土壤胶体的元素种类和含量。本研究采用日本电子公司生产的 JSM-7500F 扫描电子显微镜测定胶体的形貌。将胶体直接滴在清洗干净的硅片上，晾干，测量。测量前注意避免胶体发生沉降。高岭石胶体和胡敏酸胶体的代表性扫描电子显微镜图见图 2.2。

(a) 高岭石胶体

(b) 胡敏酸胶体

图 2.2　胶体的代表性扫描电子显微镜图片

所提取的两种胶体颗粒分布均匀，高岭石胶体微粒呈簇拥着的团状，胶体从中心向四周扩散，扩散部位为薄片状结构，薄片边缘不规则，扩散的薄片状结构相互层叠在一起。其结构特征决定了胶体有较大的比表面积和巨大的表面能，并且对污染物有较强的吸附能力。而胡敏酸胶体呈现出较为分散的细块状，最大的颗粒不超过 2 μm，而小的颗粒只有纳米级别。胶体表面不光滑，呈不规则的几何形状。胶体小的粒径会使比表面积大，不光滑的表面也会增加胶体的比表面积，使其更容易吸附金属或者土壤中的其他物质。

2）红外光谱分析

土壤胶体的性质主要由其有机质种类和表面官能团决定，傅里叶变换红外光谱技术可测定有机碳结构组成特征，具有无污染、在线分析和快速无损等特点（贾广梅，2016）。图 2.3（a）为高岭石胶体的红外光谱图，其红外光谱特征为：在高频区 3443 cm^{-1} 出现—OH 伸缩振动，中频区 1633 cm^{-1} 出现了吸附水的伸缩振动，1096 cm^{-1} 出现了 Si—O 伸缩振动，902cm^{-1} 峰为 Al—OH 弯曲振动，在低频区出现了 796 cm^{-1}、564 cm^{-1}、473 cm^{-1} 等尖锐峰，是由于 Si—O 或 Al—O 的伸缩振动，表明了无机矿物基团的存在。由胡敏酸胶体的红外光谱图可知［图 2.3（b）］，其在 3449 cm^{-1}、1735 cm^{-1}、1627 cm^{-1}、1450 cm^{-1}、1029 cm^{-1}、849 cm^{-1}、508 cm^{-1} 等处存在特征吸收峰，说明其存在酯基、芳香基、羧基、羟基、氨基和甲氧基等多种活性基团，与高岭石胶体在物质组成上具有较大差异，这也决定了两者在吸附性能上的差异。

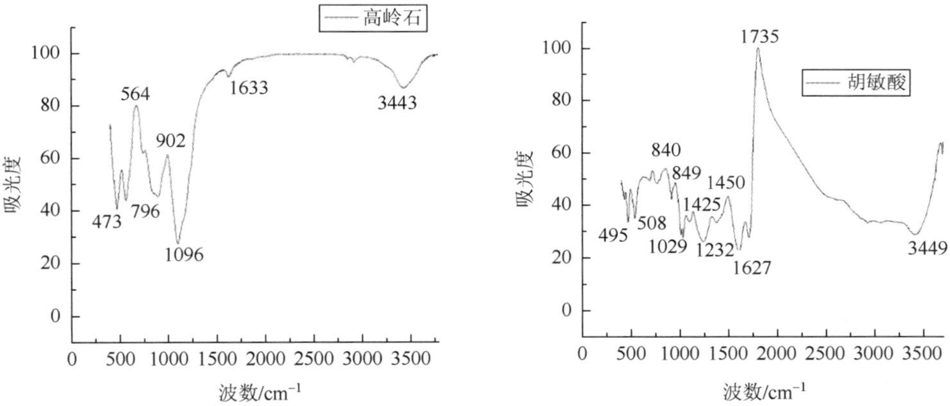

(a) 高岭石胶体　(b) 胡敏酸胶体

图 2.3　胶体的红外光谱图

3. 胶体的稳定性

胶体悬浮液是高度分散的多相体系，属于热力学不稳定系统，胶体粒子具有自动聚集而降低系统表面能的趋势。在适当条件下，颗粒作用间距非常小时，排斥作用力大于吸引力，从而在总的作用能与作用间距的关系曲线上形成一个排斥势垒，足够大的排斥势垒可阻止颗粒相互靠近，这对胶体体系的稳定性具有特殊意义。DLVO 理论是用来解释胶体稳定性和电解质之间的相互影响的理论，根据 DLVO 理论，胶体体系的稳定聚沉与其表面所带电荷具有直接关系。Zeta 电位是对颗粒之间相互排斥或吸引力的强度的度量。分子或分散粒子越小，Zeta 电位（正或负）越高，体系越稳定，即溶解或分散可以抵抗聚集。反之，Zeta 电位（正或负）越低，越倾向于凝结或凝聚，即吸引力超过了排斥力，分散被破坏而发生凝结或凝聚，因此，Zeta 电位是表征胶体悬浮液稳定性的最有效方法。

通过 Zeta 电位仪（JS94H 型微电泳仪，上海中晨数字技术设备有限公司）分别测定所提取的高岭石胶体和胡敏酸胶体的粒径和 Zeta 电位。通过测定不同 pH 和离子强度条件下胶体粒径和 Zeta 电位的变化规律，来判断胶体的稳定性。分别配制 100 $mg·L^{-1}$ 胶体溶液（浓度不可过高或过低，以免影响测定结果），超声 15 min，用激光粒度仪测定胶体粒径。再用 0.01 $mol·L^{-1}$NaOH 和 0.01 $mol·L^{-1}$ HCl 调节胶体溶液的 pH 分别为 5、7 和 9，用 $NaNO_3$ 溶液调节胶体溶液的离子强度为 0.005 $mol·L^{-1}$、0.05 $mol·L^{-1}$ 和 0.5 $mol·L^{-1}$。胶体的粒径变化和 Zeta 电位测定结果见表 2.3 及表 2.4。

表 2.3　不同 pH 条件下胶体的粒径和 Zeta 电位变化

pH	高岭石胶体		胡敏酸胶体	
	颗粒粒径/μm	Zeta 电位/mV	颗粒粒径/μm	Zeta 电位/mV
5	1.326	−17.28	0.318	−26.34
7	0.727	−24.37	0.336	−32.29
9	0.701	−43.92	0.497	−37.75

表 2.4　不同离子强度条件下胶体的粒径和 Zeta 电位变化

离子强度 /($mol·L^{-1}$)	高岭石胶体		胡敏酸胶体	
	颗粒粒径/μm	Zeta 电位/mV	颗粒粒径/μm	Zeta 电位/mV
0.005	0.537	−39.12	0.225	−26.98
0.05	1.243	−28.54	0.303	−23.49
0.1	1.458	−23.89	0.467	−21.28

由表 2.3 可知，胡敏酸胶体的粒径随着溶液的 pH 升高而呈现出增大的趋势，pH 对胡敏酸胶体的粒径变化影响较大，溶液处于酸性或中性环境条件下，相对于碱性环境条件时胶体粒径较小，在溶液 pH 为 9 时，粒径增加至 500 nm 左右。产生这种现象的原因可能是在 pH 增高时，溶液体系里的 H^+量随之降低，这使得胡敏酸胶体表面的负电荷中和量减少，因而胶体的束缚能态降低，使得在碱性环境条件下粒径骤增。高岭石胶体的粒径在溶液环境处于中性或碱性条件时，粒径变化不大，而在酸性条件时粒径出现突增，胶体在酸性条件下其 Zeta 电位（绝对值）发生骤降，表明此时胶体出现了凝聚而导致粒径突增。

在各种溶液条件下，两种胶体的 Zeta 电位均为负值，但由于胶体性质的差异，两者表现出不同的变化特征。两种胶体的 Zeta 电位（绝对值）随着溶液的 pH 升高而升高，这主要是由于溶液中 pH 降低即 H^+浓度增加，过多的 H^+会挤入胶体颗粒的吸附层，中和部分颗粒双电层表面所带的负电荷，导致其净负电荷总量减少，表现为胶体悬浮液 Zeta 电位（绝对值）相应降低（杨炜春等，2003）。根据 DLVO 理论，胶体的稳定性与其胶团的双电层结构和电性有重要关系，Zeta 电位（绝对值）降低，说明胶体表面净负电荷总量降低，胶粒之间的静电排斥力减小，导致势能降低，这将导致胶体之间的相互作用产生变化，进而影响运移。

在溶液处于酸性或中性条件时，高岭石胶体的电位处于不稳定状态（$|ZP| < 30$ mV），而在碱性环境条件下，Zeta 电位处于稳定状态（$|ZP| > 30$ mV）。这表明胶体在碱性环境下稳定性更高，这也与不同 pH 条件下其粒径变化的数据相符。

随溶液的离子强度增大，胶体的 Zeta 电位（绝对值）呈现降低的趋势。表面电位值越高，颗粒间的排斥作用就越强，颗粒易分散，这样其稳定性就越高。离子强度增大，导致胶体的絮凝能力增强，因而胶体的稳定性随之降低。

4. 胶体及钒浓度分析方法

1）胶体浓度的定量

由于胶体浓度与其在一定波长内的吸光度呈线性关系，因此通过胶体浓度与吸光度的线性关系，来确定胶体浓度计算的线性方程。胡敏酸胶体的浓度常用总有机碳（TOC）表示。参考何为红（2007）测定胡敏酸的方法，在波长为 464 nm 处进行胡敏酸胶体浓度的测定。对于高岭石胶体，波长设定为 350 nm（孙慧敏等，2012）。

2）钒的测定方法

对于钒的测定，分光光度法因操作简便、快速、准确而得到广泛应用。V(Ⅳ)与磷钨钼作用形成四元杂多酸，呈灰蓝色；V(Ⅴ)与磷钨钼作用形成四元杂多酸，呈黄色（苑海涛等，2016）。利用 V(Ⅳ)及 V(Ⅴ)反应形成四元杂多酸的不同颜色，通过分光光度法在不同波长下同时测定 V(Ⅳ)及 V(Ⅴ)（苑海涛等，2016）。

2.2.2　胶体对钒的吸附-解吸

重金属元素是环境中重要的污染元素，进入土壤后，首先和必然发生的过程是吸附和解吸（释放）作用。其中土壤中的胶体物质具有巨大的比表面积和双电层结构，是土壤中表面化学反应的主要发生场所。土壤胶体吸附在很大程度上决定着重金属的分布和富集，也是重金属离子从液相转入固相中的主要途径。土壤胶体对重金属的吸附和释放行为是影响土壤中固-液相之间重金属分配的重要机制。已有大量研究表明，胶体能够吸附污染物并通过共迁移促进污染物运移，可见吸附是胶体影响钒在内的污染物运移的先决条件。

由于存在于自然环境中的土壤胶体成分极其复杂，各成分的基本性质和所占比例的不同直接影响着土壤胶体的吸附性能。在影响土壤中钒吸附与解吸的一系列因素当中，土壤胶体类型无疑是其中最为重要的影响因素之一。由于土壤胶体的成分复杂，其比表面积与表面能、电荷类型和数量、表面分子键能等都对钒的吸附与解吸有着极为重要的作用与影响。在胶体对重金属吸附及其影响因素研究方面，除了土壤自身性质的影响外，外界因素（如 pH、离子强度、温度等物理化学条件）影响土壤对重金属的吸附研究也已取得了丰富资料（孙慧敏，2011）。

本节通过研究不同类型胶体（高岭石胶体、胡敏酸胶体）对钒的吸附-解吸特征，选取不同的 pH、离子强度和温度等作为环境影响因素进行批试验，以期揭示不同环境条件下无机胶体和有机胶体对钒的迁移、转化的影响。

2.2.2.1　初始钒浓度对胶体吸附钒及解吸的影响

分别准确量取 20 mL 高岭石胶体溶液和胡敏酸胶体溶液，配制胶体浓度为 200 $mg·L^{-1}$，超声分散 15 min，而后转移至 50 mL 离心管中，再分别加入浓度分别为 0 $mg·L^{-1}$、100 $mg·L^{-1}$、200 $mg·L^{-1}$、400 $mg·L^{-1}$、600 $mg·L^{-1}$、800 $mg·L^{-1}$、1000 $mg·L^{-1}$ 的以 0.01 $mol·L^{-1}$ 的 $NaNO_3$ 为支持电解质的钒溶液，即溶液的初始五价钒浓度分别为 0 $mg·L^{-1}$、50 $mg·L^{-1}$、100 $mg·L^{-1}$、200 $mg·L^{-1}$、300 $mg·L^{-1}$、400 $mg·L^{-1}$、500 $mg·L^{-1}$，用 0.01 $mol·L^{-1}$ 的 NaOH 或 0.01 $mol·L^{-1}$ 的 HCl 将溶液 pH 调至 7.0±0.1，置于恒温振荡器中以 200 $r·min^{-1}$ 于 25℃振荡 24 h，待平衡后于 5000 $r·min^{-1}$ 离心 10 min，测定上清液中的四价及五价钒浓度。每个处理设置 3 个重复。

待上述吸附试验结束后，倾出上清液，称量离心管和残渣重，并记录事先称好的离心管质量，以计算离心管中残余溶液中的钒离子的量。然后于离心管中加入 20 mL 的 0.01 $mol·L^{-1}$ $NaNO_3$ 溶液，按上述吸附方法振荡 24 h 后测定上清液的钒离子浓度，该量减去残渣中的钒离子残留量即为钒离子解吸量。

供试胶体吸附钒离子的吸附量 Q_e（$mg·g^{-1}$ 或 $mg·kg^{-1}$）由差减法求得，吸附量及吸附率 C_d 的计算公式如下：

$$Q_e = \frac{C_o - C_e}{m} \times V \tag{2.1}$$

$$C_d = \frac{C_o - C_e}{C_o} \times 100\% \tag{2.2}$$

式中，C_o 为钒离子的初始浓度（$mg·L^{-1}$）；C_e 为平衡液中的钒离子浓度（$mg·L^{-1}$）；V 为溶液体积（L）；m 为吸附剂胶体的质量（mg）。

胶体吸附态钒的解吸率 E_d（%）和解吸量 F_e（$mg·g^{-1}$）的计算公式如下：

$$E_d = \frac{F_e}{Q_e} \times 100\% \tag{2.3}$$

$$F_e = \frac{C_f}{m} \times V \tag{2.4}$$

式中，Q_e 为对应的吸附量；C_f 为解吸浓度（$mg·L^{-1}$）；V 为溶液体积（L）；m 为吸附剂胶体的质量（mg）。

随着溶液中初始钒浓度的增加，高岭石胶体和胡敏酸胶体对钒的吸附量和解吸量均呈现出增加的趋势（图 2.4）。这可能是由于重金属离子在胶体表面已经形成的固溶体或表面沉淀扩散到胶体的晶格结构中或进入小的孔隙中（何为红，2007）。吸附的钒只有少部分被解吸，在吸附初期钒解吸量很低，解吸率仅为 2.5%左右，随着钒吸附量的不断增加，钒解吸量也急剧增加。这可能是由于在低吸附量区域，大部分钒占据着高能量吸附点位，以专性吸附为主，解吸剂很难将其置换下来；随着吸附量的增加，专性吸附点位逐渐饱和，胶体对钒的吸附逐渐以非专性吸附为主（王胜利等，2010），即随着钒吸附量增加，胶体对钒的吸附势减弱，被胶体吸附的钒稳定性降低，易于解吸，因而释放潜力增加，解吸率也随之迅速增加，直至稳定。相比之下，胡敏酸胶体对钒的吸附量高于高岭石胶体对钒的吸附量，而钒解吸量却低于后者。这是因为胡敏酸胶体在表面活性位置形成了对重金属更强的离子交换中心（余贵芬等，2002）。

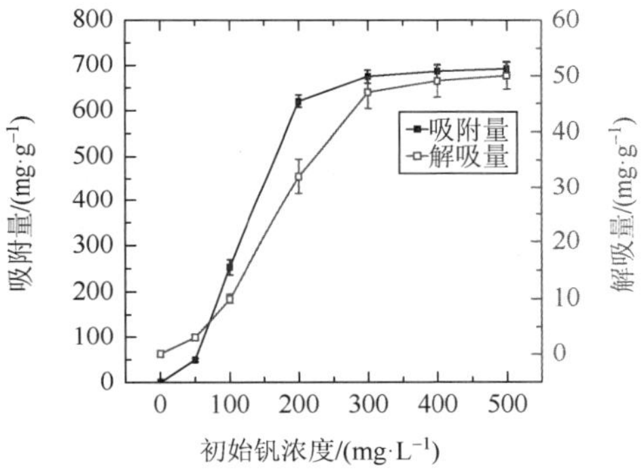

(a) 高岭石胶体

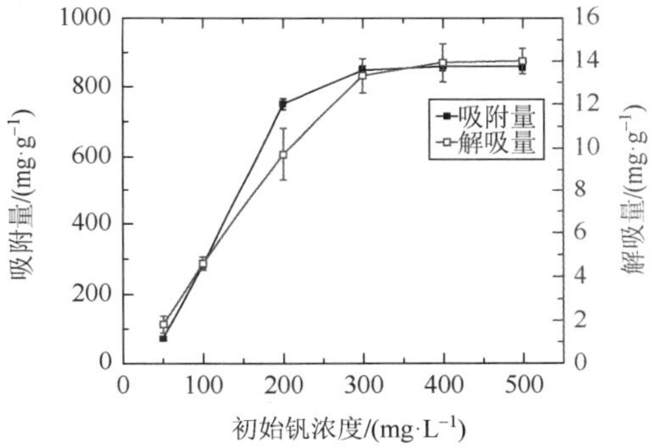

(b) 胡敏酸胶体

图 2.4　初始钒浓度对高岭石胶体和胡敏酸胶体吸附-解吸的影响

2.2.2.2　等温吸附-解吸特征

1. 等温吸附特征

高岭石胶体和胡敏酸胶体对钒的等温吸附曲线见图 2.5。两种胶体对钒的吸附量均随平衡液中钒浓度的增加而增加，即钒的吸附量与初始溶液钒浓度呈正相关。当平衡液钒在较低浓度范围时（$<100\ mg \cdot L^{-1}$），钒的吸附量增加较快，其随钒平衡浓度增加呈直线增加趋势，当高岭石胶体和胡敏酸胶体平衡液钒浓度分别增加到 $150\ mg \cdot L^{-1}$ 和 $125\ mg \cdot L^{-1}$ 时，吸附量的增加趋势逐渐趋于平缓，而后达到吸附平衡。两种胶体对钒离子的吸附量均随平衡液钒浓度的增加而趋于最大值，吸附曲线呈现出典型的 L 形，这与朗缪尔（Langmuir）等温式相符，表明高岭石胶体和胡敏酸胶体对钒离子的吸附为单分子吸附，吸附达到平衡后再延长反应时间，也不会继续增加吸附量，表明胶体对钒离子的吸附以化学吸附为主。整个吸附过程中吸附量呈现出“增加—缓慢增加—平衡”的趋势。这是由于低浓度下，钒首先与胶体中的高吸附点位结合，随着溶液钒浓度的增加，与高吸

附点位结合呈现饱和后，继续与低吸附点位结合，最后胶体吸附的钒与溶液中钒达到动态平衡（缪鑫等，2012）。

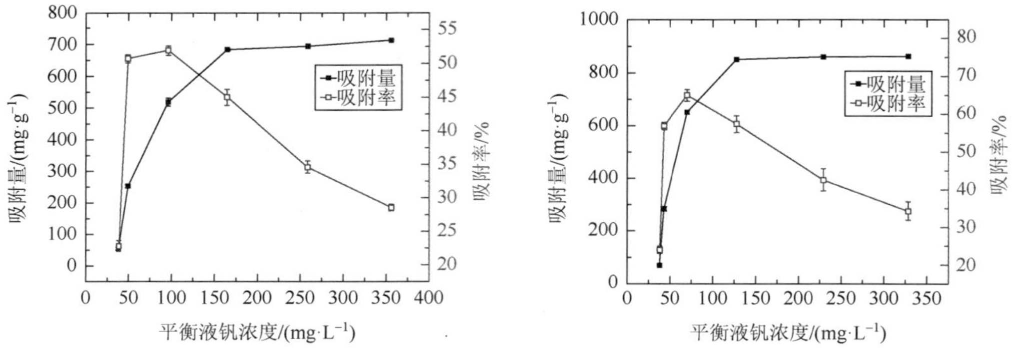

(a) 高岭石胶体　　(b) 胡敏酸胶体

图 2.5　高岭石胶体和胡敏酸胶体吸附钒的等温吸附线

胶体对重金属的吸附行为可以通过等温方程进行拟合和表征。常用的等温吸附模型为朗缪尔（Langmuir）和弗罗因德利希（Freundlich）等温吸附模型。Langmuir 等温吸附模型是基于吸附作用发生在单分子层，吸附剂表面的吸附点位具有同一性（蒋新宇等，2010），忽略被吸附分子间的横向作用的一种理论模型（马宏飞等，2013），Freundlich 等温吸附模型是以实验观察数据为依据建立的经验模型（蒋新宇等，2010），其公式分别如下：

$$\frac{C_e}{Q_e}=\frac{1}{Q_m\times b}+\frac{C_e}{Q_m} \tag{2.5}$$

$$\lg Q_e=\lg K_F+\frac{1}{n}\times\lg C_e \tag{2.6}$$

式中，C_e 为平衡液钒浓度（$mg\cdot L^{-1}$）；Q_e 为平衡吸附量（$mg\cdot g^{-1}$）；Q_m 为吸附材料的饱和吸附量（$mg\cdot g^{-1}$）；b 为 Langmuir 常数（$L\cdot mg^{-1}$）；K_F 和 n 为 Freundlich 吸附经验常数，K_F 表示吸附能力的强弱，$1/n$ 表示吸附量随浓度增长的强度。

运用 Langmuir 模型和 Freundlich 模型对高岭石胶体和胡敏酸胶体的等温吸附曲线进行拟合（表 2.5），Q_m 为拟合最大吸附量，b 反映吸附反应的自发程度，b 越大，反应的自发程度越强，生成物越稳定，b 也表示吸附剂与离子的结合能力，b 越大，吸附越强，K_F 为分配系数，n 为吸附强度，反映吸附剂对离子的吸附能力，$1/n$ 越大，吸附强度越弱，R^2 表示拟合方程相关系数。拟合的结果表明，胡敏酸胶体对钒的吸附等温线符合 Langmuir 方程和 Freundlich 方程，拟合度均达到显著水平（$p<0.01$），其中，Freundlich 模型的拟合系数值分别为 0.997 和 0.985，均优于 Langmuir 模型的拟合系数值，表明 Freundlich 模型更适合描述两种胶体对钒的等温吸附过程。由于 Langmuir 方程假定吸附剂表面均匀，吸附质之间无相互作用，吸附限于单层吸附，而在实际中，吸附剂表面很不均匀，吸附大多为多层吸附，经验性的 Freundlich 方程常常与实际吸附过程吻合得更好（保琦蓓，

2011)。高岭石胶体的最大吸附量为 711.5 $mg \cdot g^{-1}$，与其实际的最大吸附量 712.4 $mg \cdot g^{-1}$ 较为接近；胡敏酸胶体的最大吸附量为 858.3 $mg \cdot g^{-1}$，与其实际的最大吸附量 860.0 $mg \cdot g^{-1}$ 也较为接近；由表 2.5 中 b_2（0.012）＞b_1（0.006），$1/n_1$（0.957）＞$1/n_2$（0.895）可知，胡敏酸胶体对钒的吸附作用要强于高岭石胶体。这是由于胡敏酸胶体的表面基团的负电性增加，使其表面对钒离子的吸附位增加。钒离子在胡敏酸胶体中的吸附首先发生在羧基和酚羟基位，这些吸附位对钒离子的吸附能力高于高岭石胶体表面的铝羟基和硅羟基（何为红，2007）。

表 2.5　胶体吸附钒的等温吸附曲线拟合结果

胶体	等温吸附模型	方程参数		
高岭石	Langmuir	$b_1 = 0.006$	$Q_m = 711.55\ mg \cdot g^{-1}$	$R^2 = 0.971$
	Freundlich	$K_F = 0.577$	$1/n_1 = 0.957$	$R^2 = 0.997$
胡敏酸	Langmuir	$b_2 = 0.012$	$Q_m = 858.65\ mg \cdot g^{-1}$	$R^2 = 0.975$
	Freundlich	$K_F = 0.852$	$1/n_2 = 0.895$	$R^2 = 0.985$

2. 等温解吸特征

解吸是指已经被胶体吸附的金属离子从胶体表面上释放的过程。胶体对金属的解吸与吸附过程并不是简单的可逆过程，可能存在滞后现象（Verburg，1994）。因此会出现胶体对金属离子的吸附等温线与解吸等温线不相重合的现象。对于已经受到污染的土壤或胶体来说，要预测这些污染土壤或胶体中污染物的归宿和迁移性，还须明确其与解吸有关的特性（Strickert，1980）。影响污染物解吸行为的因素很多，如温度、离子强度、氧化还原电位等。在适当条件下，被吸附的重金属离子可以解吸到溶液中，而解吸作为吸附的逆过程直接关系到金属对生物的毒害作用，是一个更加重要的过程。

利用 Origin 对两种胶体对钒的吸附量和解吸量进行相关性分析，拟合系数分别为 $R^2_{高岭石} = 0.971$，$R^2_{胡敏酸} = 0.997$，两者的吸附量与解吸量相关性均达到显著性水平（图 2.6）。

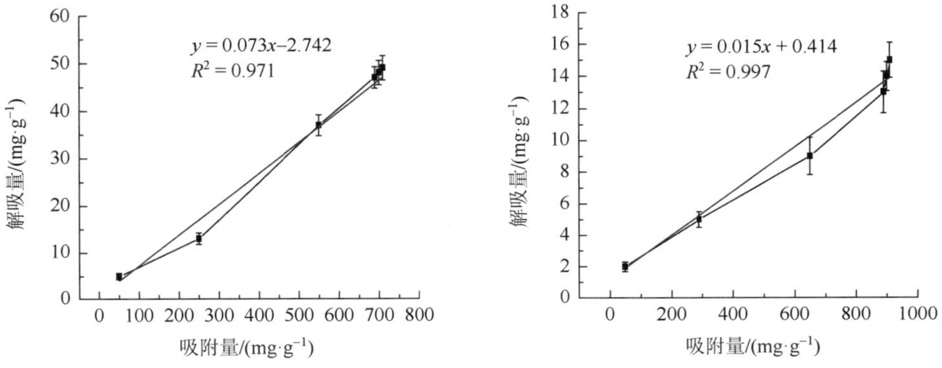

(a) 高岭石胶体　(b) 胡敏酸胶体

图 2.6　胶体对钒的吸附量和解吸量相关性

随着吸附量的增加，胶体对钒的解吸量皆呈上升趋势。用方程 $Y = aX + b$ 拟合解吸量与吸附量，斜率 a 具有容量特征，表示单位吸附量的解吸量，a 值越大，胶体对外源钒的缓冲能力越差（杨金燕等，2005）。供试胶体的缓冲能力为：高岭石胶体（$a = 0.073$）＜胡敏酸胶体（$a = 0.015$），根据缓冲顺序可以较好地解释高岭石胶体吸附量较低但解吸率较高，而胡敏酸胶体吸附量较高但解吸率较低的现象。

3. 等温吸附与解吸过程中平衡液 pH 变化特征

两种胶体在吸附钒后，平衡液的 pH 随着钒离子的吸附量增加而呈逐渐上升的趋势（图 2.7），这是由于胶体对 VO_3^- 的吸附主要为专性吸附，而阴离子的专性吸附具有两个明显特征（徐明岗，1997）：一是该离子的吸附使表面电荷变得更负，致使表面零电荷点向低 pH 方向移动；二是该离子吸附会代换出 OH^-，使反应体系 pH 升高，即本实验中 VO_3^- 交换土壤中的 OH^-，随着吸附量的增大，交换出的 OH^- 量也逐渐增多，使得溶液 pH 升高。相较于高岭石胶体，胡敏酸胶体吸附钒平衡液的 pH 升高趋势更为明显，几乎呈直线形上升，这可能与两者交换 OH^- 的能力有关（董长勋等，2007）。

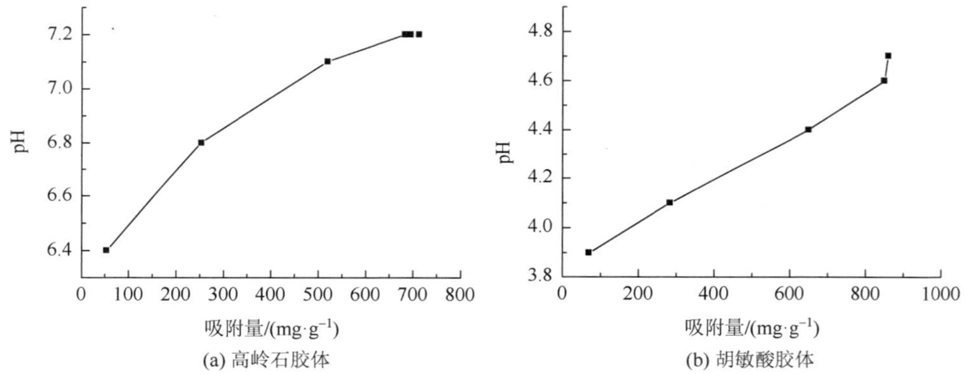

图 2.7　胶体吸附钒过程中平衡液 pH 变化特征

用 0.01 mol·L^{-1} 的 $NaNO_3$ 溶液解吸钒离子吸附平衡的胶体后，高岭石胶体的平衡液 pH 呈现下降的趋势，且下降幅度随着解吸量的增加而增加，直至解吸平衡［（图 2.8（a）］。pH 下降的原因可能是解吸使胶体的表面电荷发生变化，进入溶液的钒离子发生水解作用，增加了溶液中的 H^+ 含量。而对于胡敏酸胶体，虽然解吸平衡液的 pH 也出现了一定下降，但直至解吸平衡，其 pH 值仅下降了 0.3，这可能是由于钒在胡敏酸胶体中的解吸率较低，其对平衡液的 pH 影响甚微，这也与胡敏酸胶体吸附钒的平衡液 pH 变化趋势相对应。

2.2.2.3　pH 对胶体吸附钒及解吸的影响

溶液 pH 对离子吸附的影响，可以通过影响胶体的表面电荷特征、电荷数量和电荷类型、重金属离子的水解行为及在溶液中的存在形态、氢离子、铝离子参与竞争等途径来

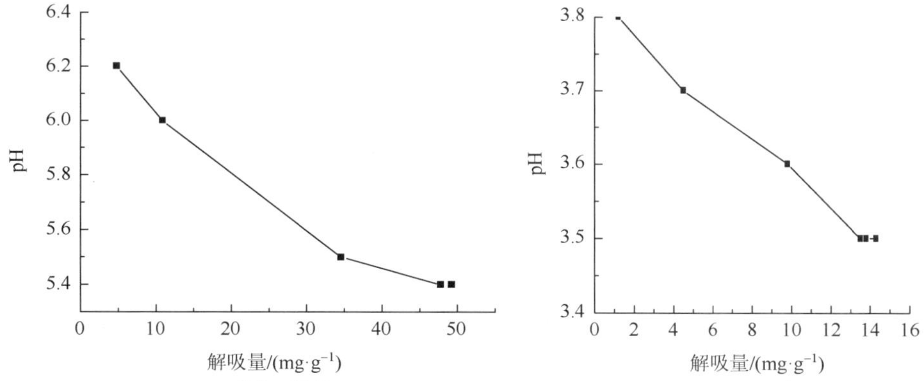

(a) 高岭石胶体　(b) 胡敏酸胶体

图 2.8　胶体吸附态钒解吸过程中平衡液 pH 变化

实现（于天仁，1996）。因此 pH 是重金属离子在胶体溶液中的吸附和解吸行为的重要影响因素。

分别准确量取 20 mL 高岭石胶体溶液和胡敏酸胶体溶液，配制胶体浓度为 200 mg·L^{-1}，超声分散 15 min，而后转移至 50 mL 离心管中，溶液中的五价钒浓度均为 100 mg·L^{-1}，用 0.01 mol·L^{-1} 的 NaOH 或 0.01 mol·L^{-1} 的 HCl 将溶液 pH 分别调至 3、5、7、9、11，恒温振荡 24 h，5000 r·min^{-1} 离心 10 min，分离上清液，测定四价钒及五价钒浓度。所有试验重复 3 次。

在 pH 为 3 时，高岭石胶体对钒的吸附率达 51.3%，而当 pH 上升到 11 时，吸附率降低为 43.2%［图 2.9（a）］。整体而言，高岭石胶体对钒的吸附量随 pH 升高而呈现出降低的趋势，在 pH 为 3～7 时，吸附量下降趋势较缓，而当溶液变为碱性环境时（pH 为 9～11），吸附量出现明显的下降趋势，这表明酸性环境更有利于高岭石胶体对钒的吸附。这可能与不同 pH 条件下钒的化学形态有关。有关研究表明，pH 对钒在水溶液中的存在形式具有影响。随着 pH 的变化，钒在溶液中的存在形式以多种聚集态存在（Karickhoff et al.，1979），形成各种钒氧化合物，如阳离子态 VO_2^+，中性离子态 $VO(OH)_3$，阴离子态

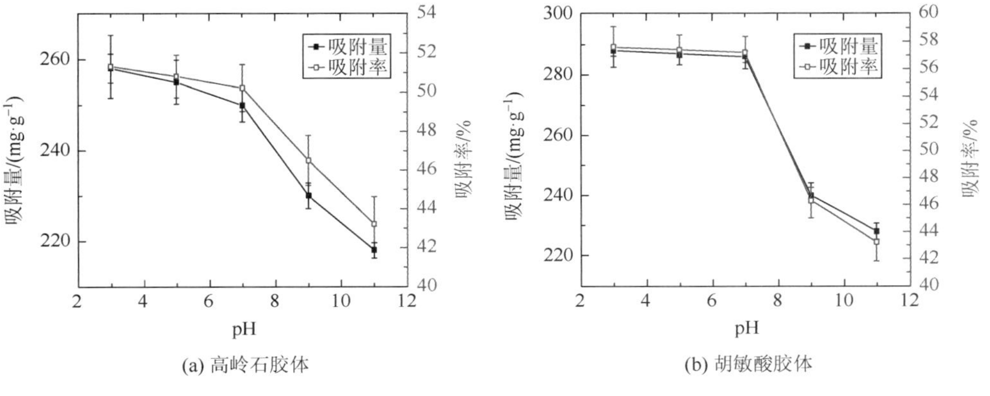

(a) 高岭石胶体　(b) 胡敏酸胶体

图 2.9　pH 对不同胶体吸附钒的影响

$V_{10}O_{28}^{6-}$、$V_{10}O_{27}(OH)^{5-}$、$V_{10}O_{26}(OH)_{24}^{-}$ 以及其他单核和多核的钒酸根离子。pH 在 2.5～7 时，钒的主要存在形态为 $H_3V_2O_7^-$；pH 为 7～9 时，钒主要存在形态为 $V_3O_9^{3-}$ 和 $V_4O_{12}^{4-}$；pH 为 9～12 时，钒以正钒酸根质子化 HVO_4^{2-} 和 $HV_2O_7^{3-}$ 形式存在（滕彦国等，2009）。因而，在 pH 较低时，溶液中的钒离子主要存在形式为阴离子状态，且此时 H^+浓度高，OH^-浓度低，对胶体吸附钒离子的竞争性相对较小；随着 pH 升高，OH^-浓度逐渐升高，而钒离子仍以阴离子形式存在，其与阴离子态的钒形成了竞争吸附，导致高岭石胶体对钒的吸附量减少。

高岭石胶体对重金属离子的吸附机制随溶液 pH 由酸性至碱性变化而发生规律性变化。溶液在酸性范围内主要是离子交换（外圈层配位）吸附，表面配位（内圈层配位）吸附只占次要地位。随着 pH 升高并向中性趋近，高岭石表面的去质子化开始增强，金属离子的水解作用也在增强，这两方面均有利于表面配位的进行，此时离子交换和表面配位都起重要作用，进入双吸附模式（吴宏海等，2005），此外，结合 Zeta 电位的试验结果可知，高岭石胶体 Zeta 电位值随溶液 pH 升高而降低，胶体表面净负电荷总量降低，导致分子之间势能降低，胶体不易分散，吸附钒离子的能力减弱。

对于胡敏酸胶体，其对钒的吸附量也呈现出随 pH 升高而逐渐降低的趋势，但 pH 为 3～7 时，其变化趋势较为平缓，各 pH 条件下的吸附量没有显著性差异（$p>0.05$），吸附量保持在 285 $mg·g^{-1}$ 以上。当溶液 pH 在 2.5～7 时，钒的主要形态单一表现为 $H_3V_2O_7^-$，因而胡敏酸胶体对钒的吸附没有显著性差异（王天罡，2012）。而当溶液 pH 上升到 9～11 时，胡敏酸胶体对钒的吸附出现明显下降的趋势，吸附率由起始的 57.6%降低到 43.2%[图 2.9(b)]。溶液 pH 的变化，一方面影响溶液中钒离子形态，另一方面也对胡敏酸胶体的分子形态存在影响，从而改变了胡敏酸对钒的吸附作用机理。吴宏海等（2005）认为矿物对腐殖酸的吸附作用涉及腐殖酸的溶解性。由于胡敏酸不溶于酸而溶于碱，是一种聚电解质，pH 不同会影响胡敏酸在溶液中的溶解度。当溶液 pH＞7 时，胡敏酸胶体在碱性环境溶解，发生离解，因而固态的胡敏酸量降低，从而减少了胡敏酸胶体的比表面积和有效活性点位。另外，溶液 pH 升高，胡敏酸中有更多的—COOH 和—COH 等解离为—COO^-和—CO^-，胡敏酸的亲水性增强，也导致钒吸附量降低（何为红，2007）。从图 2.10 可看出，pH 对胶体钒的解吸影响趋势与吸附实验结果基本一致，解吸量随溶液 pH 升高而降低。

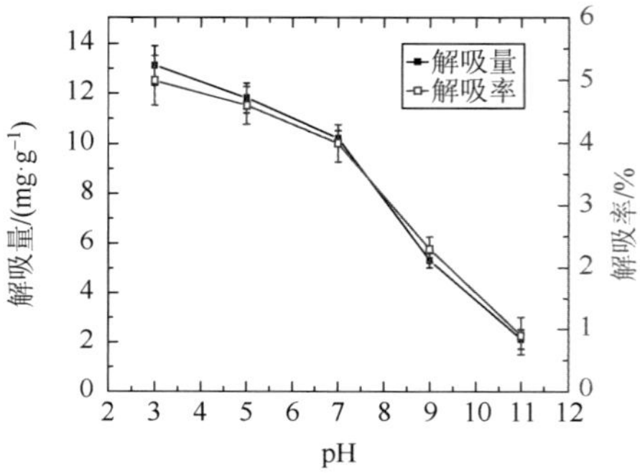

(a) 高岭石胶体

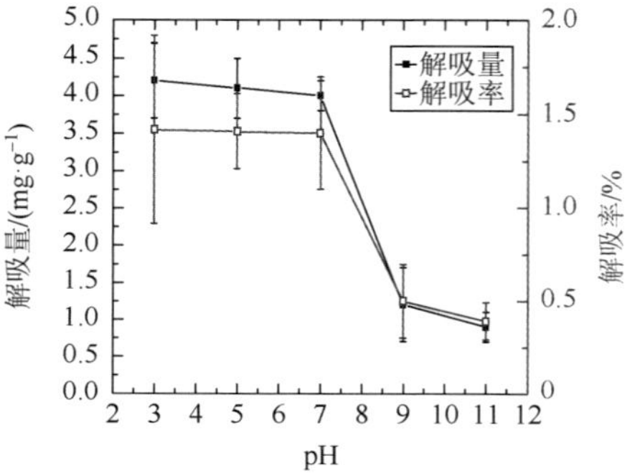

(b) 胡敏酸胶体

图 2.10　pH 对不同胶体吸附态钒解吸的影响

图 2.11 为 pH 对胶体吸附钒的平衡液四价钒浓度的影响。当 pH 在 3～7 时，高岭石胶体吸附钒的平衡液中检测到一定浓度的四价钒（0.5～0.8 mg·L^{-1}），当 pH＞7 时，未检测到四价钒，胶体吸附钒过程中，四价钒的生成量极低，表明在吸附过程中还原机制的贡献率甚微。相比之下，胡敏酸胶体吸附钒的平衡液中四价钒浓度明显较高，这可能与胡敏酸胶体中存在的一些还原性基团有关，在吸附过程中溶液中的五价钒被还原。可以推测，胡敏酸胶体在吸附钒的过程中，可能伴随着钒的还原。

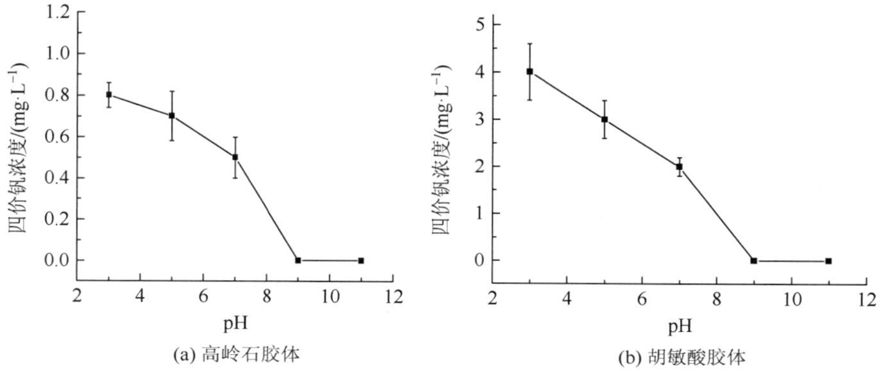

图 2.11　pH 对高岭石胶体和胡敏酸胶体吸附平衡液四价钒浓度影响

2.2.2.4　离子强度对胶体吸附钒及解吸的影响

准确量取 20 mL 高岭石胶体溶液和胡敏酸胶体溶液，胶体浓度为 200 mg·L^{-1}，超声分散 15 min，而后转移至 50 mL 离心管中，分别加入浓度为 200 mg·L^{-1} 的五价钒溶液，再依次加入 1 mL 0.001 mol·L^{-1}、0.005 mol·L^{-1}、0.01 mol·L^{-1}、0.05 mol·L^{-1}、0.1 mol·L^{-1} $NaNO_3$ 电解质溶液，恒温振荡 24 h，5000 r·min^{-1} 离心 10 min，过滤上清液并测定钒浓度。

图 2.12 表明不同离子强度对胶体吸附钒的影响。试验结果显示高岭石胶体对钒的吸附量呈现出随着溶液的离子强度的增大而逐渐降低的趋势。这与吴平霄等（2008）研究

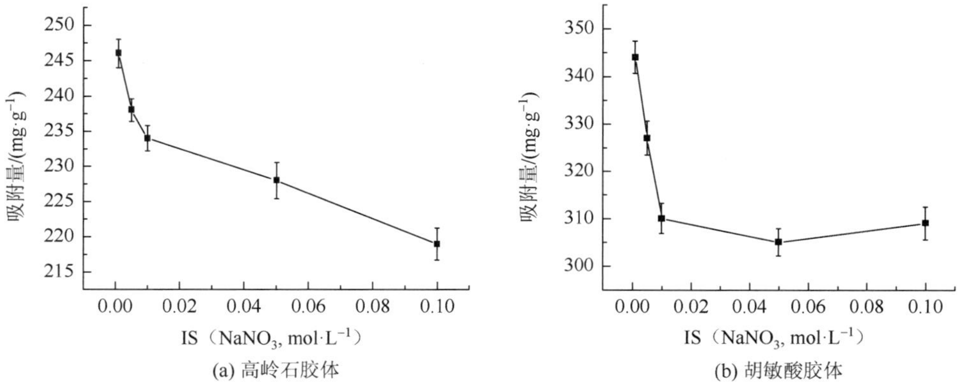

图 2.12　离子强度对高岭石胶体和胡敏酸胶体吸附钒的影响

离子强度对高岭石胶体吸附 Cu^{2+}、Cr^{3+}和 Cd^{2+}的影响结果较为相似。产生这种现象的原因是胶体的 Zeta 电位值下降（Jing et al.，2016）。根据胶体的双电层理论，当溶液中离子强度低时，胶体的双电层产生扩张，导致胶体的稳定性增加；当溶液中离子强度增大时，压缩胶体的双电层，导致胶体的流动性变差，从而抑制了吸附剂和吸附质的相互靠近（Ranville et al.，2005）。此外，随着离子强度不断增大，大量源自 $NaNO_3$ 的 Na^+会聚集形成致密的水化壳，阻止钒离子与胶体表面接触（Liu et al.，2013），使高岭石胶体吸附重金属的能力下降或由于离子强度增大使得重金属离子活度系数降低（何为红，2007）。

对于胡敏酸胶体，溶液离子强度在较低范围（0.001～0.01 mol·L^{-1}）时，随着离子强度的增大，胡敏酸胶体对钒的吸附量急剧下降，而当离子强度为 0.01～0.1 mol·L^{-1} 时，吸附量变化趋势不明显，胶体对钒的吸附量不具显著差异（$p>0.05$）。这可能是由于电解质 $NaNO_3$ 的浓度增加抑制了胡敏酸胶体分子官能团的离解，溶液中净负电荷减少，胡敏酸分子间斥力减弱，由于电性的中和，胡敏酸分子卷曲或聚集凝集，从而减少胡敏酸胶体的比表面积和有效活性点位，减少钒离子与胡敏酸胶体的结合点位，因此降低了胶体吸附钒的能力，使得胡敏酸胶体对钒的吸附量降低（梁梁等，2015）。

溶液离子强度为 0.005～0.1 mol·L^{-1} 时，高岭石胶体吸附钒的解吸量随着离子强度的增大而缓慢降低（图 2.13），但解吸量没有显著差异（$p>0.05$），这表明离子强度对高岭石胶体吸附钒的解吸没有显著影响。而胡敏酸胶体吸附钒的解吸量则呈现先降低后趋于平衡的趋势，即在溶液离子强度增大到 0.01～0.1 mol·L^{-1} 时，解吸量保持相对稳定，这与离子强度对胡敏酸胶体吸附钒的变化趋势相对应。

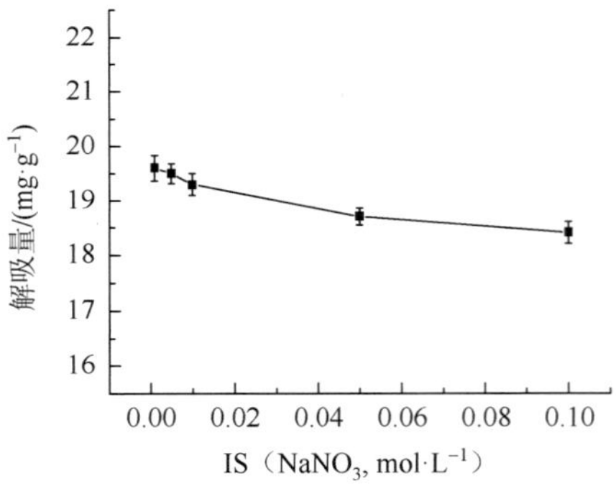

(a) 高岭石胶体

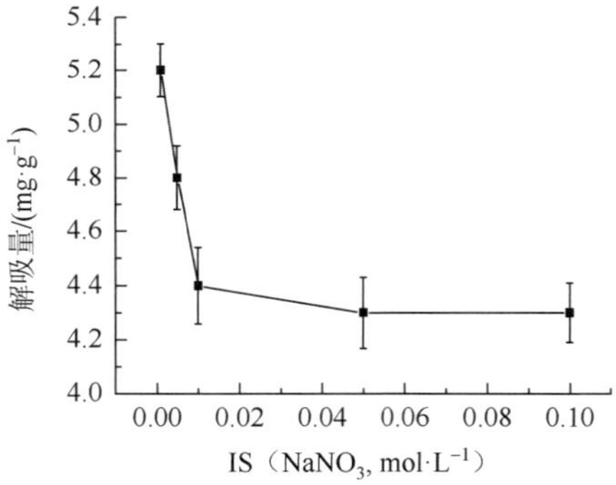

(b) 胡敏酸胶体

图 2.13　离子强度对胶体吸附态钒解吸的影响

2.2.2.5　温度对胶体吸附钒及解吸的影响

准确量取 20 mL 高岭石胶体溶液和胡敏酸胶体溶液，胶体浓度为 200 mg·L^{-1}，超声分散 15 min，而后转移至 50 mL 离心管中，再分别加入浓度为 200 mg·L^{-1} 的五价钒溶液，将恒温振荡器温度分别设置为 4℃、15℃、20℃、25℃、30℃、35℃和 40℃，恒温振荡 24 h，5000 r·min^{-1} 离心 10 min，分离上清液并测定钒浓度。

胡敏酸胶体的溶解度增加，减少了胶体的固相含量（刘梦等，2016），从而使吸附在胡敏酸胶体的钒随着胡敏酸溶解度增加，其解吸量也逐渐上升。

2.2.2.6　胶体对钒吸附的动力学特征

在溶液五价钒浓度为 100 mg·L^{-1}，pH 为 7、温度 25℃条件下进行钒吸附动力学实验，分别在不同的振荡时间（0.5 h、1 h、2 h、4 h、8 h、16 h、24 h、36 h、48 h）后取样，其余步骤同吸附实验。

随着反应时间的增加，高岭石胶体和胡敏酸胶体对钒的吸附量均逐渐增加。在 0～4 h 内，高岭石胶体对钒的吸附量随着反应时间增加而急剧增加，反应 4 h 的吸附量达到平衡吸附量的 62.5%，在反应 4～16 h 内，增加趋势逐渐变缓，在 24 h 后吸附量逐渐稳定，达到相对平衡（图 2.16）。胡敏酸胶体对钒的吸附在 0～2 h 内急剧增加，表明其为快速吸附的过程，其后增幅趋势逐渐变缓，反应 16 h 后吸附量趋于平衡。一般而言，重金属的吸附可分为两个阶段，即快速反应阶段和慢速反应阶段。快速反应在 150 min 以内便可以完成，而慢速反应阶段则需要较长的时间，且随时间延长，吸附率逐渐降低直至反应平衡（刘梦等，2016）。产生这种差异的原因可能是反应初始阶段吸附点周围聚积了高浓度的金属离子，使反应得以快速进行，而随反应时间增加，吸附点位逐渐减少，被吸附在黏土表面的金属离子因带正电荷又与游离重金属离子产生静电斥力，导致吸附速率下降（何为红，2007）。

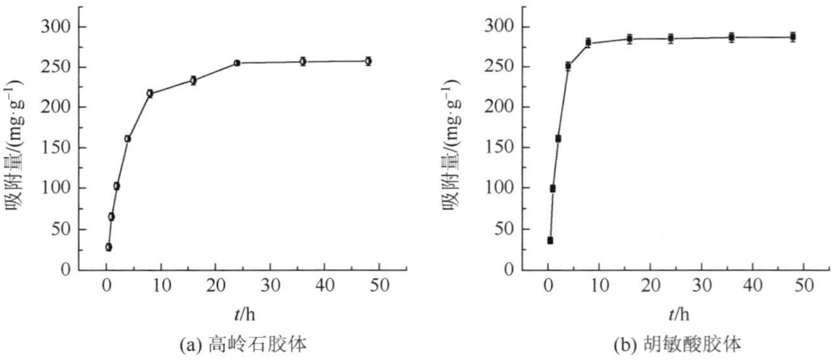

图 2.16　胶体对钒的吸附动力学曲线

通过对比可知，在相同时间内胡敏酸胶体对钒吸附速率较大，达到吸附平衡时所用时间较短，这也符合前文胡敏酸胶体对钒的吸附能力高于高岭石胶体的研究结果。

通过适宜的吸附动力学模型可以很好地拟合实验过程，计算得到的动力学参数对于实际应用是很重要的科学依据。本研究采用准一级动力学模型（Panday et al.，1985）、准二级动力学模型和双常数动力学模型（Rengaraj et al.，2004）进行吸附动力学模型拟合。计算公式分别如下：

$$\ln(Q_e - Q_t) = \ln Q_e - k_1 t \tag{2.7}$$

$$\frac{t}{Q_t}=k_2t+b \tag{2.8}$$

$$\lg Q_t = b\times\lg t + k_3 \tag{2.9}$$

式中，Q_t 为 t 时间时吸附剂对吸附质的吸附量（$mg·g^{-1}$）；Q_e 为平衡吸附量（$mg·g^{-1}$）；k_1 为准一级动力学方程速率常数（min^{-1}）；k_2 为准二级动力学方程速率常数[$g·(mg·min)^{-1}$ 或 $kg·(mg·min)^{-1}$]；b 和 k_3 为双常数动力学模型的常数。

采用准一级动力学、准二级动力学和双常数动力学模型对吸附动力学模型进行拟合（表 2.6）。准一级模型用于液相吸附，假定吸附受扩散步骤控制；准二级模型假定吸附速率受化学吸附机理控制，涉及吸附剂与吸附质间的电子交换或电子共享。根据 R^2 判断拟合效果，双常数模型不适用于单一反应控制，较适用于反应过程中活化能变化较大的过程（刘梦等，2016）。准一级模型和准二级模型均能较好表征两种胶体对钒的吸附动力学过程，而双常数模型的拟合结果与实际吸附量相差较大，不能较好表征胡敏酸胶体对钒的吸附动力学过程，即胡敏酸对钒的吸附受扩散步骤和化学吸附机理控制，主要为胡敏酸与钒通过电子交换或电子共享引起的化学吸附。

表 2.6　胶体对钒的吸附动力学模型拟合结果

胶体	动力学模型	方程参数		
高岭石	准一级	$K_{11}=0.257$	$Q_e=251.98$	$R^2=0.994$
	准二级	$K_{21}=0.0036$	$Q_e=259.89$	$R^2=0.998$
	双常数	$a_1=0.637$	$b_1=4.18$	$R^2=0.963$
胡敏酸	准一级	$K_{12}=0.424$	$Q_e=288.03$	$R^2=0.990$
	准二级	$K_{22}=0.0004$	$Q_e=288.90$	$R^2=0.927$
	双常数	$a_2=0.724$	$b_2=4.58$	$R^2=0.954$

两种胶体吸附态钒的解吸在反应初期解吸速率均较快，在反应 4 h 时高岭石胶体和胡敏酸胶体的解吸量分别达到平衡解吸量的 57.3%和 73.4%，其后解吸量变化不大（图 2.17），

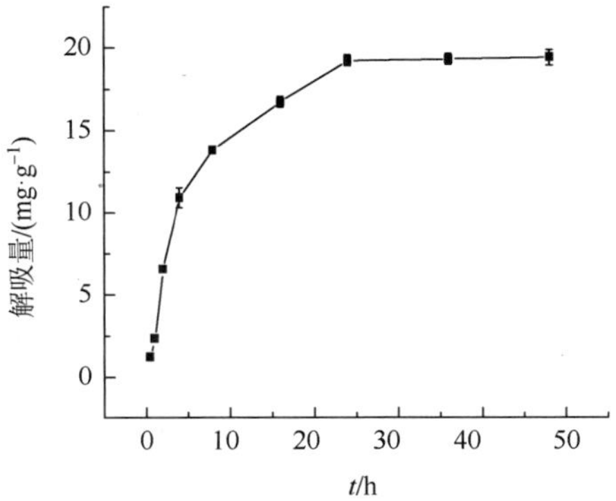

(a) 高岭石胶体

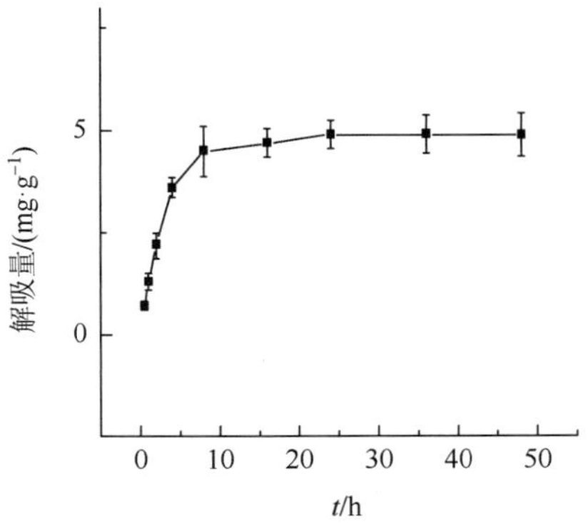

(b) 胡敏酸胶体

图 2.17　胶体对钒的解吸动力学曲线

即吸附和解吸不可逆。重金属离子的吸附可分为专性吸附和非专性吸附。非专性吸附指离子在双电层中以简单库仑作用力与黏土矿物结合，速度较快，但这部分吸附更容易解吸。可以将 4 h 视为解吸的快速反应阶段，其后为慢速反应阶段。解吸动力学的快速反应阶段对应于静电吸附态的重金属的解吸，慢速反应阶段对应于专性吸附态重金属的解吸（徐玉芬，2008）。

2.2.2.7　高岭石胶体和胡敏酸胶体吸附态钒的表征

为表征高岭石胶体和胡敏酸胶体吸附钒前后的结构以及有关化学基团的变化特征，对吸附钒前后的胶体进行了扫描电子显微镜测定和红外光谱分析。

1. 扫描电子显微镜表征

选取 pH = 7，溶液钒浓度为 100 mg·L^{-1}，离子强度为 0.01 mol·L^{-1}，温度为 25℃，等温吸附前后的高岭石胶体和胡敏酸胶体样品做电镜扫描。吸附前的胶体配成 100 mg·L^{-1} 胶体溶液，吸附后的胶体直接采用吸附平衡液作为样品，采用日本电子公司 JSM-7500F 扫描电子显微镜对样品进行分析（图 2.18）。由扫描电镜图可以看出，两种胶体在吸附前

(a) 吸附前高岭石胶体　(b) 吸附后高岭石胶体

(c) 吸附前胡敏酸胶体　(d) 吸附后胡敏酸胶体

图 2.18　吸附前后高岭石胶体和胡敏酸胶体的形貌特征

后，形貌均发生了变化。高岭石胶体在吸附前主要呈大小各异的簇状团粒，表面不光滑，胶体从中心向四周扩散，扩散部位为薄片状结构，薄片缘不规则。在吸附之后，胶体表面更为光滑且颗粒显得更为饱满。吸附前的胡敏酸胶体的表面呈零碎的片状或松散的颗粒状，胡敏酸胶体的碎片状表面结构有利于钒离子扩散到胶体的内部，与其形成稳定的络合物；吸附钒离子后的胡敏酸胶体表面变得均匀板结，颗粒之间的空隙明显变少。

2. 红外光谱表征

由红外光谱（图 2.19）可以看出，高岭石胶体在吸附前后，其主要官能团发生了相应变化。在 3423 cm^{-1} 处出现宽吸收峰，说明存在—OH 或—NH 的氢键分子间伸缩振动，表明吸附后胶体上生成酚类、醇类或化学吸附水（Zhao et al.，2016）；在 1644 cm^{-1} 出现的尖峰是由于共轭羰基、羧基的伸缩振动（Shi et al.，2009）；在 1029 cm^{-1} 处观察到的强烈峰值源自芳香醚或芳香酯的 C—O 伸展（Ali et al.，2016）；在 471 cm^{-1}、528 cm^{-1}、799 cm^{-1}、874 cm^{-1} 的峰是由于 Si—O 键伸缩振动。综上，红外光谱的结果表明，高岭石胶体的醇类物质及酚类物质的羟基参与了钒的吸附。

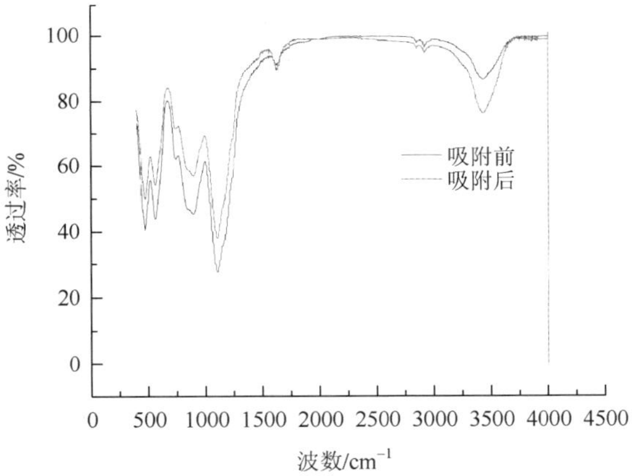

(a) 高岭石胶体

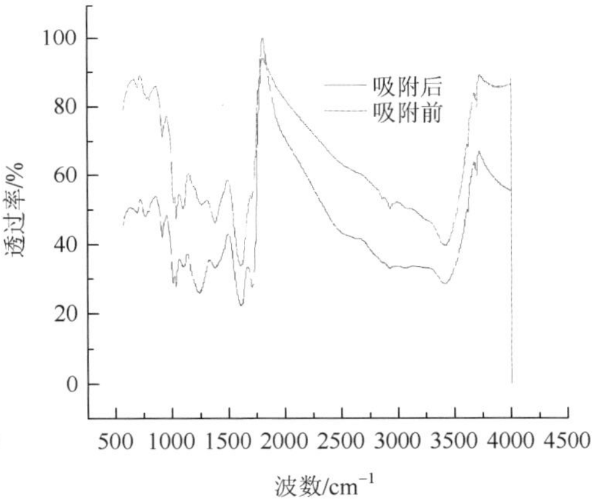

(b) 胡敏酸胶体

图 2.19　胶体吸附前后的红外光谱变化

胡敏酸胶体在吸附钒后，官能团及吸收峰强度也发生了较大的变化。3449 cm^{-1} 处的吸收峰移动至 3409 cm^{-1} 附近，是由于 O—H 伸缩振动或氢键缔结；1635 cm^{-1} 处的吸收峰移动至 1637 cm^{-1} 附近，是由于脂肪烃类—C ═ C—或 C ═ O 键的伸缩振动；在 1450 cm^{-1}、1425 cm^{-1} 出现的峰是由于脂肪烃类 C—H 变形（$—CH_2—$、$—CH_3$）或邻位取代芳香环伸展；在 1029 cm^{-1} 的吸收峰移动至 1049 cm^{-1} 附近，是由于伯醇、芳香醚或芳香酯的 C—O 键伸缩或硅酸盐杂质中的 Si—O 振动；在 840 cm^{-1} 的吸收峰移动到 830 cm^{-1} 附近，是由于取代苯环上的 C—H 摇摆或氨基酸中的 N—H 摇摆；以上官能团的变化，充分表明胡敏酸胶体上的羟基、甲基、亚甲基、碳碳双键、碳氧双键和硅氧键等参与了钒的吸附过程。

2.2.3 小结

采用虹吸法和经典的酸碱提取法分别制备了高岭石胶体和胡敏酸胶体，并采用扫描电镜、红外光谱、粒径分析和 Zeta 电位分析等多种技术手段对胶体稳定性进行了分析，并探讨了 pH、离子强度、温度、初始钒离子浓度不同条件下高岭石胶体和胡敏酸胶体对钒的吸附-解吸影响特征。主要研究结果如下。

（1）通过多种检测方法如激光粒度分析、红外光谱法、扫描电子显微术等对提取的高岭石胶体和胡敏酸胶体的理化性质、粒径、形貌等进行表征，研究了胶体的稳定性，并对胶体浓度进行了定量。所提取的高岭石胶体和胡敏酸胶体平均粒径分别为 0.627 μm 和 0.345 μm，符合胶体概念。红外光谱表明两种胶体的化学组成具有较大差异，这可对吸附试验和运移试验结果提供理论支撑。两种胶体在 pH 5～9、离子强度 0.005～0.1 $mol \cdot L^{-1}$ 条件下，Zeta 电位均为负值，随着离子强度的增大，胶体的稳定性降低。高岭石胶体在碱性条件下，稳定性更高。

（2）随着溶液中的初始五价钒浓度的增加，高岭石胶体和胡敏酸胶体对钒的吸附量和解吸量均呈现出增加的趋势，且解吸量均明显低于吸附量。胶体吸附的钒只有少部分解吸，解吸率最低仅为 2.5%左右，随着钒吸附量的不断增加，钒解吸量也急剧增加。

（3）两种胶体对钒的吸附量均随平衡液中钒浓度的增加而增加，整个吸附过程吸附量呈现出“增加—缓慢增加—平衡”的趋势；Freundlich 模型较 Langmuir 模型更适合描述两种胶体对钒的等温吸附过程，胡敏酸胶体对钒的吸附作用强于高岭石胶体。

（4）高岭石胶体对钒的吸附量随 pH 升高而呈现出降低的趋势，酸性环境时更有利于高岭石胶体对钒的吸附；胡敏酸胶体对钒的吸附量也呈现出随 pH 升高而逐渐降低的趋势，但在 pH 为 3～7 时，其变化趋势较为平缓，各 pH 条件下的吸附量没有显著性差异，这与各 pH 条件下钒的存在形态及胶体的表面电荷数量及溶解度有关。

（5）在溶液离子强度范围为 0.005～0.1 $mol \cdot L^{-1}$ 时，高岭石胶体对钒的吸附量随着溶液的离子强度的增大而逐渐降低，离子强度对高岭石胶体吸附钒的解吸没有显著影响；在溶液离子强度较低范围（0.001～0.01 $mol \cdot L^{-1}$）时，随着离子强度的增大，胡敏酸胶体对钒的吸附量急剧下降，钒的解吸量则呈现先降低后趋于平衡的趋势。

（6）较高温度更利于高岭石胶体对钒的吸附；胡敏酸胶体在低温或常温（4～20℃）时，其吸附量高于温度≥20℃条件下的吸附量。在温度为 25～40℃时，胡敏酸胶体的吸附量呈现逐渐降低的趋势；高岭石胶体吸附态钒的解吸量的变化趋势与相应的吸附试验结果较为一致，胡敏酸胶体吸附态钒的解吸量则随温度的升高而逐渐升高。

（7）随着反应时间的增加，高岭石胶体和胡敏酸胶体对钒的吸附量均逐渐增加，相同时间内胡敏酸胶体对钒吸附速率较大，达到吸附平衡时所用时间较短。准一级模型和准二级模型均能较好表征两种胶体对钒的吸附动力学过程，而双常数模型不能较好表征胡敏酸胶体对钒的吸附动力学过程。

（8）两种胶体吸附态钒的解吸：在反应初期，解吸速率均较快，在反应 4 h 后解吸率变化不大，吸附和解吸不可逆。

（9）红外光谱图结果表明，高岭石胶体的醇类物质、酚类物质的羟基，胡敏酸胶体的羟基、甲基、亚甲基、碳碳双键、碳氧双键和硅氧键等参与了钒的吸附过程。

2.3　土壤胶体在饱和多孔介质中的运移

研究人员目前对重金属的迁移已经开展了大量的研究，普遍认为重金属容易被土壤胶体和有机质吸附，一般情况下在土壤剖面中移动性很弱，多数重金属主要分布在土壤表层，对地下水污染风险较小（商书波，2008）。但土壤和水环境中含有大量可移动的胶体（肖广全等，2007），因为胶体具有很强的吸附能力，当胶体移动时，金属离子可与土壤胶体结合而增加其移动性（Flury and Qiu，2008；Richards et al.，2007；Sen and Khilar，2006）。已有研究表明胶体促进污染物迁移是污染物在地下水中迁移的重要机制（杨悦锁等，2017）。胶体-污染物迁移模型示意图见图 2.20。分散在水中的胶体性质稳定，在适宜的条件可进行长距离运输，因而近些年不断出现在部分地区土壤中重金属迁移明显加快的现象，在土层中的迁移深度远远大于理论预测值（商书波，2008）。

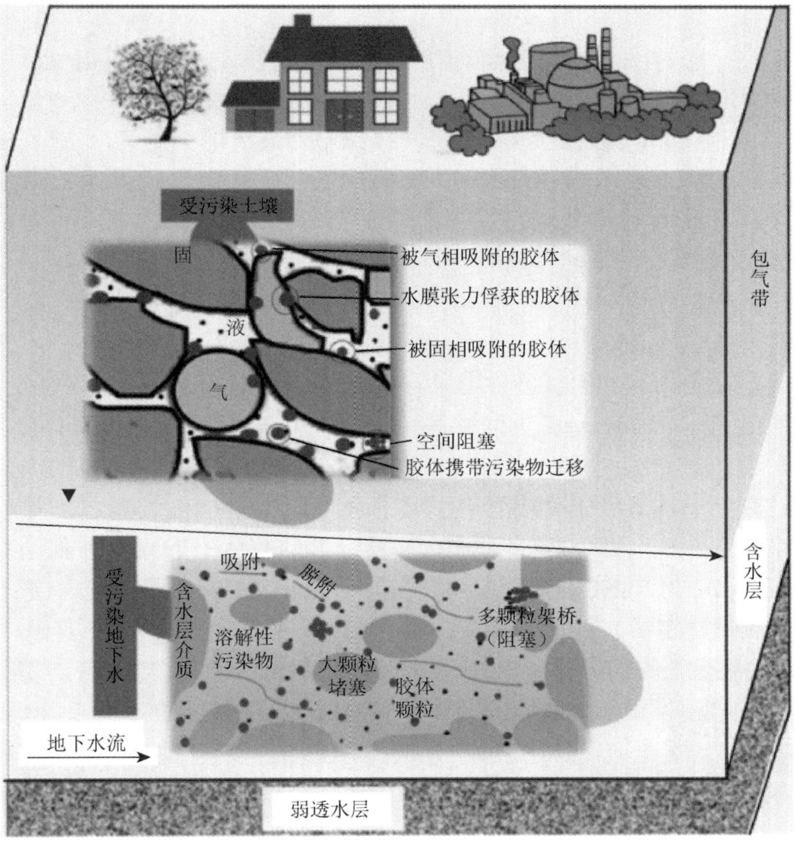

图 2.20　胶体-污染物迁移模型（杨悦锁等，2017）

胶体在多孔介质中的迁移之所以具有重要意义，主要是因为其能够促进多种无机和有机污染物的迁移，而这些污染物一旦吸附到胶体颗粒上，会随之迁移到更广泛的区域，进而增加对地下环境的污染风险（杨悦锁等，2017）。在胶体运移的过程中，其自身的状态及其外界环境均会对其运移造成影响。这些影响因素主要包括胶体本身的性质、多孔介质类型及溶液的化学性质等。在多种因素的共同作用下，胶体的运移过程变得十分复杂。在不同的条件下发挥主导作用的因素也可能不同。因此在研究胶体和污染物运移作用时，很有必要控制其影响因素。

本节主要研究胶体受不同 pH 影响在石英砂柱中的运移规律、不同离子强度对同种胶体运移规律的影响；绘制胶体在不同影响因素下的穿透曲线；依据胶体沉积动力学，计算胶体沉积速率系数（K）和穿透曲线回收率（MR），由此定量分析胶体受不同因素影响下的迁移能力。

2.3.1　材料与方法

2.3.1.1　石英砂的制备及处理

首先用去离子水将 30～50 目的石英砂表面杂质清洗干净，然后用 0.05 mol·L^{-1} 硝酸溶液将石英砂浸泡 24 h（以除去其中的 Fe、Al、Ca 等碱性杂质类化合物），再用 0.05 mol·L^{-1} 氢氧化钠溶液浸泡 24 h（以除去其中的酸性杂质），最后用去离子水洗至 pH 稳定为止（Lenhart and Saiers，2002）。将洗净的石英砂在 105℃下烘干，去除其中的氧化物和杂质。经测定，石英砂 Zeta 电位为负值。

2.3.1.2　运移试验方法

运移试验是在室内饱和石英砂柱中进行的，柱高 10.0 cm，内径 5.2 cm，材质为有机玻璃。采用湿装法自下而上对石英砂柱进行装填。填充过程中注意均匀填柱，边填边晃动石英砂柱，避免产生大孔隙。待到石英砂柱填充好之后，先用去离子水以恒定的流速冲洗石英砂柱直至淋洗液吸光度接近于去离子水（于 600 nm 波长测定其吸光度值，接近 0.02 方可结束冲洗），以确保石英砂柱中无可移动性的胶体干扰试验结果。继续往石英砂柱中通入 0.01 mol·L^{-1} $NaNO_3$ 电解质溶液 2 h，直至淋洗液 pH 稳定，保证石英砂柱化学性质稳定。当流速稳定后，迅速切换成目标溶液，即开始对应溶液在石英砂柱内的运移实验。整个运移控制流入液的流速为 1 mL·min^{-1}，每 10 mL 换一次接样瓶。每组实验设置两组平行实验。实验中以锥形瓶和蠕动泵作为供水装置，用自动部分收集器收集流出液，测定流出液中 Br^-、重金属离子及胶体的浓度。实验装置示意图如图 2.21 所示。饱和石英砂柱特征参数见表 2.7。

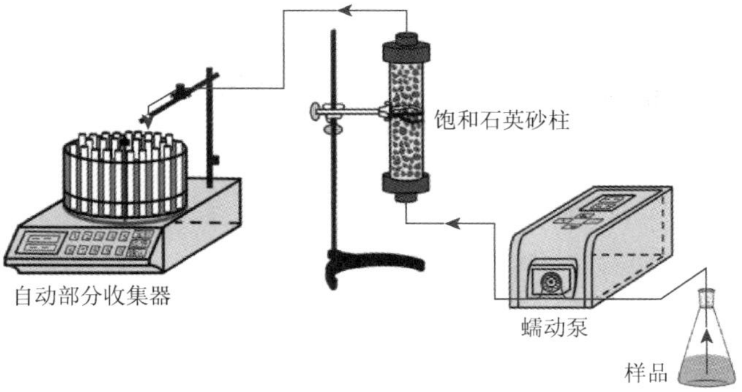

图 2.21　实验装置图

表 2.7　饱和石英砂柱特征参数

柱长/cm	内径/cm	石英砂平均粒径/mm	体积含水率/($cm^3 \cdot cm^{-3}$)	孔体积/mL	孔隙度/%
10.0	5.0	0.46	0.49	25.50	0.51

2.3.1.3　示踪剂 Br^-出流实验

Br^-对于胶体而言属于惰性离子，Br^-在和水一起运移时滞后性很小。本实验采用溴化钾作为示踪物质，以 Br^-作为测定石英砂柱纵向弥散系数的示踪剂。目的是通过 Br^-穿透曲线推导出饱和多孔介质的水力特征参数，从而帮助认识和区分物理与化学非平衡作用对重金属迁移的影响，并为描述胶体和重金属在土壤中的迁移提供模型选择（孙军娜，2009）。实验时，先打开蠕动泵，以较慢的流速自下而上输入背景溶液到饱和石英砂柱，然后调整入流方向，使其从上向下流经石英砂柱，待稳定流场形成后，输入 1 个孔隙体积（pore volume，PV）的入流液溴化钾（0.05 $mol \cdot L^{-1}$），之后用 $NaNO_3$ 溶液连续洗脱，石英砂柱出流液用部分收集器定时采集，采用 GB/T 23845—2009 的方法测定出流液中的 Br^-浓度。

2.3.1.4　不同环境因素对胶体运移的影响

分别开展高岭石胶体和胡敏酸胶体在不同 pH（5、7、9）及不同离子强度（0.005 $mol \cdot L^{-1}$、0.05 $mol \cdot L^{-1}$、0.1 $mol \cdot L^{-1}$）条件下的运移试验。

2.3.1.5　数据分析及处理

使用紫外分光光度计测量流出液胶体悬浮液的吸光度。以流出液的孔隙体积（PV，即流出液的体积与石英砂柱内液体所占体积的比值，量纲一，计算公式为 $PV = v \times t/L$，其中，v 为流速，$cm \cdot min^{-1}$；t 为时间，min；L 为柱长，cm）为横坐标，以流出液胶体悬浮液的浓度值 C 与流入液胶体悬浮液的浓度 C_0 的比值 C/C_0 为纵坐标绘制胶体在饱和石英砂柱中的穿透曲线（葛孟团，2016）。

示踪剂 Br^-借助对流和布朗运动在饱和石英砂柱中运移，完全穿透石英砂柱时 C/C_0 可达到 1，认为 Br^-在饱和石英砂柱中运移过程穿透曲线回收率（MR）为 100%（吕俊佳，2013）。使用 Origin 拟合溴离子和胶体穿透曲线积分面积，两者比值即为 MR（Kretzschmar and Sticher，1998）。示踪剂石英砂柱运移试验的数据用 CXTFIT 2.1 进行拟合分析，推导出纵向弥散系数 λ（$cm^2 \cdot min^{-1}$），然后基于两相的化学不平衡模型，利用 HYDRUS-1D 中的 Levenberg- Marquardt 算法（Marquardt，1963）逆推出胶体运移和沉积速率系数（K）。

2.3.1.6　胶体运移数学模型

1）Br^-运移模型

土壤溶质运移所研究的是溶质在土壤中的过程、规律和机理（孙莹莹和徐绍辉，2013）。目前，溶质运移的一维饱和流条件下的对流-弥散方程（convection dispersion equation，CDE）作为土壤溶质运移研究的经典和基本方程（李韵珠和李保国，1998），已在解释溶质运移过程的数学模型中得到广泛应用。CDE 数学模型是研究土壤介质中污染物运移转化和环境归趋定量关系的数学表达式（胡俊栋等，2005）。对于惰性离子 Br^-，采用 CDE 模型来对运移数据的结果进行模拟分析，其控制方程（Toride et al.，2005）为

$$R\frac{\partial C}{\partial t} = D\frac{\partial^2 C}{\partial x^2} - v\frac{\partial C}{\partial x} \tag{2.10}$$

式中，C 为液相中胶体的浓度（$mg \cdot L^{-1}$）；D 为水动力弥散系数（$cm^2 \cdot h^{-1}$）；x 为距离（cm）；t 为时间（min）；R 为阻滞因子。

式（2.10）中：

$$R = 1 + \frac{\rho_b K_d}{\theta} \tag{2.11}$$

$$D = \lambda v \tag{2.12}$$

$$v = q / \theta \tag{2.13}$$

式中，λ 为纵向弥散度（cm）；v 为孔隙流速（$cm \cdot min^{-1}$）；ρ_b 为容重；K_d 为分配系数；θ 为体积含水率；q 为达西流速。

由于示踪剂 Br^-的 K_d（吸附分配系数）值为 0，则其阻滞因子 $R = 1 + \frac{\rho_b K_d}{\theta}$ 的值为 1。

2）胶体运移模型

通常，用于描述胶体运移和保留的对流弥散公式（Bradford et al.，2002）为

$$\theta\frac{\partial C}{\partial t} = -\frac{v}{\theta}\frac{\partial C}{\partial z} + D\frac{\partial^2 C}{\partial z^2} - \frac{\rho}{\theta}\frac{\partial s_1}{\partial t} - \frac{\rho}{\theta}\frac{\partial s_2}{\partial t} \tag{2.14}$$

式中，z 为空间坐标（cm）；t 为时间（min）；s_1 为保留于吸附点位 1 的胶体浓度（$g \cdot g^{-1}$）；s_2 为保留于吸附点位 2 的胶体浓度（$g \cdot g^{-1}$）；其余字母代表含义同式（2.10）～式（2.13）。

而 s_1 和 s_2 又可以表达为（马杰，2016）

$$\frac{\rho}{\theta}\frac{\partial s_1}{\partial t} = \psi_t K_{1a} C - \frac{\rho}{\theta} K_{1d} S_1 \tag{2.15}$$

$$\frac{\rho}{\theta}\frac{\partial s_2}{\partial t}=\psi_x K_{2a} C \tag{2.16}$$

式中，K_{1a} 和 K_{2a} 分别为吸附点位 1 和吸附点位 2 上的一级沉淀系数（min^{-1}）；K_{1d} 为吸附点位 1 上的一级释放系数（min^{-1}）；ψ_t 和 ψ_x 分别为时间控制的沉积和空间距离控制的沉积的参数。

2.3.2　示踪剂 Br^- 运移数值模拟

可通过 Br^- 穿透曲线的形状特征来确定控制溶质运移的过程，并且通过应用线性平衡 CDE 模型对实验数据进行拟合从而求出石英砂柱的纵向弥散系数 λ。Br^- 示踪实验在不同的 pH 和 IS 条件下进行。结果表明不同的 pH 和 IS 条件下，Br^- 的穿透曲线基本一致。在实验条件下，Br^- 穿透曲线在结构上基本对称，无双峰和严重“拖尾”现象（图 2.22），这表明 Br^- 在石英砂柱运移过程中，较少受到物理、化学的非平衡影响，可以忽略非可动水对溶质运移的作用（Kretzschmar et al.，1997），所获得的相关参数可用于胶体和重金属运移过程的数值模拟。运用模型所得的参数见表 2.8。

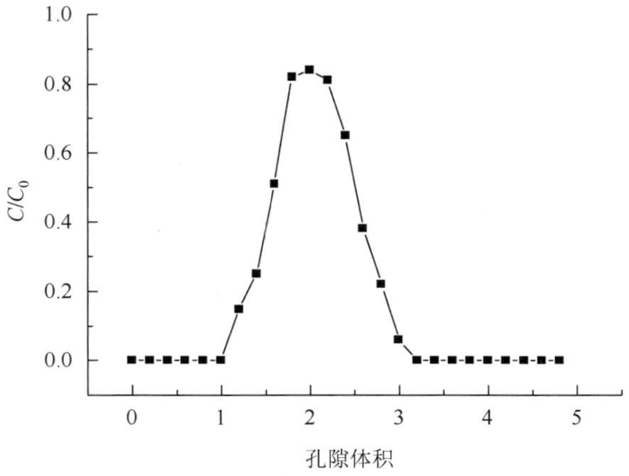

图 2.22　Br^- 在饱和多孔介质中的穿透曲线

表 2.8　Br^- 示踪试验模型参数

$D^a/(cm^2 \cdot min^{-1})$	λ^b /cm	$\theta^c/(cm^3 \cdot cm^{-3})$	Pe^d	$R^{2\,e}$	RMSE [f]
0.018	0.168	0.468	58.9	0.986	0.004

注：a. 水动力弥散系数；b. 纵向弥散度 $\lambda=D/v$；c. 饱和体积含水率；d. 佩克莱数，表示对流与扩散的相对比例，$Pe=vL/D$；e. 相关系数；f. 均方根误差。

可以看出，模型拟合的结果穿透曲线（breakthrough curve，BTC）与实测值拟合效果较好（$R^2>0.98$，RMSE≤0.004），由此得到的参数 θ 与 λ 值分别作为饱和石英砂柱的饱和含水率和弥散度，用于钒运移的模拟及预测。由佩克莱数 $Pe=58.9$（>50）可知，对流作用对整个运移过程起决定性作用（Kamra et al.，2001）。

2.3.3 pH 对胶体运移的影响

不同 pH 条件下，高岭石胶体和胡敏酸胶体在饱和多孔介质中的穿透曲线和模型拟合的参数结果分别见图 2.23 及表 2.9。与示踪离子 Br^-穿透曲线相比，在不同 pH 条件下，高岭石胶体和胡敏酸胶体的相对浓度峰值（C/C_0）均低于 Br^-的峰值。随着 pH 的升高，高岭石胶体的运移速度不断加快，峰值增高，由沉积动力学所得 K 值分别为 $7.92\times10^{-4}\ s^{-1}$、$3.69\times10^{-4}\ s^{-1}$ 和 $2.67\times10^{-4}\ s^{-1}$；在 pH 为 5 时，胶体 MR 为 45.41%，由质量守恒定律可知，约有 54%的胶体残留于石英砂柱中，而当 pH 升高到 7 和 9 时，MR 分别增加到 91.89% 和 95.30%，此时石英砂中胶体的残留量极低，基本不再变化。胶体的 MR 值表明了胶体在多孔介质中的运移存在着吸附和沉淀过程，而不同的 pH 则具有调节胶体的吸附沉积作用的功能（王雨鹭，2016）。这表明相对于在酸性条件时，中性和碱性条件下，高岭石胶体更易于运移。在试验条件范围内，高岭石胶体的 Zeta 电位与石英砂的 Zeta 电位均为负，电位绝对值与排斥力成正比（孙慧敏等，2012）。而在低 pH 时，高岭石胶体和石英砂胶体 Zeta 电位绝对值都较小，相互排斥力较小，则高岭石胶体在石英砂表面易于沉积。而在 pH 逐渐增大后，在双电层斥力作用下，胶体的吸附速率减小，而释放速率逐渐增大，则运移速度加快。

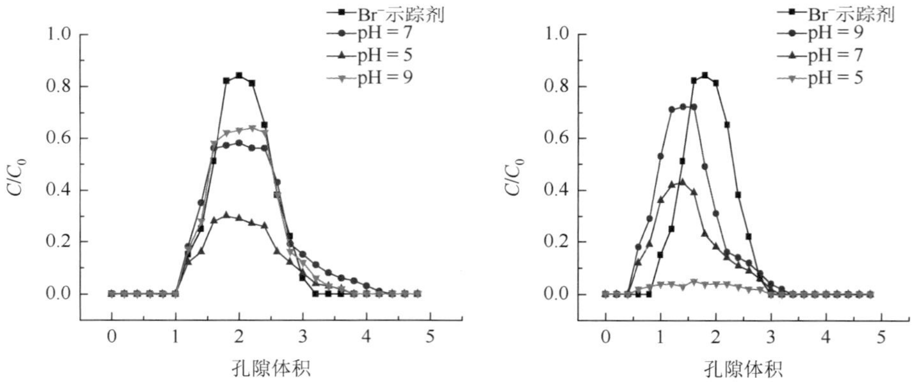

(a) 高岭石胶体 (b) 胡敏酸胶体

图 2.23 pH 对高岭石胶体及胡敏酸胶体在饱和多孔介质中穿透曲线的影响

表 2.9 模型拟合不同 pH 条件下胶体在饱和多孔介质中的运移参数

pH	胶体	K_{1a}^{a} /min^{-1}	K_{1d}^{b} /min^{-1}	K_{2a}^{c} /min^{-1}	K_{1a}/K_{1d}	MR^{d}/%	C/C_0^{e}	K^{f}/s^{-1}	$R^{2\,g}$
5	高岭石胶体	1.23×10^4	7.89×10^3	2.06×10^4	1.56	45.41	0.30	7.92×10^{-4}	0.76
	胡敏酸胶体	2.14×10^4	8.26×10^3	4.58×10^5	2.59	8.52	0.04	2.13×10^{-3}	0.72
7	高岭石胶体	4.43×10^3	4.01×10^3	8.76×10^3	1.10	91.89	0.57	3.69×10^{-4}	0.98
	胡敏酸胶体	9.28×10^3	7.56×10^3	1.65×10^4	0.56	67.80	0.44	4.92×10^{-4}	0.96

续表

pH	胶体	K_{1a}^{a} /min^{-1}	K_{1d}^{b} /min^{-1}	K_{2a}^{c} /min^{-1}	K_{1a}/K_{1d}	MR^{d}/%	C/C_0 ^{e}	K^{f}/s^{-1}	$R^{2\ g}$
9	高岭石胶体	3.98×10^{3}	3.08×10^{3}	9.47×10^{3}	1.29	95.30	0.64	2.67×10^{-4}	0.95
	胡敏酸胶体	3.85×10^{3}	3.61×10^{3}	9.88×10^{3}	1.06	95.91	0.71	2.05×10^{-4}	0.93

注：a. 吸附点位 1 的一级沉淀系数；b. 吸附点位 1 的一级释放系数；c. 吸附点位 2 的一级沉淀系数；d.流出液胶体穿透曲线回收率；e. 相对浓度峰值；f. 胶体的沉积速率系数；g. 相关系数。

如果胶体流动相的离子强度保持恒定，则其稳定性主要取决于 pH，而胶体稳定的 pH 敏感范围主要取决于胶体组成和表面电荷的共同作用（葛孟团，2016）。pH 对胡敏酸胶体运移的影响要大于对高岭石胶体的影响，随着 pH 升高，相对浓度峰值明显增大。当 pH 为 7 或 9 时，胡敏酸胶体的穿透曲线出现拐点的时间先于示踪离子，这表明流动相中胡敏酸胶体的运移速度大于示踪离子。在 pH 为 5、7 和 9 时，流出液中胶体的 MR 分别为 8.52%、67.80%和 95.91%，在吸附点位 1 和吸附点位 2 的沉淀系数（K_{1a}、K_{2a}）均随着 pH 升高而降低，这表明了 pH 对胡敏酸胶体运移的控制（马杰，2016）。在 pH 为 5 时，K 值为 2.13×10^{-3} s^{-1}，胶体颗粒沉积在石英砂介质表面，大部分的胶体被截留在石英砂柱中。相关研究表明，胡敏酸在溶液中的形态受到 pH 较大的影响，pH 在中性和碱性条件下，胡敏酸分子之间具有排斥作用，其结构拉伸为线形，具有延展性；pH 为酸性条件下，其分子发生卷曲（Ghosh and Schnitzer，1980），易于沉积。在 pH 为 9 时，K_{1a}/K_{1d} 的值接近于 1（表 2.9），这表明由于胡敏酸胶体和石英砂之间的强脱离作用，胡敏酸胶体在时间控制的吸附点位 1 沉积点位上沉积量很低，使得胶体 MR 高达 95.91%。与在相同 pH 时高岭石胶体的穿透曲线和模拟参数的结果（低 K_{1a} 和 K_{2a}，高 K_{1a}/K_{1d}）比较可知，胡敏酸胶体在饱和石英砂柱中的运移能力更强。

2.3.4　离子强度对胶体运移的影响

随着溶液的离子强度增大，高岭石胶体和胡敏酸胶体的相对浓度峰值均降低（图 2.24）。对于高岭石胶体，当离子强度为 0.005 mol·L^{-1}，其穿透曲线最先出现拐点，峰值（0.59）及 MR（81.87%）均最高（表 2.10）；当离子强度增至 0.05 mol·L^{-1} 和 0.1 mol·L^{-1} 时，峰值骤降为 0.09 和 0.04，这表明随着溶液离子强度的增大，流动相的高岭石胶体含量逐渐降低，而在固相介质的石英砂的表面沉积量逐渐增高，这也与 K 值随离子强度增大而不断增大相对应。这种现象的产生可以由 DLVO 理论来很好地解释。即在较低离子强度条件下，胶体的扩散双电层较厚，胶体颗粒间排斥力较高，胶体更易于运移；而随着离子强度的增大，胶体表面扩散双电层会变薄，最终导致胶体更易于向介质表面移动，被介质吸附沉淀在固定相中，因此胶体的沉淀量随流动相中离子强度的增大而增大（刘庆玲等，2007）。在离子强度为 0.005 mol·L^{-1} 时，穿透曲线有拖尾现象，说明由非平衡过程引起的高岭石胶体沉淀量增加，而在其余离子强度条件下，未观察到拖尾现象，这与孙慧敏等（2012）研究离子强度对胶体运移的影响的结论较为一致。

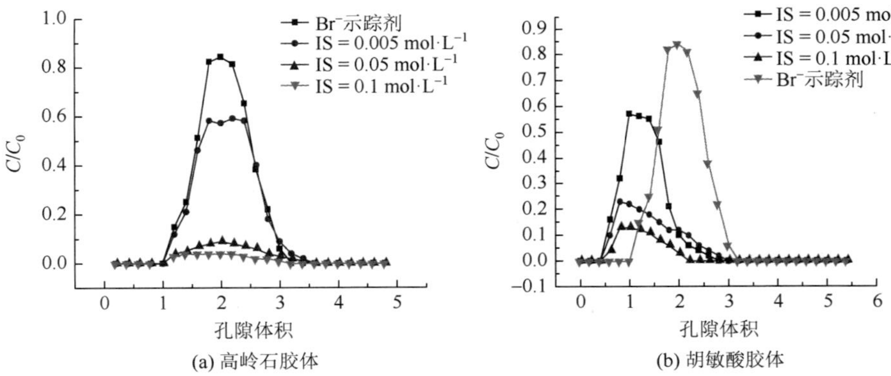

(a) 高岭石胶体　　(b) 胡敏酸胶体

图 2.24　离子强度对高岭石胶体和胡敏酸胶体在饱和多孔介质中穿透曲线的影响

表 2.10　模型拟合不同离子强度条件下胶体在饱和石英砂柱中的运移参数

$IS/(mol·L^{-1})$	胶体	K_{1a}^{a} /min^{-1}	K_{1d}^{b} /min^{-1}	K_{2a}^{c} /min^{-1}	K_{1a}/K_{1d}	MR^d/%	C/C_0 ^{e}	K^f/s^{-1}	$R^{2\ g}$
0.005	高岭石胶体	4.92×10^3	4.12×10^3	5.59×10^3	1.19	81.87	0.59	3.47×10^{-4}	0.982
	胡敏酸胶体	6.02×10^3	5.35×10^3	1.75×10^4	1.12	65.01	0.56	3.82×10^{-4}	0.782
0.05	高岭石胶体	8.69×10^3	6.43×10^3	3.83×10^4	1.35	13.64	0.09	1.58×10^{-3}	0.609
	胡敏酸胶体	9.76×10^3	8.85×10^3	4.04×10^4	1.10	32.83	0.23	9.69×10^{-4}	0.574
0.1	高岭石胶体	1.81×10^4	1.03×10^4	1.56×10^5	1.76	3.92	0.04	2.12×10^{-3}	0.563
	胡敏酸胶体	1.98×10^4	1.35×10^4	1.88×10^5	1.47	15.41	0.14	1.29×10^{-3}	0.468

注： a. 吸附点位 1 的一级沉淀系数；b. 吸附点位 1 的一级释放系数；c. 吸附点位 2 的一级沉淀系数；d.流出液胶体穿透曲线回收率；e. 相对浓度峰值；f. 胶体的沉积速率系数；g. 相关系数。

对于胡敏酸胶体，随着溶液离子强度增大，各穿透曲线逐渐变得不对称，胶体穿透出现了较为明显的滞留。一方面，离子强度的增大，影响了饱和石英砂介质的 Zeta 电位，减小胶体与石英砂的静电引力，使胡敏酸胶体易于运移；另一方面，由胡敏酸胶体稳定性的研究结果可知，离子强度增大，导致胶体稳定性降低，易于絮凝，则阻滞了胶体在石英砂中运移。虽然两种作用机制互相矛盾，但后者的机制占主导，两者相互抵消，而离子强度不同抵消程度不同（葛孟团，2016）。这也很好地解释了离子强度增大，运移速度和峰值降低，穿透曲线变得不对称的现象。在同一离子强度条件下，由 $K_{2a} \gg K_{1a} > K_{1d}$ 可知，在运移过程中，吸附点位 2 控制着胶体的附着（葛孟团，2016）。

2.3.5　小结

（1）在中性和碱性条件下（pH 7～9），高岭石胶体较胡敏酸胶体更易于运移；pH 对胡敏酸胶体运移的影响要大于对高岭石胶体的影响，随着 pH 升高，胡敏酸胶体相对浓度峰值明显增大。在相同 pH 时，胡敏酸胶体在饱和石英砂柱中的运移能力更强。

（2）在较低离子强度条件下（IS = 0.005 mol·L^{-1}），高岭石胶体较胡敏酸胶体更易于运移；而胡敏酸胶体随着溶液离子强度增大，各穿透曲线变得越来越不对称，胶体穿透出现了较为明显的滞留，运移速度降低。

2.4　钒在饱和多孔介质中的运移

在过去的半个世纪里，研究人员在钒的生物效应与其环境地球化学行为等方面已开展了大量研究工作，并取得了一系列的研究成果（Gan et al.，2023；Wu et al.，2023；Yang et al.，2017b；Yang and Tang，2015；Safonova et al.，2009；），为确定钒的环境行为、客观评价钒的生物可利用性和生态毒性提供了不可或缺的基础数据。但对钒在环境介质中的运移机制、运移速度、赋存状况以及钒的运移与各影响因素之间的关系等方面仍有待深入研究。本节研究了离子强度（0.005 mol·L^{-1}、0.05 mol·L^{-1}、0.1 mol·L^{-1}）、pH（5.0±0.1、7.0±0.1、9.0±0.1）及流速（0.5 mL·min^{-1}、1 mL·min^{-1}、2 mL·min^{-1}）对钒在饱和石英砂柱中运移的影响，以期从水文动力学方面探究钒在饱和多孔介质中的运移机制。

2.4.1　不同 pH 对钒运移的影响

由于钒在运移过程中受吸附交换点位差异等化学非平衡因素的影响，因此采用集成了吸附交换点位差异参数的数学模型来描述混合置换试验中钒离子的穿透曲线更合适（孙莹莹和徐绍辉，2013）。该试验运用非平衡两点模型对重金属迁移的穿透曲线进行模拟。该模型将吸附区分为 1 型（瞬时吸附）和 2 型（动力学吸附）。模型在两个点位上的控制方程（Genuchten and Wagenet，1989）为

$$\left(\theta_{\mathrm{m}}+\frac{f\rho K_{\mathrm{d}}}{\theta}\right)\frac{\partial c}{\partial t}=D\frac{\partial^2 c}{\partial x^2}-v\frac{\partial c}{\partial x}-\frac{\alpha\rho}{\theta}[(1-f)K_{\mathrm{d}}c-S_{\mathrm{k}}] \tag{2.17}$$

$$\frac{\partial S_{\mathrm{k}}}{\partial t}=\alpha[(1-f)K_{\mathrm{d}}c-S_{\mathrm{k}}] \tag{2.18}$$

式中，S_{k} 为类型 2 吸附点位上的溶质浓度（mg·kg^{-1}）；f 为在平衡时发生瞬时吸附的交换点位所占的分数；α 为一阶动力学速率系数（h^{-1}）。

该方程的无量纲形式（孙莹莹和徐绍辉，2013）为

$$\beta R_{\mathrm{d}}\frac{\partial C_1}{\partial T}=\frac{1}{P}\frac{\partial^2 C_1}{\partial Z^2}-\frac{\partial C_1}{\partial Z}-\omega(C_1-C_2) \tag{2.19}$$

$$\begin{cases}(1-\beta)R_{\mathrm{d}}\dfrac{\partial C_2}{\partial T}=\omega(C_1-C_2)\\ f=\dfrac{\beta R_{\mathrm{d}}-1}{R_{\mathrm{d}}-1}\\ \alpha=\dfrac{\omega v}{(1-\beta)R_{\mathrm{d}}L}\end{cases} \tag{2.20}$$

式中，

$$C_1=\frac{C}{C_0} \tag{2.21}$$

$$C_2 = \frac{S_2}{[(1-f)K_L C_0]} \tag{2.22}$$

$$\begin{cases} T = \dfrac{\nu t}{L} \\ P = \dfrac{\nu L}{D} \\ \beta = \dfrac{(\theta + f\rho_b)K_d}{(\theta + \rho_b)K_d} \end{cases} \tag{2.23}$$

式中，C_1为平衡点位上金属钒离子浓度比初始浓度；C_2为动力学点位上金属钒离子浓度比初始浓度；R_d为阻滞因子；β为分形维数，反映吸附交换点位在瞬时和限速区域的分布特征；ω为无量纲传质系数，即水动力驻留时间与吸附特征时间的比率。

在运移试验开始时，以脉冲的方式加入一定量的示踪剂、胶体溶液和钒离子溶液，此时，溶质运移的上边界条件为溶质通量边界，为一常数（孙莹莹和徐绍辉，2013）；随后是一个用 $NaNO_3$ 溶液连续洗脱的过程，此时，上边界为零通量边界。在整个模拟过程中，模拟区域的下边界定在溶质的出流端，边界条件为零浓度梯度。上述定解条件的方程为

$$\begin{cases} C(x) = 0 & -10\text{ cm} \leqslant x \leqslant 0 & (2.24) \\ \theta s\left(-D\dfrac{\partial c}{\partial x} + Vc\right) = q_0(0,t)C_0(0,t) & x = 0, t > 0 & (2.25) \\ \left(\dfrac{\partial c}{\partial x}\right)_{x=-L} = 0 & L = 10\text{ cm} & (2.26) \end{cases}$$

式中，$q_0(0, t)$为加入石英砂柱的水通量（$cm \cdot min^{-1}$）；对于脉冲阶段，$C_0(0, t)$分别为示踪剂 Br^-（$mol \cdot L^{-1}$）和 V(V)（$mg \cdot L^{-1}$）的浓度，对于洗脱阶段，$C_0(0, t)$取值为 0。

图 2.25 为不同 pH 条件下 V(V)运移的穿透曲线图。pH 对 V(V)的影响较为明显。表 2.11 为不同 pH 条件下 V(V)的穿透曲线模拟得到的模型参数。与示踪离子相比，随

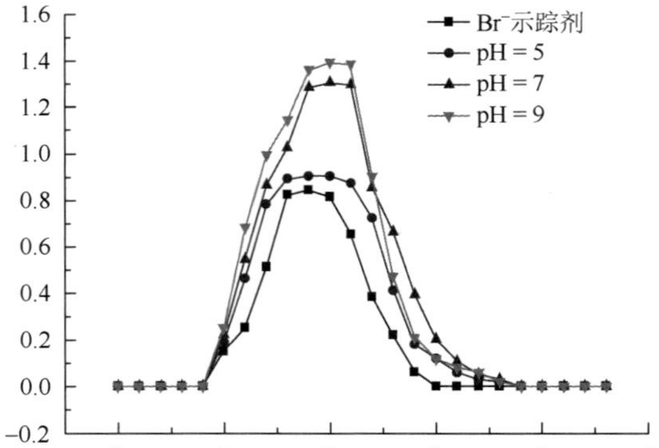

图 2.25　不同 pH 对 V(V)在饱和多孔介质中运移的影响

着 pH 的升高，V(Ⅴ)穿透曲线均有一定的拖延，且 C/C_0 从 0.92 升至 1.38。阻滞因子 R_d 从 24.68 降至 18.73，这是由于 pH 的变化同时影响着石英砂表面特性和 V(Ⅴ)的形态。在中性或碱性条件下，钒的主要存在形式为 $V_3O_9^{3-}$ 和 $V_4O_{12}^{4-}$，钒离子对石英砂的吸附作用降低，石英砂的 Zeta 电位值随 pH 升高而升高，导致颗粒之间排斥力增大，阻滞降低，使得 V(Ⅴ)运移加快，C/C_0 峰值升高。即 pH 是影响 V(Ⅴ)运移的一个重要因素。分形维数 $\beta \ll 100$，表明介质是化学非均质的，吸附点位差异造成的非平衡性对 V(Ⅴ)的运移过程起着主导作用，运移过程中存在着化学非平衡现象（孙莹莹和徐绍辉，2013）。

表 2.11　不同 pH 条件下 V(Ⅴ)的穿透曲线模拟得到的模型参数

pH	R_d^a	D^b	β^c	ω^d	R^{2e}	MSE^f
5	24.68	0.018	0.098	0.037	0.926	0.012
7	21.95	0.018	0.074	0.025	0.901	0.015
9	18.73	0.018	0.065	0.014	0.877	0.018

注：a. 阻滞因子；b. 分散系数；c. 分形维数；d. 无量纲传质系数；e. 拟合度；f. 均方差。

2.4.2　不同离子强度对钒运移的影响

在 pH 为 7，不同离子强度（0.005 mol·L^{-1}、0.05 mol·L^{-1} 和 0.1 mol·L^{-1}）条件下，钒离子的运移实测值及模拟值如图 2.26 和表 2.12 所示。随着离子强度的增大，各穿透曲线出流提前，C/C_0 值增加，这可能是由于溶液中离子强度增大，Na^+大量占据石英砂介质表面的负点位，电性吸附点位吸附的离子趋于饱和，降低了石英砂介质对钒离子的电性吸附作用。此外，由于离子强度增大，体系中离子间的相互作用增强，离子活度系数减小，钒离子的有效浓度降低，从而使得钒离子的运移加快（Zhu and Alva，1993；Sen et al.，2006）。实测值与模拟值之间的吻合良好（$R^2 \geqslant 0.913$，MSE$\leqslant 0.013$），表明化学非平衡的两点吸附模型能够较好地描述钒离子在饱和石英砂柱中的运移行为。

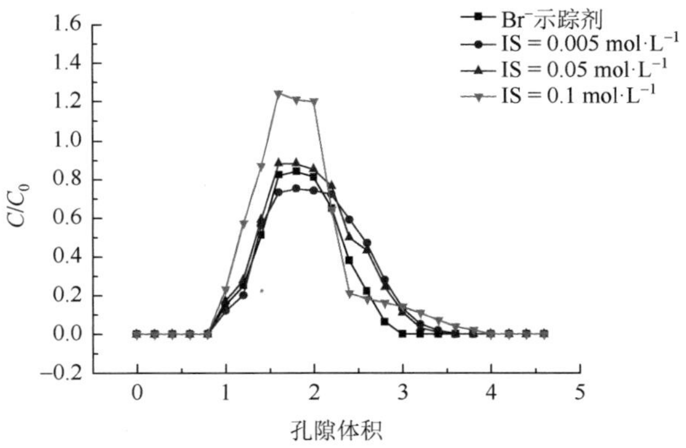

图 2.26　不同离子强度对钒在饱和多孔介质中运移的影响

表 2.12　不同离子强度条件下 V(Ⅴ)的穿透曲线模拟得到的模型参数

IS/(mol·L^{-1})	R_d^a	D^b	β^c	ω^d	R^{2e}	MSE[f]
0.005	22.56	0.018	0.085	0.031	0.974	0.008
0.05	20.87	0.018	0.062	0.025	0.994	0.003
0.1	18.32	0.018	0.047	0.023	0.913	0.013

注：a. 阻滞因子；b. 分散系数；c. 分形维数；d. 无量纲传质系数；e. 拟合度；f. 均方差。

2.4.3　不同流速对钒运移的影响

由图 2.27 可见，三种不同流速条件下，钒的运移相对于示踪离子的穿透曲线，均有一定的滞后，且存在“拖尾”现象，出流时间相对延迟。这表明钒在运移过程中，石英砂对钒有一定的吸附作用，使其运移受到一定的阻滞。由钒的阻滞因子 22.18（表 2.13）大于 Br^-的阻滞因子 1，可推测钒的运移过程是受两个点位控制的吸附和滞留的过程。流速越大，参数 β 和 ω 均越小，这是由于在高流速条件下，溶质发生瞬时吸附少，从而对传质的滞留时间少，因而参数 β 和 ω 均值小（葛孟团，2016），使得钒在石英砂介质表面的聚沉量增加，则钒在石英砂柱的运移速度降低。

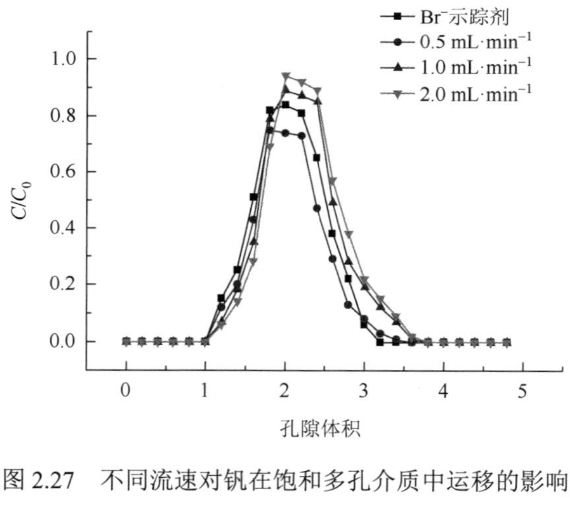

图 2.27　不同流速对钒在饱和多孔介质中运移的影响

表 2.13　不同流速条件下 V(Ⅴ)的穿透曲线模拟得到的模型参数

V（mL·min^{-1}）	R_d^a	D^b	β^c	ω^d	R^{2e}	MSE[f]
0.5	22.18	0.018	0.056	0.025	0.976	0.014
1.0	22.18	0.018	0.033	0.017	0.954	0.018
2.0	22.18	0.018	0.028	0.009	0.962	0.016

注：a. 阻滞因子；b. 分散系数；c. 分形维数；d. 无量纲传质系数；e. 拟合度；f. 均方差。

2.4.4　小结

（1）pH 是影响钒运移的一个重要因素，随着 pH 升高，钒离子运移速度加快。

（2）随着离子强度的增大，钒离子穿透曲线出流提前，C/C_0 值增加，运移速度随之增加。实测值与模拟值之间的吻合良好（$R^2 \geqslant 0.913$，MSE$\leqslant$0.013），表明化学非平衡的两点吸附模型能够较好地描述钒在饱和石英砂柱中的运移行为。

（3）当流速为 0.5～2 mL·min^{-1} 时，流速增大，钒在石英砂柱的运移速度降低，C/C_0 值增加。

2.5　高岭石胶体或胡敏酸胶体与钒的复合运移

胶体对重金属污染物运移的促进作用机理包括三个关键的环节，即胶体的释放、胶体对重金属污染物的吸附和释放后胶体的运移。已有大量研究表明，土壤中含有大量可移动的胶体，由于胶体具有很强的吸附能力，可以将土壤中重金属污染物从被基质吸附的固定状态转变为可移动状态，提高重金属污染物的流动性，进而在土壤水的作用下进行重金属污染物的再分配过程，达到新的污染平衡，并在适宜的条件进行长距离运输。

目前，钒在多孔介质中的运移研究较少，尤其是多孔颗粒介质中，胶体和钒在运移过程中的相互影响的研究更显不足。本节着重研究胶体与钒共存条件下在多孔介质中的运移。

2.5.1　不同胶体类型对钒穿透曲线的影响

由图 2.28 及图 2.29 可以看出，与示踪离子 Br^- 的穿透曲线相比，钒离子的穿透曲线呈现出流滞后，C/C_0 值降低的情况，运移过程中的回收率为 67.34%（表 2.14），表明钒离子在多孔介质运移过程中受到了一定阻滞。这说明钒离子在石英砂柱中发生了强烈的

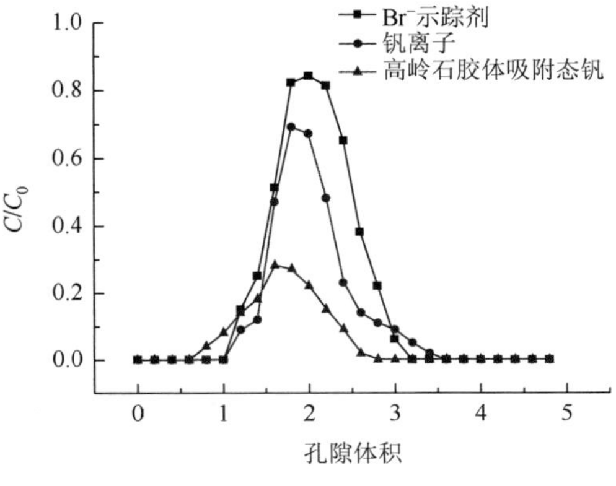

图 2.28　高岭石胶体吸附态钒在饱和多孔介质中的穿透曲线

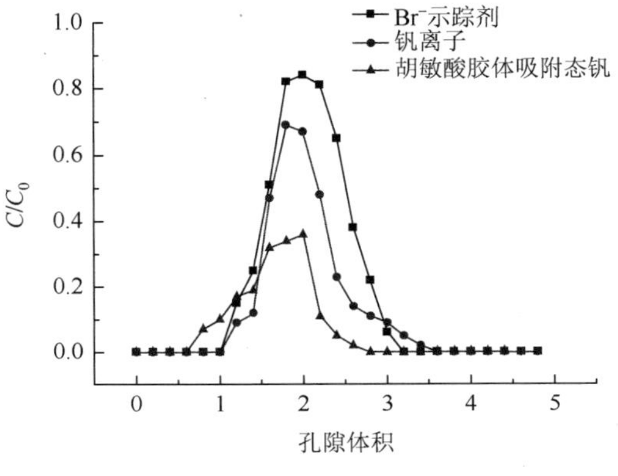

图 2.29　胡敏酸胶体吸附态钒在饱和多孔介质中的运移曲线

吸附反应，导致运移过程中有大量钒滞留在石英砂柱。胶体对污染物运移的影响取决于胶体和污染物运移的迁移速度和迁出量。如果在同一条件下胶体比污染物的迁移速度和迁出量高，就认为胶体可以促进污染物的运移，反之则胶体阻滞污染物的运移（Sen et al., 2006）。与单纯的钒离子运移相比，胶体可以明显促进钒的运移进程，高岭石胶体和胡敏酸胶体吸附态钒均在 0.8PV 内检出，快于钒离子的 1.2PV，但两者的 C/C_0 峰值在 0.24～0.35 之间，远低于钒离子的峰值 0.69。

表 2.14　胶体吸附态钒穿透曲线回收率

溶质	离子强度/($mol·L^{-1}$)	pH	MR/%
高岭石胶体吸附态钒	0.05	7	31.32
胡敏酸胶体吸附态钒	0.05	7	36.85
钒离子	0.05	7	67.34
去离子水	0.05	7	97.87

胡敏酸胶体吸附态钒的 MR（36.85%）高于高岭石胶体吸附态钒的 MR（31.32%），但两者的回收率均低于钒离子的穿透曲线回收率（67.34%）。可以发现胶体虽然促进了钒的运移，但是其运移回收率并没有升高，反而会降低，表明有大量胶体结合态钒残留在石英砂柱中，并且高岭石胶体吸附态钒的残留量大于胡敏酸胶体吸附态钒的残留量，这是由于胡敏酸胶体对钒吸附能力要强于高岭石胶体，因此，其对钒运移速度的促进作用也较高岭石胶体高。究其原因，一方面可能是高岭石胶体和胡敏酸胶体自身特性的差异，由于钒使胶体表面扩散双电层厚度被压缩，分子间的范德瓦耳斯力将成为影响胶体表面电势的主导因素（孙慧敏，2011）。因此，胶体的沉积主要受到胶体的颗粒粒径大小的影响。经测定，高岭石胶体与钒吸附体系的平均粒径为 0.748 μm，高于胡敏酸胶体与钒吸附体系的平均粒径（0.415 μm），故高岭石胶体结合态钒在饱和石英砂柱中的沉积量要高于胡敏酸胶体结合态钒的沉积量。另一方面，由于胡敏酸胶体对钒的吸附能力高于高岭石胶体，在运移过程中，解吸态钒的含量相对较少，大部分钒仍能以胶体结合态钒继续运移，因此，胡敏酸胶体结合态钒的 MR 相对较高。

2.5.2　胶体吸附态钒运移过程中胶体与钒的相关性分析

在饱和石英砂柱运移过程中，胶体携带着钒进行移动，理论上胶体和钒的穿透曲线应该有着较为相似的运动趋势（孙慧敏，2011）。然而，通过对比图 2.30～图 2.31 的胶体和钒分别在多孔介质中的穿透曲线可以推测出，胶体和钒在运移过程中并不同步。由前文研究结论可知，钒在石英砂柱中的运移要明显滞后于胶体结合态钒，因而导致了钒的运移曲线与胶体运移曲线的不相重合性。

由图 2.32 和图 2.33 可知，高岭石胶体、胡敏酸胶体与钒浓度的相关性分别为 0.795 和 0.864，大部分钒是以胶体结合态的形式存在并进行运移，且胡敏酸胶体更有利于携带钒污染物进行迁移。在自然环境中，由于土壤类型的不同，其土壤胶体的组成差异显著，从而对于污染物运移的促进能力也有所不同。

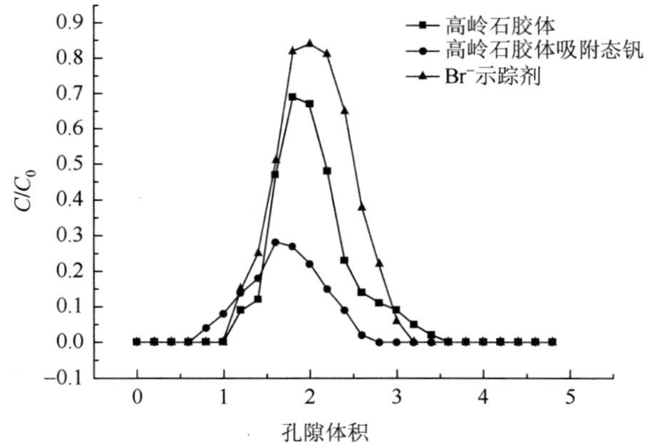

图 2.30　高岭石胶体及高岭石胶体吸附态钒在饱和多孔介质中的穿透曲线

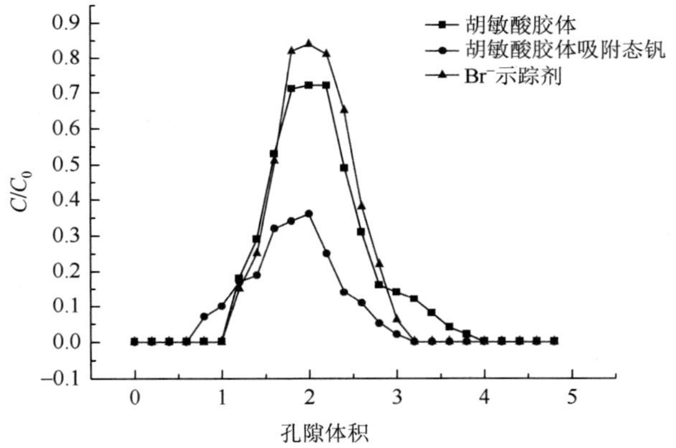

图 2.31　胡敏酸胶体及胡敏酸胶体吸附态钒在饱和多孔介质中的穿透曲线

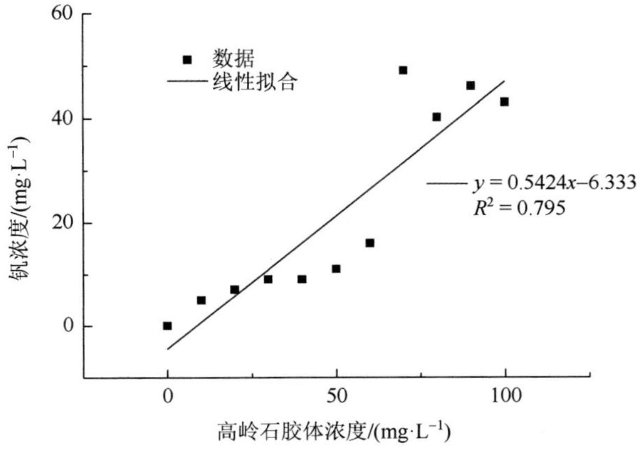

图 2.32　流出液中高岭石胶体与钒浓度的相关性

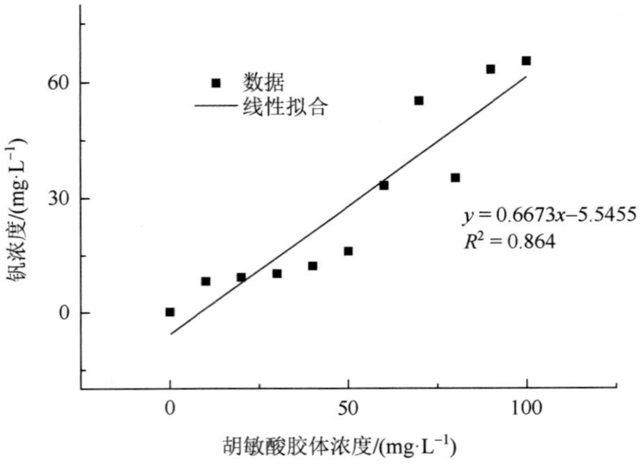

图 2.33　流出液中胡敏酸胶体与钒浓度的相关性

2.5.3　小结

（1）与钒离子运移相比，高岭石胶体和胡敏酸胶体吸附态钒均在 0.8PV 内检出，快于钒离子的 1.2PV，胶体能够促进钒的移动且胡敏酸胶体的促进作用强于高岭石胶体，不同的土壤类型中，含胡敏酸多的土壤或者腐殖质含量高的土壤，更能促进钒的迁移。

（2）胶体与钒在多孔介质中的运移过程并不完全同步，而是体现出一定的不相重合性，相关性分析表明胡敏酸胶体更有利于促进污染物的运移。

第 3 章　钒的植物毒性

3.1　引　　言

钒是土壤中的重要微量元素之一，主要来源于土壤母质和人类活动。虽然有研究发现适量的钒能促进植物生长，尤其是豆科植物的生长和发育，但土壤中钒化合物过量会对作物产生严重的毒害作用，并进入食物链危害人体健康。由于钒钛磁铁矿的开采及冶炼、化石燃料的燃烧等人类活动不断加剧，土壤钒污染日趋严重。与钒在土壤-植物系统中的迁移、转化与积累规律，土壤钒污染诊断，以及农产品安全等相关的研究成为热点。

随着钒污染对生物和生态系统的毒害作用不断被发现，虽然国内外学者逐渐开始重视对钒的环境行为的研究，但与 As、Cd、Cr、Cu、Hg、Pb、Zn 等元素相比，钒的物理、化学及生物学研究仍十分薄弱。钒是一些藻类的必需元素（张宗锦等，2006），但尚无明确的证据表明其是高等植物的必需元素。钒的浓度低于 2 mg·kg^{-1} 时将直接影响叶绿素的光合作用、钾的吸收和硝化作用（邹宝方和何增耀，1992）。高浓度的钒会导致植物中毒而引起枯萎症和限制植物的生长，引起植株矮化及产量降低，降低植物对钙、磷酸盐等营养物质的吸收。

钒对植物的危害程度不仅取决于土壤中钒的浓度，而且取决于土壤类型、钒的形态和植物种类。酸性土壤中的钒可以很容易被植物吸收，被植物吸收的钒酸盐（VO_3^-）可以通过生物转化为（VO^{2+}）（Kabata-Pendias and Pendias，2010）。植物中的钒含量与产地地球化学背景等因素有密切联系，此外同一植株不同部位的钒含量也有差别。

3.2　钒对种子萌发及幼苗生长的影响

植物金属敏感性及毒性不仅受金属浓度和金属类型影响，还受其生长阶段或生物学过程（如发芽期、幼苗期、生长期、开花期、结果期）的影响，相比之下，种子萌发及幼苗早期生长对金属污染物更为敏感，究其原因是一些防御机制尚未形成，因此其成为金属毒性评价的重点考虑因素（Street et al.，2007；Liu et al.，2005）。许多不同营养生长响应终点（如发芽率、苗高、根生物量、地上部分生物量及总生物量等）被用来反映植物的金属抗性或敏感性（Liu et al.，2005；Abedin and Meharg，2002）。种子萌发是一个复杂的初始过程，是植物生命周期的重要阶段（Bakhshandeh et al.，2020；Huang et al.，2016），可作为评价重金属对植物毒性作用的重要指标（Siddiqui et al.，2014）。

3.2.1　钒对作物种子萌发及幼苗生长的影响

发芽试验采用在培养皿中培养的方法。分别配制浓度为 0 mmol·L^{-1}、0.05 mmol·L^{-1}、

0.1 mmol·L^{-1}、0.2 mmol·L^{-1}、0.5 mmol·L^{-1}、1.0 mmol·L^{-1}的五价钒 V(Ⅴ)溶液（以 NH_4VO_3 溶液的形式加入），以去离子水为对照，共 6 个处理，每个处理重复 3 次。试验时挑选大小一致、颗粒饱满的作物种子，将种子用 0.1%的次氯酸钠溶液消毒 10 min，先用自来水冲洗数次，再用去离子水冲洗若干遍，用滤纸将水吸干。种子按每皿 10 粒置于直径为 120 mm 的培养皿中。每皿中视种子大小加入 10～15 mL 相应处理浓度的溶液浸润 2/3 种子。将培养皿随机摆放于室温（25～30℃）、自然光照条件下进行培养，定期补充所蒸发的 NH_4VO_3 溶液。每日早晚每皿分两次各加入 1～2 mL 相应处理浓度的溶液补充所蒸发的 NH_4VO_3 溶液，每 4 天完全更换一次培养液。于处理后第 14 天收获幼苗，记录种子发芽及幼苗的生长情况。以胚根能被看见为萌发标准，当胚根与种子等长，胚芽长度达到种子一半时，认为种子已经发芽，以连续 3 天不发芽作为发芽结束，计算发芽率；并于收获时测量株高、根长，称量幼苗鲜重及根鲜重。其中茎叶、根鲜重用称重法测定。株重和根重的测定，采用吸水纸吸干液体，去掉胚乳，将根与茎切离，用万分之一分析天平称鲜重，计算平均值。株高测量是从植株底部开始，一直到叶尖。根长测量是对每株幼苗的最长根长进行测量，计算平均值。

3.2.1.1 钒对种子发芽率的影响

供试 7 种作物种子经过不同浓度 V(Ⅴ)处理后的发芽情况差异较大。V(Ⅴ)的加入对油菜种子发芽产生显著抑制作用，即使是试验处理的最低浓度（0.05 mmol·L^{-1}），对种子的萌发也表现出明显的抑制作用，且随着 V(Ⅴ)处理浓度的升高其胁迫率快速增大，毒害作用加大。油菜种子在 V(Ⅴ)浓度为 0.2 mmol·L^{-1}时，发芽率为对照［不添加 V(Ⅴ)］发芽率的 73.7%；V(Ⅴ)浓度达到 0.5 mmol·L^{-1}时，油菜种子发芽率下降更为显著，为对照发芽率的 36.8%；V(Ⅴ)浓度达到 1.0 mmol·L^{-1}时，油菜种子不发芽。当 V(Ⅴ)的处理浓度在 0～0.2 mmol·L^{-1}范围内时，豆角种子的发芽率在各浓度处理间无显著差异，V(Ⅴ)浓度大于 0.2 mmol·L^{-1}时，豆角种子的发芽率为对照的 73.9%～60.9%。萝卜种子经过不同浓度的 V(Ⅴ)处理后，其发芽受到不同程度的抑制。V(Ⅴ)浓度≤0.5 mmol·L^{-1}时，发芽率与对照的发芽率无显著差异；当 V(Ⅴ)浓度达到 1.0 mmol·L^{-1}时，发芽率下降为对照的 73.1%。V(Ⅴ)浓度在 0～1.0 mmol·L^{-1}范围内，V(Ⅴ)处理的玉米、水稻、南瓜和向日葵种子与对照相比，发芽率无显著差异。

在本试验浓度条件下（≥0.05 mmol·L^{-1}），V(Ⅴ)处理未对供试作物种子的发芽起到显著的促进作用。当 V(Ⅴ)浓度≤0.2 mmol·L^{-1}时，对除油菜外的其他作物种子的发芽率没有显著影响；随着 V(Ⅴ)处理浓度的进一步增加（0.5～1.0 mmol·L^{-1}），萝卜、油菜、豆角的发芽率显著低于对照，说明高浓度 V(Ⅴ)对某些作物种子发芽有抑制作用。对比不同作物的发芽情况，油菜种子对 V(Ⅴ)胁迫最敏感，V(Ⅴ)处理浓度为 0.05 mmol·L^{-1}时毒害作用已发生。其次是豆角、萝卜，而玉米、水稻、向日葵和南瓜种子，在 V(Ⅴ)处理浓度达到 1.0 mmol·L^{-1}时其发芽仍未受到显著抑制。在试验所设置的浓度范围内（0～1.0 mmol·L^{-1}），V(Ⅴ)对玉米、南瓜、向日葵这类体积较大的种子的发芽率影响不显著。这可能是由于种子发芽过程主要是由胚内进行养分的供应，外界对其影响被掩盖，或是由于种皮的保护作用，或是萌发过程只是简单的细胞生长，而不是细胞分裂造成，所以未受到重金属的严重抑制。

3.2.1.2　钒对作物苗高的影响

随着 V(Ⅴ)溶液处理浓度的增加，萝卜、油菜、水稻的苗高呈明显的下降趋势，实验最低 V(Ⅴ)处理浓度（0.05 $mmol·L^{-1}$）条件下，萝卜、油菜、水稻和南瓜的苗高与对照相比已表现出显著的下降趋势。随着 V(Ⅴ)浓度进一步增加到 0.1 $mmol·L^{-1}$，南瓜苗高下降为对照苗高的 77.6%。V(Ⅴ)处理浓度为 0.5 $mmol·L^{-1}$ 时，萝卜、油菜和水稻的苗高下降更为明显，其苗高仅为对照的 25.3%、9.87%和 34.2%。萝卜、油菜、水稻和南瓜苗高与 V(Ⅴ)溶液浓度呈显著负相关，表明 V(Ⅴ)处理显著抑制其幼苗的生长。

V(Ⅴ)溶液处理条件下，玉米、豆角、向日葵幼苗生长表现出十分相似的趋势。V(Ⅴ)处理浓度为 0～0.1 $mmol·L^{-1}$ 时，玉米、豆角、向日葵的苗高分别为 9.75～13.81 cm、4.42～5.60 cm 和 2.85～4.31 cm，不同浓度处理间无显著差异，表明这 3 种作物的幼苗对低浓度钒具有一定的忍耐性。随着 V(Ⅴ)处理浓度增加，玉米、豆角、向日葵的苗高相应下降。由方差分析可知，至 V(Ⅴ)浓度为 0.2 $mmol·L^{-1}$ 时，苗高较对照显著降低（$p<0.05$），但随着处理浓度进一步增高，苗高无显著差异。

总的来说，当 V(Ⅴ)处理浓度为 0.05 $mmol·L^{-1}$ 时，萝卜、油菜、水稻、南瓜的芽伸长生长即已受到显著抑制；玉米、豆角、向日葵幼苗对低浓度 V(Ⅴ)（≤0.1 $mmol·L^{-1}$）具有一定的耐性，至 V(Ⅴ)处理浓度为 0.2 $mmol·L^{-1}$ 时，其苗高显著低于对照。

3.2.1.3　钒处理对作物苗鲜重的影响

萝卜、玉米、油菜、水稻、豆角、南瓜的单株苗鲜重均与 V(Ⅴ)处理浓度显著负相关（$p<0.05$），随 V(Ⅴ)处理浓度增加，幼苗鲜重受到不同程度的抑制。水稻、油菜在 V(Ⅴ)处理浓度为 0.05 $mmol·L^{-1}$、0.1 $mmol·L^{-1}$ 时，其单株苗鲜重即较对照显著降低，随 V(Ⅴ)处理浓度进一步增加，水稻单株苗鲜重继续降低。南瓜在 V(Ⅴ)处理浓度为 0.2 $mmol·L^{-1}$ 时，单株苗鲜重较对照显著降低，但随 V(Ⅴ)处理浓度增加，单株苗鲜重无显著差异。萝卜、玉米、豆角的单株苗鲜重在低浓度 V(Ⅴ)处理条件下无显著差异，至 V(Ⅴ)处理浓度为 0.5 $mmol·L^{-1}$ 时，较对照显著降低。

3.2.1.4　钒处理对作物根长的影响

V(Ⅴ)对供试几种作物的根伸长生长有显著的抑制作用。实验最低处理浓度（0.05 $mmol·L^{-1}$）的 V(Ⅴ)显著抑制除豆角外所有供试作物的根长，其中萝卜根长受抑制的程度最大，仅为对照根长的 19.1%；随 V(Ⅴ)处理浓度进一步增加到 0.2 $mmol·L^{-1}$，除向日葵外，所有作物的根长进一步显著降低；V(Ⅴ)处理浓度≥0.5 $mmol·L^{-1}$，萝卜、油菜、豆角、南瓜、向日葵的根长未显著降低，玉米、水稻的根长进一步显著降低。本试验中，油菜、萝卜、向日葵的幼苗根系对 V(Ⅴ)胁迫十分敏感，所有 V(Ⅴ)处理浓度条件下，其耐性指数（加重金属处理的根长与对照根长的比值）均小于 0.5，说明钒对这种植物的毒害作用显著，该植物基本上难以或不能生长在这种浓度的钒环境中；其次为水稻，V(Ⅴ)浓度为 0.05 $mmol·L^{-1}$ 时，水稻根系的耐性指数为 0.5；再次为玉米和南瓜，V(Ⅴ)浓度≤0.1 $mmol·L^{-1}$ 时，其根系的耐性指数为 0.6。V(Ⅴ)浓度≤0.2 $mmol·L^{-1}$ 时，豆角根系的耐性指数在 0.5～1.0 之间，显示豆角对 V(Ⅴ)存在一定的耐受力。

供试作物根长受 V(Ⅴ)抑制的程度远远高于苗高。V(Ⅴ)处理浓度为 0.05 $mmol·L^{-1}$ 时，供试作物苗高为对照的 58.4%～112.6%，而根长为对照的 19.1%～84.7%；V(Ⅴ)处理浓度为 0.5 $mmol·L^{-1}$ 时，供试作物苗高为对照的 9.9%～61.1%，而根长为对照的 12.9%～38.9%。这可能是由于重金属在植物茎中的积累主要取决于重金属在根中积累后向植物茎的转移，使得作物的根生长先受到重金属的抑制；同时，大量重金属在根组织中积累，影响了根分生组织的有丝分裂（Sham et al.，2008），当根受到抑制时，种子为茎生长继续提供营养，植物茎能够更快产生对重金属的解毒机制（Wang and Zhou，2005）。

3.2.1.5　钒处理对作物根鲜重的影响

水稻幼苗单株根鲜重对 V(Ⅴ)胁迫最敏感，V(Ⅴ)浓度为 0.05 $mmol·L^{-1}$ 时，其根鲜重较对照显著减小，为对照根鲜重的 74.2%。玉米幼苗根鲜重在 V(Ⅴ)浓度为 0.1 $mmol·L^{-1}$ 时，较对照根鲜重显著减小，为对照根鲜重的 81.4%。萝卜和南瓜幼苗根鲜重在 V(Ⅴ)浓度为 0.2 $mmol·L^{-1}$ 时，较对照根鲜重显著减小，分别为对照的 31.8%和 23.5%。豆角幼苗在 V(Ⅴ)浓度为 0.05 $mmol·L^{-1}$、0.1 $mmol·L^{-1}$、0.2 $mmol·L^{-1}$ 时，其根鲜重未受 V(Ⅴ)胁迫的显著影响；V(Ⅴ)浓度为 0.5 $mmol·L^{-1}$ 时，根鲜重显著下降为对照的 58.8%。

3.2.1.6　作物发芽率及幼苗生物量较对照减少一半时钒的临界值

尽管钒是否为有益元素尚存在争议，但是高浓度的钒（0.2～0.4 $mmol·L^{-1}$）会对植物产生伤害已得到广泛认可（Arnon and Wessel，1953）。在试验处理浓度范围内，计算出 V(Ⅴ)浓度与苗高、根长及鲜重的抑制率回归分析结果。由表 3.1 中各作物发芽率及幼苗生物量较对照减少 50%时所需的 V(Ⅴ)临界值（EC_{50}）可知，油菜对 V(Ⅴ)最为敏感，当 V(Ⅴ)浓度为 0.39 $mmol·L^{-1}$ 时，发芽率降低为对照的一半，V(Ⅴ)浓度为 0.10 $mmol·L^{-1}$、0.17 $mmol·L^{-1}$ 时，苗高和苗鲜重下降为对照的一半。V(Ⅴ)对所有供试作物幼苗生长的抑制作用远大于对发芽率的抑制。V(Ⅴ)浓度在 0.07～0.92 $mmol·L^{-1}$ 范围内，已使供试 7 种作物的幼苗生物量较对照减少 50%，而 0.39～1.94 $mmol·L^{-1}$ 的 V(Ⅴ)使供试 7 种作物的发芽率较对照减少 50%。

表 3.1　各作物发芽率及幼苗生物量较对照减少 50%时的 V(Ⅴ)浓度（$mmol·L^{-1}$）

项目	萝卜	玉米	油菜	水稻	豆角	南瓜	向日葵
发芽率	1.94	NR	0.39	1.31	1.89	NR	2.38
苗高	0.21	0.30	0.10	0.38	0.28	NR	0.35

续表

项目	萝卜	玉米	油菜	水稻	豆角	南瓜	向日葵
苗鲜重	0.92	0.36	0.17	0.19	0.56	NR	—
根长	NR	0.15	0.05	0.09	NR	0.15	NR
根鲜重	0.18	0.41	—	0.07	0.58	0.17	—

注：NR 表示与 V(Ⅴ)浓度无显著相关性；—表示生物量小，未统计。

3.2.1.7　V(Ⅴ)对种子及幼苗形态的影响

以玉米为例，在实验的水培条件下，没有 V(Ⅴ)处理的玉米幼苗根基部为红色，至根尖逐渐变为白色，须根多。0.05 $mmol·L^{-1}$ V(Ⅴ)处理的玉米根基部的颜色发生明显变化，呈现为蓝紫色，至根尖逐渐变为白色，须根较对照明显变短且个数减少。0.1 $mmol·L^{-1}$ V(Ⅴ)处理的玉米根基部呈黑紫色，须根进一步变短。≥0.2 $mmol·L^{-1}$ V(Ⅴ)处理的玉米根和茎叶较低浓度处理进一步变短甚至不发育，高浓度时在种子萌发后 4～5 天停止生长，甚至死亡（表 3.2）。玉米幼苗颜色发紫，主要原因可能是幼苗缺少磷元素而引起的一种生理性病症，体内糖代谢受阻，叶片中积累的糖分较多，并因此形成大量的花青素苷，使植株带紫色。推测钒胁迫可能影响玉米对磷的吸收或者影响了体内磷的代谢。

表 3.2　V(Ⅴ)对种子及幼苗形态的影响

浓度 /($mmol·L^{-1}$)	萝卜	玉米	油菜	水稻	豆角	南瓜	向日葵
0	根淡红色；子叶嫩绿	叶细长、嫩绿；根基部红色，向根尖渐变为浅红色，至根尖为白色；须根多	叶小；茎长；根细长	叶细长、嫩绿；根细长、须根多	种皮浅黄褐色；叶鲜绿；侧根多	叶片嫩绿；子叶饱满；根白色	根细长、白色；子叶墨绿、饱满
0.05	根略发黑，侧根增多；子叶有少量黑色斑点	叶较对照明显变短，叶尖端卷曲、发黄；根蓝紫色，向根尖渐变为白色；须根少且明显变短	叶小；茎较短；根细而短	根细长，须根明显变短；叶短	种皮褐色；叶、根较对照无明显外观变化	叶片较对照略小；子叶饱满；根白色	根明显变黑，侧根短；子叶墨绿、饱满
0.1	根表面有明显黑色斑块，根尖变黑；子叶表面有明显黑斑	叶较前一处理进一步变短，叶前端卷曲、发黄；根黑紫色，向根尖渐变为白色；须根短、少	叶小，尖部发黑；茎较短；根细而短	根短小，几乎无须根；叶短	种皮墨绿色；叶较对照无明显感观变化；根尖发黑，侧根明显减少	叶片、子叶较上一处理无显著差异；根有黑紫色斑块	根短小，侧根短；子叶不饱满，边缘萎蔫
0.2	根表面有大量黑色斑块，无侧根：幼芽无法直立生长；子叶表面有大量黑斑	部分叶卷曲；发芽后一周左右停止生长	叶小，发黑；茎短；根几乎不生长；部分幼苗培养后期死亡	根进一步缩短，较上一处理无其他外观差异	种皮黑色；叶小、失水；根变短，部分为褐色，侧根非常短；子叶失水萎蔫，表面有褐色斑点	叶片小；子叶失水，部分腐烂；根几乎不生长	根黑色，短小，无侧根；子叶有褐色坏死斑块

续表

浓度/(mmol·L^{-1})	萝卜	玉米	油菜	水稻	豆角	南瓜	向日葵
0.5	根在出芽后几乎停止生长：子叶密布黑斑：部分幼苗死亡	叶子不展开，仅1片；根在发芽后不久即停止生长；部分幼苗在培养后期死亡	叶子不展开；根几乎不生长：大部分幼苗培养后期死亡	根系基本不发育：部分幼苗死亡	种皮黑色；叶小、失水；根变短，部分为褐色：子叶失水萎蔫，表面有大面积黑斑	叶片小，幼苗倒伏；子叶失水，部分腐烂；根大面积青紫色，几乎不生长	根几乎不发育：子叶有褐色坏死斑块
1.0	根在出芽后几乎停止生长：子叶几乎不展开，密布黑斑：大部分幼苗死亡	叶子不展开，仅1片；根进一步缩短：大部分幼苗在培养后期死亡	—	根系基本不发育：大部分幼苗死亡	种皮黑色；叶子几乎不生长；根短小、褐色、无侧根；子叶表面有大面积黑斑；部分幼苗死亡	无叶片：子叶失水，大部分腐烂坏死；根几乎不生长，腐烂死亡	根几乎不发育；子叶腐烂坏死

注：—表示幼苗全部死亡。

3.2.1.8　小结

V(Ⅴ)对供试7种作物的发芽和幼苗生长均产生不同程度的影响，主要表现在：①在试验浓度条件下（0～1.0 mmol·L^{-1}），V(Ⅴ)处理未对玉米、水稻、向日葵和南瓜种子发芽产生显著抑制，而油菜、豆角、萝卜的发芽率随V(Ⅴ)浓度升高显著降低。对比不同作物的发芽情况，油菜种子对V(Ⅴ)胁迫最敏感，V(Ⅴ)处理浓度为0.05 mmol·L^{-1}时毒害作用已发生，其次是豆角、萝卜。②V(Ⅴ)对供试7种作物的根伸长生长、根鲜重、苗高、苗鲜重均产生显著的抑制作用。实验最低处理浓度（0.05 mmol·L^{-1}）的V(Ⅴ)显著抑制除豆角外所有供试作物的根长，其中萝卜根长受抑制的程度最大，仅为对照根长的19.1%。③供试作物根长受V(Ⅴ)抑制的程度高于苗高。V(Ⅴ)处理浓度为0.05 mmol·L^{-1}时，供试作物苗高为对照的58.4%～112.6%，而根长为对照的19.1%～84.7%；V(Ⅴ)处理浓度为0.5 mmol·L^{-1}时，供试作物苗高为对照的9.9%～61.1%，而根长为对照的12.9%～38.9%。④发芽率不能完全表征V(Ⅴ)对作物生长发育的毒性程度，幼苗各项生长指标（苗鲜重、苗高、根鲜重、根长等）比发芽率对V(Ⅴ)胁迫更为敏感，能更好地表征V(Ⅴ)对作物生长发育的毒性程度。V(Ⅴ)浓度在0.07～0.92 mmol·L^{-1}范围内，即可使供试作物的幼苗生物量较对照减少50%，而0.39～1.94 mmol·L^{-1}的V(Ⅴ)使供试作物的发芽率较对照减少50%。⑤对比不同作物的发芽及幼苗生长情况，油菜对V(Ⅴ)胁迫最敏感，其次是水稻。V(Ⅴ)处理浓度为0.05 mmol·L^{-1}时毒害作用已发生，V(Ⅴ)浓度为0.39 mmol·L^{-1}时，油菜发芽率降低为对照的一半，V(Ⅴ)浓度为0.10 mmol·L^{-1}、0.17 mmol·L^{-1}时，苗高和苗鲜重下降为对照的一半。因此在钒背景值较高的土地上应考虑根据土壤类型选择种植抵抗力较好的豆角、南瓜等作物。本实验所得结论是在水培实验基础上得到的，还需在各种类型土壤上进一步验证。

3.2.2　钒对生菜、烟草、紫花苜蓿种子萌发及幼苗生长的影响

研究主要内容包括：①探究钒对生菜、烟草、紫花苜蓿种子发芽率和幼苗存活率的影响；②探究钒对生菜、烟草、紫花苜蓿萌发后幼苗生长（株高、根长、鲜重、干重、含水量等）的影响；③探究钒对紫花苜蓿种皮颜色、元素（C、O、P、Ca、V、H、N、S）含量及元素（C、O、N）化学态的影响。

3.2.2.1　试验方法

试验所用材料包括生菜（*Lactuca sativa* L. var. *ramosa* Hort.）、烟草（*Nicotiana tabacum* L.，供试品种为云烟 87）和紫花苜蓿（*Medicago sativa* L.）种子。生菜种子从成都市种子市场购置，烟草种子购于四川省烟草公司攀枝花市公司，紫花苜蓿种子来源于中国农业科学院。种子在含或不含金属的水溶液浸泡的滤纸上培养是一种常用的发芽试验方法，可减少或消除与其他金属相关的反离子或土壤中通常存在的金属离子的影响。发芽时将培养皿置于人工气候培养箱（PRX-350A，宁波赛福实验仪器有限公司）内。气候培养箱条件设置为：光/暗时长均为 12 h 进行周期循环，温度设为白天 23℃和晚上 18℃，培养箱内部湿度设为白天 70%和晚上 80%。发芽用透明玻璃培养皿直径为 9 cm（高约 1 cm），每个培养皿配有大小对应的盖子。

种子萌发试验开始前统一对生菜、烟草、紫花苜蓿种子进行筛选，选择籽粒饱满且大小较为一致的种子进行发芽试验。试验开始时先用 70%（体积分数）乙醇稀溶液对种子表面灭菌 5 min，再用二次去离子水仔细冲洗种子。通过高压蒸汽灭菌消毒的塑料药勺将种子每 50 粒分一组，之后将经高压蒸汽灭菌消毒处理的滤纸内衬于每个培养皿中，按随机分配并标记好的钒处理浓度给每个培养皿内加对应的钒溶液（3.0 mL）将滤纸浸湿，将已分好的每组种子（50 粒）均匀播撒于每个培养皿中，种子播撒后再向每个培养皿中补充 2.0 mL 对应浓度的钒溶液，最后盖好培养皿盖（做好标记）并小心将其随机转移至人工气候培养箱中进行种子萌发。

钒处理组中钒以 $NaVO_3$ 盐溶液形式加入，V(Ⅴ)浓度分别为 0.1 $mg\cdot L^{-1}$、0.5 $mg\cdot L^{-1}$、2.0 $mg\cdot L^{-1}$、4.0 $mg\cdot L^{-1}$、10.0 $mg\cdot L^{-1}$ 和 50.0 $mg\cdot L^{-1}$，加二次去离子水作为对照处理。共设有 7 个处理，每个处理重复 3 次。试验期间每次加钒溶液和二次去离子水的量均为 5.0 mL。每次加溶液时随机改变每个培养皿在气候培养箱中的位置以尽可能地减少试验过程中因培养皿摆放位置不同而对试验造成的误差。为使培养皿内实际钒浓度与试验所设浓度更为接近，试验期间每 3 天更换一次滤纸。当发芽后的幼苗与培养皿同高时统一移去所有处理组的培养皿盖。

种子萌发试验中主要测定指标为种子在不同时间点的发芽率、发芽后小苗的株高、根长及生物量（鲜重、干重）、各组织含水量及发芽后小苗存活率。另外，根据紫花苜蓿种子萌发试验中种皮颜色的变化进行了相关指标（种皮颜色、种皮元素含量和化学态、发芽后幼苗根系活力及叶片游离脯氨酸含量等）的定性/定量分析。

3.2.2.2　钒对种子发芽及生理生化的影响

生菜种子发芽及幼苗生长状况如图 3.1（a）所示。不同浓度钒处理的生菜种子发芽率随培养时间的延长而不断增加［图 3.2（a)］。培养第 6 天开始，10.0 mg·L^{-1} 钒处理的生菜种子发芽率增速较小。整体上，生菜种子发芽率随钒浓度的增加先减小后增大，在 10.0 mg·L^{-1} 钒处理时发芽率最小［图 3.3（a)］。50.0 mg·L^{-1} 钒处理时发芽率反而较 10.0 mg·L^{-1} 钒处理显著（$p<0.05$）升高。0 mg·L^{-1}、0.1 mg·L^{-1}、0.5 mg·L^{-1}、2.0 mg·L^{-1}、4.0 mg·L^{-1}、10.0 mg·L^{-1} 和 50.0 mg·L^{-1} 钒处理的生菜种子发芽率分别为 64.7%、60.7%、60.0%、54.0%、52.0%、49.3%和 58.0%。与对照相比，0.1 mg·L^{-1}、0.5 mg·L^{-1}、50.0 mg·L^{-1} 钒处理时生菜发芽率有所降低，但差异不显著（$p>0.05$），而 2.0 mg·L^{-1}、4.0 mg·L^{-1}、10.0 mg·L^{-1} 钒处理时生菜发芽率分别显著（$p<0.05$）降低 16.5%、19.6%、23.8%。虽然最大钒浓度（50.0 mg·L^{-1}）处理时生菜发芽率较 10.0 mg·L^{-1} 钒处理显著增大，但 50.0 mg·L^{-1} 钒处理时发芽后的生菜幼苗生长基本完全处于停滞状态［图 3.1（a)］。

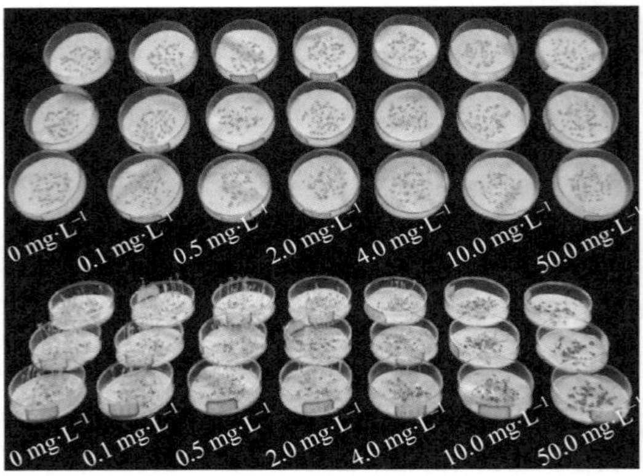

(a) 生菜

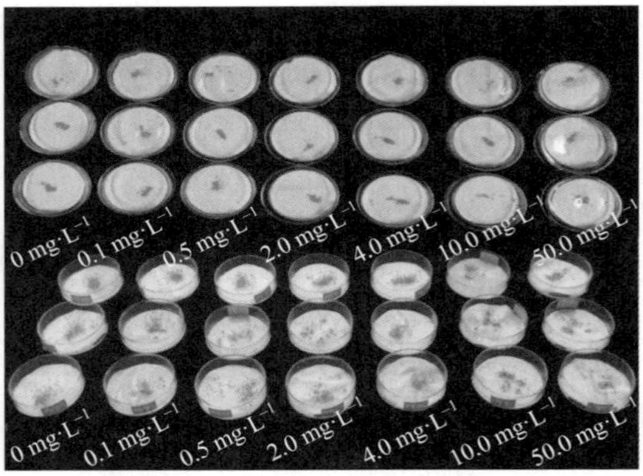

(b) 烟草

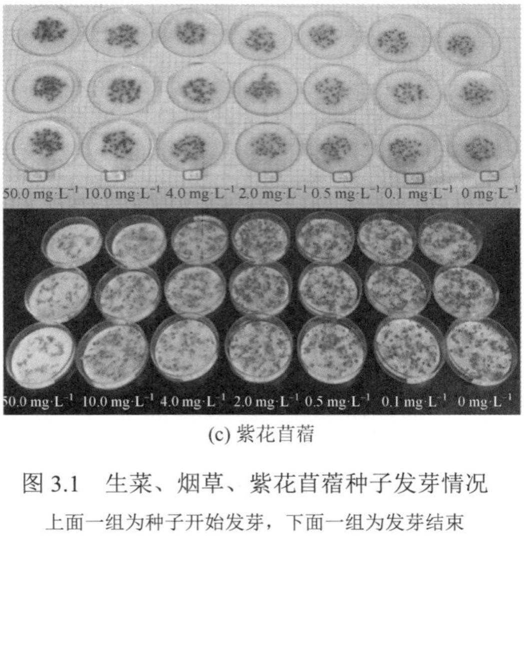

(c) 紫花苜蓿

图 3.1　生菜、烟草、紫花苜蓿种子发芽情况

上面一组为种子开始发芽，下面一组为发芽结束

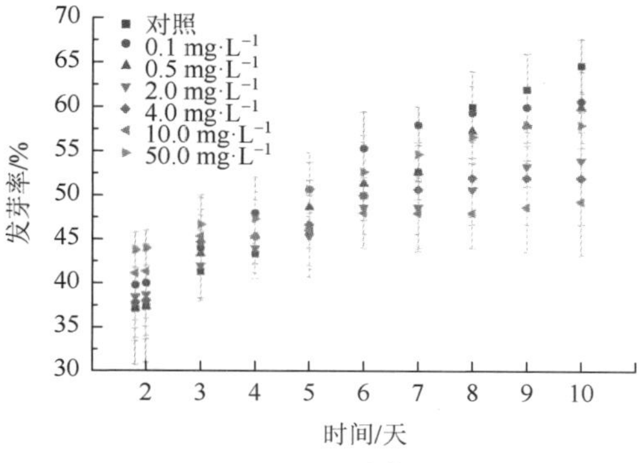

(a) 生菜

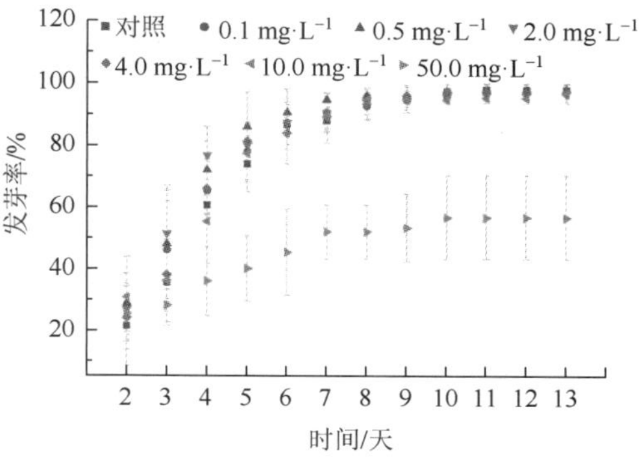

(b) 烟草

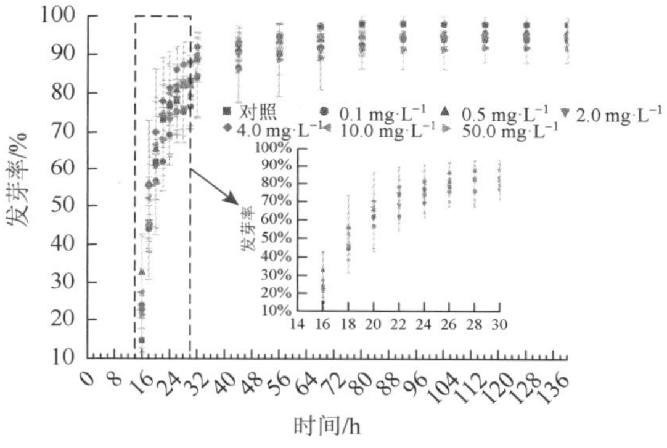

(c) 紫花苜蓿

图 3.2　不同浓度钒处理下生菜、烟草、紫花苜蓿种子不同时间点发芽率

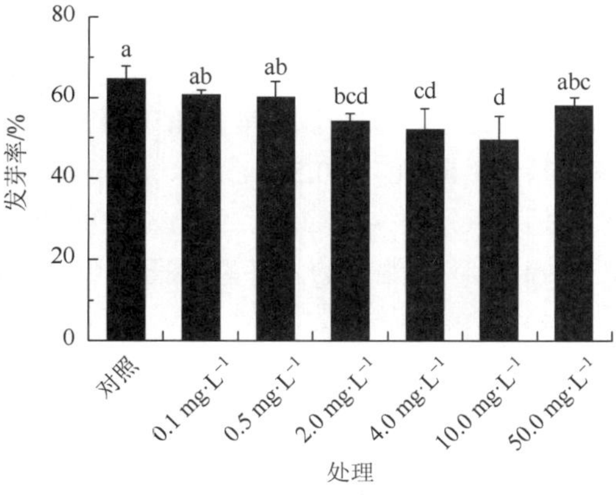

(a) 生菜

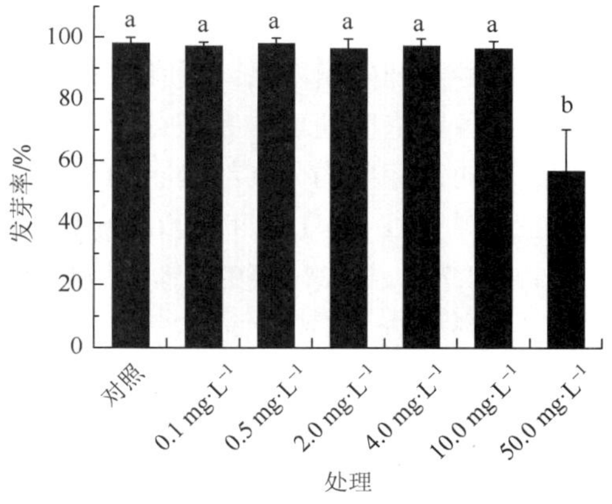

(b) 烟草

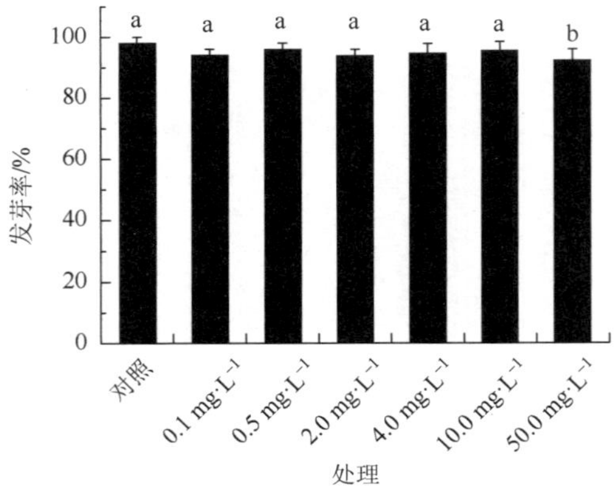

(c) 紫花苜蓿

图 3.3　不同浓度钒处理下生菜、烟草、紫花苜蓿种子发芽率

a，b，c，d 表示在 $p<0.05$ 水平各处理间差异显著，余同

烟草种子发芽及幼苗生长状况如图 3.1（b）所示。烟草种子发芽率随培养时间的延长而升高［图 3.2（b）］。当钒浓度≤10.0 mg·L^{-1}时，烟草种子在各个时段发芽率较为接近［图 3.3（b）］。第 2 天和第 3 天各浓度钒处理之间烟草种子发芽率无显著差异（显著性差异结果未列出）。从第 4 天开始，50.0 mg·L^{-1}钒处理的烟草种子发芽率开始显著（$p<0.05$）低于其他各浓度钒处理［图 3.2（b）］。从第 5 天起，钒浓度≤10.0 mg·L^{-1}的各个处理之间的种子发芽率无显著差异（$p>0.05$）。0 mg·L^{-1}、0.1 mg·L^{-1}、0.5 mg·L^{-1}、2.0 mg·L^{-1}、4.0 mg·L^{-1}、10.0 mg·L^{-1}和 50.0 mg·L^{-1}钒处理的烟草种子发芽率分别为 98.0%、97.3%、98.0%、96.7%、97.3%、96.7%和 56.7%。可见钒浓度≤10.0 mg·L^{-1}时其对烟草种子发芽率无显著影响（$p>0.05$），但高浓度钒（50.0 mg·L^{-1}）显著抑制了烟草种子的发芽率［图 3.3（b）］。

紫花苜蓿种子发芽及幼苗生长状况如图 3.1（c）所示。紫花苜蓿种子在吸胀约 14 h 时开始发芽。种子发芽率随时间的增加而迅速升高，在 42 h 时开始趋于平稳［图 3.2（c）］。当第一粒种子开始萌发后，紫花苜蓿种子发芽率在 14～30 h 时段迅速增加。在之后的培养时段，各钒浓度处理的紫花苜蓿种子发芽率的增速减缓。当种子培养 20 h 和 42 h 时，所有处理的发芽率均分别超过了 50%和 80%。对照、0.1 mg·L^{-1}、0.5 mg·L^{-1}、2.0 mg·L^{-1}、4.0 mg·L^{-1}、10.0 mg·L^{-1} 和 50.0 mg·L^{-1} 钒处理的发芽率分别为 98.0%、94.0%、96.0%、94.0%、94.7%、95.3%和 92.0%。与对照相比，50 mg·L^{-1}钒处理的发芽率显著降低（$p<0.05$）［图 3.3（c）］。

3.2.2.3　钒对发芽后幼苗株高、根长的影响

生菜和烟草幼苗株高和根长均随钒浓度的增加，在采用低浓度钒处理时差异不显著，在采用高浓度钒处理时，随浓度升高而降低，而紫花苜蓿幼苗株高在各处理组间无显著差异（图 3.4）。0.1 mg·L^{-1} 钒处理时生菜和烟草幼苗株高和根长均达到最大。生菜和烟草

幼苗株高在钒≥4.0 mg·L^{-1} 时显著（p<0.05）降低。与各自对照相比，生菜和烟草根长在>2.0 mg·L^{-1} 钒处理时显著（p<0.05）减小；紫花苜蓿根长在≥0.5 mg·L^{-1} 钒处理时显著（p<0.05）减小。由三种植物的株高和根长随钒浓度的变化可以看出，三种植物的根系生长较株高对钒胁迫更敏感。

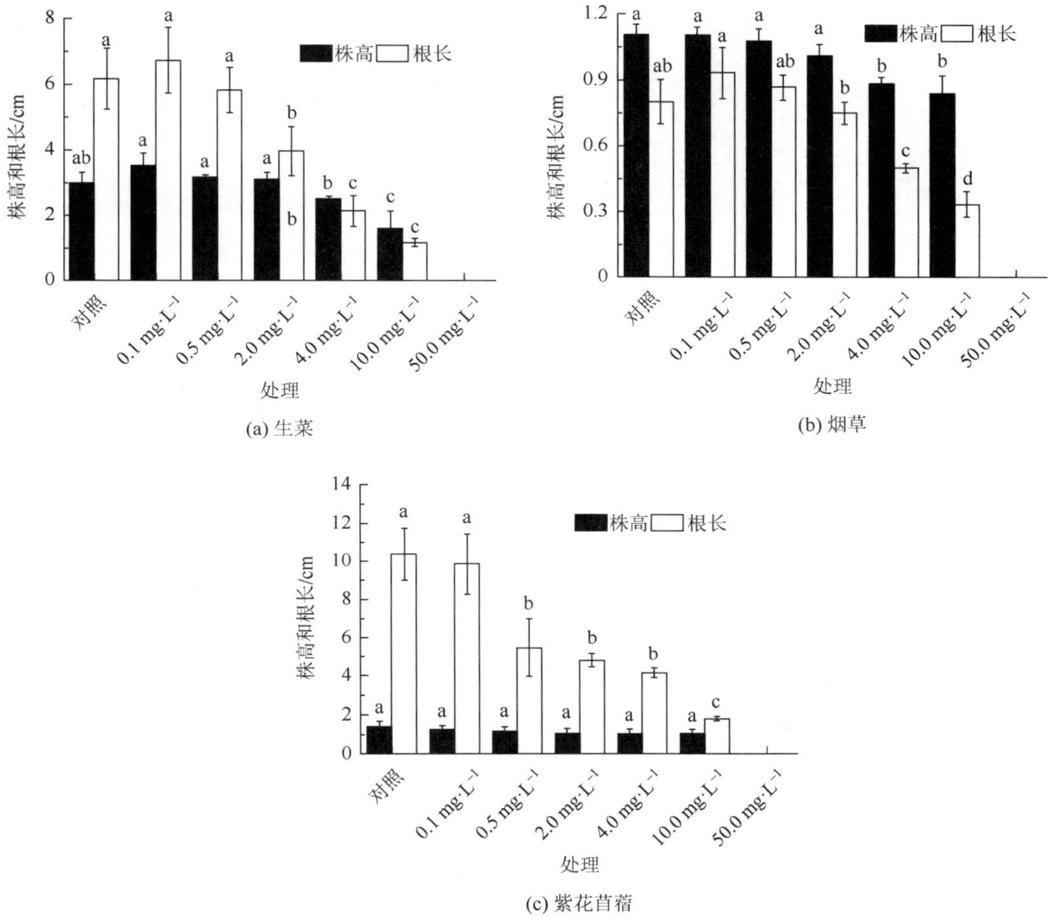

图 3.4　钒对生菜、烟草、紫花苜蓿幼苗株高和根长的影响

与对照相比，生菜根长在 2.0 mg·L^{-1}、4.0 mg·L^{-1}、10.0 mg·L^{-1} 钒处理时分别显著（p<0.05）降低 35.7%、65.5%、81.0%；株高在 4.0 mg·L^{-1}、10.0 mg·L^{-1} 钒处理时分别显著（p<0.05）降低 16.7%、46.7%。烟草发芽后幼苗生长极为缓慢，故其根长和株高也较小。与对照相比，烟草根长在 4.0 mg·L^{-1} 和 10.0 mg·L^{-1} 钒处理时分别显著（p<0.05）降低 37.5%和 58.8%；株高在 4.0 mg·L^{-1} 和 10.0 mg·L^{-1} 钒处理时分别显著（p<0.05）降低 20.0%和 23.6%。试验结束时，各浓度钒处理的紫花苜蓿幼苗株高均<2 cm（图 3.5）。与对照相比，在 0.5 mg·L^{-1}、2.0 mg·L^{-1}、4.0 mg·L^{-1} 和 10.0 mg·L^{-1} 钒处理时，根长分别显著（p<0.05）降低 47.6%、53.7%、60.2%和 82.6%，而株高则没有明显降低（p>0.05）。

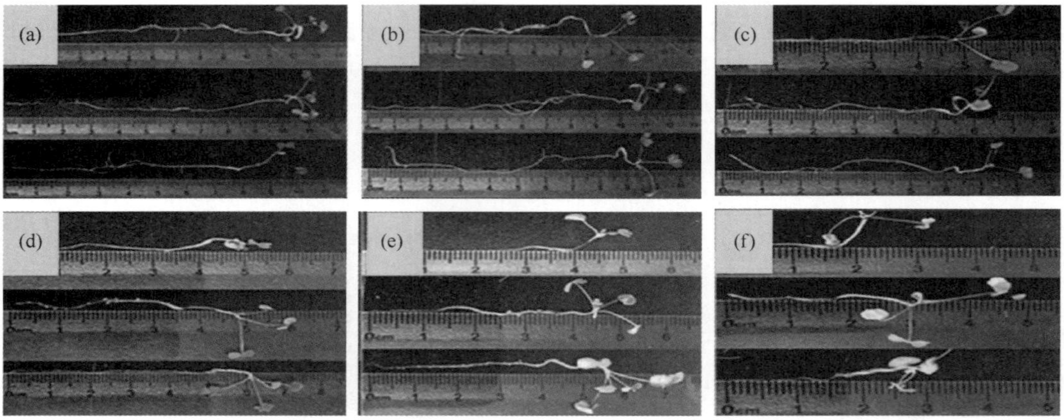

图 3.5　试验结束时紫花苜蓿幼苗株高和根长

（a）0 mg·L^{-1}；（b）0.1 mg·L^{-1}；（c）0.5 mg·L^{-1}；（d）2.0 mg·L^{-1}；（e）4.0 mg·L^{-1}；（f）10.0 mg·L^{-1}

采用 50.0 mg·L^{-1} 钒处理时生菜种子萌发较迅速，且此浓度处理下种子发芽率也较高，但在试验过程中发现发芽后小苗的生长显著受抑制（基本完全处于停滞状态）（图 3.1）。由此可见，高浓度钒对生菜种子的萌发虽有一定的刺激作用，但钒毒性也严重抑制了萌发后生菜幼苗的生长。对于受抑制的紫花苜蓿根系生长，根对叶片的杠杆作用使幼苗颠倒，特别是在采用较高钒浓度（≥4.0 mg·L^{-1}）处理时这一现象更为明显（图 3.6）。倒置的幼苗使其根系暴露于空气中，由于水分胁迫及其他负面影响最终幼苗枯萎，严重时幼

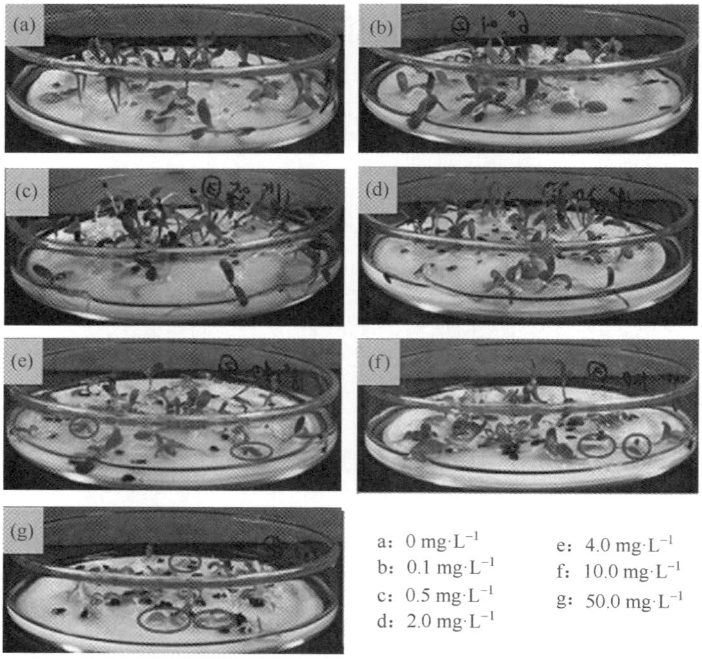

a：0 mg·L^{-1}　e：4.0 mg·L^{-1}
b：0.1 mg·L^{-1}　f：10.0 mg·L^{-1}
c：0.5 mg·L^{-1}　g：50.0 mg·L^{-1}
d：2.0 mg·L^{-1}

图 3.6　紫花苜蓿幼苗在培养皿中的生长情况（记录最终发芽率前一天）

苗死亡。此外，在≥4.0 mg·L^{-1}钒处理时，除可观察到 0.5 mg·L^{-1}和 2.0 mg·L^{-1}钒处理时的根长受抑制外，在试验结束时紫花苜蓿幼苗叶出现褪绿现象（图 3.6）。

种子萌发是植物生命周期的重要时段，生菜种子发芽率在 2.0～4.0 mg·L^{-1}钒处理时显著降低，烟草和紫花苜蓿种子发芽率在 50.0 mg·L^{-1}钒处理时显著降低。Tham 等（2001）研究发现 50.0 mg·L^{-1}钒处理后小麦（*Triticum aestivum*）和大麦（*Hordeum vulgare*）发芽率降幅超过 50%，而稻（*Oryza sativa*）和大豆（*Glycine max*）发芽率降幅不超过 10%。发芽后生菜、烟草、紫花苜蓿根系生长对钒的敏感性要高于株高，这与在萝卜、南瓜、玉米、油菜、向日葵、水稻、豆角 7 种作物上的研究结果一致（杨金燕和杨锴，2013）。有关重金属耐性的研究表明，根生长对土壤中金属毒素特别敏感（Bae et al.，2016）。添加钒处理后根长减小可能是由于根分生区有丝分裂活动减弱（Shafiq and Iqbal，2005；Munzuroglu and Geckil，2002）。

3.2.2.4　钒对幼苗干重、存活率及含水量的影响

整体上，发芽后生菜、烟草和紫花苜蓿幼苗的生物量（干重、鲜重）均随钒浓度的增加而降低（表 3.3）。但发芽后三种幼苗在不同浓度钒（除 50.0 mg·L^{-1}）处理下的存活率之间无显著（$p>0.05$）差异。发芽后各幼苗存活率较高（>80%）。与对照相比，发芽后生菜幼苗鲜重在≥4.0 mg·L^{-1} 钒处理时显著降低（$p<0.05$），其干重在≥2.0 mg·L^{-1} 钒处理时显著（$p<0.05$）降低。发芽后烟草和紫花苜蓿幼苗鲜重、干重与各自对照相比均在≥2.0 mg·L^{-1} 钒处理时显著（$p<0.05$）降低。生菜和紫花苜蓿幼苗含水量在 10.0 mg·L^{-1} 钒处理时显著降低（$p<0.05$）。而烟草幼苗含水量整体随钒浓度的增加而增加，但各浓度处理之间无显著性差异（$p>0.05$）。

表 3.3　不同浓度钒对生菜、烟草、紫花苜蓿幼苗生物量、存活率及含水量的影响

	处理	鲜重/g	干重/g	存活率/%	含水量/(g·g^{-1})
生菜	对照	0.429±0.062ab	0.032±0.004a	92.8%±1.4%a	12.446±1.145a
	0.1 mg·L^{-1}	0.473±0.029a	0.031±0.001a	93.4%±3.4%a	14.151±0.522a
	0.5 mg·L^{-1}	0.409±0.043ab	0.027±0.003ab	90.0%±0.7%a	13.956±0.397a
	2.0 mg·L^{-1}	0.363±0.051b	0.025±0.003bc	92.6%±3.6%a	13.512±0.851a
	4.0 mg·L^{-1}	0.283±0.028c	0.021±0.004c	91.1%±1.3%a	12.788±1.298a
	10.0 mg·L^{-1}	0.231±0.038c	0.020±0.002c	90.6%±1.2%a	10.524±0.891b
	50.0 mg·L^{-1}	—	—	—	—
烟草	对照	0.072±0.004ab	0.005±0.004a	90.5%±1.3%a	14.560±0.411a
	0.1 mg·L^{-1}	0.076±0.003a	0.005±0.003a	89.0%±4.3%a	15.134±1.520a
	0.5 mg·L^{-1}	0.068±0.001bc	0.004±0.001ab	89.8%±3.8%a	15.562±0.738a
	2.0 mg·L^{-1}	0.064±0.004cd	0.004±0.004b	89.6%±2.2%a	15.811±1.002a
	4.0 mg·L^{-1}	0.060±0.004d	0.003±0.004bc	89.0%±4.9%a	16.695±2.021a
	10.0 mg·L^{-1}	0.050±0.004e	0.003±0.004c	86.2%±2.8%a	16.543±0.752a
	50.0 mg·L^{-1}	—	—	—	—

续表

	处理	鲜重/g	干重/g	存活率/%	含水量/($g\cdot g^{-1}$)
紫花苜蓿	对照	0.973±0.125a	0.112±0.003a	88.0%±6.0%a	7.699±0.901a
	0.1 $mg\cdot L^{-1}$	0.890±0.102ab	0.106±0.006ab	84.7%±6.1%a	7.471±0.635ab
	0.5 $mg\cdot L^{-1}$	0.861±0.065ab	0.103±0.006ab	84.7%±4.2%a	7.386±0.207ab
	2.0 $mg\cdot L^{-1}$	0.759±0.025bc	0.098±0.003b	86.0%±5.3%a	6.764±0.181ab
	4.0 $mg\cdot L^{-1}$	0.592±0.042cd	0.073±0.003c	86.0%±2.8%a	7.100±0.903ab
	10.0 $mg\cdot L^{-1}$	0.477±0.106d	0.065±0.012c	82.0%±5.7%a	6.303±0.253b
	50.0 $mg\cdot L^{-1}$	—	—	—	—

注：最终存活率计算为每个处理培养结束时的存活苗数与成功发芽种子数目之比。—. 幼苗在试验结束前死亡，未记录相应数据。a、b、c、d 表示同一指标在不同浓度钒处理下有显著差异（$p<0.05$）（下同）。

与对照相比，生菜幼苗鲜重和干重在 0.5 $mg\cdot L^{-1}$、2.0 $mg\cdot L^{-1}$、4.0 $mg\cdot L^{-1}$、10.0 $mg\cdot L^{-1}$ 钒处理时分别降低 4.7%、15.4%、34.0%、46.2%和 15.6%、21.9%、34.4%、37.5%。生菜幼苗单位干物质含水量在对照、0.1 $mg\cdot L^{-1}$、0.5 $mg\cdot L^{-1}$、2.0 $mg\cdot L^{-1}$ 和 4.0 $mg\cdot L^{-1}$ 钒处理时较 10.0 $mg\cdot L^{-1}$ 钒处理显著（$p<0.05$）增加 18.3%、34.5%、32.6%、28.4%、21.5%。与对照相比，烟草幼苗鲜重、干重在 0.5 $mg\cdot L^{-1}$、2.0 $mg\cdot L^{-1}$、4.0 $mg\cdot L^{-1}$、10.0 $mg\cdot L^{-1}$ 钒处理时分别降低 5.6%、11.1%、16.7%、30.6%和 20.0%、20.0%、40.0%、40.0%。与对照相比，紫花苜蓿幼苗鲜重、干重在 0.1 $mg\cdot L^{-1}$、0.5 $mg\cdot L^{-1}$、2.0 $mg\cdot L^{-1}$、4.0 $mg\cdot L^{-1}$、10.0 $mg\cdot L^{-1}$ 钒处理时分别降低 8.5%、11.5%、22.0%、39.2%、51.0%和 5.4%、8.0%、12.5%、34.8%、42.0%。紫花苜蓿幼苗单位干物质含水量在对照、0.1 $mg\cdot L^{-1}$、0.5 $mg\cdot L^{-1}$、2.0 $mg\cdot L^{-1}$ 和 4.0 $mg\cdot L^{-1}$ 钒处理时较 10.0 $mg\cdot L^{-1}$ 钒处理增加 22.1%、18.5%、17.2%、7.3%、12.6%。

生菜、烟草、紫花苜蓿种子萌发后幼苗的存活率较高。这说明钒浓度（除 50.0 $mg\cdot L^{-1}$）对三种植物的定植能力无显著影响，发芽后的幼苗能够在含钒基质中存活下来，这对于通过其修复钒污染环境基质而言尤为重要。而烟草和紫花苜蓿在含钒（除 50.0 $mg\cdot L^{-1}$）基质中的发芽率显著高于生菜，因此从种子发芽率及萌发后幼苗的定植能力可以看出，烟草和紫花苜蓿在钒污染基质中的存活能力较生菜更强。

覆盖在胚上的组织（如种皮和糊粉）可能在保护胚免受重金属毒害方面起重要作用（Li et al.，2005）。种皮对种子而言极为重要，因为其通常被视为胚与外部环境之间的唯一保护层（Bewley et al.，2013）。另外，种皮是胚与周围环境的界面，在种子发育过程中其在胚的营养供给中发挥了重要作用，并对不利的外部环境（如害虫、病原体等）起到防御作用（Ran et al.，2017）。种皮的保护功能可归因于其外部和内部角质层，通常它们充满脂肪和蜡质（如软木脂），并含不少于一层厚壁保护细胞（Bewley et al.，2013）。先前的研究表明，种皮是防御金属毒性的重要屏障，在胚根刺穿种皮前，可以保护胚免受污染。虽然种皮在种子萌发前起到一定的保护作用，但在种子萌发后，种皮最终会破裂或变得更具渗透性（Kranner and Colville，2011）。

3.2.2.5　紫花苜蓿种皮颜色、表面结构及元素变化

1）种皮颜色、表面结构

随钒添加量的增加，种皮颜色逐渐加深［图 3.7（a）］。特别是当钒浓度为 0.5 mg·L^{-1}时，颜色明显变黑，钒浓度为 2.0 mg·L^{-1}～50.0 mg·L^{-1}时，颜色差异不明显［图 3.7（a）］。紫花苜蓿种皮颜色加深主要是由于种皮中其他化合物与钒结合，而非由于种子浸没于含钒溶液后种皮中一些发色团释放。当种子在不同浓度钒溶液中吸胀时，一些水溶性色素从种皮中释放出来（图 3.8 和图 3.9），这些色素加深了培养皿中滤纸的颜色。同时，这些水溶性色素释放后，种皮颜色变浅［图 3.9（c）中蓝色箭头所示］。之后，种皮颜色开始从底部［图 3.9（c）中红色箭头所示］到顶部［图 3.9（c）中白色箭头所示］变黑。

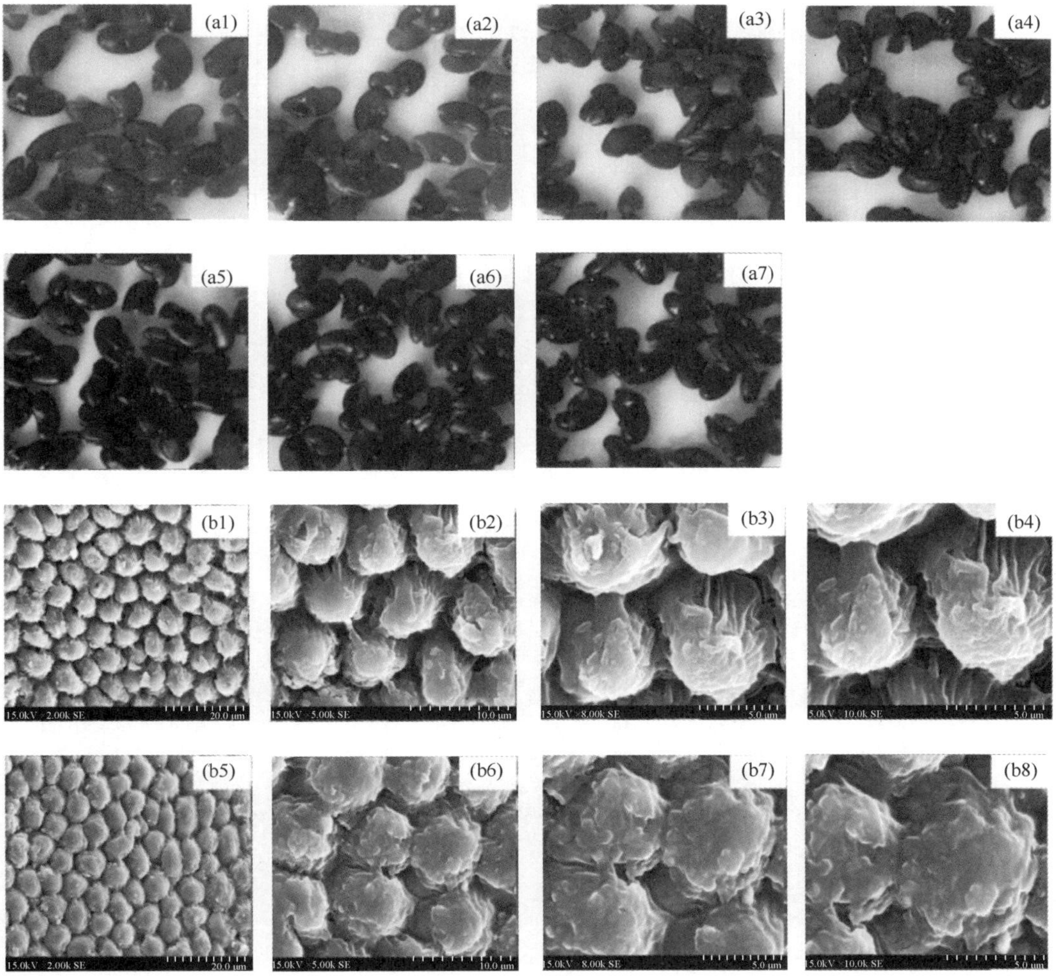

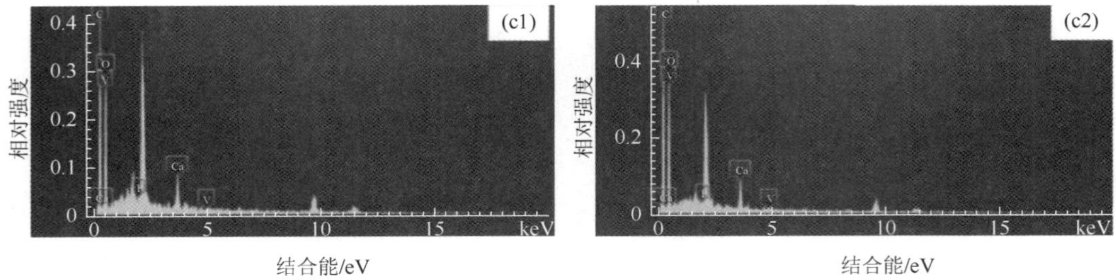

图 3.7　钒对紫花苜蓿种皮颜色、表面结构和元素含量的影响（彩图见附图）

（a1）～（a7）分别在 0 mg·L^{-1}、0.1 mg·L^{-1}、0.5 mg·L^{-1}、2.0 mg·L^{-1}、4.0 mg·L^{-1}、10.0 mg·L^{-1} 和 50.0 mg·L^{-1} 钒处理时种皮颜色变化；（b）对照和 50.0 mg·L^{-1} 钒处理下种皮扫描电子显微镜（SEM）图像，（b1）～（b4）分别为对照处理放大倍数为 2000 倍、5000 倍、8000 倍、10000 倍的图像，（b5）～（b8）为 50.0 mg·L^{-1} 钒处理时应与（b1）～（b4）对应相同放大倍数的图像；（c）用 EDS 半定量分析的部分元素的含量，（c1）、（c2）分别是对照和 50.0 mg·L^{-1} 钒处理下的元素

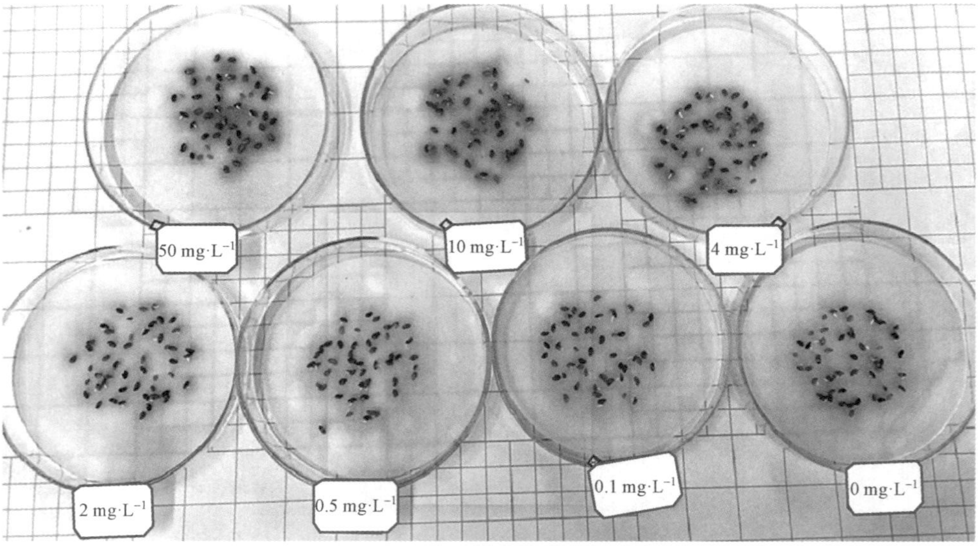

图 3.8　紫花苜蓿种子在不同浓度钒溶液中萌发初期情况

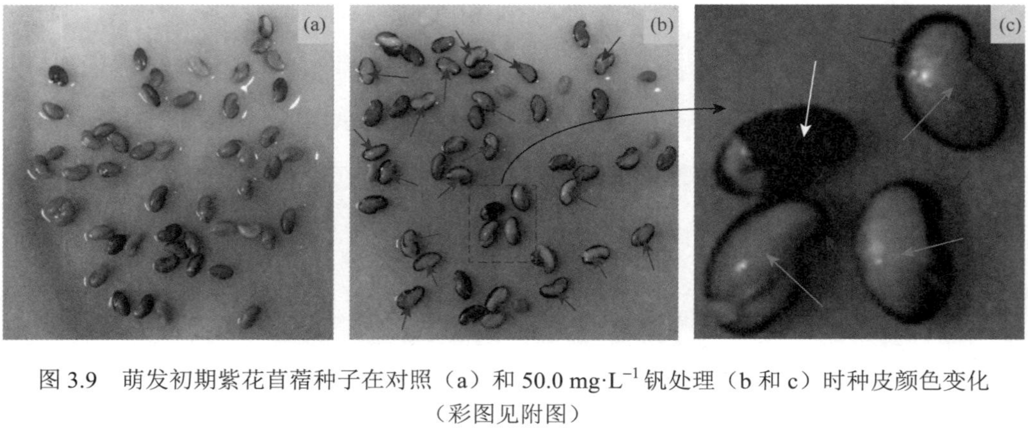

图 3.9　萌发初期紫花苜蓿种子在对照（a）和 50.0 mg·L^{-1} 钒处理（b 和 c）时种皮颜色变化（彩图见附图）

不同放大倍数（2000倍、5000倍、8000倍、10000倍）的种皮SEM照片如图3.7（b）所示，由图可知，50.0 mg·L^{-1}钒处理显著改变了紫花苜蓿种皮表面结构。通过能量色散X射线谱（EDS）半定量分析发现，与对照相比，50.0 mg·L^{-1}钒处理的种皮中C原子分数下降了1.0%，C原子质量分数下降了0.9%［图3.7（c），表3.4］。进一步使用元素分析仪对N、C、H、S进行定量分析（表3.5），与对照相比，50.0 mg·L^{-1}钒处理的氮元素比例增加了12.1%，而C元素比例降低了2.7%，H元素比例降低了4.4%。

表3.4　紫花苜蓿种皮中某些元素的质量分数和原子分数

元素	质量分数/%		原子分数/%	
	0 mg·L^{-1}	50.0 mg·L^{-1}	0 mg·L^{-1}	50.0 mg·L^{-1}
C	47.66	47.21	56.11	55.55
O	47.86	48.68	42.30	43.01
P	0	0	0	0
Ca	4.48	3.89	1.58	1.37
V	0	0.22	0	0.06

表3.5　紫花苜蓿种皮氮（N）、碳（C）、氢（H）、硫（S）元素百分比（质量分数）

处理	元素百分比/%			
	N	C	H	S
0 mg·L^{-1}	1.682	44.45	6.622	＜1.0
50.0 mg·L^{-1}	1.886	43.23	6.331	＜1.0

前人研究表明，多酚类化合物，包括酚酸及其衍生物、单宁酸和黄酮类化合物，它们赋予果实和种子颜色，豆类种子中检测到的大多数酚类化合物位于种皮中（Moïse et al.，2005）。当一些水溶性色素从种皮释放后，钒与滞留在种皮上表面的一些物质相互作用，种皮颜色加深。此外，考虑到钒的其他价态（如+Ⅱ、+Ⅲ、+Ⅳ）的颜色较V(Ⅴ)深（Antipov et al.，2000），推测V(Ⅴ)还原为V(Ⅳ)或更低价态钒也可能使得种皮颜色加深。

2）紫花苜蓿种皮元素化学态

种皮中碳的主要化学态为C—C和C—H。对照和50.0 mg·L^{-1}钒处理的种皮中也存在其他化学态C—O和C—O—C（图3.10）。而在50.0 mg·L^{-1}钒处理后未发现C—OH。对照和50.0 mg·L^{-1}钒处理时紫花苜蓿种皮中氮主要以酰胺［N—(C═O)—］为主。同时，两种处理的种皮中含有少量的烷基铵。此外，在50.0 mg·L^{-1}钒处理的种皮中检测到丙二腈（N≡C—CH_2—C≡N）（图3.10）。对照处理时氧元素化学态为C—O—C，而在50.0 mg·L^{-1}钒处理后氧以O—(C═O*)—C形式存在。换言之，氧元素化学态在对照处理时仅以C—O单键形式存在，而50.0 mg·L^{-1}钒处理后，氧元素化学态出现C═O形式。综上所述，由与C、O、N元素密切相关的化学官能团变化可推测，暴露于50.0 mg·L^{-1}钒处理后紫花苜蓿种皮中形成了新的化合物。为更好地阐释紫花苜蓿种子萌发过程中发生在种皮上的这一现象，还需要进一步探究种皮中的含钒化合物或钒元素化学态的改变。

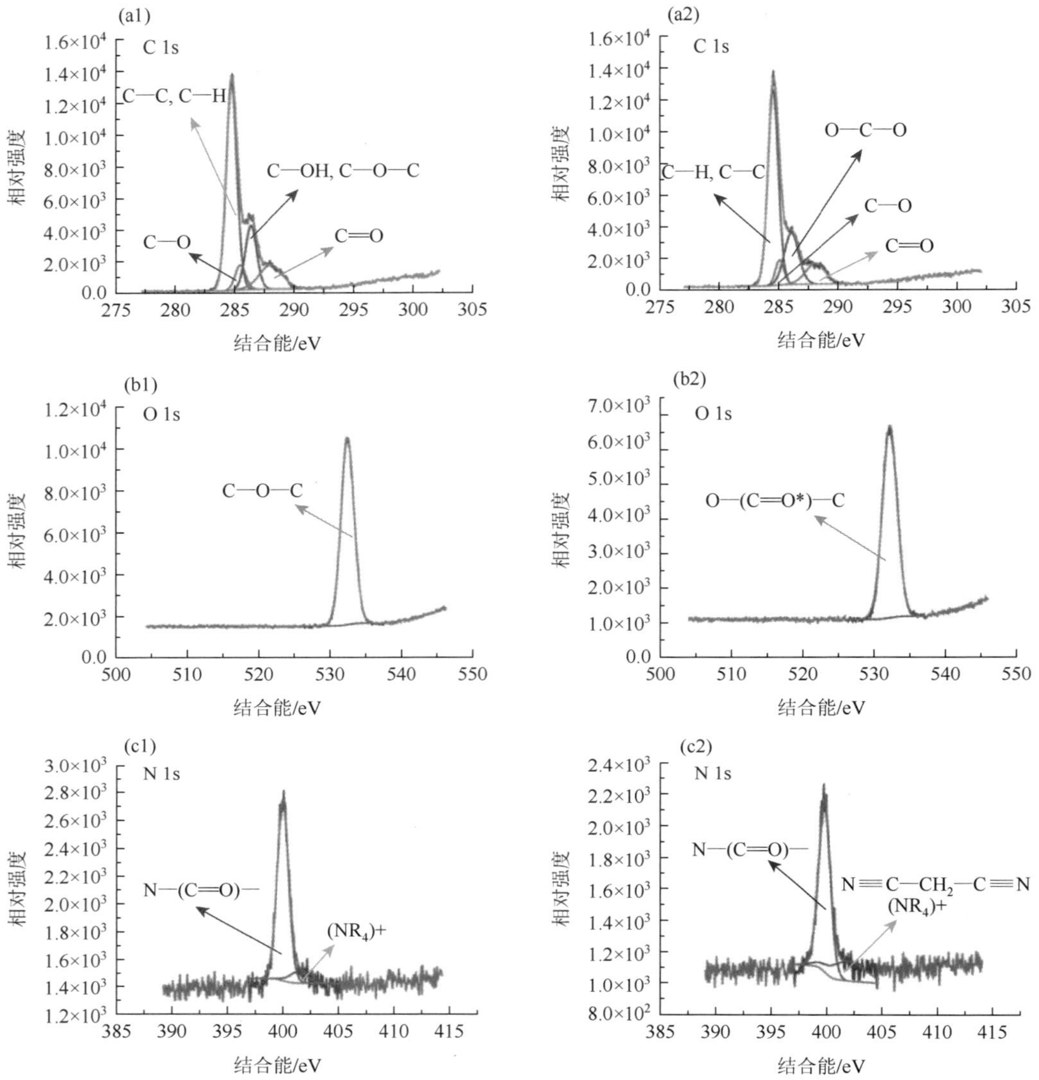

图 3.10 钒对紫花苜蓿种皮碳（C）、氧（O）和氮（N）化学态的影响

（a1）、（b1）、（c1）分别为对照条件下 C 1s、O 1s、N 1s 能谱图，（a2）、（b2）、（c2）分别为 50.0 mg·L^{-1} 钒处理条件下 C 1s、O 1s、N 1s 能谱图

3）紫花苜蓿种皮和幼苗钒浓度

除 4.0 mg·L^{-1} 和 50.0 mg·L^{-1} 钒处理外，种皮钒浓度高于对应浓度处理时整株幼苗中的钒浓度，但差异不显著（$p>0.05$）（图 3.11）。紫花苜蓿幼苗的培养时间（25 天）是种皮（10 天）的 2 倍以上。在 50.0 mg·L^{-1} 钒处理时，生长后期幼苗死亡，故没有记录整株幼苗的钒浓度。在 0 mg·L^{-1}、0.1 mg·L^{-1}、0.5 mg·L^{-1}、2.0 mg·L^{-1}、4.0 mg·L^{-1} 和 10.0 mg·L^{-1} 钒处理时整株幼苗中的平均钒浓度分别为 5.9 mg·kg^{-1}、20.8 mg·kg^{-1}、287.0 mg·kg^{-1}、576.2 mg·kg^{-1}、1279.9 mg·kg^{-1} 和 1657.6 mg·kg^{-1}；而在 0 mg·L^{-1}、0.1 mg·L^{-1}、0.5 mg·L^{-1}、2.0 mg·L^{-1}、4.0 mg·L^{-1}、10.0 mg·L^{-1} 和 50.0 mg·L^{-1} 钒处理时种皮钒浓度分别为 5.6 mg·kg^{-1}、

77.5 mg·kg^{-1}、381.0 mg·kg^{-1}、887.4 mg·kg^{-1}、1184.7 mg·kg^{-1}、1676.5 mg·kg^{-1}和 2868.6 mg·kg^{-1}。钒在种皮上的积累有助于减轻其对种子萌发的毒性作用，尽管 50.0 mg·L^{-1}钒处理时成功萌发后生长的幼苗在试验结束前全部死亡。

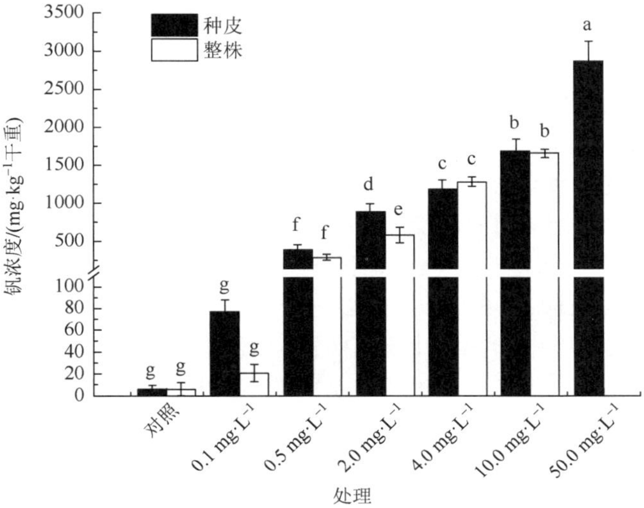

图 3.11　在第 10 天种子萌发完成后收集的种皮中钒含量以及在培养 25 天后收获的整株幼苗中钒浓度

直方图上不同小写字母表示不同浓度处理的种皮或全株钒浓度存在显著差异（$p<0.05$）。柱中垂线表示标准差（$n=3$）

4）紫花苜蓿根系活力和叶片游离脯氨酸浓度

根系活力随溶液钒浓度的增加而降低（图 3.12）。当钒浓度为 0.1 mg·L^{-1}时，紫花苜蓿幼苗根系活力降低不显著（1.2%）（$p>0.05$），然而在 0.5 mg·L^{-1}、2.0 mg·L^{-1}、4.0 mg·L^{-1}

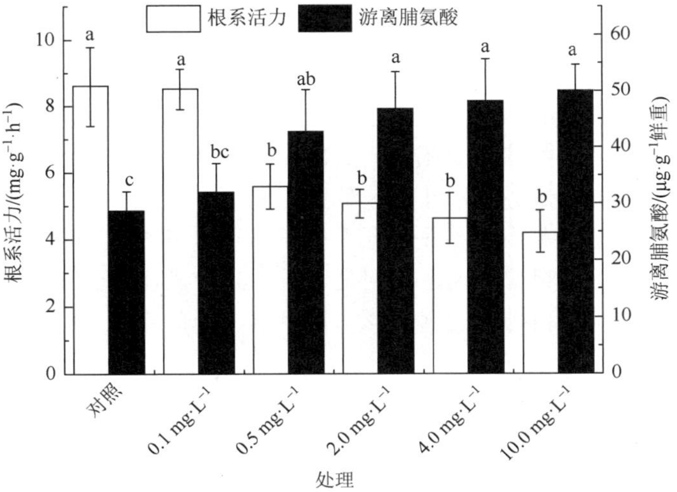

图 3.12　钒对紫花苜蓿幼苗根系活力和叶片游离脯氨酸积累的影响

不同的小写字母表示显著差异（$p<0.05$）。柱中垂线表示标准差（$n=3$）

和 10.0 mg·L^{-1} 钒处理时，与对照相比，根系活力分别显著（$p<0.05$）降低 35.0%、41.3%、46.3%和 50.9%。这进一步表明较高浓度钒（≥0.5 mg·L^{-1}）显著影响了紫花苜蓿幼苗根系的生长。根系伸长的变化趋势与根系活力的变化趋势相似。钒浓度≥0.5 mg·L^{-1} 时显著（$p<0.05$）降低了根系活力，其对根伸长也有明显（$p<0.05$）抑制作用。相反，紫花苜蓿叶片游离脯氨酸随外源钒添加量的增加而增加。与对照相比，0.1 mg·L^{-1} 钒处理时叶片游离脯氨酸浓度增加 11.6%（$p>0.05$），而 0.5 mg·L^{-1}、2.0 mg·L^{-1}、4.0 mg·L^{-1} 和 10.0 mg·L^{-1} 钒处理时叶片游离脯氨酸浓度分别显著（$p<0.05$）增加 48.9%、62.7%、67.7%和 74.1%。此外，钒浓度为 0.5 mg·L^{-1}、2.0 mg·L^{-1}、4.0 mg·L^{-1} 和 10.0 mg·L^{-1} 时，各钒浓度处理之间游离脯氨酸浓度及根系活力无显著差异（图 3.12）。

脯氨酸是一种有利于植物在非生物胁迫下自我保护的氨基酸，其在植物的各种机制中发挥着重要作用，如适应性响应、抗氧化防御、稳定蛋白质结构、维持氧化还原态碳和氮储存等（Ali et al.，2020）。大多植物会积累游离脯氨酸以应对各种环境胁迫（Benet al.，2014）。脯氨酸常被植物用于增强自身金属耐性和缓解各种重金属毒性造成的负面影响（Aslam，2017）。钒可通过改变基因的表达和酶活性，产生活性氧（ROS），从而对植物生长产生不利影响，并进一步影响细胞代谢（Imtiaz et al.，2016）。脯氨酸可通过渗透调节和保护细胞膜的完整性来稳定抗氧化系统，从而减少活性氧的影响（Per et al.，2017）。因此，叶片中大量脯氨酸积累有助于提高紫花苜蓿幼苗对较高浓度（≥0.5 mg·L^{-1}）钒胁迫的耐受性。先前的研究表明叶片中会积累脯氨酸，叶绿体是植物在胁迫条件下合成脯氨酸的主要场所（Rayapati et al.，1989）。高等植物遭受氧化胁迫后，脯氨酸含量会升高（Seneviratne et al.，2019）。脯氨酸具有多种功能，如可作为渗透物、能量来源、活性氧清除剂和胁迫缓解物（Dar et al.，2016）。此外，在重金属胁迫下，积累的脯氨酸可诱导植物螯合肽的合成，植物螯合肽与金属螯合，从而减轻金属毒性（Dar et al.，2016）。因此，紫花苜蓿叶片游离脯氨酸含量的增加在一定程度上缓解了钒毒性引起的氧化胁迫。此外，脯氨酸可稳定 DNA、膜和蛋白质化合物，并在胁迫解除后为紫花苜蓿的生长提供碳和/或氮源（Ben et al.，2014）。

生物质产量是表征植物在包括重金属在内的非生物胁迫下生长性能的一个重要参数。由于溶液中钒浓度逐渐增大，其毒性效应逐渐增强，因而影响了生菜、烟草、紫花苜蓿幼苗生物质积累。钒酸盐是质膜 H^+-ATPase 的强抑制剂（Imtiaz et al.，2015a），而 H^+-ATPase 是植物生长的动力源，其为植物营养物质和代谢物的运输提供动力（Imtiaz et al.，2018）。另外，由于发芽试验所使用含钒溶液中未补充营养物质，因此养分胁迫也成为发芽后幼苗生长受抑制的原因，特别是对于生长较迅速的紫花苜蓿而言，其影响可能更大。因此，钒对能量和物质代谢的影响是生菜、烟草和紫花苜蓿幼苗生长发育受抑制的重要原因。

3.2.2.6　小结

生菜种子发芽率随钒浓度的增加逐渐降低（50.0 mg·L^{-1} 钒处理除外），并在≥2.0 mg·L^{-1} 钒处理时显著低于对照，50.0 mg·L^{-1} 钒处理后生菜种子发芽率虽然较对照无显著差异，但发芽后的幼苗生长基本完全处于停滞状态，且均于试验结束前全部死亡。高浓度钒（50.0 $mg \cdot L^{-1}$）显著抑制了烟草和紫花苜蓿种子发芽率，但当钒浓度≤10.0 $mg \cdot L^{-1}$ 时烟草和紫花苜蓿种子发芽率较对照无显著差异。三种植物种子发芽后幼苗存活率较高且各处理（除 50.0 $mg \cdot L^{-1}$）之间无显著差异。

紫花苜蓿种子萌发过程中种皮通过积累钒起到保护种子萌发的作用。随钒浓度的增加，种皮颜色逐渐加深。50.0 $mg \cdot L^{-1}$ 钒处理后，种皮结构和元素含量、化学态发生了改变。种皮元素化学态的变化也为进一步了解种皮对种子萌发的保护机制提供了新思路。

发芽后生菜、烟草、紫花苜蓿幼苗对不同浓度钒胁迫的响应有所不同。生菜根长在≥2.0 $mg \cdot L^{-1}$ 钒处理时显著降低，而株高在≥4.0 $mg \cdot L^{-1}$ 钒处理时显著降低。烟草幼苗株高和根长均在≥4.0 $mg \cdot L^{-1}$ 钒处理时显著降低；紫花苜蓿根系伸长在≥0.5 $mg \cdot L^{-1}$ 钒处理时显著受抑制，但各处理的株高差异不显著。整体而言，生菜、烟草、紫花苜蓿均具有在钒含量≤10.0 $mg \cdot L^{-1}$ 的基质中萌发和生长的潜能。但烟草和紫花苜蓿种子的发芽率更高，其在一定浓度含钒基质中的存活能力较生菜更强。

3.3 水培条件下钒对植物生长的影响及植物钒积累、转移特征

生菜能积累相对较高浓度的金属，这被认为是人体摄入有害金属的一个重要来源（Kavčič et al.，2020）。此外，前人研究表明，叶类蔬菜（如生菜）可积累相对高浓度的钒（干质量为 100～2400 $\mu g \cdot kg^{-1}$）（Anke，2005）。烟草是世界上种植最广泛的非粮食作物之一，在约 120 个国家种植（Sierro et al.，2014）。而且烟草经常被用作非生物胁迫研究的模式植物（Štefanić et al.，2018）。紫花苜蓿是一种耐旱、耐寒、多年生草本饲用豆科植物（Mielmann，2013），具有重要的生态价值、营养价值和重金属植物修复潜能（Cota-Ruiz et al.，2018）。先前的研究表明紫花苜蓿具有耐受多种重金属（如 Ni、Cd、Zn 等）胁迫及高浓度钒胁迫的能力（Yang et al.，2011）。紫花苜蓿为多年生牧草作物，其生长迅速，且具有每年可多次大量收获等优势。因此，有必要进一步探究生菜、烟草、紫花苜蓿钒胁迫响应及钒积累、转移特征，从而为评估生菜、烟草、紫花苜蓿的健康风险及修复钒污染环境的潜能提供理论依据。

基于以上考虑，本节研究的主要内容包括：①钒对生菜、烟草、紫花苜蓿生长（株高、根长、生物量、组织含水量）的影响；②钒对生菜、烟草、紫花苜蓿生理指标（如叶绿体色素、细胞膜透性、膜脂过氧化程度、花青素含量、抗氧化酶活性、非酶抗氧化物含量、光合气体参数等）的影响；③钒在生菜、烟草、紫花苜蓿体内的积累、转移及分配特征。

3.3.1 试验方法

试验前先筛选好若干健康饱满的生菜、烟草和紫花苜蓿种子，用于萌发育苗。生菜和紫花苜蓿种子萌发在玻璃培养皿内进行，培养皿内衬两层经高压蒸汽杀菌消毒处理的滤纸。发芽前各植物种子均用 70%（体积分数）乙醇稀溶液表面消毒 5 min，然后用二次

去离子水小心冲洗干净。将 50 粒生菜/紫花苜蓿种子均匀分散在每个培养皿中，并用大小匹配的透明培养皿盖半密封以免水分快速蒸发而导致滤纸变干，然后将培养皿小心置于人工气候培养箱（PRX-350A，宁波赛福实验仪器有限公司）培养。对于烟草而言，由前期预试验了解到烟草种子发芽后幼苗极小，不利于移苗，故为了较长时间培养以获得较大的烟草幼苗，烟草种子的萌发育苗在蛭石中进行，蛭石装入育苗盘后放于相同的人工气候培养箱中培养。气候培养箱参数设置为：白天温度 23℃，晚上温度 18℃，白天湿度 70%，晚上湿度 80%；14 h 光周期（光照强度约为 60 $\mu mol \cdot m^{-2} \cdot s^{-1}$）和 10 h 暗周期。为获得相对较高的生物量，当生菜、烟草、紫花苜蓿幼苗高分别约 9 cm、13 cm、15 cm 时开始钒处理。由于烟草叶片较大，故在试验过程中，每隔 2 天检查并收集烟草掉落叶片，用于掉落叶片干重及钒浓度计算以保证试验数据准确性。生菜、烟草、紫花苜蓿分别在含不同浓度钒的完全霍格兰（Hoagland）营养液中培养 70 天、60 天、50 天后收获。

种子出芽前，每天用二次去离子水浸湿 3 次（每次用 5 mL 移液枪小心缓慢加 5 mL 二次去离子水）。之后改用 1/4 强度的改良完全霍格兰营养液（Hoagland and Arnon，1938）浇灌。通过 0.05 $mol \cdot L^{-1}$ NaOH 和 0.05 $mol \cdot L^{-1}$ HCl 调整改良的不同强度霍格兰营养液 pH，使其保持在 6.5±0.1。待发芽后的小苗长约 2 cm 时开始移苗，移苗过程借助人工修剪的海绵薄片进行（海绵薄片长宽均约 2 cm，厚约 0.3 cm）。将预先准备好的大小相匹配的培养杯插入每个聚乙烯容器口中，试验过程中每个塑料容器装 1 L 改良的完全霍格兰营养液。将幼苗连同海绵薄片一起转移至培养杯中。海绵薄片中间孔大小要适宜以使幼苗小根能穿过，而地上小叶不能穿过，确保幼苗悬浮在营养液之上且其根与储存于容器中的营养液接触。移苗过程如图 3.13 所示，移苗后每盆生菜预留 20 株大小相近的幼苗，每盆烟草预留 10 株大小相近的幼苗，每盆紫花苜蓿预留 30 株大小相近的幼苗，在不加钒的 1/2 强度霍格兰营养液中培养两周以缓解移栽过程产生的影响。之后将幼苗在完全霍格兰营养液中培养一段时间以获得较高生物量。每盆生菜保留 10 株（高约 9 cm）幼苗，每盆烟草保留 1 株（高约 13 cm），每盆紫花苜蓿保留 20 株（高约 15 cm）开始钒处理。钒胁迫处理前幼苗均未出现营养缺乏或者病理症状。

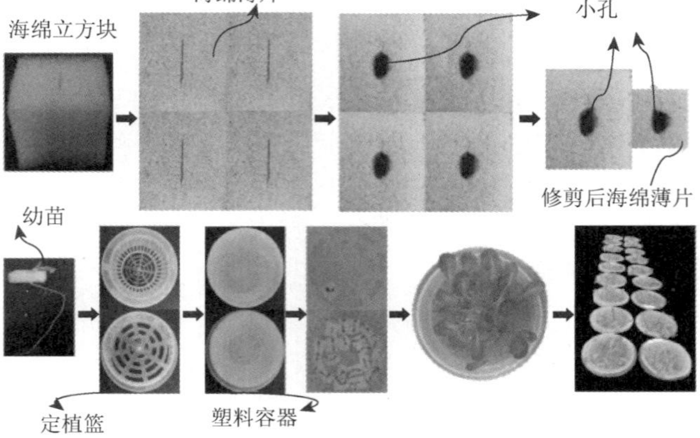

图 3.13　移苗过程示意图

在生菜和烟草水培试验中设 4 种钒浓度梯度，即 0.1 mg·L^{-1}、0.5 mg·L^{-1}、2.0 mg·L^{-1}、4.0 mg·L^{-1}，包括不加钒的对照组共计 5 个处理，每个处理重复 3 次，共 15 盆。紫花苜蓿水培试验设 5 种钒浓度梯度，即 0.1 mg·L^{-1}、0.5 mg·L^{-1}、2.0 mg·L^{-1}、4.0 mg·L^{-1}、10.0 mg·L^{-1}，包括不加钒的对照组共计 6 个处理，每个处理重复 3 次，共 18 盆。钒均以 $NaVO_3$ 溶液的形式加入。整个试验期间每隔 2 天更换一次营养液。试验为完全随机区组设计。试验期间所有白色聚乙烯塑料容器均用黑色聚乙烯塑料袋包裹以模拟根系生长暗环境。

试验结束时生菜、烟草、紫花苜蓿生长状况如图 3.14 所示。收获时生菜、烟草、紫花苜蓿均分根、茎、叶三部分进行。所有组织先用去离子水冲洗 3 min。之后将根浸泡在 0.02 mol·L^{-1} EDTA-2Na 溶液中 30 min 以去除附着在根外表的重金属，接着用二次去离子水仔细冲洗 3 次。待吸水纸轻轻吸干植物表面残留水后，立即通过电子数字天平称各部分鲜样重。最后将每盆植物的相同组织混合装入牛皮纸袋，于烘箱中 80℃烘干（约 72 h）至恒重并记录干重。人工通过石英研钵将烘干样研磨成粉末，过 0.2 mm 尼龙筛后干燥器内保存备用。

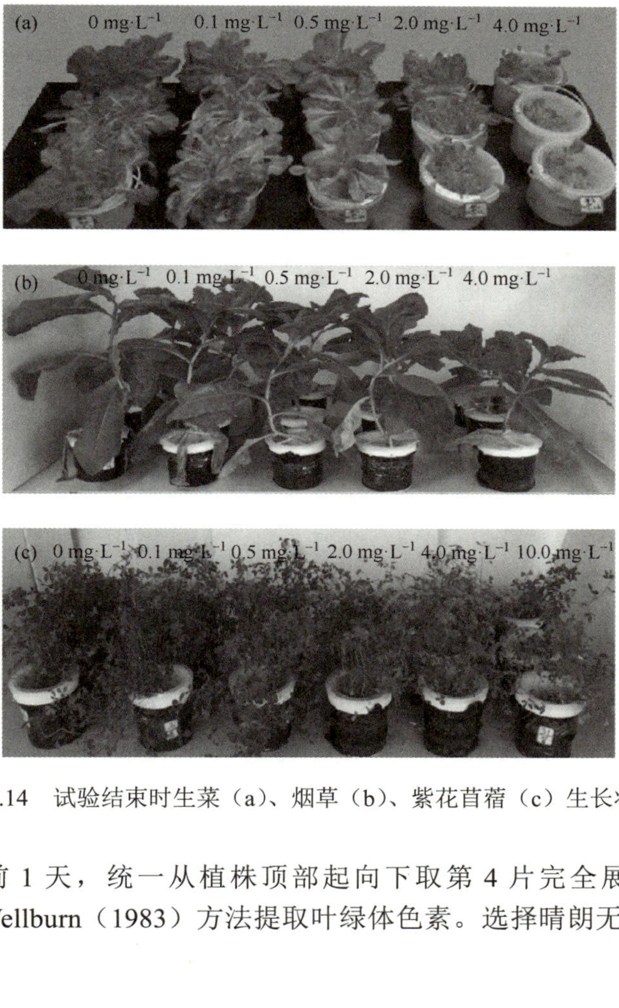

图 3.14　试验结束时生菜（a）、烟草（b）、紫花苜蓿（c）生长状况

于试验结束前 1 天，统一从植株顶部起向下取第 4 片完全展开的叶片，参照 Lichtenthaler 和 Wellburn（1983）方法提取叶绿体色素。选择晴朗无云的早晨（9:00～

12:00），用便携式光合仪（GFS-3000，德国 Walz 公司）测定紫花苜蓿叶片净光合速率（P_n）、气孔导度（g_s）、蒸腾速率（T_r）及胞间 CO_2 浓度（C_i）。

叶片选取方法同光合色素测定部分，参照 Ning 等（2015）方法进行叶片细胞膜透性试验。参照 Zhang 等（2012）方法并做适度修改进行膜质过氧化产物丙二醛（MDA）含量测定。于试验结束前一天，从植株顶部起向下取第 3～5 片完全展开的鲜叶用于活性氧检测。根据 Velikova 等（2000）方法测定过氧化氢（H_2O_2）含量。根据 Han 等（2020）方法测定超氧自由基（$O_2^- \cdot$）浓度。

从植株顶部算起向下取第 3～5 片鲜叶（0.5 g）用于测定钒处理和对照烟草叶片酶活性，液氮研磨并用 5.0 mL 0.05 $mol \cdot L^{-1}$ 磷酸钠缓冲液（pH 7.8）匀浆。浆液于 4℃离心（16000 *g*，15 min），收集上清液用于酶活性测定。根据 Dhindsa 等（1981）的方法，采用分光光度法通过测定超氧化物歧化酶（SOD）抑制硝基蓝四唑（NBT）光还原的能力来计算其活性。采用 Liu 等（2009）方法（稍加修改）测定过氧化物酶（POD）活性。采用 Liu 等（2009）方法测定过氧化氢酶（CAT）活性。根据 H_2O_2 对抗坏血酸的氧化，抗坏血酸过氧化物酶（APX）活性通过测定 290 nm 处吸光值（消光系数为 2.8 $L \cdot mmol^{-1} \cdot cm^{-1}$）的降低来获得（Nakano and Asada，1981）。参照 Wang 等（2013）方法测定还原性抗坏血酸（AsA）。还原性谷胱甘肽（GSH）含量按 Wang 等（2013）方法测定。

将干燥后生菜、烟草、紫花苜蓿各组织分别用石英研钵磨成粉末，植物组织干样加浓硝酸后于智能微波消解仪（TOPEX +，中国 PreeKem）中消解。所得消解液用二次去离子水稀释至 50.0 mL，通过 ICP-MS（NexION 300x，美国 PerkinElmer）测定稀释液钒浓度。溶液钒检出限为 0.1 $\mu g \cdot L^{-1}$。在整个分析过程中，采用植物用国家标准物质（GBW 10021）（中国地质科学院地球物理地球化学勘查研究所）进行质量控制。钒的标准回收率为 96.5%～104.9%。植物钒转移能力用转移系数（TF）表示，即为植物地上部钒浓度与根部钒浓度之比（Aihemaiti et al.，2018）。

3.3.2　钒对植物株高和根长的影响

随外源钒浓度的增加，生菜株高逐渐降低［图 3.15（a）］。根长从 0.1 $mg \cdot L^{-1}$ 钒处理开始降低，并在 0.5 $mg \cdot L^{-1}$ 钒处理时显著减小。0.5 $mg \cdot L^{-1}$ 钒处理时，大部分主根脱落，同时剩余主根上出现新的较粗棒状侧根。而 2.0 $mg \cdot L^{-1}$ 和 4.0 $mg \cdot L^{-1}$ 钒处理时生菜根系生长基本处于停滞状态，但与 0.5 $mg \cdot L^{-1}$ 钒处理相比，根断裂较少。因此，0.5 $mg \cdot L^{-1}$ 钒处理时根系脱落是生菜缓解钒毒害的一种适应机制。然而，对于较高浓度钒（≥2.0 $mg \cdot L^{-1}$）胁迫，生菜根系似乎丧失了这种毒性逃避机制。与对照相比，株高和根长均在≥0.5 $mg \cdot L^{-1}$ 钒处理时显著降低。烟草株高和根长均随溶液中钒浓度的增加而降低［图 3.15（b）］，且与对照相比，在≥2.0 $mg \cdot L^{-1}$ 钒处理时株高和根长显著减小（$p<0.05$）。4.0 $mg \cdot L^{-1}$ 钒处理时株高和根长较对照分别显著（$p<0.05$）下降 26.9%和 46.3%。不同浓度钒胁迫对紫花苜蓿株高和根长的影响有所差异［图 3.15（c）］。在＜4.0 $mg \cdot L^{-1}$ 钒处理时，各浓度处理的株高无明显变化（$p>0.05$），当钒浓度≥4.0 $mg \cdot L^{-1}$ 时，与对照相比，株高显著降低（$p<0.05$）。而根长随钒浓度的增加先增加后降低。在≥0.5 mg·L^{-1}钒处理时根长显著（$p<0.05$）减小。与对照相比，株高在4.0 mg·L^{-1}和10.0 mg·L^{-1}钒处理时分别显著降低13.5%和41.2%；根长在0.5 mg·L^{-1}、2.0 mg·L^{-1}、4.0 mg·L^{-1}和10.0 mg·L^{-1}钒处理时分别显著降低14.4%、30.9%、33.1%和37.7%。

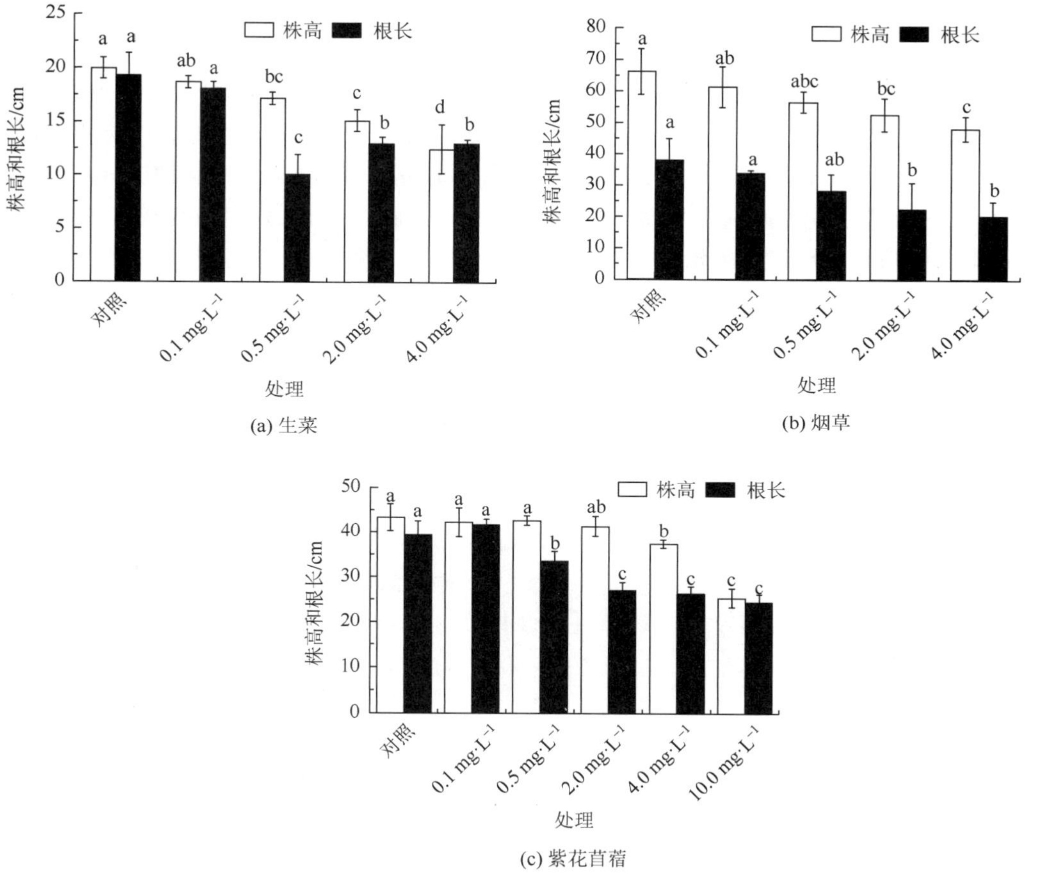

图3.15 不同浓度钒对生菜、烟草、紫花苜蓿株高和根长的影响

直方柱上方不同小写英文字母表示相同指标在不同浓度钒处理下具有显著性差异（$p<0.05$）

钒对植物根长、株高的影响在其他植物如西瓜（Nawaz et al.，2018）、菜豆（Saco et al.，2013）、鹰嘴豆（Imtiaz et al.，2018；Imtiaz et al.，2015b）、大豆（Yang et al.，2017b）中也有报道。前人的研究表明，钒能抑制细胞有丝分裂，减少根尖的形成和发育（Olness et al.，2005），从而抑制根系生长（Saco et al.，2013）。

与对照相比，当营养液中钒浓度为0.1 mg·L^{-1}时，钒对生菜、烟草和紫花苜蓿生长无显著（$p>0.05$）影响。生菜的明显毒害症状出现在≥0.5 mg·L^{-1}钒处理，且毒性症状随钒浓度的增加而加重。这与Gil等（1995）发现溶液中钒浓度为0.5～1.0 mg·L^{-1}（NH_4VO_3）对生菜生长有害的结果相一致。另外，一些研究也表明当营养液中钒浓度≥0.5 mg·L^{-1}时植物会出现钒中毒症状（García-jiménez et al.，2018；Anke，2005）。本研究发现钒浓度>0.5 mg·L^{-1}时生菜根系颜色变暗，且不同浓度钒处理后剩余主根上长出长度各异的棒状侧根。Kaplan 等（1990a）在大豆［*Glycine max*（L.）Merr.］和菜豆（*Phaseolus vulgaris* L.）根部也发现了类似的现象。Kaplan 等（1990b）发现，1.0 mg·L^{-1}钒暴露促进了羽衣甘蓝胚根伸长，但当钒添加量增至 3.0 mg·L^{-1}甚至更高时，则会出现严重的中毒症状。因此，钒对植物生长的剂量效应与物种、胁迫强度等有关。

钒毒性可通过损坏或者破坏根系功能而抑制植物生长（Lin C Y et al.，2013）。Nawaz 等（2018）的研究表明，钒（50.0 mg·L^{-1}）不仅降低了西瓜幼苗的根长（$p<0.05$），而且减少了根尖、根交叉、根叉、根面积、根体积（$p<0.05$）。值得注意的是，钒对植物株高、根长的影响也与其胁迫时间有关。例如，García-Jiménez 等（2018）的研究表明，与对照相比，辣椒幼苗在 0.5 mg·L^{-1}钒（NH_4VO_3）中培养 28 d 后植株高度降低，但在较短的暴露时间内植株高度反而有所增加。

3.3.3 钒对植物叶绿体色素的影响

叶绿素（a、b、a + b）和用于叶绿素提取所采摘的生菜叶片数均随溶液钒浓度的增加而增加（图 3.16）。与对照相比，2.0 mg·L^{-1}和 4.0 mg·L^{-1}钒处理时叶绿素 a 显著增加 57.1%和 76.5%，叶绿素 b 显著增加 46.2%和 75.1%，总叶绿素（Chl a + b）显著增加 50.3%和 72.9%（$p<0.05$）。当溶液钒浓度≤0.5 mg·L^{-1}时，生菜叶绿素（a、b、a + b）之间无显著差异（$p>0.05$）。烟草叶绿素（a、b、a + b）随溶液钒浓度的增加而增加，各浓度钒处理的叶绿素 a、b 无显著差异（$p>0.05$）［图 3.17（a）］。与对照相比，2.0 mg·L^{-1}和 4.0 mg·L^{-1}

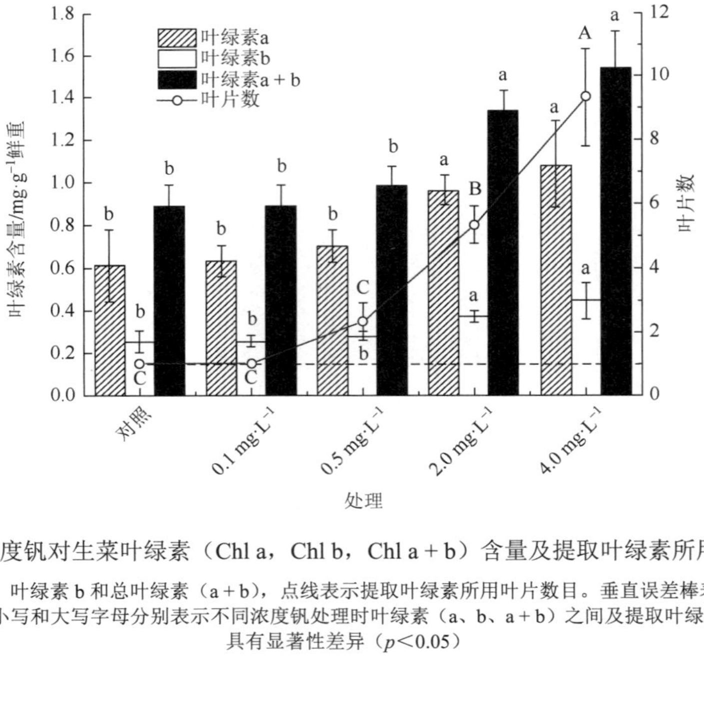

图 3.16 不同浓度钒对生菜叶绿素（Chl a，Chl b，Chl a + b）含量及提取叶绿素所用叶片数的影响

直方图表示叶绿素 a、叶绿素 b 和总叶绿素（a + b），点线表示提取叶绿素所用叶片数目。垂直误差棒表示每个处理的三个重复的标准差，不同小写和大写字母分别表示不同浓度钒处理时叶绿素（a、b、a + b）之间及提取叶绿素所用叶片数目之间具有显著性差异（$p<0.05$）

钒处理时总叶绿素（a+b）分别显著（$p<0.05$）增加 13.1%和 15.6%。紫花苜蓿叶绿素（a、b）与类胡萝卜素变化趋势相似，均先升高后降低［图 3.17（b）］。与对照相比，当钒浓度≤2.0 mg·L^{-1} 时，叶绿素 a、b 及类胡萝卜素含量无显著差异（$p>0.05$）。当钒浓度≥4.0 mg·L^{-1} 时叶绿素 a、b 及类胡萝卜素含量显著降低（$p<0.05$）。在 0.1 mg·L^{-1} 和 0.5 mg·L^{-1} 钒处理时叶绿素 a、b 及类胡萝卜素含量略有升高（$p>0.05$）。即钒浓度≤2.0 mg·L^{-1} 时其对紫花苜蓿叶绿体色素合成的影响不显著（$p>0.05$）。与对照相比，4.0 mg·L^{-1} 和 10.0 mg·L^{-1} 钒处理时紫花苜蓿叶绿素 a、b 及类胡萝卜素含量分别显著降低 39.4%、20.8%、33.7%和 76.7%、73.8%、71.3%。

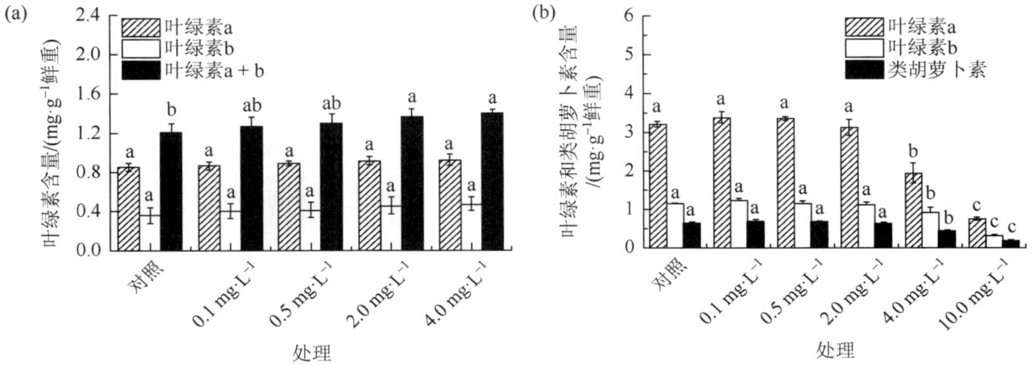

图 3.17　不同浓度钒对烟草、紫花苜蓿叶绿素（a、b）及总叶绿素（a + b）素含量的影响

不同小写字母分别表示不同浓度钒处理时叶绿素（a、b、a + b）之间具有显著性差异（$p<0.05$）；垂直误差棒表示每个处理的三个重复的标准差

叶绿体色素是植物进行光合作用的重要物质。然而在生菜、烟草试验中发现了与此相反的变化趋势，产生这一现象的主要原因可能是钒胁迫后叶绿素浓缩于更小的叶片中。试验期间观察到生菜、烟草叶片逐渐变小，特别是在 2.0 mg·L^{-1} 和 4.0 mg·L^{-1} 钒处理时。García-jiménez 等（2018）观察到 5 μmol·L^{-1}（0.25 mg·L^{-1}）钒（NH_4VO_3）增加了辣椒（*Capsicum annuum* L.）总叶绿素含量。此外，Wallace 等（1977）指出，10^{-4} mol·L^{-1}（5.10 mg·L^{-1}）钒酸盐仅抑制了菜豆（*Phaseolus vulgaris* L.）的生长，但无叶片黄化现象发生。高浓度钒胁迫会降低植物叶绿素含量（Imtiaz et al.，2016）。

在紫花苜蓿试验中，低浓度钒（≤0.5 mg·L^{-1}）处理时植株叶绿体色素有所增加但不显著（$p>0.05$），而高浓度钒（≥2.0 mg·L^{-1}）抑制了叶绿体色素的合成，特别是在≥4.0 mg·L^{-1} 时叶绿体色素显著（$p<0.05$）降低（图 3.17）。类似也有低浓度钒促进而高浓度钒抑制植物叶绿素合成的报道（García-Jiménez et al.，2018）。因此，钒胁迫下植物叶绿体色素的变化可能与多种因素有关，如植物特异性、钒浓度、胁迫时长等。

3.3.4　钒对植物叶片花青素含量的影响

紫花苜蓿叶片花青素含量在 10.0 mg·L^{-1} 钒处理时达到最大（图 3.18）。试验结束时高浓度钒（10.0 mg·L^{-1}）处理的紫花苜蓿叶片部分变红。0 mg·L^{-1}、0.1 mg·L^{-1}、0.5 mg·L^{-1}、2.0 mg·L^{-1}、4.0 mg·L^{-1}、10.0 mg·L^{-1} 钒处理时叶片花青素含量分别为 1.52 nmol·g^{-1}、1.73 nmol·g^{-1}、1.61 nmol·g^{-1}、1.78 nmol·g^{-1}、3.46 nmol·g^{-1}、17.10 nmol·g^{-1}。与对照相比，0.1 mg·L^{-1}、0.5 mg·L^{-1}、2.0 mg·L^{-1}、4.0 mg·L^{-1} 钒处理的花青素含量之间无显著差异（$p>0.05$）。10.0 mg·L^{-1} 钒处理时叶片花青素含量较 0 mg·L^{-1}、0.1 mg·L^{-1}、0.5 mg·L^{-1}、2.0 mg·L^{-1}、4.0 mg·L^{-1} 钒处理显著（$p<0.05$）增加 10.3、8.9、9.6、8.6、3.9 倍。花青素是陆生植物的次生代谢产物，属于苯丙类化合物中的类黄酮。其可作为活性氧的清除剂，因而在植物生物和非生物逆境抗性中发挥了重要作用。高浓度钒（10.0 mg·L^{-1}）胁迫时，紫花苜蓿通过显著提高花青素含量来缓解钒毒性作用。

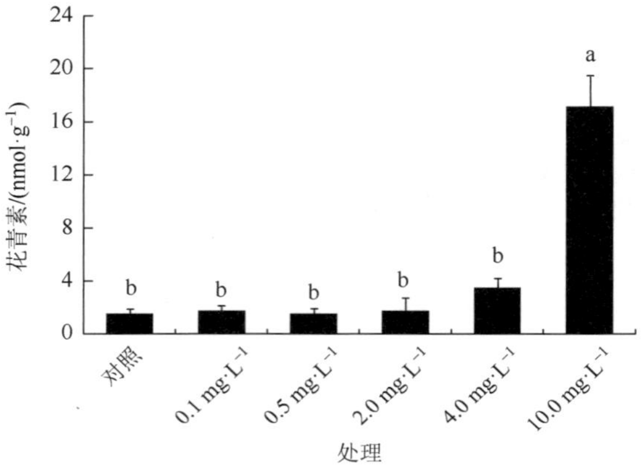

图 3.18　不同浓度钒对紫花苜蓿叶片花青素含量的影响

垂直误差棒表示每个处理的三个重复的标准差，不同小写字母分别表示不同浓度钒处理时叶片花青素之间具有显著性差异（$p<0.05$）

3.3.5　钒对叶片光合及蒸腾作用的影响

不同浓度钒处理对紫花苜蓿叶片净光合速率（P_n）、蒸腾速率（T_r）、气孔导度（g_s）及胞间 CO_2 浓度（C_i）的影响如图 3.19 所示。与对照相比，P_n、T_r、g_s 和 C_i 在低浓度钒（≤0.5 mg·L^{-1}）处理时有所增加（$p>0.05$），但在高浓度（≥2.0 mg·L^{-1}）时逐渐降低。气孔导度增大有助于增强蒸腾作用，从而促进植株对水分及矿物元素的吸收。故随水分进入植物体内的钒也相应增加，其毒性效应逐渐增大。相反，叶片气孔导度减小会降低植物蒸腾作用，从而抑制植株对水分的吸收，特别是在 10.0 mg·L^{-1} 钒处理时，g_s 显著降低 74.2%（$p<0.05$），相应的 T_r 显著降低 72.4%（$p<0.05$）。因此，高浓度钒胁迫时植株通过大幅减小气孔导度，显著抑制蒸腾作用以减少随水分及养分吸收而进入植株体内的钒，从而极大地缓解了钒毒性效应。与对照相比，P_n、T_r 和 g_s 在≥4.0 mg·L^{-1} 钒处理时显著降低（$p<0.05$），而 C_i 仅在 10.0 mg·L^{-1} 钒处理时显著降低（$p<0.05$）。另外，蒸腾作用是植物吸收水分与矿物质的主要驱动力，由于气孔导度降低，植物对水分、养分的吸收将受到抑制，因而也会影响植物生物质生产。

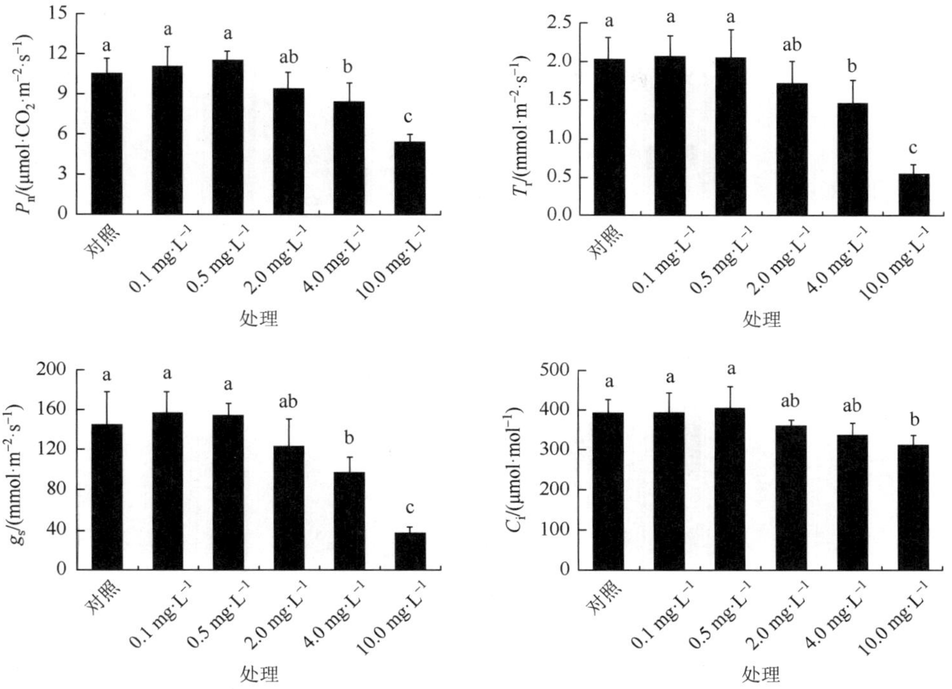

图 3.19　不同浓度钒对紫花苜蓿叶片光合气体参数的影响

垂直误差棒表示每个处理的三个重复的标准差，不同小写字母分别表示不同浓度钒处理时叶片 P_n、T_r、g_s 和 C_i 之间具有显著性差异（$p<0.05$）

低浓度钒（≤0.5 mg·L^{-1}）增加光合气体参数，而高浓度钒（≥2.0 mg·L^{-1}）降低光合气体参数，特别地，气孔导度的减小及相应蒸腾速率的降低会抑制植物蒸腾作用，进而抑制植物对水分、养分的吸收。之前也有报道称钒酸盐能够抑制植物气孔导度（Saxe and Rajagopal，1981）。Nawaz 等（2018）发现高浓度钒（50.0 mg·L^{-1}）显著（$p<0.05$）降低了西瓜的 P_n、T_r、g_s 和 C_i。钒对蒸腾速率产生抑制（图 3.19），从而抑制了植物吸收水分、养分的动力源。因此，钒对矿物元素吸收的抑制也成为植物生物量下降的重要原因之一（Kaplan et al.，1990a）。

3.3.6　氧化胁迫和抗氧化防御

烟草叶片 O_2^-· 和 H_2O_2 浓度随钒处理浓度变化如图 3.20 所示。钒浓度≥0.5 mg·L^{-1} 时其引发了显著的氧化胁迫。与对照相比，在 0.5 mg·L^{-1}、2.0 mg·L^{-1}、4.0 mg·L^{-1} 钒处理时烟草叶片 H_2O_2 浓度分别显著（$p<0.05$）增加 24.9%、31.9%、35.7%，O_2^-·浓度分别显著（$p<0.05$）增加 26.9%、118.5%、152.4%。而在最低浓度（0.1 mg·L^{-1}）钒处理时，O_2^-·和 H_2O_2 含量较对照差异不显著（$p>0.05$）。叶片抗氧化酶（包括超氧化物歧化酶、过氧化物酶、过氧化氢酶、抗坏血酸过氧化物酶）活性随溶液钒浓度的增加而增加（图 3.21）。低浓度（≤2.0 mg·L^{-1}）钒处理时 SOD 无显著变化（$p>0.05$），4.0 mg·L^{-1} 钒处理时 SOD

较对照显著增加（$p<0.05$）。与对照相比，POD 在 2.0 mg·L^{-1} 和 4.0 mg·L^{-1} 钒处理时显著增加 30.61%和 41.93%；APX 在 2.0 mg·L^{-1} 和 4.0 mg·L^{-1} 钒处理时分别显著增加 76.21%

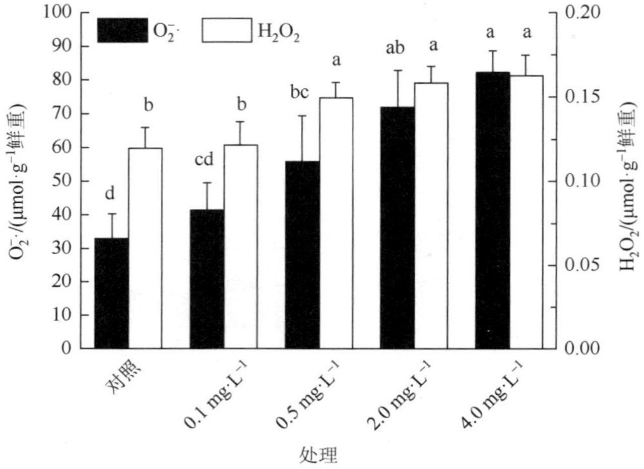

图 3.20　不同浓度钒对烟草幼苗 O_2^-· 和 H_2O_2 浓度的影响

柱中误差棒表示标准差（$n=3$）。不同小写字母表示同一参数在不同浓度钒处理下具有显著性差异（$p<0.05$）

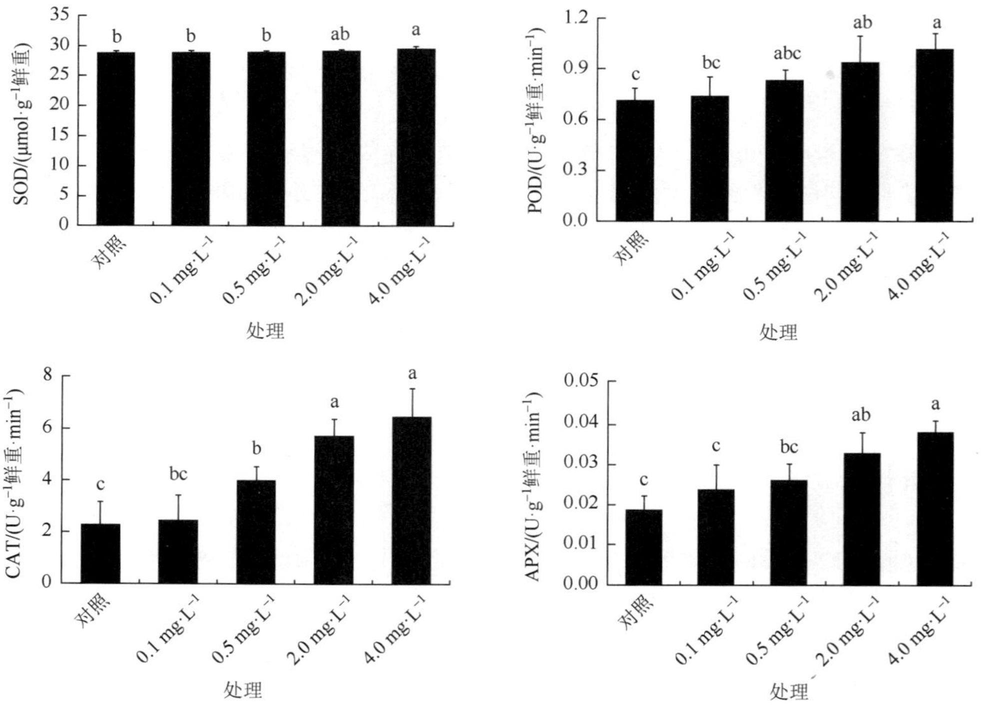

图 3.21　不同浓度钒对烟草幼苗超氧化物歧化酶（SOD）、过氧化物酶（POD）、过氧化氢酶（CAT）、抗坏血酸过氧化物酶（APX）活性的影响

柱中误差棒表示标准差（$n=3$）。不同小写字母表示同一参数在不同浓度钒处理下具有显著性差异（$p<0.05$）

和 103.78%；CAT 在 0.5 mg·L^{-1}、2.0 mg·L^{-1}、4.0 mg·L^{-1} 钒处理时分别显著增加 74%、149%、182%。抗坏血酸（AsA）和谷胱甘肽（GSH）浓度均随钒浓度的增加而升高。与对照组相比，0.5 mg·L^{-1}、2.0 mg·L^{-1} 和 4.0 mg·L^{-1} 钒处理时 GSH 分别显著（p<0.05）增加 9.5%、14.8%和 17.9%，AsA 分别显著增加 46.3%、69.8%和 77.7%（图 3.22）。

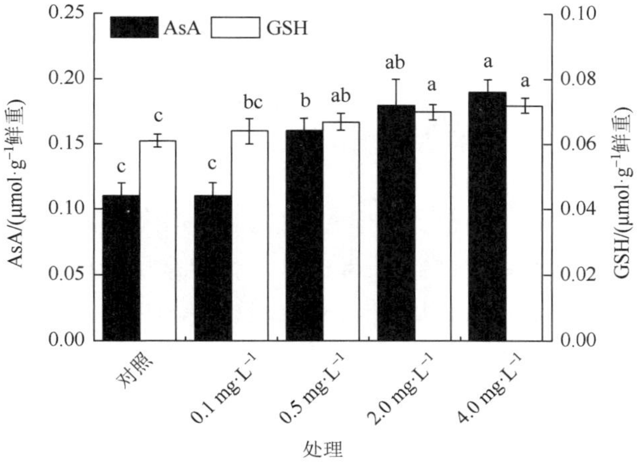

图 3.22　不同浓度钒对烟草幼苗抗坏血酸（AsA）和还原型谷胱甘肽（GSH）的影响

柱中误差棒表示标准差（n = 3）。不同小写字母表示同一参数在不同浓度钒处理下具有显著性差异（p<0.05）

通常，重金属胁迫最重要的特征之一是产生活性氧（ROS）（Panda et al.，2016），如超氧自由基（O_2^-·）、羟基自由基（OH·）、过氧化氢（H_2O_2）和单线态氧（$1O_2$）（Aihemaiti et al.，2019）。过量 ROS 会引起膜脂过氧化，导致膜损伤甚至细胞死亡（Aihemaiti et al.，2019）。植物已形成一定的机制来缓解或消除氧化损伤，如通过抗氧化酶（SOD、POD、CAT、APX 等）和非酶抗氧化物（如 GSH、AsA、硫醇等），从而应对 ROS 的毒害作用（Imtiaz et al.，2015b）。抗氧化酶活性的增强和非酶抗氧化物含量的增加被认为是植物抗重金属胁迫的主要机制之一。钒可通过改变酶活性、诱导 ROS 产生等对植物的生长和发育产生不利影响（Imtiaz et al.，2015b，2018）。ROS 可导致蛋白质、DNA 和脂质的氧化损伤（Bhaduri and Fulekar，2012）。为减轻活性氧等物质造成的损害，烟草激活了包括抗氧化酶和非酶抗氧化物在内的抗氧化防御系统。所有抗氧化酶（包括 SOD、POD、CAT 和 APX）活性均随溶液钒浓度的增加而增大（图 3.21）。类似的结果在鹰嘴豆幼苗上也有体现（Imtiaz et al.，2015b，2018）。此外，Nawaz 等（2018）发现钒通过调控抗氧化酶基因的表达来影响抗氧化酶（SOD、CAT、POD、APX 等）活性。

一般而言，SOD 是一种金属酶，其可以将 O_2^-·转化为 O_2 和 H_2O_2（Ahmad et al.，2010）。SOD 充当了清除植物体内 O_2^-·的主要酶机制（Bhaduri and Fulekar，2012）。SOD 活性缓慢升高，而 O_2^-·浓度迅速增大（图 3.20），这可能主要是由于产生的 SOD 被用于将过量 O_2^-·转化为 O_2 和 H_2O_2。因此，仅在最大浓度钒（4.0 mg·L^{-1}）处理时，SOD 活性才显著（p<0.05）增加。POD 是一种含血红素的蛋白质，可通过 H_2O_2 氧化各种有机和无

机底物（Bhaduri and Fulekar，2012），POD 也被视为是亚致死金属胁迫的标记物（Imtiaz et al.，2015b）。此外，POD 参与了木质素的生物合成，并可形成物理屏障以抵抗重金属毒性（Bhaduri and Fulekar，2012）。与对照相比，钒浓度≥2.0 mg·L^{-1}时 POD 活性显著增加（图 3.21）。POD 活性增强有助于清除过量 ROS。CAT 能将 H_2O_2 转化为 O_2 和 H_2O，从而保护植物细胞免受氧化损伤（Lin et al.，2019）。APX 的作用表现在解毒或在水-水和 AsA-GSH 循环中清除 H_2O_2（Ahmad et al.，2010）。由于 H_2O_2 是 SOD 清除 $O_2^-\cdot$ 的副产物，SOD 在解毒过程中氧化胁迫强度降幅不会太大。尽管 H_2O_2 是一种电中性 ROS，但其非常危险，因为 H_2O_2 可以经细胞膜到达远离其形成的位置（Bhaduri and Fulekar，2012）。因此，随着钒浓度的升高，CAT 和 APX 活性迅速升高（图 3.21），从而缓解 H_2O_2 的不利影响。

非酶抗氧化物（如 GSH、AsA、*a*-生育酚等）在保护植物免受重金属诱导的氧化胁迫中也极为重要（Panda et al.，2016）。AsA 的基本作用是保护植物免受 H_2O_2 和其他氧的毒性衍生物的损伤（Ahmad et al.，2010）。GSH 是 $O_2^-\cdot$、H_2O_2、OH·的清除剂，能维持细胞的还原状态。GSH 也可通过 AsA-GSH 循环参与 AsA 的再生。此外，GSH 是植物螯合肽（PCs）的前体，可控制细胞内的重金属浓度（Ahmad et al.，2010）。此外，钒酸盐（+5 价）可以被 AsA 或 GSH 还原为毒性较小的氧钒根离子（+4 价）（Mannazzu，2001）。Hou 等（2019）指出，当钒浓度≤5.0 mg·L^{-1}时，玉米幼苗地上部和根部 GSH 含量均随钒浓度的增加而增加。此外，在钒胁迫下，植物螯合肽（PCs）、非蛋白硫醇（NPT）等的形成也起到缓解钒毒性的作用（Hou et al.，2019）。前人的研究表明，强的抗氧化防御系统有助于增强植物的重金属耐受性（Ben et al.，2018）。因此，抗氧化系统（包括酶和非酶）各组分之间的协同工作有效地缓解了烟草的氧化胁迫损伤。

3.3.7 钒对植物叶片细胞膜透性的影响

重金属对植物细胞膜完整性的损坏在一定程度上可能导致细胞内物质渗漏。通过测定含植物叶片的电解质溶液的电导率可间接测定叶片细胞膜完整性。总体上，生菜叶片电解质溶液电导率随钒浓度的增加而有所增大，但差异不明显（$p>0.05$）（图 3.23）。这说明钒对生菜叶片细胞膜完整性的影响不显著（$p>0.05$）。与对照相比，0.1 mg·L^{-1}、0.5 mg·L^{-1}、2.0 mg·L^{-1} 和 4.0 mg·L^{-1} 钒处理时溶液相对电导率（即叶片煮沸前和煮沸后溶液电导率之比）分别增加 0.8%、0.3%、4.1%和 9.4%（$p>0.05$）。

紫花苜蓿膜脂过氧化产物丙二醛（MDA）含量和叶片相对电导率均随钒浓度的增加而增加，并在 4.0 mg·L^{-1}钒处理时差异达到显著性（$p<0.05$）水平（图 3.24）。0.1 mg·L^{-1}钒处理时 MDA 含量和叶片相对电导率变化不大，与对照相比分别增加 1.6%和 4.5%（$p>0.05$）。但随钒浓度的升高，叶片膜脂过氧化程度不断加重，细胞膜透性不断增大。与对照相比，4.0 mg·L^{-1} 和 10.0 mg·L^{-1} 钒处理时叶片 MDA 含量分别增加 80%和 330%（$p<0.05$），叶片相对电导率分别增加 1.5 倍和 3.8 倍（$p<0.05$）。可见，高浓度钒（≥4.0 mg·L^{-1}）胁迫明显加重了紫花苜蓿叶片的膜脂过氧化程度，同时细胞膜透性也显著增大。

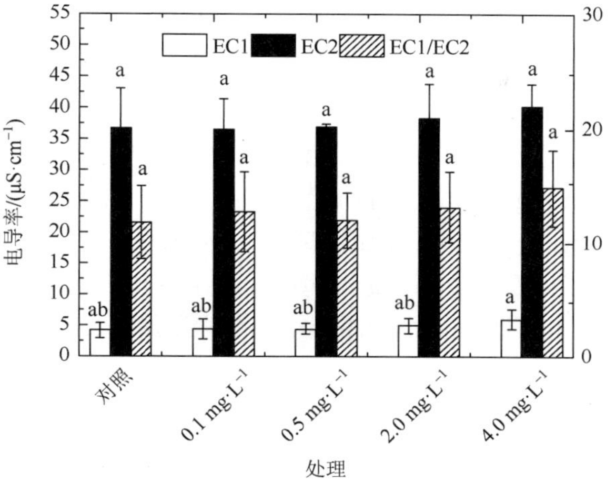

图 3.23　不同钒浓度处理下生菜叶片电解质（相对）电导率

左边纵坐标为叶片被煮前（EC1）和被煮后（EC2）电解质电导率，右边纵坐标为叶片相对电解质电导率（EC1/EC2）；横坐标表示钒浓度。垂直误差棒表示每个处理 3 个重复的标准差，不同小写字母表示同一参数在不同浓度钒处理下具有显著性差异（$p<0.05$）。各电解质外渗率均为校正到 25℃时的值

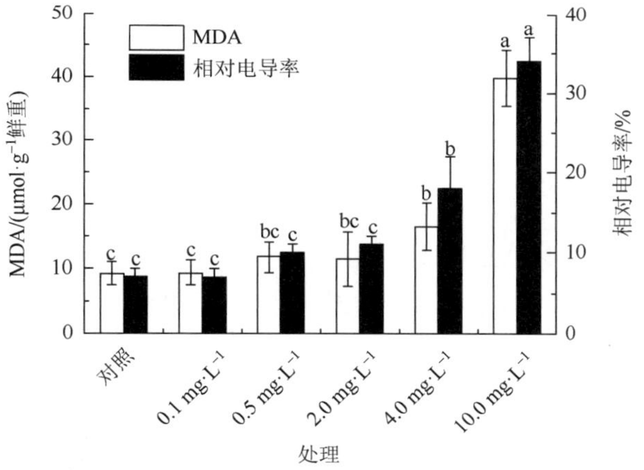

图 3.24　不同浓度钒对紫花苜蓿叶片膜脂过氧化及质膜透性的影响

垂直误差棒表示每个处理 3 个重复的标准差，不同小写字母表示同一参数在不同浓度钒处理下具有显著性差异（$p<0.05$）

通常，重金属会诱导自由基和毒性氧的产生从而引发氧化胁迫，导致膜脂过氧化、膜损伤等。膜脂过氧化是细胞水平上胁迫损伤的反应和度量，其中膜脂过氧化产物丙二醛是脂质过氧化的最终产物，已被广泛用作各种非生物胁迫条件下自由基引发的膜损伤指标。对生菜而言，不同浓度钒胁迫对其细胞膜透性无显著影响（$p>0.05$）。但高浓度钒（≥4.0 $mg·L^{-1}$）诱导紫花苜蓿叶片产生了明显的膜脂过氧化反应，同时细胞膜透性也显著（$p<0.05$）增大。另外，暴露于高浓度钒（30 $mg·L^{-1}$、60 $mg·L^{-1}$ 和 120 $mg·L^{-1}$）时，钒耐受型和钒敏感型鹰嘴豆细胞膜完整性均显著被破坏（Imtiaz et al.，2016）。因此，钒对植物细胞膜影响可能与钒胁迫强度及植物种类等因素有关，而高浓度钒胁迫通常会导致膜脂过氧化并使细胞膜透性变大。

3.3.8　钒在植物中的积累、转运与分配

生菜、烟草、紫花苜蓿各组织钒浓度均随溶液中钒浓度的增大而增大（图 3.25）。0 mg·L^{-1}、0.1 mg·L^{-1}、0.5 mg·L^{-1}、2.0 mg·L^{-1} 和 4.0 mg·L^{-1} 钒处理时生菜根系钒浓度分别为 1.9 mg·kg^{-1}、54.5 mg·kg^{-1}、153.7 mg·kg^{-1}、218.8 mg·kg^{-1} 和 341.8 mg·kg^{-1}，其分别是对应浓度处理时茎部钒浓度（2.8 mg·kg^{-1}、46.2 mg·kg^{-1}、105.7 mg·kg^{-1}、125.9 mg·kg^{-1}、143.4 mg·kg^{-1}）的 0.7、1.2、1.5、1.7 和 2.4 倍；叶片钒浓度（1.4 mg·kg^{-1}、36.4 mg·kg^{-1}、50.4 mg·kg^{-1}、88.1 mg·kg^{-1}、139.7 mg·kg^{-1}）的 1.4、1.5、3.0、2.5 和 2.4 倍。0 mg·L^{-1}、0.1 mg·L^{-1}、0.5 mg·L^{-1}、2.0 mg·L^{-1}、4.0 mg·L^{-1} 钒处理时烟草根系钒浓度分别为 0.3 mg·kg^{-1}、14.1 mg·kg^{-1}、84.5 mg·kg^{-1}、191.2 mg·kg^{-1}、272.5 mg·kg^{-1}，其分别为对应钒浓度处理时茎部钒浓度（0.2 mg·kg^{-1}、3.0 mg·kg^{-1}、1.7 mg·kg^{-1}、12.9 mg·kg^{-1}、33.2 mg·kg^{-1}）的 1.5、4.7、49.7、14.8、8.2 倍，叶片钒浓度（0.6 mg·kg^{-1}、1.0 mg·kg^{-1}、2.4 mg·kg^{-1}、10.8 mg·kg^{-1}、32.0 mg·kg^{-1}）的 0.5、14.1、35.2、17.7 和 8.5 倍。在 0 mg·L^{-1}、0.1 mg·L^{-1}、0.5 mg·L^{-1}、

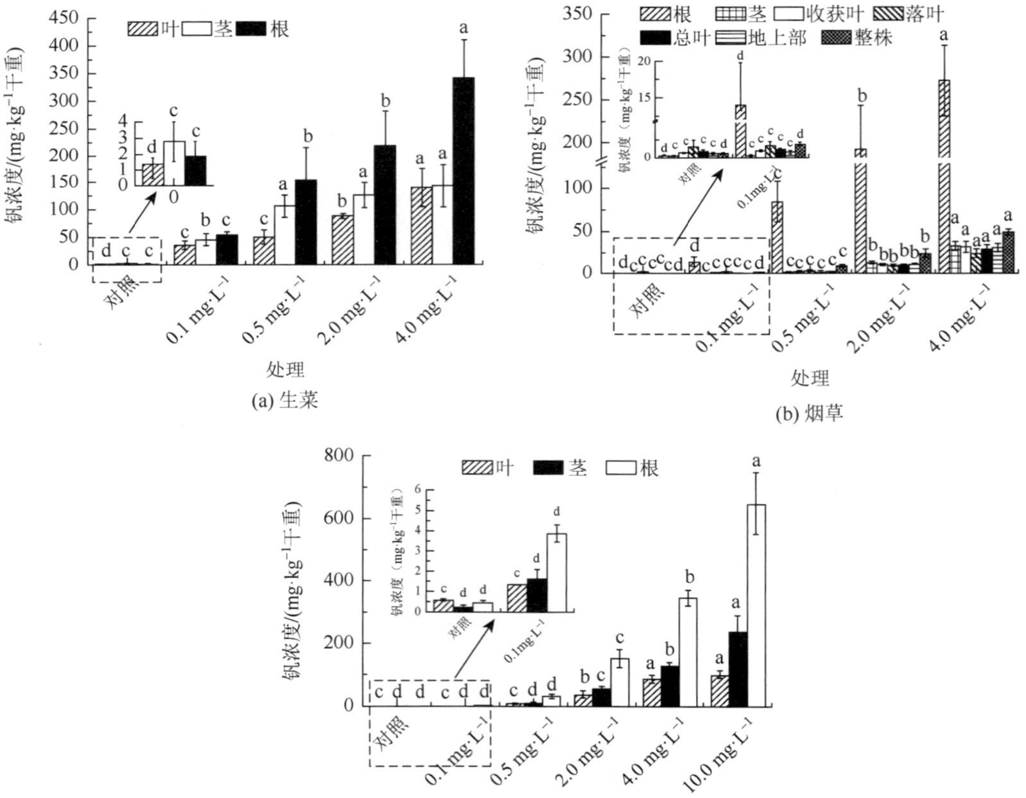

(a) 生菜

(b) 烟草

(c) 紫花苜蓿

图 3.25　不同浓度钒对生菜、烟草、紫花苜蓿各组织钒浓度的影响

2.0 mg·L^{-1}、4.0 mg·L^{-1}、10.0 mg·L^{-1} 钒处理时紫花苜蓿根系钒浓度分别为 0.4 mg·kg^{-1}、3.9 mg·kg^{-1}、31.5 mg·kg^{-1}、152.9 mg·kg^{-1}、345.2 mg·kg^{-1}、647.0 mg·kg^{-1}，其分别为对应浓度处理时茎部钒浓度（0.2 mg·kg^{-1}、1.6 mg·kg^{-1}、9.2 mg·kg^{-1}、55.7 mg·kg^{-1}、127.3 mg·kg^{-1}、235.7 mg·kg^{-1}）的 2.0、2.4、3.4、2.7、2.7、2.7 倍，叶片钒浓度（0.6 mg·kg^{-1}、1.3 mg·kg^{-1}、8.7 mg·kg^{-1}、37.3 mg·kg^{-1}、86.8 mg·kg^{-1}、100.1 mg·kg^{-1}）的 0.7、3.0、3.6、4.1、4.0、6.5 倍。生菜、烟草、紫花苜蓿吸收的钒大部分贮存于其根部，只有少量转移至地上部。对照处理时生菜各组织钒浓度大小为茎＞根＞叶，烟草和紫花苜蓿均为叶＞根＞茎。即对照处理时三种植物吸收溶液中微量钒并转移至地上部的能力较强。但在外加钒处理时生菜、烟草和紫花苜蓿各组织钒浓度大小均为根＞茎＞叶。

不同浓度钒处理下生菜、烟草、紫花苜蓿转移根部钒至其地上部的转移系数（TF）如图 3.26 所示。整体上三种植物 TF 均随溶液钒浓度的增加先降低后有所升高。生菜、烟草、紫花苜蓿钒 TF 均在对照处理时最大，在 0.5 mg·L^{-1} 钒处理时均降至最低。对照处理时生菜、烟草、紫花苜蓿转移根系钒至其地上部的能力较强，而加钒处理后三种植物（除生菜在 0.1 mg·L^{-1} 钒处理外）的钒转移系数显著降低（$p<0.05$）。对生菜和紫花苜蓿而言，所有处理下 TF 均小于 1.0。当钒浓度≥0.1 mg·L^{-1} 时，三种植物各浓度处理之间

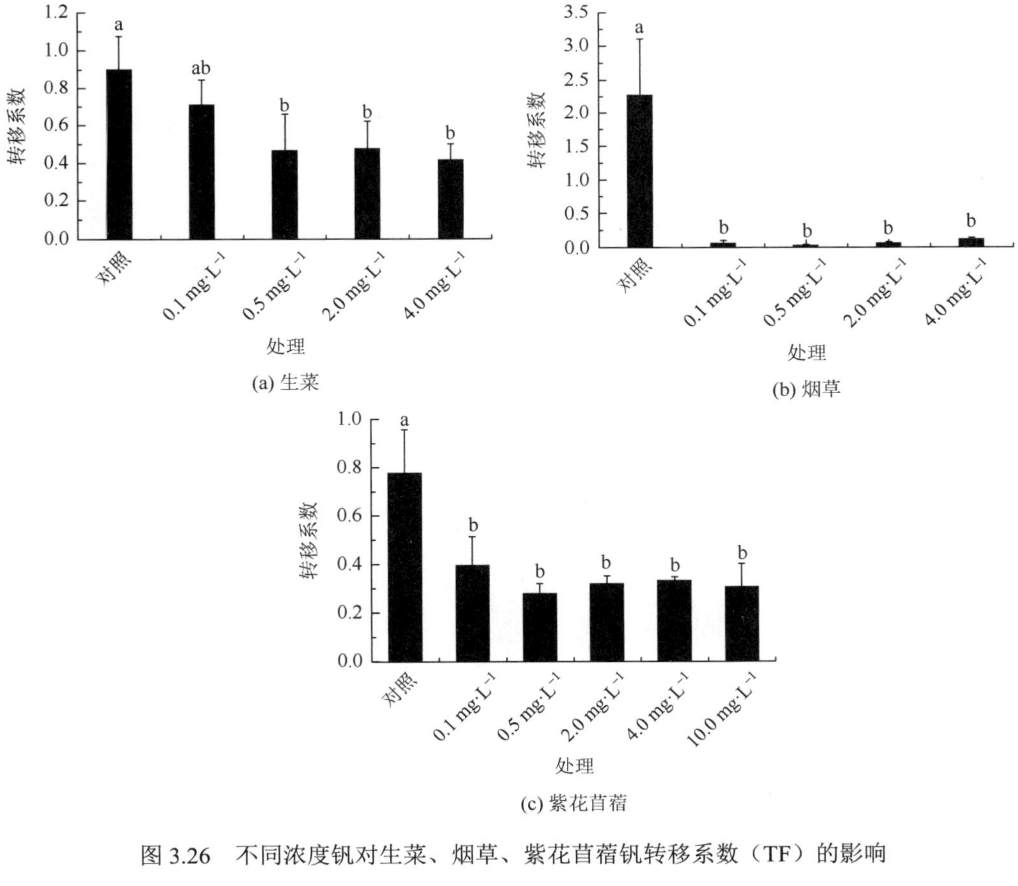

图 3.26　不同浓度钒对生菜、烟草、紫花苜蓿钒转移系数（TF）的影响

TF 均无显著（$p>0.05$）差异。与对照相比，0.5 mg·L^{-1}、2.0 mg·L^{-1}和 4.0 mg·L^{-1}钒处理时生菜 TF 分别显著降低 48.1%、46.7%和 53.3%，这表明生菜因钒积累而引发的毒性效应已显现。同时这也与生菜株高、根长在≥0.5 mg·L^{-1}钒处理时显著减小相一致。与对照相比，烟草在 0.1 mg·L^{-1}、0.5 mg·L^{-1}、2.0 mg·L^{-1}和 4.0 mg·L^{-1}钒处理时 TF 分别显著降低 97.18%、98.69%、97.26%、94.98%。由此可见添加钒处理后烟草转移根部吸收钒至其地上部的能力极弱。紫花苜蓿 TF 在 0.1 mg·L^{-1}、0.5 mg·L^{-1}、2.0 mg·L^{-1}、4.0 mg·L^{-1}、10.0 mg·L^{-1}钒处理时较对照分别显著（$p<0.05$）降低 48.7%、64.1%、59.0%、57.7%和 60.3%。随溶液钒浓度的增加，生菜、烟草、紫花苜蓿吸收的钒不断增多，毒性效应逐渐增强。

生菜、烟草、紫花苜蓿各组织钒吸收量如图 3.27 所示。整体而言，随溶液钒浓度的增加，三种植物不同组织（除紫花苜蓿地上部外）钒吸收量呈增加趋势。紫花苜蓿地上部钒提取量随钒浓度的增加先升高后降低，在 4.0 mg·L^{-1}钒处理时达到最大。可见 4.0 mg·L^{-1}钒处理时紫花苜蓿将根系钒转移至其地上部的能力较强。与对照相比，钒浓度≥2.0 mg·L^{-1}时生菜根、茎、叶、地上部及整株钒吸收量显著（$p<0.05$）升高。0 mg·L^{-1}、0.1 mg·L^{-1}、0.5 mg·L^{-1}、2.0 mg·L^{-1}、4.0 mg·L^{-1}钒处理时生菜根系钒吸收量分别为 0.32 μg、

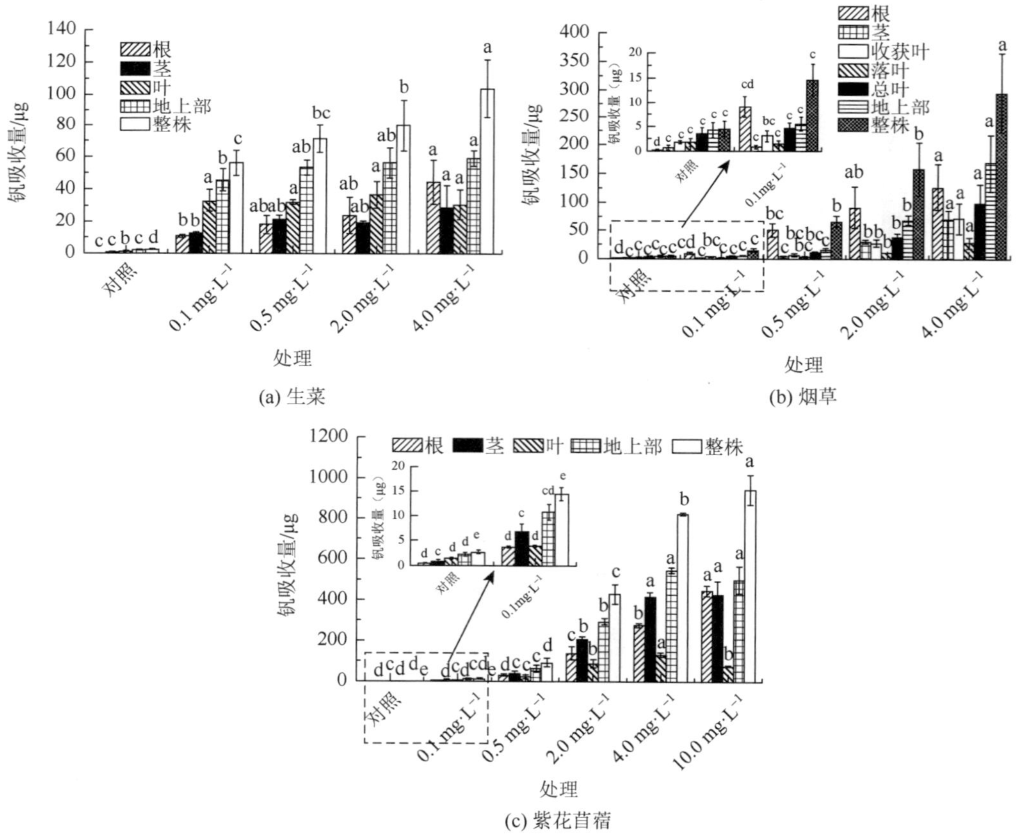

(c) 紫花苜蓿

图 3.27　不同浓度钒对生菜、烟草、紫花苜蓿各组织钒吸收量的影响

10.62 μg、18.01 μg、23.78 μg、44.44 μg，茎吸收量分别为 0.76 μg、12.65 μg、21.17 μg、19.14 μg、28.60 μg，叶片吸收量分别为 1.25 μg、32.79 μg、32.09 μg、37.01 μg、30.32 μg，地上部钒吸收量分别为 2.01 μg、45.44 μg、53.25 μg、56.15 μg、58.92 μg，整株钒吸收量分别为 2.32 μg、56.06 μg、71.25 μg、79.93 μg、103.36 μg。加钒处理（≥0.1 mg·L^{-1}）时生菜叶片钒吸收量之间无显著差异（$p>0.05$）。当钒浓度≤0.5 mg·L^{-1} 时生菜根、茎、叶吸收钒量的大小顺序是根＜茎＜叶。

0 mg·L^{-1}、0.1 mg·L^{-1}、0.5 mg·L^{-1}、2.0 mg·L^{-1}、4.0 mg·L^{-1} 钒处理时烟草根系钒吸收量分别为 0.21 μg、9.08 μg、50.01 μg、90.37 μg、125.56 μg；茎部钒吸收量分别为 0.70 μg、0.86 μg、4.15 μg、30.14 μg、69.39 μg；试验结束时收获叶片钒吸收量分别为 1.77 μg、3.08 μg、6.71 μg、27.10 μg、70.61 μg；试验期间掉落叶片钒吸收量分别为 1.77 μg、1.57 μg、4.38 μg、10.27 μg、27.93 μg；总叶片（收获叶片＋掉落叶片）吸收钒含量分别为 3.54 μg、4.65 μg、11.09 μg、37.38 μg、98.54 μg；地上部吸收钒含量为 4.24 μg、5.51 μg、15.24 μg、67.52 μg、167.94 μg；整株钒吸收总量分别为 4.44 μg、14.60 μg、65.26 μg、157.89 μg、293.50 μg。对照和 0.1 mg·L^{-1} 钒处理相比，烟草相同组织钒吸收量之间无显著差异（$p>0.05$），但当钒浓度≥2.0 mg·L^{-1} 时烟草各组织钒吸收量较对照处理显著（$p<0.05$）升高。0 mg·L^{-1}、0.1 mg·L^{-1}、0.5 mg·L^{-1}、2.0 mg·L^{-1}、4.0 mg·L^{-1}、10.0 mg·L^{-1} 钒处理时紫花苜蓿根系钒吸收量分别为 0.41 μg、3.69 μg、29.38 μg、136.01 μg、274.86 μg、444.76 μg；茎部钒吸收量分别为 0.77 μg、6.85 μg、37.38 μg、205.78 μg、416.44 μg、424.88 μg；叶片钒吸收量分别为 1.48 μg、3.99 μg、25.10 μg、87.06 μg、129.95 μg、75.18 μg；地上部钒吸收量分别为 2.25 μg、10.84 μg、62.48 μg、292.84 μg、546.39 μg、500.05 μg；整株钒吸收量分别为 2.67 μg、14.53 μg、91.86 μg、428.85 μg、821.25 μg、944.82 μg。同烟草类似，紫花苜蓿在对照和 0.1 mg·L^{-1} 钒处理时相同组织钒吸收量之间无显著差异（$p>0.05$）。其他组织钒吸收量均在≥2.0 mg·L^{-1} 时显著（$p<0.05$）增加。

对紫花苜蓿而言，2.0 mg·L^{-1} 钒处理时根系、地上部及总的钒提取量分别为 0.5 mg·L^{-1} 时的 4.6、4.7 和 4.7 倍。虽然在 2.0 mg·L^{-1} 时紫花苜蓿生长受到一定程度的抑制，但其根系、地上部及总的钒提取量相比 0.5 mg·L^{-1} 钒处理显著（$p<0.05$）增加。4.0 mg·L^{-1} 和 10.0 mg·L^{-1} 时根系、地上部及总的钒提取量分别为 2.0 mg·L^{-1} 钒处理时的 2.0、1.9、1.9 倍和 3.3、1.7、2.2 倍。

生菜、烟草、紫花苜蓿各组织钒吸收量百分比如图 3.28 所示。生菜根部钒吸收量所占比例随溶液钒浓度的增加而增加，与之相反，地上部钒吸收量所占比例随溶液钒浓度的增加而降低。对照处理时，生菜、烟草、紫花苜蓿可吸收溶液中微量钒并转移至地上部。0 mg·L^{-1}、0.1 mg·L^{-1}、0.5 mg·L^{-1}、2.0 mg·L^{-1}、4.0 mg·L^{-1} 钒处理时生菜根系钒吸收量所占比例分别为 14.2%、19.0%、24.9%、29.0%、42.5%；地上部钒吸收量所占比例分别为 85.8%、81.0%、75.1%、71.0%、57.5%。对烟草而言，与对照相比，钒处理后收获叶、落叶、落叶＋收获叶和地上部吸收钒的比例呈显著降低的趋势（$p<0.05$）[图 3.28（b）]。此外，随钒浓度的增加，根吸收量所占比例先升高后降低。根系钒吸收量所占最大比例（76%）出现在 0.5 mg·L^{-1} 钒处理。烟草其他组织钒吸收量所占比例均随钒浓度的增加先下降后上升，这一变化趋势与根系钒吸收量占比相互补。另外，根对

钒的吸收也不是无限制的。当根系积累的钒超过植株的承受能力时，钒开始从根部向地上部转移。如相对于 0.5 mg·L^{-1} 钒处理，≥2.0 mg·L^{-1} 钒处理时 TF 略有上升（图 3.26），尽管这种转运对烟草地上部生长有害。

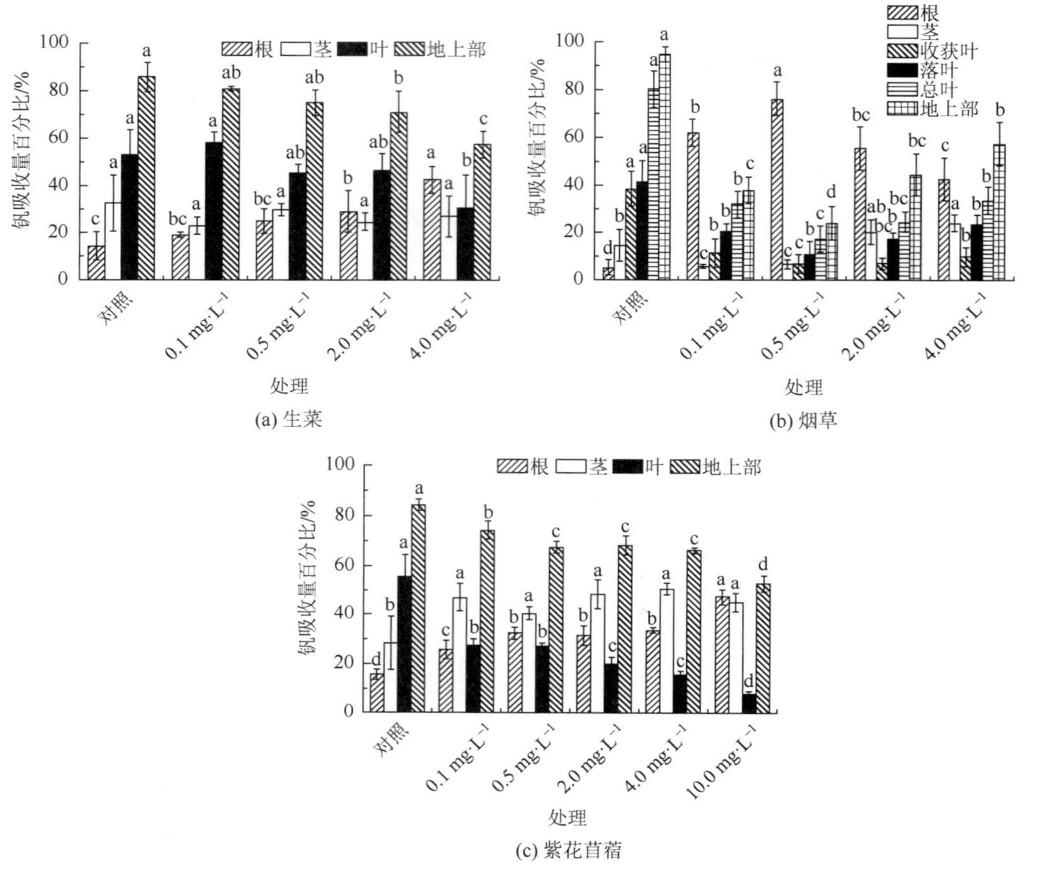

图 3.28　不同浓度钒对生菜、烟草、紫花苜蓿各组织钒吸收量百分比的影响

在 0 mg·L^{-1}、0.1 mg·L^{-1}、0.5 mg·L^{-1}、2.0 mg·L^{-1}、4.0 mg·L^{-1} 和 10.0 mg·L^{-1} 钒处理时紫花苜蓿地上部钒吸收量与整株钒吸收量之比分别为 84.3%、74.4%、67.7%、68.6%、66.5%和 52.8%；而根系钒吸收量占总吸收量的比例分别为 15.7%、25.6%、32.3%、31.4%、33.5%和 47.2%［图 3.28（c）］。根系钒吸收量所占比例与地上部钒吸收量所占比例相辅相成。随溶液钒浓度的增加，根系钒吸收量所占比例显著增加，而地上部钒吸收量所占比例显著降低，并在 0.5 mg·L^{-1} 钒处理时二者钒吸收量所占比例开始趋于稳定。因此，0.5 mg·L^{-1} 钒处理成为紫花苜蓿根系钒毒性效应的转折点，这也与此浓度下植株 TF（图 3.26）最低相一致。在 10.0 mg·L^{-1} 钒处理时，根系吸收钒所占比例较其他处理显著（$p < 0.05$）升高，而地上部吸收钒所占比例较其他处理显著降低，可见高浓度钒（10.0 mg·L^{-1}）胁迫时，紫花苜蓿进一步增强根系对钒的积累以抑制钒向地上转移，从而

缓解其对植株地上部的毒害作用。紫花苜蓿在4.0 mg·L^{-1}钒处理时地上部钒提取量占总提取量的比例与0.5 mg·L^{-1}和2.0 mg·L^{-1}钒处理接近。虽然4.0 mg·L^{-1}钒处理时紫花苜蓿生长明显受抑制，但其根系和地上部积累钒的比例较高。因此，紫花苜蓿具有相对较强的抗钒毒性的自适应调节能力。尽管在最大浓度（10.0 mg·L^{-1}）时植株所受的胁迫程度较4.0 mg·L^{-1}钒处理显著增强。

外源钒处理时生菜、烟草、紫花苜蓿各组织钒浓度大小顺序均为根＞茎＞叶，这与Gil等（1995）在生菜、Tian等（2015）在印度芥菜（*Brassica juncea* L.）及Nawaz等（2018）在西瓜中的研究结果一致。对大豆根室的研究也表明，植物吸收的钒大部分保留在其根部，仅有一小部分转移至地上部，这与之前报道的结果一致（Tian et al.，2015；Imtiaz et al.，2015b；Hou et al.，2013；Saco et al.，2013；Kaplan，1990a）。而Hou等（2013）和Qian等（2014）研究发现植物各组织中的钒浓度为根＞叶＞茎。这些与本研究不一致的结果一定程度上可能主要与植物生长介质、物种特异性及胁迫暴露时间等因素有关。在对照处理时，生菜各组织钒浓度大小为茎＞根＞叶，烟草和紫花苜蓿各组织钒浓度大小顺序为叶＞根＞茎。可见，三种植物吸收溶液中微量钒并向其地上部转移的能力较强。

根系是植物接触有毒元素的首要器官，故其通常比地上部储存更多的金属（Ashraf et al.，2010）。迄今为止，植物中钒的最大浓度通常出现在根部。此外，根系对重金属的吸收也是植物对重金属毒害的重要耐性机制。钒在植物根系中通常以钒酸钙沉淀形式存在，钒的这种固定方式被认为是植物耐受过量钒积累的主要机制（邹宝方和何增耀，1993b；Kaplan et al.，1990a；Yang et al.，2017b）。从亚细胞水平来看，钒主要集中于细胞壁，与一些官能团结合，如羧基、羟基、硫醇自由基以及一些酸溶性极性化合物、果胶等（Aihemaiti et al.，2020；Hou et al.，2013）。此外，五价钒在植物根系吸收过程中向毒性较低的四价钒的生物转化也有助于增强植物对钒毒性的耐性。而且这种生物转化也发生在植物叶片中（Tian et al.，2015）。烟草根系中积累的钒随溶液钒浓度的增加而线性增加（数据未列出），这与Yang等（2017b）在大豆中的研究一致，说明4.0 mg·L^{-1}钒处理并非烟草生长的最大毒性阈值，尽管植物生长显著受抑制，这主要归因于烟草自身的抗氧化防御系统（包括酶和非酶成分）的协同作用（图3.21、图3.22）。当钒浓度≥0.1 mg·L^{-1}时，各浓度处理之间TF差异不显著（$p>0.05$）。同时，与0.5 mg·L^{-1}钒处理相比，当钒浓度≥2.0 mg·L^{-1}时TF略有增加（图3.26），这可看作是烟草防御钒在其根部过度积累的防御机制（Tian et al.，2015）。钒在烟草地上部的积累相对较少，这可能主要是由于钒与根细胞壁上一些极性化合物的螯合和络合作用及根液泡的区室化作用，从而减少由钒离子的富集和转移（Aihemaiti et al.，2020）。

3.3.9 钒对植物各组织干重及含水量的影响

生菜、烟草、紫花苜蓿各组织干重（表3.6）和含水量（表3.7）随钒浓度的增加而大多呈降低趋势。与对照相比，0.1 mg·L^{-1}钒处理时生菜、烟草、紫花苜蓿各组织干重和含水量均无显著（$p>0.05$）变化。0.5 mg·L^{-1}、2.0 mg·L^{-1}和4.0 mg·L^{-1}钒处理时生菜总生物量较对照分别显著（$p<0.05$）减少35.1%、54.6%和72.9%。地上部和整株含水量在

0.5 mg·L^{-1}、2.0 mg·L^{-1}、4.0 mg·L^{-1} 钒处理时较对照分别显著降低 11.42%、32.27%、55.07% 和 11.36%、32.90%、56.77%。

表 3.6　不同浓度钒对生菜、烟草、紫花苜蓿不同组织干物质的影响

植物	钒浓度/(mg·L^{-1})	干重/g				
		根	茎	叶	地上部	整株
生菜	0	0.195±0.032a	0.277±0.067a	0.929±0.174a	1.206±0.219a	1.400±0.250a
	0.1	0.197±0.034a	0.282±0.060a	0.908±0.157a	1.190±0.217a	1.387±0.235a
	0.5	0.124±0.033b	0.203±0.034ab	0.581±0.124b	0.784±0.157b	0.909±0.144b
	2.0	0.106±0.024b	0.157±0.038b	0.374±0.100bc	0.530±0.127bc	0.636±0.148bc
	4.0	0.096±0.018b	0.139±0.019b	0.146±0.011c	0.284±0.030c	0.380±0.049c
烟草	0	0.747±0.129a	3.057±0.676a	2.793±0.670a	7.127±1.107a	7.873±0.990a
	0.1	0.677±0.117ab	2.877±0.571ab	2.997±0.789a	6.827±0.860ab	7.503±0.748ab
	0.5	0.600±0.089ab	2.470±0.221ab	2.743±0.642a	6.550±0.1044ab	7.150±0.087abc
	2.0	0.467±0.148b	2.343±0.067ab	2.497±0.392a	5.897±0.477ab	6.363±0.605bc
	4.0	0.457±0.116b	2.090±0.276b	2.187±0.552a	5.413±0.953b	5.870±1.011c
紫花苜蓿	0	0.946±0.041a	4.041±0.369a	2.673±0.417ab	6.713±0.523a	7.659±0.482a
	0.1	0.959±0.065a	4.223±0.198a	3.039±0.107a	7.262±0.255a	8.221±0.208a
	0.5	0.940±0.066a	4.142±0.397a	2.923±0.164a	7.066±0.561a	8.006±0.625a
	2.0	0.885±0.054ab	3.711±0.241ab	2.363±0.159b	6.074±0.245b	6.959±0.240b
	4.0	0.800±0.079bc	3.283±0.257b	1.506±0.125c	4.789±0.137c	5.589±0.179c
	10.0	0.695±0.079c	1.819±0.111c	0.761±0.121d	2.581±0.198d	3.275±0.197d

注：同一列中平均值后的不同小写字母表示不同钒浓度处理时相同组织的干重之间具有显著性差异（$p<0.05$）。数据表示为平均数±标准差（$n=3$）。

表 3.7　不同浓度钒对生菜、烟草、紫花苜蓿不同组织含水量的影响

植物	钒浓度/(mg·L^{-1})	含水量/(g·g^{-1})				
		根	茎	叶	地上部	整株
生菜	0	8.226±0.115a	22.485±3.616a	26.437±0.820a	25.413±0.321a	23.021±0.333a
	0.1	8.341±0.395a	22.600±2.355a	26.351±1.896a	25.459±1.449a	23.012±1.125a
	0.5	7.419±1.200ab	18.709±2.387ab	23.871±2.092a	22.510±1.122b	20.405±1.350b
	2.0	6.647±0.888bc	16.982±2.557b	17.3190±1.647b	17.211±0.492c	15.448±0.377c
	4.0	5.623±0.410c	11.437±1.988c	11.400±1.884c	11.419±1.935 d	9.953±1.457 d
烟草	0	10.762±0.794a	14.075±0.943a	22.535±4.882a	18.020±2.582a	17.092±1.986a
	0.1	10.127±0.433a	13.760±2.133a	20.928±1.318ab	17.358±1.492ab	16.536±1.033ab
	0.5	11.056±0.341a	13.979±1.270ab	18.630±3.111abc	16.192±0.732abc	15.643±0.506ab
	2.0	12.043±1.674a	12.397±2.243b	16.581±0.855bc	14.508±1.671bc	14.252±1.332bc
	4.0	11.657±1.518a	12.034±0.694b	14.443±2.073c	13.224±0.943c	13.057±0.918c

续表

植物	钒浓度/(mg·L^{-1})	含水量/(g·g^{-1})				
		根	茎	叶	地上部	整株
紫花苜蓿	0	10.782±0.798ab	5.058±0337a	6.657±0.944a	5.662±0.361a	6.300±0.476a
	0.1	11.378±0.434a	4.888±0.129a	6.146±0.536a	5.409±0.170a	6.107±0.134a
	0.5	10.289±0.605b	4.742±0.350a	5.968±0.202a	5.252±0.257a	5.844±0.261a
	2.0	7.228±0.147c	3.407±0.205b	4.954±0.694b	4.012±0.343b	4.424±0.254b
	4.0	5.567±0.405 d	2.659±0144c	3.511±0.409c	2.934±0.254c	3.309±0.260c
	10.0	4.287±0.540e	2.215±0.479c	2.987±0.102c	2.445±0.345c	2.845±0.238c

注：同一列平均值后的不同小写字母表示不同钒浓度处理时同一组织的干物质储水能力差异显著（$p<0.05$）。数据以平均数±标准差表示（$n=3$）。

对烟草而言，与对照相比，2.0 mg·L^{-1}、4.0 mg·L^{-1} 钒处理时总干重分别显著下降 19.2%、25.4%，整株含水量分别显著下降 16.6%、23.6%。此外，钒对叶片干重的影响小于对叶片含水量的影响。钒浓度为 0.5 mg·L^{-1} 时其诱导产生了明显的（$p<0.05$）氧化胁迫，然而，此浓度下生物质生产（干重）和植物各组织含水量较对照无显著变化（$p>0.05$），这也进一步说明烟草通过其抗氧化防御系统（非酶和酶成分）增强了自身抗钒毒性的能力。钒浓度的增加对落叶干重无显著（$p>0.05$）影响，而且落叶与试验结束时收获的叶片钒浓度之间也无显著差异。在整个试验过程中，未发现高浓度钒（4.0 mg·L^{-1}）胁迫下幼叶褪绿或坏死等现象。此外，各浓度钒处理的植株均出现了叶片脱落现象。因此，可以推测，试验中烟草叶片脱落是一种自然生长现象，而非烟草逃避钒胁迫的适应行为。

然而，与对照相比，钒浓度≥0.5 mg·L^{-1} 时烟草根系含水量略有增加（表 3.7）。事实上，这并不意味着钒增加了烟草根系的储水能力，其主要原因是随钒浓度的增加，钒对根系干物质积累的胁迫强度大于其对根系鲜重的胁迫强度。换言之，与对照相比，钒浓度≥0.5 mg·L^{-1} 时根鲜重的下降幅度小于干根重(数据未列出)。因此，钒浓度为 0.5 mg·L^{-1} 时，烟草根系对钒毒性有较好的耐受性，这与植物的生长（包括株高、根长、生物量和含水量）在此浓度下受抑制不显著相一致（$p>0.05$）。

对紫花苜蓿而言，与对照相比，0.5 mg·L^{-1} 钒处理时除根干重有所降低外，叶、茎、地上部及整株干重均有所增加($p>0.05$)，这与此浓度下仅根长显著受抑制而叶绿体色素、光合气体参数等均有所增加相一致。另外，尽管 0.5 mg·L^{-1} 钒处理时根系钒浓度及其钒提取量较对照无显著（$p>0.05$）差异，但此浓度下根系钒提取量占整株钒提取量的比例较≤0.1 mg·L^{-1} 钒处理显著升高。即 0.5 mg·L^{-1} 时根系钒吸收量占整株钒吸收量的比例较高且达稳定值，因此根系较多钒的积累也抑制了其生长。2.0 mg·L^{-1} 钒处理时根、茎、叶干重较对照无明显差异（$p>0.05$），但地上部和总干重显著（$p<0.05$）降低，这可能主要是由于钒毒性对各组织干物质积累抑制的累加效应。与对照相比，根、茎、叶、地上部及总干重均在≥4.0 mg·L^{-1} 时显著（$p<0.05$）减小，根、茎、叶、地上部、整株含水量在≥2.0 mg·L^{-1} 时显著（$p<0.05$）减小。

对于钒对植物生物量的影响已有较多报道（Nawaz et al.，2018；胡莹等，2003；Kaplan

et al.，1990a；)。许多研究表明，钒胁迫降低了植物生物质产量（Imtiaz et al.，2018；Nawaz et al.，2018；Imtiaz et al.，2015b）。钒对矿质元素吸收的抑制是植物生物量减少的重要原因（胡莹等，2003；Kaplan et al.，1990a）。而对于生长在土壤中的植物，钒对干物质产量的影响也与土壤类型有关（Kaplan et al.，1990b）。此外，根伸长减小（Kahle，1993）、气孔导度减小（Disante et al.，2011）、生物质在根系的分配（Ryser and Emerson，2007）等可能导致水分吸收受抑制，从而可能加剧干旱胁迫的影响。Ashraf 等（2010）的研究表明，Cr(Ⅵ)加速了气孔保卫细胞及细胞膜损伤，作者认为这种损伤会影响植物的水分含量。而 Nawaz 等（2018）的研究结果表明，钒显著降低了西瓜气孔导度，这可能会影响植物从根到地上部的水分吸收及运输。因此，田间条件下钒胁迫引起的植物水分胁迫应引起重视。前人研究表明，植物对金属的响应类似于其对干旱的响应。其主要原因可能是暴露于金属后根系吸水能力减弱。钒处理后植物根系生长受到抑制，光合作用减弱，因而水分吸收和水分利用效率受抑制（Aihemaiti et al.，2020）。本研究表明，随钒胁迫的加强，植物各组织（除烟草根外）单位干物质含水量降低（表 3.7）。因此，钒不仅影响了植物对水分的吸收、利用，而且影响了植株的储水能力。

3.3.10 小结

低浓度钒（0.1 $mg \cdot L^{-1}$）对生菜、烟草、紫花苜蓿生长均无显著影响（$p>0.05$）。根系是生菜、烟草、紫花苜蓿贮存所吸收钒的主要场所。除对照处理外，三种植物各组织钒浓度大小均为根＞茎＞叶。烟草叶片和茎部钒浓度接近。对照处理时生菜、烟草、紫花苜蓿转移根系钒至其地上部的能力大小为烟草＞生菜＞紫花苜蓿。而外源钒处理时，三种植物转移根部钒至其地上部的能力大小为生菜＞紫花苜蓿＞烟草。随溶液中钒浓度的增加，三种植物的钒转运能力（TF）先降低后有所升高（$p>0.05$）。烟草转移根部钒至其地上部的能力较差（TF＜1）。但烟草具有原位固定钒污染物的潜力。钒在≥0.5 $mg \cdot L^{-1}$时明显（$p<0.05$）抑制了生菜的生长，尤其是在最大钒浓度（4.0 $mg \cdot L^{-1}$）时生菜各组织积累的钒浓度达最大，但植物无泛黄、枯萎、坏死等症状。各浓度钒处理对生菜叶片细胞膜透性无显著影响（$p>0.05$）。

钒在烟草生长过程中诱导的氧化胁迫表现为叶片 $O_2^- \cdot$ 和 H_2O_2 含量迅速增加。在≥2.0 $mg \cdot L^{-1}$ 钒处理时烟草生长显著受抑制。然而，烟草可以通过激活其酶和非酶抗氧化防御系统，有效缓解钒诱导产生的氧化胁迫。因此，幼苗对钒毒害表现出较强的耐性。

不同浓度钒胁迫对紫花苜蓿生长的影响具有一定的剂量效应关系。整体上，低浓度钒（0.1 $mg \cdot L^{-1}$）对植株生长影响不显著（$p>0.05$），而高浓度钒（≥4.0 $mg \cdot L^{-1}$）明显（$p<0.05$）抑制了其生长。0.5 $mg \cdot L^{-1}$ 和 2.0 $mg \cdot L^{-1}$ 钒处理时植株生长响应特征有所不同。根系对钒胁迫较敏感，在≥0.5 $mg \cdot L^{-1}$ 钒处理时根长显著（$p<0.05$）减小，但株高、叶绿体色素、光合气体参数、叶片膜脂过氧化程度、膜透性在 0.5 $mg \cdot L^{-1}$ 和 2.0 $mg \cdot L^{-1}$ 钒处理时均无显著（$p>0.05$）改变。地上部和总干物质积累在≥2.0 $mg \cdot L^{-1}$ 时显著减小。0.5～4.0 $mg \cdot L^{-1}$ 钒处理时地上部和根系钒提取量占比较高且较稳定。4.0 $mg \cdot L^{-1}$ 钒处理时地上部钒提取量最大，此浓度下刈割植株地上部能去除更多钒污染物。

3.4 水培条件下紫花苜蓿幼苗对钒胁迫响应的转录-代谢组学综合分析

近年来，“组学”研究方法为阐明基因表达和代谢产物积累与环境响应相关的潜在机制提供了新的系统生物学见解（Guo et al.，2020）。代谢组学是通过检测低分子量代谢物来全面了解生物机制（包括毒性）的一种强有力的方法。代谢组学包括靶向代谢组学和非靶向代谢组学。非靶向代谢组学旨在确定在没有代谢组先验信息的提取样品中存在的最广泛的代谢物。代谢组学在弥补基因型和表型缺陷方面显示了其优点，因为其反映了总的代谢物信息，而这通常不能仅通过基因组学和蛋白质组学技术来实现（Xiang et al.，2021）。代谢组学正在广泛应用于研究植物对非生物胁迫的响应，旨在基于分子水平研究植物系统，从而表征植物组织对环境响应的总代谢物。此外，代谢组学分析可以作为一种独立的方法用于（缺少基因组和转录组信息的）非模式植物物种（Li and Gaquerel，2021）。转录组学是一种高精度工具，用于定量整个基因表达水平。转录组分析在揭示基因表达调控的复杂性方面发挥了关键作用。此外，转录组学可以给出植物细胞在特定环境下的完整基因表达谱，可用于检测靶向途径中显著下调或上调的重要基因（Guo et al.，2020）。然而，单一的组学技术很难达到更深层次理解系统机制的标准（Lu et al.，2020）。代谢组学和其他组学工具相结合的综合分析已经被证明是植物初级和次级代谢中功能基因鉴定和代谢途径注释的高效方法（Zhu et al.，2018）。同时，代谢组和转录组综合分析已经被证实在鉴定基因功能和阐明植物代谢途径方面具有较高的效率（Li et al.，2020）。联合的代谢组和转录组也可用于分析次生代谢途径，如类苯基丙烷、类黄酮的生物合成，同时揭示一些新的基因簇的重要调控作用等（Zhu et al.，2018）。

关于植物在钒暴露下的生长响应，已有相当丰富的研究。然而遗憾的是，目前能够获得的关于钒对植物生长和发育影响的组学层面的信息依旧有限（Nawaz et al.，2018）。此外，目前还未见钒暴露下植物多组学分析相关的研究报道。植物胁迫响应的多组学研究将极大地丰富我们对植物适应环境变化的调控机制的认识。因此，本节研究的内容包括：①鉴定钒暴露下紫花苜蓿叶片产生的显著变化的代谢物，并探讨其对植株生长的可能调控作用；②确定与紫花苜蓿生长响应相关的显著富集代谢途径和差异表达基因；③结合转录组和代谢组数据，分析植物叶片中参与某些代谢途径的差异表达基因和代谢物，揭示紫花苜蓿应对钒暴露的潜在调控机制。这是首次综合转录组学和代谢组学的方法探究钒暴露下植物的生长调控机制。由于目前钒对植物生长影响的观点尚不明确，本研究结果将为钒暴露对植物生长的影响提供新见解。

3.4.1 试验方法

试验所用材料为紫花苜蓿（*Medicago sativa* L.）。种子源自中国农业科学院。试验设3种钒浓度梯度，即0.1 mg·L^{-1}和0.5 mg·L^{-1}及不加钒的对照组，总计3个处理，每个处理重复6次。幼苗处理50天后，从植株相同位置（植物顶端起向下取第3到第5片叶子）

采集对照（A 组）及 0.1 mg·L^{-1}（B 组）和 0.5 mg·L^{-1}（C 组）处理的紫花苜蓿叶片，迅速在液氮中冷冻后储存于–80℃以便进行代谢物的提取和 RNA 的分离。

于液氮中研磨冷冻样品，取 60 mg 试样提取代谢物。然后加入 1.0 mL 甲醇乙腈（2∶2∶1，体积比）水溶液，旋涡 1 min。低温超声两次（每次 0.5 h），之后于–20℃静置（1 h）沉淀蛋白，过滤后 14000 *g* 离心（4℃，20 min），取上清液冷冻干燥后（–80℃）保存样本。

3.4.1.1　非靶向代谢组学分析

利用液相色谱四极杆飞行时间质谱联用（LC-qTOF-MS）技术对紫花苜蓿叶片进行代谢组学分析。比较代谢物的停留时间、*m/z* 比和片段模式来确定代谢产物（Corso et al.，2018）。为确定差异代谢物，采用 *t* 检验和变量权重值确定统计学意义。多元统计分析（OPLS-DA 模型）后变量权重值大于 1 的代谢物及单变量统计分析后 $p<0.05$ 的代谢物是具有统计学意义的差异代谢物。利用 KEGG（https://www.kegg.jp/）代谢物数据库构建代谢物富集通路。

3.4.1.2　转录组分析

使用预冷 TRlzol 试剂（美国 Invitrogen）提取每个样本中的总 RNA。RNA 的降解和污染通过 1%琼脂糖凝胶监测。使用核酸蛋白测定仪分光光度计（美国 IMPLEN）检测 RNA 纯度。使用 Qubit®2.0 荧光计（美国 Life Technologies）中的 Qubit® RNA 检测试剂盒测量 RNA 浓度。使用安捷伦公司生物分析仪 2100（美国 Agilent Technologies）的 RNA Nano 6000 分析试剂盒评估 RNA 完整性。利用 R 软件包 DESeq2 筛选差异表达基因（DEGs），按 $\log_2$FC（倍数变化）的绝对值＞1.0 和 *p* 值（阈值）＜0.05 为标准筛选差异基因。根据 KEGG 数据库绘制 DEGs 富集通路。随后 DEGs 被用于基因本体（GO）和 KEGG 通路（https://www.kegg.jp/kegg/pathway.html）富集分析。

3.4.1.3　转录组和代谢组综合分析

利用免费在线数据分析平台 Omicshare Tools 进行正交空间最小二乘判别分析（OPLS-DA）、主成分分析（PCA）。通过 SIMCA 14.1 对两组学定量数据进行主成分分析。根据得到的基因表达量和代谢物数据，进行皮尔逊相关性分析，检验差异基因表达量与差异代谢物之间的相关性。基于在线的 KEGG 通路对所有差异表达转录本/经过去冗余后得到的蛋白编码基因（unigenes）和代谢物进行查找、比对以获得共同通路信息。同时对差异代谢物和差异基因进行富集分析。通过 R3.5.1 对两个组学的 KEGG 注释和富集结果进行综合。显著富集通路的筛选标准为 $p<0.05$。

3.4.1.4　功能注释

利用 NCBI Blast（2.6.0 + e-value = 1e-5）、HMMER3.0（e-value = 0.01）、Blast2GOv2.5

（e-value = 1e-6）和 KAAS（e-value = 1e-10）查询 NR（NCBI 非冗余蛋白序列数据库）；利用 Swiss-Prot（欧洲生物信息学研究所，EBI）、protein family（PFAM）、Gene Ontology（GO）、KEGG Database 数据库，对所检测到的非冗余转录本/unigenes 功能进行研究。

在非靶向代谢组学分析中，每个样本进行 6 个独立的生物学重复。转录组分析从每个处理的六个代谢组重复中随机选择 3 个独立的生物样进行。用 Adobe Illustrator CS6 软件合图并进行优化处理。

3.4.2 代谢组学分析

采用正离子（POS）和负离子（NEG）模式对代谢物进行定性和定量分析，以提高代谢物的覆盖率和检测效果。各试验组不同代谢物总体分布如图 3.29 所示。综合无偏非靶向代谢组学分析，在正离子（20218）和负离子（16145）模式下共鉴定出 36363 种物质。B/A 比较组有 49 种不同的代谢产物，其中 17 种显著上调，15 种显著下调。C/A 组含有 86 种不同的代谢产物，其中 43 种显著上调，20 种显著下调。C/B 组有 62 种差异代谢产物，其中 24 种显著上调，16 种显著下调。由此可见，钒处理后，紫花苜蓿叶片中的一些代谢产物发生了显著变化。随着钒浓度的升高，这种改变作用增强。在正离子模式下，棉子糖在 B/A、C/A 和 C/B 组中分别显著上调 1.74、3.44、1.97 倍。同时，在负离子模式下，对应的比较组分别显著上调 1.86、3.54、1.90 倍。由此可推断，棉子糖的显著增加是紫花苜蓿幼苗在钒胁迫下的一种调控响应。

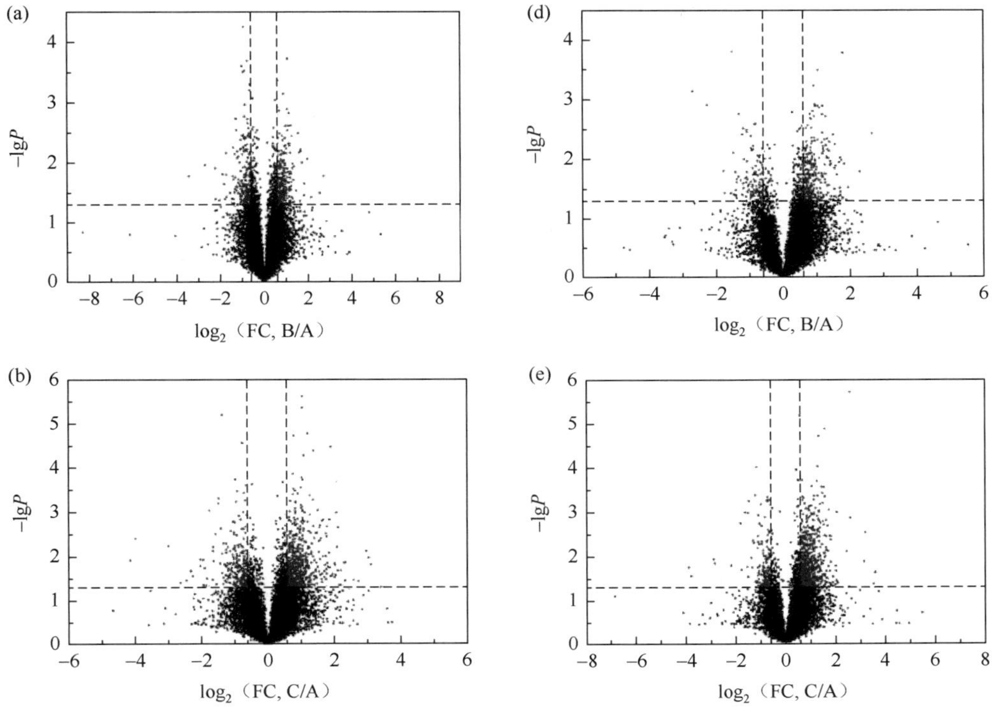

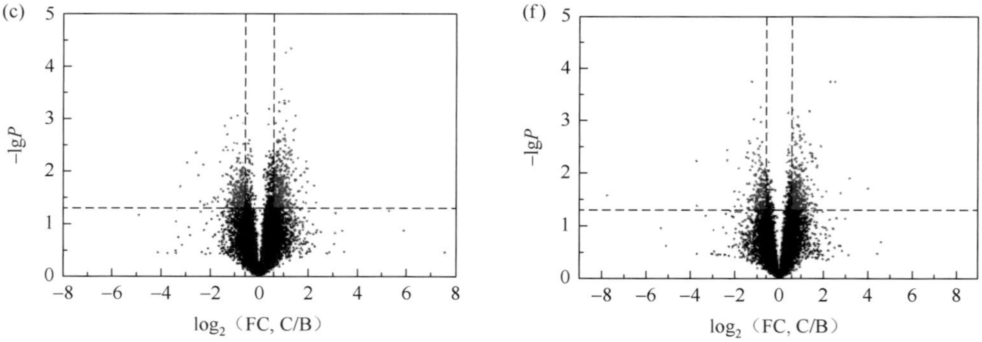

图 3.29　B/A（a）、C/A（b）、C/B（c）组正离子模式显著变化代谢物火山图；B/A（d）、C/A（e）、C/B（f）组负离子模式显著变化代谢物火山图（彩图见附图）

红色像素点表示显著变化（上调或下调）的代谢物，黑色像素点表示无显著变化的代谢物。A、B、C 分别表示 0 $mg\cdot L^{-1}$（对照）、0.1 $mg\cdot L^{-1}$、0.5 $mg\cdot L^{-1}$ 钒处理

KEGG 富集分析显示，B/A、C/A 和 C/B 处理组中不同代谢物分别参与了 28 条、37 条和 21 条与植物代谢相关的通路（数据未列出）。三种处理组共有的 10 条显著富集 KEGG 通路分别为：ABC 转运体，氨基酰基-转运 RNA 生物合成，氰基氨基酸生物合成，苯丙氨酸、酪氨酸和色氨酸生物合成，半乳糖代谢，乙醛酸和二羧酸代谢，戊糖磷酸途径，脂肪酸生物合成，甘氨酸、丝氨酸和苏氨酸代谢，不饱和脂肪酸生物合成。因此，钒暴露不仅显著改变了紫花苜蓿叶片中某些代谢物的含量，而且显著改变了这些代谢物的富集途径。此外，0.1 $mg\cdot L^{-1}$ 和 0.5 $mg\cdot L^{-1}$ 钒处理后，包括矿物质吸收、嘌呤代谢、精氨酸生物合成、泛酸盐和辅酶 A 生物合成、mTOR 信号通路和溶酶体在内的另外 6 条通路（数据未列出）均显著改变。因此不难看出，钒处理影响了类黄酮、苯丙素、氨基酰基-转运 RNA、亚麻酸等次生代谢产物的生物合成。总之，这些生物活性物质及其富集模式的改变表明紫花苜蓿幼苗通过激活一些次生代谢产物的生物合成来适应钒暴露。

3.4.3　转录测序分析

通过 Trinity 软件将质控后的测序片段（reads）拼接成更长的序列（contig）。由此产生的 contigs 被进一步组装成转录本和 unigenes。紫花苜蓿叶片转录组测序共得到 188019 条 unigenes，其中注释到 65094 条 unigenes（表 3.8）。采用 Blast2GOv2.5 GO 分类法对紫花苜蓿转录组 unigenes 进行功能分类。转录本和 unigenes 的长度分布如图 3.30 所示。unigenes 和转录本的最大长度和最小长度分别为 15516 bp 和 201 bp，平均长度分别为 607 bp 和 698 bp（图 3.30）。差异基因火山图如图 3.31 所示，B/A 比较组共发现 44 个 DEGs，其中 21 个上调，23 个下调。C/A 组有 60 个 DEGs，其中 27 个上调，33 个下调。在 C/B 比较组中共发现 24 个上调和 43 个下调的 DEGs。

表 3.8　5 个数据库（NR、SwissProt、PFAM、GO、KO）基因注释

数据库类型	注释基因数目	注释率/%
NR	55084	29.30
SwissProt	42576	22.64
PFAM	35126	18.68
GO	29133	15.49
KO	197778	105.19
所有数据库	5207	2.77
至少一个数据库	65094	34.62
蛋白编码基因（unigenes）	188019	100

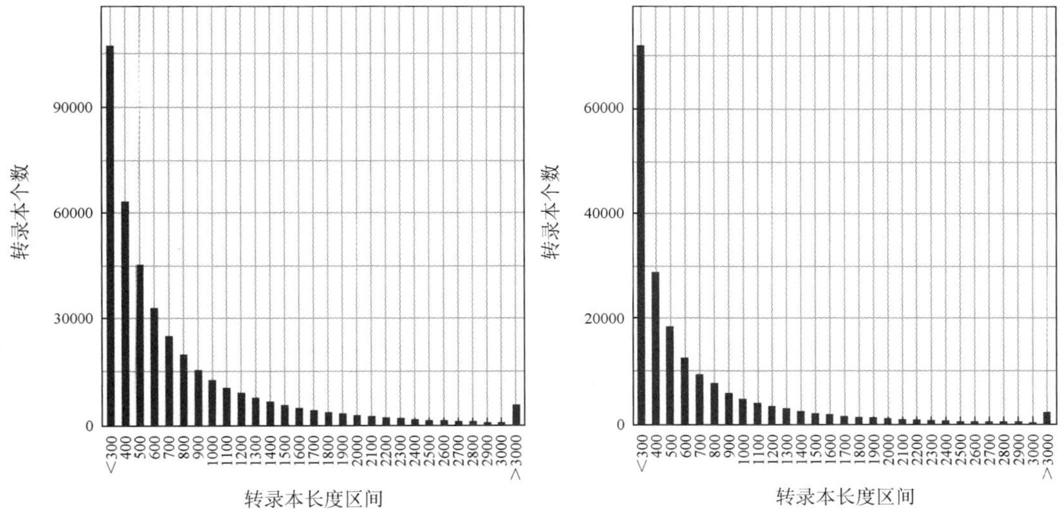

图 3.30　unigenes 和转录本的长度分布

暴露于 0.1 mg·L^{-1} 钒（B/A）后上调 DEGs 参与的 KEGG 通路主要与基因信息处理有关，包括 DNA 复制、核苷酸切除修复、错配修复、同源重组等。但 DEGs 参与的代谢通

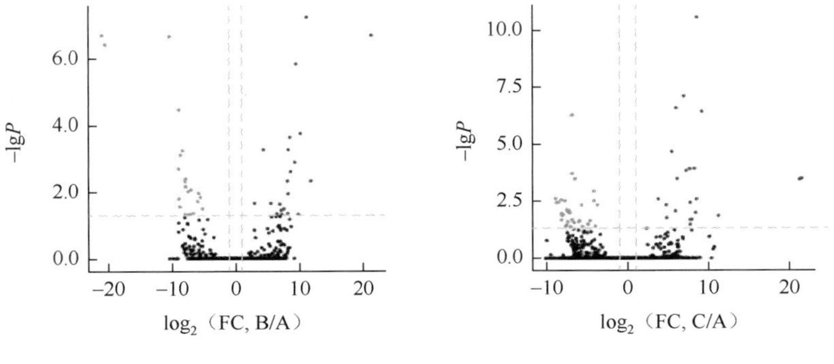

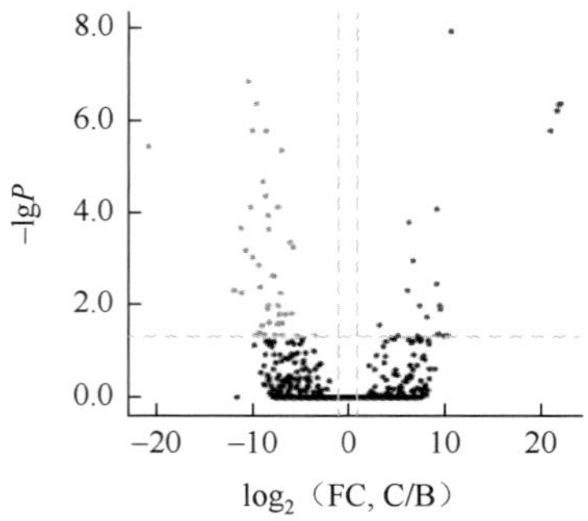

图 3.31　B/A、C/A、C/B 的差异表达基因火山分布图

在差异表达基因火山图上出现的每个点代表一个基因。横轴表示基因在两个样本中的差异表达数的对数。纵坐标表示基因表达统计显著变化的负对数。绿点表示下调差异表达基因，红点表示上调差异表达基因，黑点表示无差异表达基因。A、B、C 分别表示 0 mg·L^{-1}（对照）、0.1 mg·L^{-1}、0.5 mg·L^{-1} 钒处理

路没有被注释到。在 C/A 中，上调的 DEGs 参与的唯一代谢途径是遗传信息处理（即 RNA 转运），而下调基因参与的代谢途径有：*α*-亚麻酸（ALA）代谢、类苯基丙烷生物合成、类黄酮生物合成及二苯乙烯、二芳基庚烷和姜酚的生物合成，各种次级代谢产物（metabolites-part 1）的生物合成（如牛黄碱、环辛烷、戊丙酯菌素、洛伐他汀酸、大麻二酚、四氢大麻酚等）。在 C/B 中，下调基因主要参与了遗传信息的加工，即 DNA 复制、错配修复和同源重组，但未发现与上调 DEGs 相关的注释到的 KEGG 通路。

通过 GO 本体数据库分析差异基因表达谱。根据差异基因功能注释，将 B/A、C/A 和 C/B 比较组的所有 DEGs（上调和下调）分为三个 GO 类别（包括 62 个子分类），即“生物过程”、“分子功能”和“细胞成分”（图 3.32）。此外，大部分 DEGs 出现在“生物过程”和“细胞组分”类群中，“分子功能”类群中的大部分 DEGs 聚集在“结合”和“催

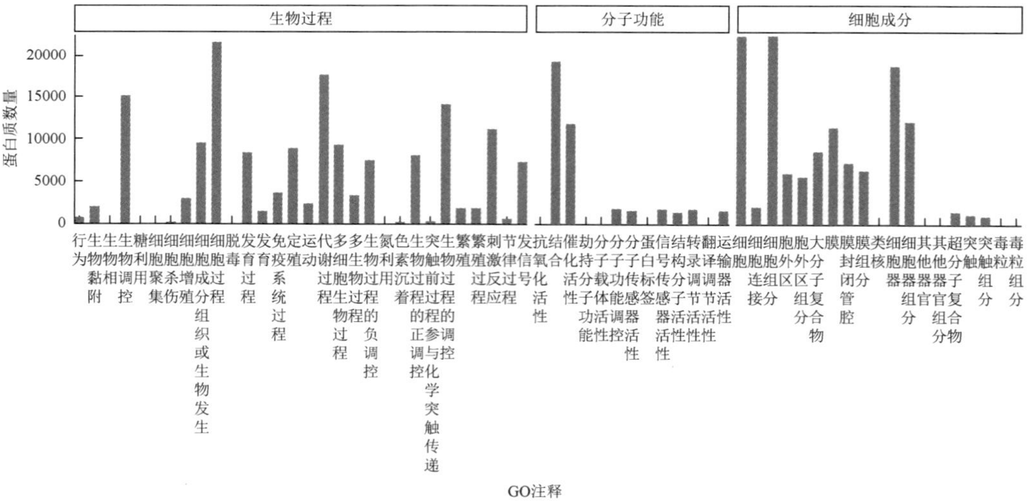

图 3.32　基因本体（GO）注释差异表达基因二级分类图

横轴表示三个大类中的 2 级 GO 分类，纵轴表示每个分类中的蛋白质数量

化活性”类群中。在“细胞成分”分类中，以“细胞”和“细胞组分”为主，其次是“细胞器”和“细胞器组分”。另外，KEGG 通路富集分析显示，“整体和器官代谢”是最丰富的类群，其次是“信号分子与相互作用”（图 3.33）。

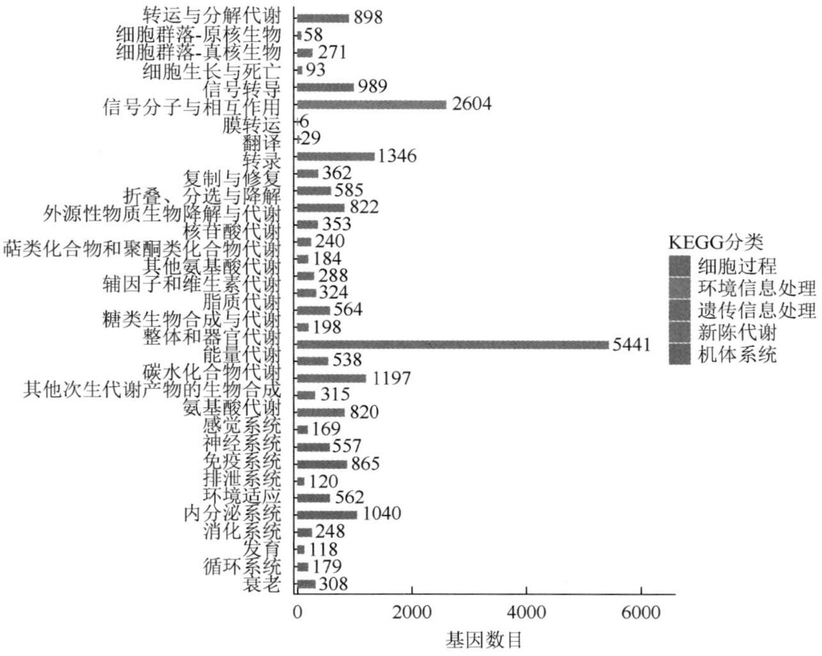

图 3.33　差异表达基因的 KEGG 分类（彩图见附图）

对三个比较组的 DEGs 进行 KEGG 富集分析得知，仅 C/A 组的 DEGs 参与了 KEGG 富集通路。即只有一个显著上调的 DEG 参与了 RNA 的转运，也就是真核生物翻译延伸因子 1A（eEF1A）蛋白显著下调基因丙二烯氧化物环化酶（AOC）参与了 *α*-亚麻酸代谢。咖啡酰辅酶 A-*O*-甲基转移酶（CCoAOMT）参与了二苯乙烯类、二苯基庚烷类、姜醇、单酚、类黄酮和苯丙素的生物合成（图 3.34）。

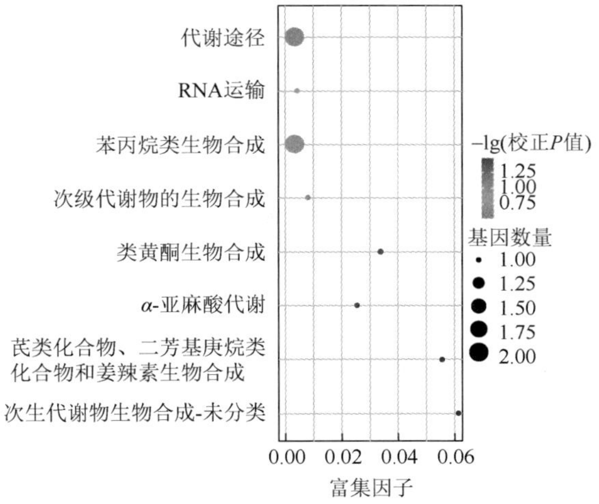

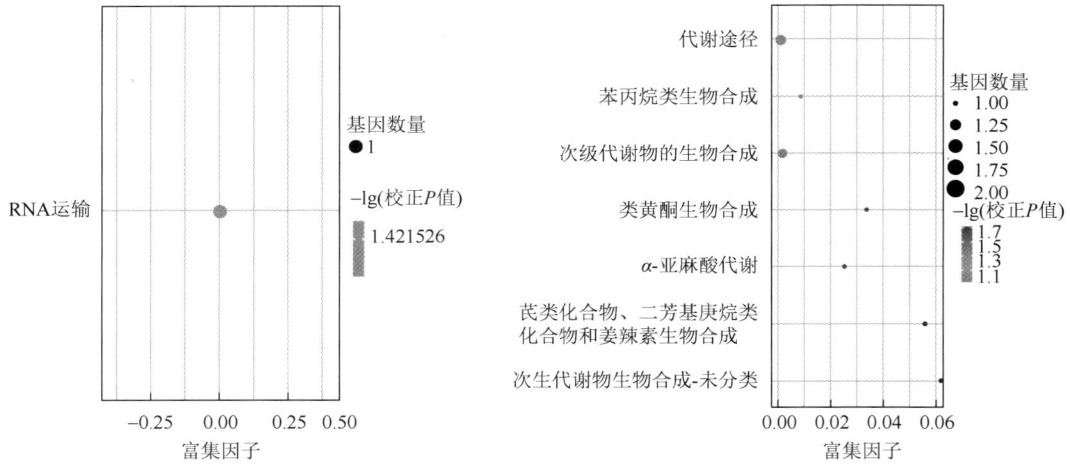

图 3.34　C/A 组差异表达基因 KEGG 富集散点图（彩图见附图）

横坐标为富集因子，纵坐标为 KEGG 通路。富集程度由富集因子错误发现率（FDR）（经多重假设检验校正后的 *P* 值）和该通路中富集的基因数量来估计。富集因子表示位于该通路的 DEGs 数目与位于同一通路的所有注释基因的数目之比。*P* 值的范围从 0 到 1，越接近零，富集越显著。A 和 C 分别表示 0 mg·L^{-1}（对照）和 0.5 mg·L^{-1} 钒处理

3.4.4　转录-代谢共分析

为进一步分析 DEGs 和一些关键代谢物之间的潜在相关性，使用联合代谢组学和转录组学方法揭示其共同参与的通路。本试验检测到的参与基因和代谢物数量最多的 3 条 KEGG 通路（共 3 条）如图 3.35 所示。代谢物和基因共同参与的 KEGG 通路分别为 *α*-亚麻酸代谢、类黄酮生物合成和类苯基丙烷生物合成（图 3.35）。转录组学辅助分析表明，丙二烯氧化物环化酶在 *α*-亚麻酸代谢通路中显著上调，显著上调的基因咖啡酰辅酶 A-*O*-甲基转移酶［E2.1.1.104］参与了类黄酮合成和类苯基丙烷合成通路。

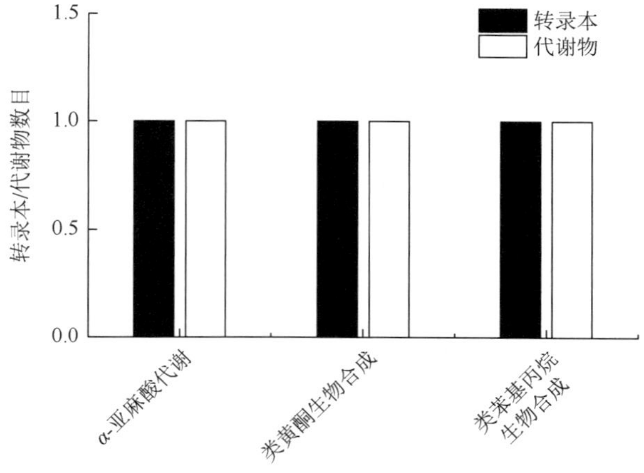

图 3.35　钒暴露下紫花苜蓿叶片转录本及代谢物的共有 KEGG 通路

3.4.4.1　α-亚麻酸代谢

在 α-亚麻酸代谢过程中（图 3.36），代谢产物创伤酸显著上调，尽管本实验没有发现与该代谢物相关的基因变化。丙二烯氧化物环化酶（AOC）［EC：5.3.99.6］和乙酰辅酶 A 酰基转移酶（fadA）［EC：2.3.1.16］显著下调。AOC 和 fadA 的下调会导致在一系列反应后与茉莉酸相关终产物减少。参与 AOC 生成的基因包括 DN79330_c3_g1、DN79877_c0_g2、DN86974_c0_g1。参与 fadA 生成的基因包括 DN71373_c0_g1、DN79568_c1_g1 和 DN91943_c0_g1。

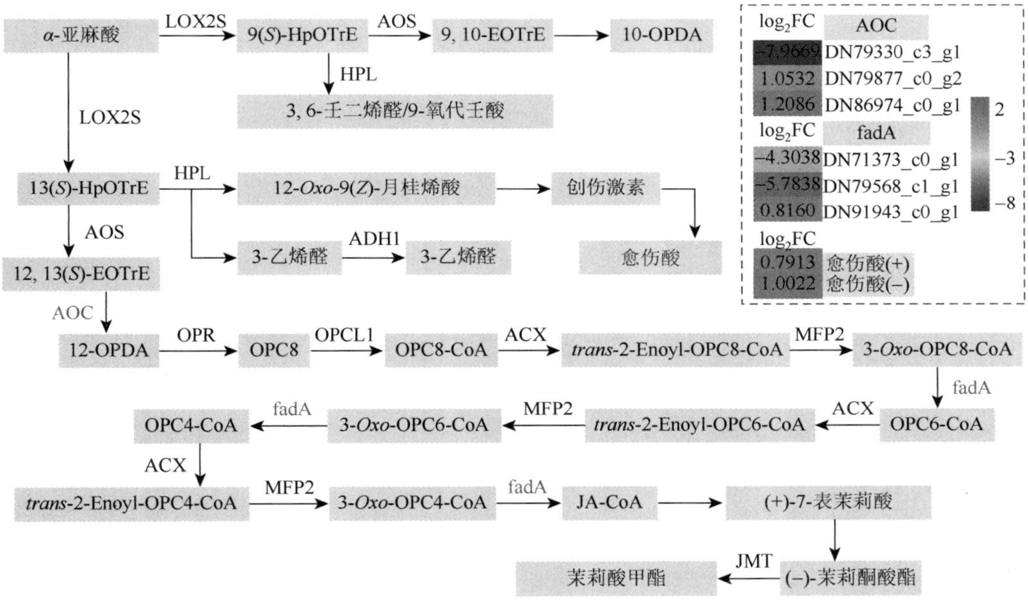

图 3.36　α-亚麻酸代谢途径简化图（彩图见附图）

参与 α-亚麻酸代谢的转录本（箭头任一侧物质）和不同丰度的代谢物（□）被注释到相应的 KEGG 通路中。红色表示上调，绿色表示下调。下调的转录本为丙二烯氧化物环化酶（AOC）[EC:5.3.99.6]和乙酰辅酶 A 酰基转移酶（fadA）[EC:2.3.1.16]。上调的代谢物为创伤酸。缩写如下：LOX2S，脂氧合酶；HPL，氢过氧化物裂合酶；AOS，氢过氧化物脱水酶；ADH1，p 类乙醇脱氢酶；AOC，丙二烯氧化物环氧化酶；OPR，12-氧-植物二烯酸还原酶；OPCL1，OPC-8:0 辅酶 A 连接酶 1；ACX，乙酰辅酶 A 氧化酶；MFP2，3-羟基酰基辅酶 A 脱氢酶；fadA，乙酰辅酶 A 酰基转移酶；JMT，茉莉酸盐 O-甲基转移酶。图的右上方虚线框表示参与 AOC 和 fadA 生成的基因及其对应的 log_2FC 值。虚线框内也包括阳离子和阴离子模式下显著上调代谢物（创伤酸）的 log_2FC 值。−8～2 的颜色刻度（右上角）表示在 0.5 $mg·L^{-1}$ 钒处理下的基因或代谢物与无钒对照组的 log_2FC 值

3.4.4.2　类黄酮生物合成途径

一些酶参与了类黄酮的生物合成途径，其中查耳酮合酶（CHS）、黄酮醇合成酶（FLS）和类黄酮 3′-单加氧酶（CYP75B1）［EC：1.14.14.82］显著下调，莽草酸 O-羟基肉桂酰转

移酶（HCT）[EC：2.3.1.133]和咖啡酰辅酶 A-*O*-甲基转移酶（CCoAOMT）[EC：2.1.1.104]显著上调（图 3.37）。参与 HCT 生成的基因包括 DN73004_c0_g1、DN74875_c0_g1、DN74875_c1_g1、DN79620_c0_g2、DN80182_c0_g2、DN80182_c0_g4、DN82174_c4_g1、DN87797_c1_g1 和 DN88436_c0_g1。参与 CCoAOMT 生成的基因有：DN93948_c2_g3、DN62157_c0_g1、DN74185_c0_g1、DN79299_c0_g1、DN81388_c2_g2、DN90425_c2_g1、DN90425_c2_g4、DN91431_c1_g1；参与 CHS 生成的基因包括 DN83443_c1_g3、DN83443_c1_g4、DN83443_c2_g2、DN87319_c2_g1 和 DN87319_c2_g2。此外，DN85436_c0_g1 和 DN77037_c0_g1 分别参与了 CYP75B1 和 FLS 的合成（图 3.37）。

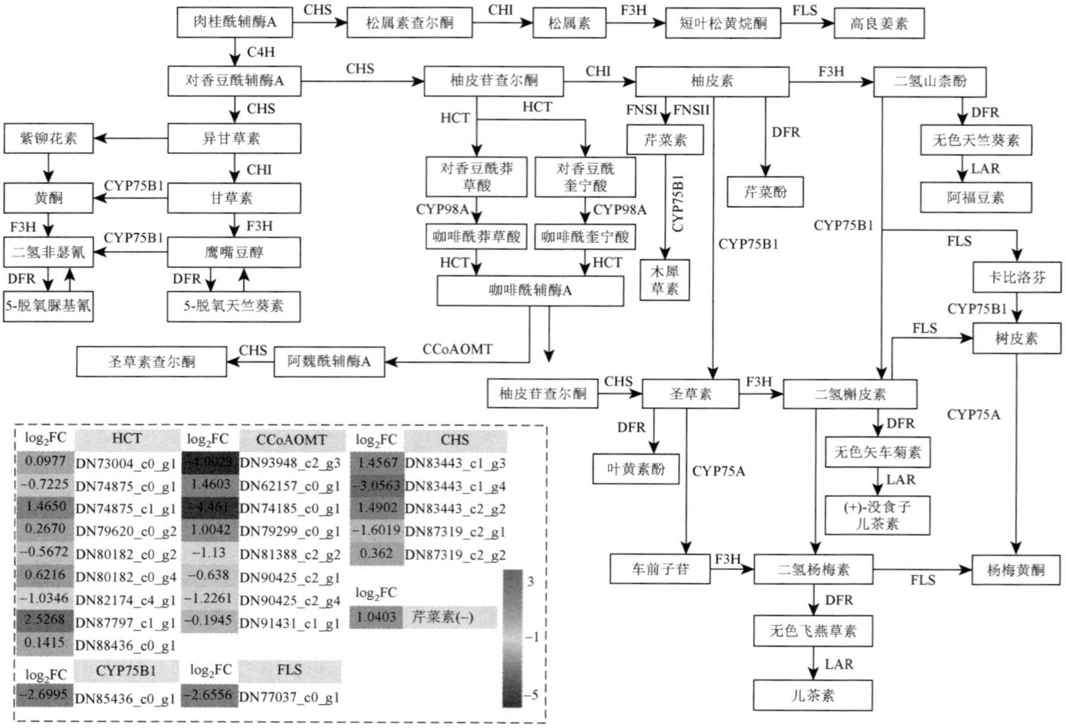

图 3.37　类黄酮生物合成途径简化图（彩图见附图）

参与类黄酮生物合成的转录本（箭头任一侧物质）和不同丰度的代谢产物（□）被注释到相应的 KEGG 通路中。红色表示上调，绿色表示下调。下调的基因为查耳酮合成酶（CHS）[EC:2.3.1.74]、类黄酮-3'-单加氧酶[EC:1.14.14.82]和黄酮醇合酶[EC:1.14.20.6]。上调转录本为莽草酸 *O*-羟基肉桂酰转移酶[EC:2.3.1.133]和咖啡酰辅酶 A-*O*-甲基转移酶[EC:2.1.1.104]。上调的代谢产物为芹菜素。与该通路相关基因的缩写为：C4H（CYP73A），反肉桂酸 4-单加氧酶；HCT，莽草酸 *O*-羟基肉桂酰转移酶；CHS，查耳酮合成酶；CYP98A（C3'H），5-*O*-4-酰基-D-奎尼酸-3'-单氧酶；CCoAOMT，咖啡酰辅酶 A-*O*-甲基转移酶；CHI，查耳酮异构酶；CYP75B1，类黄酮-3'-单氧酶；F3H，柚苷配基-3-加双氧酶；DFR，黄烷酮-4-还原酶；FLS，黄酮醇合酶；LAR，无色花色素还原酶。图左下角虚线框表示 HCT、CCoAOMT、CHS、CYP75B1、FLS 的生成相关基因及其对应的 log_2FC 值。负离子模式下显著上调代谢物（芹菜素）的 log_2FC 值也包括在虚线框中。−3～5（左下角）的颜色刻度表示基因或代谢物在 0.5 mg·L^{-1} 钒处理下与无钒对照组的 log_2FC 值

HCT 和 CCoAOMT 显著上调有利于咖啡酰辅酶 A 和阿魏酰辅酶 A 的增加，而 CYP75B1 显著下调则不利于槲皮素、紫铆素、黄颜木素（二氢非瑟素）、木犀草素、圣草酚、二氢槲皮素的合成。此外，FLS、CHS 的明显下调也不利于圣草酚-查耳酮、高圣

草素-查耳酮、杨梅素、槲皮素、山柰酚、高良姜素、异甘草素、松属素查耳酮和柚皮苷查耳酮的生成（图 3.37）。

3.4.4.3　类苯基丙烷生物合成

类苯基丙烷生物合成途径中，莽草酸 *O*-羟基肉桂酰转移酶（HCT）显著上调，而咖啡酰辅酶 A-*O*-甲基转移酶（CCoAOMT）下调（图 3.38）。类苯基丙烷途径中参与 HCT 和 CCoAOMT 生成的编码基因和参与类黄酮生物合成途径中的编码基因相同（图 3.37、图 3.38）。HCT 的显著上调会增加咖啡酰辅酶 A 的含量。后者有利于木质素亚类愈创木

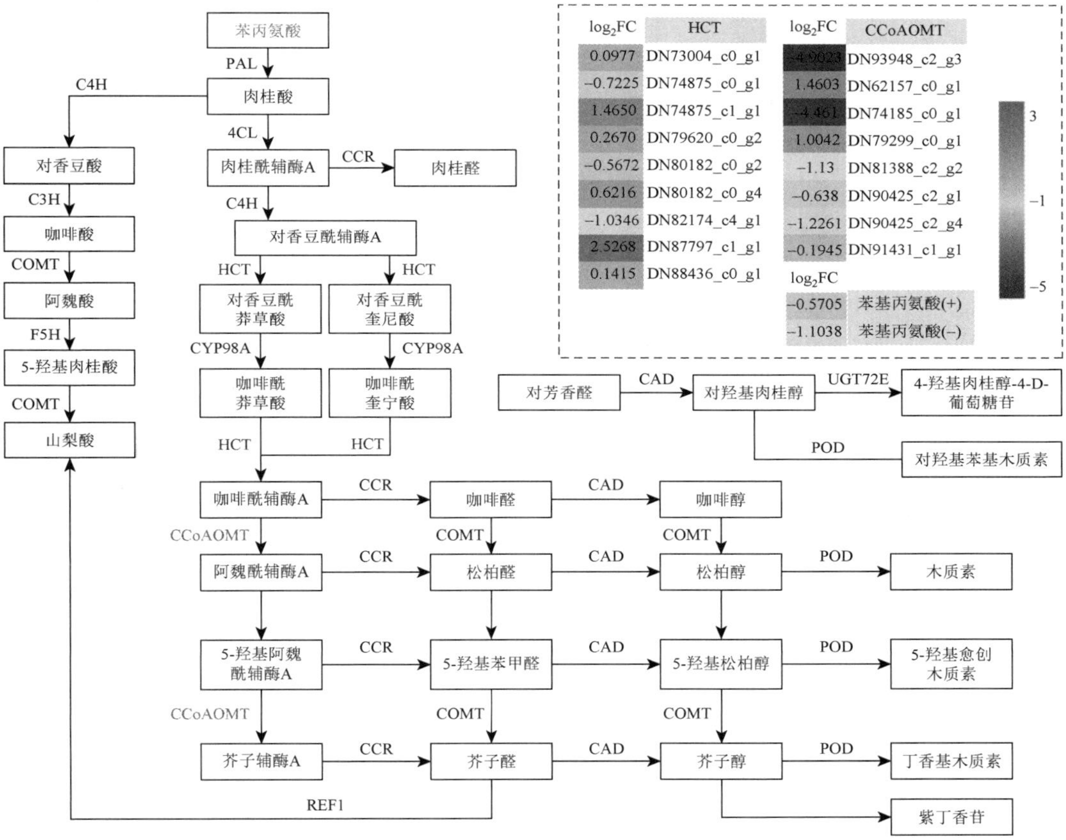

图 3.38　类苯基丙烷生物合成途径简化图（彩图见附图）

参与类苯基丙烷生物合成的转录本（箭头任一侧物质）和不同丰度的代谢物（□）被注释到相应 KEGG 代谢通路中。红色表示上调，绿色表示下调。上调的转录本为莽草酸 *O*-羟基肉桂酰转移酶（HCT）[EC:2.3.1.133]，下调的转录本为咖啡酰辅酶 A-*O*-甲基转移酶[EC:2.1.1.104]，下调的代谢物为 L-苯丙氨酸。与该途径相关基因的缩写如下：PAL，苯丙氨酸解氨酶；C4H（CYP73A），反肉桂酸 4-单加氧酶；C3H，香豆酸-3-羟化酶；CCR，肉桂酰辅酶 A 还原酶；POD，过氧化物酶；CAD，肉桂醇脱氢酶；UGT72E，松柏醇葡糖基转移酶；HCT，莽草酸 *O*-羟基肉桂酰转移酶；CYP98A，5-*O*-4-酰基-D-奎尼酸-3'-单加氧酶；COMT，咖啡酸 3-*O*-甲基转移酶；CCoAOMT，咖啡酰辅酶 A-*O*-甲基转移酶；4CL，4-香豆酸辅酶 A 连接酶；F5H（CYP84A），阿魏酸-5-羟化酶；REF1，松柏基-乙醛脱氢酶。图右上方虚线框表示与 HCT 和 CCoAOMT 生成有关的基因以及各基因的 $\log_2FC$ 值。正离子和负离子模式下显著下调的代谢物（苯丙氨酸）$\log_2FC$ 值也包括在红色虚线框中。−5～3 的颜色刻度（右上角）表示基因或代谢物在 0.5 mg·L^{-1} 钒处理下与无钒对照组的 $\log_2FC$ 值

酰基木质素（G-lignin）增加，尽管 CCoAOMT 显著下调。另外，CCoAOMT 下调降低了另外两个木质素亚类的含量，即 5-羟基愈创木酰基木质素（H-linin）和丁香基木质素（S-lignin）。

综上所述，钒处理后紫花苜蓿叶片 CCoAOMT 基因的下调对阿魏酰辅酶 A 和芥子酰辅酶 A 等重要代谢物生成可能具有抑制作用。尽管没有通过代谢组学的方法检测到这两种物质显著下调，这可能是基因调控因子（HCT 和 CCoAOMT）和反应产物（阿魏酰辅酶 A 和芥子酰辅酶 A）之间协同调节的结果。需要进一步探讨这些变化的深层调控机制。

由于植物固着的生长方式，其可产生成千上万种植物性化学物质，尤其是次生产物或某些特殊代谢物，这些物质对植物适应不断变化的环境起着至关重要的作用（Peng et al.，2017）。与中心代谢所必需的初级代谢物不同，特定植物化学物质的合成通常是植物响应环境因素或生长、发育的结果。代谢物是植物体内产生的具有明显调节植物生长发育作用的中间产物或终端产物（Guo et al.，2020）。植物可以产生多种代谢物，这些代谢物一般可分为初级代谢物和次级代谢物两类。初级代谢物对植物生物活性和生长至关重要，次级代谢物更多地参与环境响应，如植物抗病和抗逆等（Feng et al.，2020）。植物在非生物胁迫下会发生一系列代谢变化，如渗透保护物质的积累和相关代谢回路的激活等。与此同时，这些变化伴随着大量物质改变以重新平衡不利代谢（Feng et al.，2020）。暴露于 0.1 $mg·L^{-1}$ 和 0.5 $mg·L^{-1}$ 钒时，紫花苜蓿叶片的代谢异常表现为代谢物显著上、下调和某些重要代谢通路改变。例如，棉子糖在各个比较组中均显著上调。棉子糖是一种源自某些植物的天然三糖，具有多种生物活性，如稳定膜、储存碳水化合物和清除细胞活性氧（Lin et al.，2019）。棉子糖具有益生质特征从而有助于植物在非生物胁迫下保持稳态。可见这些代谢物的改变起到了缓解胁迫的作用，即缓解了紫花苜蓿的钒胁迫效应，最终在植物和环境之间重新建立稳态，而基因/转录本在调节植物生理方面起着重要作用，因为其是各种酶和代谢物生物合成的前体。

综合代谢和转录组分析表明，紫花苜蓿暴露于 0.5 $mg·L^{-1}$ 钒后，包括 α-亚麻酸代谢、类黄酮生物合成和类苯基丙烷生物合成在内的三条 KEGG 通路显著富集。这 3 条通路均涉及 DEGs 和改变的代谢物，尽管 DEGs 并没有直接调控这些改变的代谢物。α-亚麻酸作为脂肪酸氧化的底物，参与挥发性化合物的合成，包括醇、醛、酮、烯烃、酯、酸和其他化合物（Zhao et al.，2018）。在 α-亚麻酸代谢通路中（图 3.36），0.5 $mg·L^{-1}$ 钒处理后，代谢物创伤酸明显升高。创伤酸是一种植物创伤激素，在非生物或生物胁迫条件下与其他植物激素协同促进植物生长。前人研究已证实创伤酸普遍存在于多种植物的叶肉和分生组织中（Jabłońska-Trypuć et al.，2016）。因此，可以推测，亚麻酸代谢中创伤酸的显著上调将有助于降低钒对紫花苜蓿叶片生长的胁迫强度。此外，丙二烯氧化物环化酶（AOC）和乙酰辅酶 A 酰基转移酶（fadA）在 α-亚麻酸代谢中显著下调。然而未发现该酶调控的下游代谢产物发生明显变化，因此进一步揭示其调控机制是十分必要的。

茉莉酸（jasmonic acid，JA）是一种重要的植物激素，其调节着植物的重要过程，如生长-防御平衡和对伤害的响应（Zander et al.，2020）。JA 及其衍生物统称为茉莉酸酯

（JAs）。植物激素茉莉酸（JA）和茉莉酸甲酯（MeJA）是关键的信号转导器（Tian et al.，2020）。JA 是植物中的一种氧化脂肪酸衍生物，主要由 α-亚麻酸通过十八酸途径合成。MeJA 不仅是植物防御反应中的信号分子，在其他植物过程中也发挥着重要作用，如促进侧根形成、气孔关闭和叶片脱落、调节种子萌发等（Tian et al.，2020）。MeJA 具有挥发性、非离子化、易在植物内部或植物间传播等特点。与 JA 相比，MeJA 对外部信号的响应更为显著（Tian et al.，2020）。Lin 等（2013）的研究表明，钒处理后水稻根系的 JA 信号转导和生物合成相关基因上调。综上所述，钒处理后紫花苜蓿叶片代谢产物创伤酸的生成显著增加，而茉莉酸相关代谢物传递的胁迫响应信号减弱。因此，该代谢通路的更深层调控机制有待进一步探讨。

黄酮类化合物是一类多功能化合物，广泛存在于植物界（Liu et al.，2015）。这些化合物也参与调控豆科植物结瘤过程中生长素的运输、信号转导，而且其有利于植物抵抗（生物和非生物）逆境环境（Liu et al.，2015）。类黄酮通过清除 ROS 和激活各种抗氧化酶起到胁迫保护作用（Mekawy et al.，2018）。黄酮是类黄酮的一个主要亚类，在多种生理过程中发挥重要作用，并保护光合组织免受氧化损伤（Mekawy et al.，2018）。芹菜素是黄酮亚类的一种。研究发现芹菜素能抑制脂质过氧化，清除自由基，增强内源性抗氧化防御机制等（Mekawy et al.，2018）。因此，钒处理后，芹菜素有可能使紫花苜蓿具有清除 ROS 的作用（Li et al.，2021）。

类苯基丙烷化合物是多种次生代谢物合成的前体，如木质素、软木脂、黄酮等，在植物生长、发育及胁迫响应中发挥关键作用（Vogt，2010）。类苯基丙烷途径在植物中至关重要，其为大量次生代谢产物提供前体，包括黄酮、香豆素等（Xie et al.，2018）。类苯基丙烷途径包括一系列酚类化合物和相关聚合物的生物合成，如羟基肉桂酸、二苯乙烯、黄酮、异黄酮、单宁、木脂素和木质素（Behr et al.，2020）。槲皮素（包括其糖苷）是自然界中最丰富的类黄酮之一。已知的槲皮素的功能包括自由基清除，抑制某些 ROS 生成酶活性，上调编码多种 ROS 清除和/或抗氧化合成酶基因的表达（Fuentes et al.，2020）。同时，杨梅素和槲皮素作为抗氧化物能够诱导谷胱甘肽-*S*-转移酶，这是一种参与抗氧化胁迫的重要酶。此外，这些黄酮醇可以直接作为自由基清除剂，保护 DNA、蛋白质和膜免受其芳香族羟基造成的损害（Marín et al.，2018）。因此，黄酮类化合物生物合成过程中产生的一些关键代谢产物有助于减轻钒对紫花苜蓿叶片的氧化胁迫伤害。当钒胁迫加剧时，植物通过类苯基丙烷代谢途径促进了木质素、单宁和类黄酮等代谢物的生成以抵抗钒胁迫（Abedini and Mohammadian，2018）。

酚类物质是植物在生物和非生物胁迫下通过激活类苯基丙烷途径产生的，其参与了木质素生物合成（Zhou et al.，2021）。类苯基丙烷可以代谢为木质素，木质素是细胞壁的重要组成部分，其赋予维管结构硬度和细胞壁疏水性。在类苯基丙烷生物合成代谢中，紫花苜蓿暴露于 0.5 $mg \cdot L^{-1}$ 钒后苯丙氨酸显著下调（图 3.38）。另外，HCT 显著上调，CCoAOMT 显著下调。CCoAOMT 是愈创木素生物合成过程中产生的重要代谢物，其对咖啡酰辅酶 A 的甲基化具有特异性（Wang et al.，2017）。尽管木质素对饲料消化性有负面影响，但其是植物细胞壁二次增厚的主要结构成分。此外，研究表明 CCoAOMT 对木质素生物合成不可或缺（Ye et al.，2001）。然而，一些重要中间体，如咖啡酰辅酶 A、阿魏酰辅酶 A、5-羟基阿魏酰辅酶 A、芥子酰辅酶 A 等并没有显著改变。这种调控变化的原因可能与紫花苜蓿在钒胁迫下产生的多种植物活性化合物的协同作用有关。更深层次地了解这些机制对于准确、全面地理解钒对紫花苜蓿幼苗生长的影响至关重要。因此，仍需进一步研究钒对紫花苜蓿幼苗叶片生长代谢调控的更深层机制。

3.4.5　小结

代谢组学和转录组学联合分析表明，与对照（A 组）相比，0.1 mg·L^{-1}（B 组）和 0.5 mg·L^{-1}（C 组）钒处理后，紫花苜蓿叶片中一些基因的表达和代谢物的含量发生了改变。在序列重组后，从 5680 万序列中共识别出 188019 条 unigenes。B/A 组差异表达基因 44 个，C/A 组差异表达基因 60 个，C/B 组差异表达基因 67 个。液相色谱结合四极杆飞行时间质谱（LC-qTOF-MS）方法分别检测到 B/A、C/A 和 C/B 比较组中分别有 49、86 和 62 种差异代谢物。此外，通过代谢组和转录组共分析，发现在 C/A 比较组中，显著富集的 3 条 KEGG 通路（即 α-亚麻酸代谢、类黄酮生物合成和类苯基丙烷生物合成）发生了改变，差异基因和代谢物共同参与其中。本研究获得的多组学数据从代谢组和转录组的角度为了解钒胁迫下紫花苜蓿幼苗的生长调控机制提供了便利。然而，钒暴露后导致的基因和代谢物发生变化的更深层机制仍需进一步探索。进一步协同的方法包括生理、化学和基于组学（如转录组学、代谢组学、蛋白质组学、基因组学和脂质组学）的方法至关重要，并有可能在不久的将来获得更为理想的结果，并从一个新的视角准确评估钒对高等植物生长的影响。我们相信，在未来的几年中，将会有一系列令人兴奋的发展等着我们去见证。

3.5　土培条件下钒对生菜、烟草、紫花苜蓿生长的影响及植物钒积累、转移特征

由种子萌发试验可知，生菜种子发芽率整体对钒胁迫较烟草和紫花苜蓿种子敏感。对发芽后幼苗的生长而言，根长较株高对钒胁迫更为敏感。水培条件下生菜、烟草、紫花苜蓿整体长势较好。但三种植物钒胁迫响应特征各有所异。整体上，生菜在钒浓度≥0.5 mg·L^{-1} 时生长显著受抑制；烟草在≥2.0 mg·L^{-1} 其生长显著受抑制，紫花苜蓿在≥4.0 mg·L^{-1} 时其生长显著受抑制。即三种植物抗钒胁迫的能力大小为紫花苜蓿＞烟草＞生菜。外源加钒处理时三种植物不同组织钒浓度大小均为叶＜茎＜根，即三种植物吸收的钒主要贮存于根部。另外，水培条件下三种植物转移根部钒至其地上部的能力（TF）均随钒浓度的增加先降低后有所升高。整体上，生菜和紫花苜蓿地上部钒吸收量百分比随钒浓度的增加而降低，而根部钒吸收量百分比随钒浓度的增加而增加；烟草地上部钒吸收量百分比随钒浓度的增加先降低后增加，而根部钒吸收量百分比随钒浓度的增加先增加后降低。因此，为进一步探讨土培条件下生菜、烟草、紫花苜蓿钒胁迫响应特征及植株钒积累、转移情况，进行了土培试验。同时对于钒污染土壤情

形，通过人工模拟的含不同钒浓度的污染土壤和矿区采集的实际污染土进行，以更为准确地探究生菜、烟草、紫花苜蓿钒胁迫响应及钒积累、转移特征，从而明确三种植物修复钒污染土壤的潜能大小。

3.5.1　试验方法

采样点位于攀枝花市仁和区和东区（朱家包包矿区）。攀枝花市辖东区、西区、仁和区三区及米易、盐边两县（四川省攀枝花市志编纂委员会，1995）。仁和区位于攀枝花市南部，东接四川省会理县，西靠云南省华坪县，南依云南省永仁县，北邻攀枝花盐边县（仁和区志，2001）。仁和区境内平均海拔约为 1500 m，土地资源丰富且土壤宜种性广；土壤类型包括红壤土、燥红土、潮土、黄棕壤土、石灰岩土及紫色土等，其中红壤分布最广，红壤（2294754.6 亩）占总面积的 70.39%（仁和区志，2001）。仁和区属于亚热带半干旱气候，日照强（四川省日照最多的区域），蒸发量大（境内年均蒸发量为 2450～1390 mm），气温日变化大而年际变化小，四季不分明但旱雨季分明，形成小气候复杂多样及“立体”气候显著的特征（仁和区志，2001）。烟草也是仁和区主要的经济作物。朱家包包矿区位于攀枝花市东区。攀枝花市东区属攀-西大裂谷中段，其被金沙江分成江南和江北，属于以南亚热带为基带的垂直差异明显的立体气候，冬半年天气晴朗、干燥，夏半年雨量充沛（四川省攀枝花市东区志编纂委员会，2001）。气温日差大而年际温差小，年平均温度为 20.9℃，6 月～10 月为雨季，11 月～次年 5 月为旱季，雨季降雨量占总降雨量的 90%以上，日照充足，（太阳）辐射强、蒸发量大。土壤类型包括燥红土、赤红壤、红壤、黄棕壤、中性紫色土、水稻土，其中红壤是境内分布最广的自然土。境内矿产资源丰富，如钒钛磁铁矿、磁铁矿、赤铁矿等，朱家包包矿区是境内五大矿区（其余四个为兰家火山、公山、尖山、倒马坎）之一；攀枝花市东区以钢铁工业为主，铁、钛、钒金属已被开采利用且其成为攀枝花市的支柱产业。

供试土样采自四川省攀枝花市仁和区（清洁土样）和攀枝花市东区的朱家包包矿区（污染土样）。所采清洁和污染土样均属红壤，其基本理化性质如表 3.9 所示。清洁土采样量约为 200 kg；污染土样采集量约为 100 kg。采样过程如图 3.39 所示。将所采土样自然风干，人工研磨过筛（2 mm）后备用。

表 3.9　土壤基本理化性质

土壤分类	pH	有机质 /(g·kg^{-1})	阳离子交换量 /(cmol·kg^{-1})	全氮 /(g·kg^{-1})	全磷 /(g·kg^{-1})	全钾 /(g·kg^{-1})	可交换钾 /(mg·kg^{-1})	有效磷 /(mg·kg^{-1})	碱解氮 /(mg·kg^{-1})	土壤钒浓度 /(g·kg^{-1})
清洁土	8.21	4.29	17.39	0.34	0.53	16.26	13.63	14.2	8.58	96.28
污染土	7.33	5.85	30.87	0.21	0.22	2.67	3.52	0.93	7.20	385.56

图 3.39　供试土样采集照片

试验采用室内盆栽方式进行，室内温度为白天 28℃、晚上 18℃，光暗时长为光照（14±1）h/黑暗（10±1）h。每个聚乙烯（红色）塑料盆（上口内径 16 cm，高 13.5 cm）统一装自然风干并过筛 2 mm（10 目）土样 1.5 kg。基于前期研究采用的钒浓度梯度（75 $mg\cdot kg^{-1}$、150 $mg\cdot kg^{-1}$、300 $mg\cdot kg^{-1}$、600 $mg\cdot kg^{-1}$）（Liao and Yang，2020）的基础上增加了 900 $mg\cdot kg^{-1}$ 这一浓度梯度。即清洁土样外源添加 6 种不同浓度钒，0 $mg\cdot kg^{-1}$（对照，不添加）、75 $mg\cdot kg^{-1}$、150 $mg\cdot kg^{-1}$、300 $mg\cdot kg^{-1}$、600 $mg\cdot kg^{-1}$ 和 900 $mg\cdot kg^{-1}$，另外，所采矿区污染土样单独作为一钒浓度梯度，总计 7 种钒浓度梯度。每个浓度设有 3 个重复。按外源添加钒的浓度换算好所需 $NaVO_3\cdot 2H_2O$ 的量后配成约 50 mL 钒盐溶液，然后分数次加入每盆土样中并充分混匀。之后给每盆土样浇水至清洁土样田间持水量的 70%，并用塑料薄膜半封盖所有盆子后置于暗环境中陈化 70 天。土样陈化结束后将预先消毒杀菌处理的生菜、烟草和紫花苜蓿种子均匀播撒于每个盆中（每盆约 40 粒），待种子萌发后小苗长约 2 cm 时将生菜和紫花苜蓿每盆稀苗为 20 株，烟草每盆保留 4 株。试验期间每隔 3 天称重，补偿浇水至清洁土样田间持水量的 70%，浇水时随机变换每个盆子的位置以减小局部微环境对试验造成的误差。

按《土壤检测 第 2 部分：土壤 pH 的测定》（中华人民共和国农业部，2006）所述通过电极法测得污染和清洁土样 pH；土壤有机质按重铬酸钾容量法（外热法）测定（鲍士旦，2000）；土壤碱解氮按碱解扩散法测定（鲍士旦，2000）；土壤全氮按硫酸-催化剂消解法测定（鲍士旦，2000）；土壤有效磷按 $NaHCO_3$ 浸提法测定（土壤检测，2014）；土壤总磷按 NaOH 熔融-钼锑抗比色法测定（鲍士旦，2000）；土壤速效钾按火焰光度法测定（鲍士旦，2000）；土壤全钾按 NaOH 熔融-火焰光度法测定（鲍士旦，2000）；土壤阳离子交换量按盐酸-乙酸钙法测定（鲍士旦，2000）；田间持水量按漏斗饱和后 105℃烘干称重法测定（鲍士旦，2000）。钒浓度通过 ICP-MS（NexION 300x，美国 PerkinElmer）测定。溶液中钒检出限为 0.1 $\mu g\cdot L^{-1}$。土样钒浓度测定过程用国家标准物质（GBW 10021）进行质控，钒标准回收率为 96.2%～109.5%，样品加标回收率为 94.3%～114.6%。根际土壤中不同钒形态测定参考 Tessier 等（1979）的连续提取法获得。

钒日摄入量由式（3.1）估算（León-Cañedo et al.，2019）。

$$\mathrm{EDI}=\frac{C_{\mathrm{m}}\times \mathrm{DI}\times F}{\mathrm{BW}} \tag{3.1}$$

式中，C_m 为生菜可食组织中钒浓度（$mg\cdot kg^{-1}$，干重），这里将生菜地上部作为可食部分；DI 为平均每日蔬菜摄入量，基于中国西南地区人口暴露参数（中华人民共和国环境保护部，2013，2016）可知，儿童（6<9 岁）为 151.5 $g\cdot d^{-1}$，成人为 276.2 $g\cdot d^{-1}$；F 为生菜鲜重与干重转换的转换因子，为更准确地评估，使用在试验中实际分析获得的数据而非一些参考文献中所用一般蔬菜通用值；BW 为平均体重，儿童（6<9 岁）为 26.2 kg（中华人民共和国环境保护部，2016），成人为 58.3 kg（中华人民共和国环境保护部，2013）。

健康风险指数（HRI）由式（3.2）计算（León-Cañedo et al.，2019）。

$$\mathrm{HRI}=\frac{\mathrm{EDI}}{\mathrm{RfD}} \tag{3.2}$$

式中，RfD 为参考剂量。暴露参数的选择对健康风险评估尤为重要。考虑到钒污染在我国具有区域性特征（Yang et al.，2017a），因此，根据《中国人群暴露参数手册（成人卷）》（中华人民共和国环境保护部，2013）给出的西南地区的推荐值，选取了本研究中用于风险评估的重要参数。

样本基因组 DNA 经由美国产 MO BIO 试剂盒（MO BIO Laboratories，美国 Carlsbad）提取，DNA 纯度、浓度检测通过（琼脂糖）凝胶电泳及 Nanodrop（NanoDrop 2000，Thermo Scientific）完成。按稀释后所得基因组 DNA 为模板，为确保扩增的高效性和准确性，使用特异引物（含条形码）和特定酶（TaKaRa，大连）进行 PCR。细菌 16S V4～V5 区引物 515F（5′-GTGCCAGCMGCCGCGGTAA-3′）和 909R（5′-CCCCGYCAATTCMTTTRAGT-3′）。用 1%琼脂糖进行凝胶电泳检测 PCR 产物，并将目的条带通过回收试剂盒（DNA Gel Extraction Kit）对产物进行回收，同时产物浓度和质量通过 NanoDrop 测定。根据所回收的 PCR 产物浓度来等量混样。文库构建借助建库试剂盒（TruSeq® DNA PCR-Free 样品制备试剂盒）完成，并通过 Qubit 和 qPCR 对所建文库进行定量，最后使用测序平台（Illumina）对所建合格文库进行上机测序。

3.5.2　钒对植物株高和根长的影响

不同浓度钒处理下生菜、烟草、紫花苜蓿的生长情况分别如图 3.40、图 3.41 和图 3.42 所示。生菜、烟草、紫花苜蓿对钒胁迫的响应特征有所不同，生菜受外源钒的影响更为明显。外源钒添加量为 600 $mg \cdot kg^{-1}$ 和 900 $mg \cdot kg^{-1}$ 时植株全部死亡，而在外源钒添加量为 300 $mg \cdot kg^{-1}$ 时生菜长势极差，在试验结束时植株绝大部分死亡。但生菜在矿区污染土中的长势相对较好，其株高较对照略有降低但差异不显著（$p>0.05$），根长反而较对照略有增加（$p>0.05$）。烟草耐受钒胁迫的能力较生菜有所增强，在外源钒添加量为 300 $mg \cdot kg^{-1}$ 时未出现植株死亡。但当外源钒浓度为 600 $mg \cdot kg^{-1}$ 时烟草生长明显受到抑制，试验结束时部分植株已死亡，且未死亡的植株极为矮小。外源钒添加量为 300 $mg \cdot kg^{-1}$ 时烟草与其在矿区污染土壤中的长势接近，但外源 300 $mg \cdot kg^{-1}$ 钒处理时植株根长较矿区污染土处理显著减小。紫花苜蓿仅在最大浓度钒处理时绝大部分植株死亡。在外源钒浓

图 3.40　钒处理下生菜生长状况

度≥150 mg·kg^{-1} 时紫花苜蓿叶片出现黄化现象，但生长在矿区污染土壤时紫花苜蓿未出现叶片变黄现象。

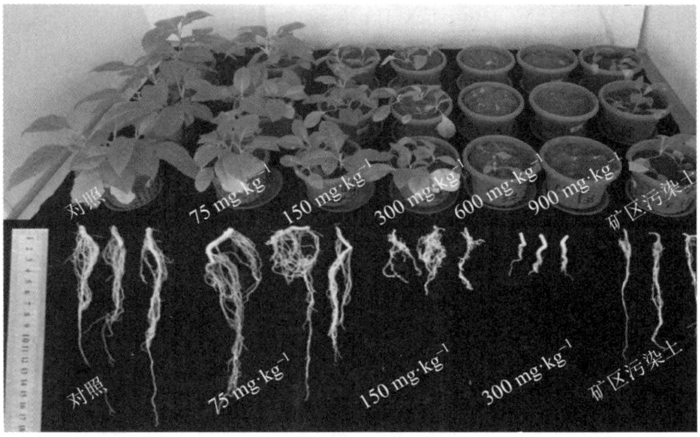

图 3.41　钒处理下烟草生长状况

图 3.42　钒处理下紫花苜蓿生长状况

各处理对生菜、烟草、紫花苜蓿株高和根长的影响分别如图 3.43、图 3.44 和图 3.45 所示。0 mg·kg^{-1}（对照）、75 mg·kg^{-1}、150 mg·kg^{-1} 钒处理及矿区污染土处理时生菜株高之间无显著差异（$p>0.05$），75 mg·kg^{-1} 钒处理的生菜和矿区污染土处理之间及对照和 150 mg·kg^{-1} 钒处理之间生菜根长无显著变化（$p>0.05$）。但 75 mg·kg^{-1} 钒处理时生菜根长较对照和 150 mg·kg^{-1} 钒处理分别显著（$p<0.5$）增加 29.5%和 45.1%。矿区污染土处理时生菜根系较对照和 150 mg·kg^{-1} 钒处理分别显著增加 25.6%和 48.8%。与对照相比，外源钒添加量为 75 mg·kg^{-1} 时烟草株高显著减小，但根长反而有所增加（2.9%）（$p>0.05$）。外源钒浓度≥150 mg·kg^{-1} 时烟草根长显著减小（$p<0.05$）。与对照相比，75 mg·kg^{-1}、150 mg·kg^{-1}、300 mg·kg^{-1} 钒处理和矿区污染土处理时株高分别显著（$p<0.05$）减小 30.3%、57.9%、68.9%和 68.9%；根长在 150 mg·kg^{-1} 和 300 mg·kg^{-1} 钒处理时分别显著（$p<0.05$）

减小 54.0%和 73.1%。可以看出外源钒添加量≥75 mg·kg^{-1}时明显抑制了烟草的生长，但烟草在外源钒添加量为 300 mg·kg^{-1}时仍能够存活。对紫花苜蓿而言，与对照相比，外源钒浓度为 75 mg·kg^{-1}时其株高、根长均无明显变化，但在 150 mg·kg^{-1}、300 mg·kg^{-1}和 600 mg·kg^{-1}钒处理时株高分别显著（$p<0.05$）降低 61.2%、73.5%和 88.6%，根长在相应钒浓度处理下分别显著（$p<0.05$）降低 77.6%、79.1%和 80.4%。150 mg·kg^{-1}、300 mg·kg^{-1}和 600 mg·kg^{-1}钒处理时紫花苜蓿根长之间无显著差异（$p>0.05$）。另外，生长于矿区污染土壤的紫花苜蓿根长较对照有所降低但无显著差异（$p>0.05$），而株高较对照显著（$p<0.05$）降低 70.7%。紫花苜蓿幼苗在 600 mg·kg^{-1}钒处理时基本都能存活下来，尽管植株的生长显著（$p<0.05$）受抑制。综述可知土培条件下三种植物耐受钒毒性的能力大小为紫花苜蓿＞烟草＞生菜。

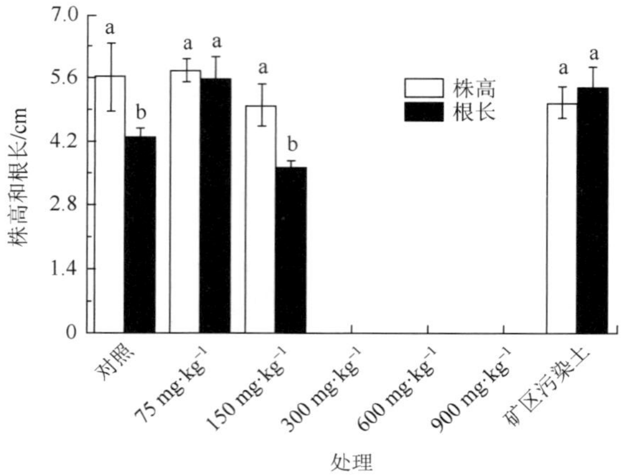

图 3.43　不同浓度钒对生菜株高和根长的影响

垂直误差棒表示每个处理 3 个重复的标准差，不同小写字母表示同一参数在不同浓度钒处理下具有显著性差异（$p<0.05$）

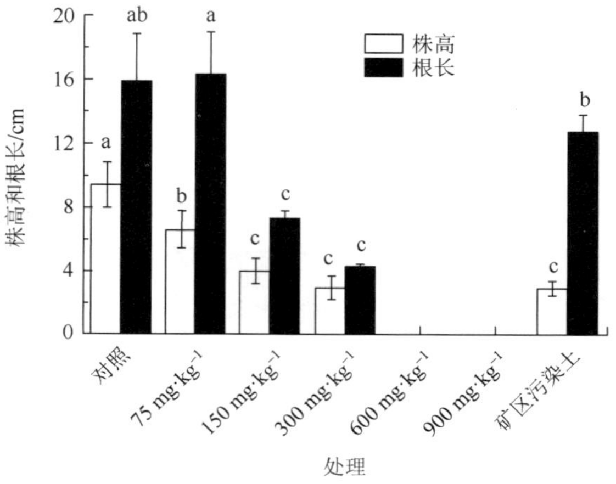

图 3.44　不同浓度钒对烟草株高和根长的影响

垂直误差棒表示每个处理 3 个重复的标准差，不同小写字母表示同一参数在不同浓度钒处理下具有显著性差异（$p<0.05$）

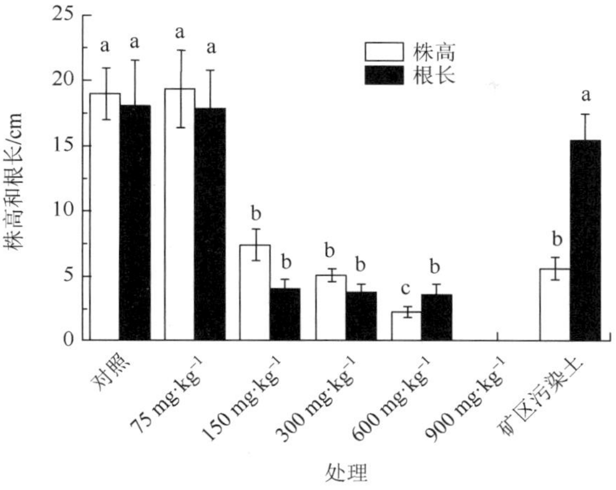

图 3.45　不同浓度钒对紫花苜蓿株高和根长的影响

垂直误差棒表示每个处理 3 个重复的标准差，不同小写字母表示同一参数在不同浓度钒处理下具有显著性差异（$p<0.05$）

植物吸收钒是钒从土壤进入生物的主要方式（Hou et al.，2019；Tian et al.，2015）。因此，植物也成为钒毒性效应的首要体现者。较高浓度外源钒（$>150\ mg·kg^{-1}$）添加显著（$p<0.05$）影响了生菜的生长（株高、根长、生物量），当外源钒浓度为 $300\ mg·kg^{-1}$ 时大部分生菜幼苗无法存活，而钒浓度≥$600\ mg·kg^{-1}$ 时幼苗在生长一段时间后很快全部死亡。但在矿区污染土处理组，生菜株高较对照无显著差异，根长反而显著长于对照处理（图 3.40、图 3.43）。烟草表现出较生菜更强的钒耐性，在外源钒浓度为 $600\ mg·kg^{-1}$ 时其长势与生菜在外源钒浓度为 $300\ mg·kg^{-1}$ 时接近。外源钒浓度为 $75\ mg·kg^{-1}$ 时烟草株高较对照显著降低，而根长较对照有所增加但差异不明显。邹宝方和何增耀（1992）研究发现土壤钒浓度为 $5\ mg·kg^{-1}$ 时秋大豆根长有所增加，但当钒浓度≥$150\ mg·kg^{-1}$ 时植株根长受抑制。矿区污染土处理时烟草长势与 $300\ mg·kg^{-1}$ 外源钒处理较接近（图 3.41）。紫花苜蓿耐钒性强于生菜和烟草（图 3.42），其在外源钒浓度为 $600\ mg·kg^{-1}$ 时基本都能存活下来。外源钒浓度为 $900\ mg·kg^{-1}$ 时幼苗生长显著受抑制，在试验结束时绝大部分死亡。紫花苜蓿在矿区污染土中的生长情况与其在外源钒浓度为 $300\ mg·kg^{-1}$ 时较接近（图 3.42）。

根系是植物接触毒性元素的首要器官，同时也成为植物贮存所吸收重金属的主要场所。因此，较高浓度（≥$150\ mg·kg^{-1}$）外源钒处理显著抑制了生菜、烟草、紫花苜蓿根系的生长（图 3.43、图 3.44、图 3.45）。钒毒性对根系的损伤将使植物吸收水分、养分的能力大大削弱。其最终影响了植物干物质的积累。已有较多的研究表明钒会抑制植物生物质生产（Liao and Yang，2020；Nawaz et al.，2018；Imtiaz et al.，2015b，2018）。前人研究发现钒会影响一些豆科植物（如大豆）结瘤固氮（邹宝方和何增耀，1993a），从而影响其生物质生产。汪金舫和刘铮（1999）发现，当潮土中钒浓度$>30\ mg·kg^{-1}$ 时大豆地上、地下生物量显著减少，而当红壤中钒浓度达 $75\ mg·kg^{-1}$ 时，植株生物量无显著变化。可见钒对植物生物量的影响也与土壤类型有关。另外，钒会影响土壤氮矿化，从而可能影响土壤中植物可利用的氮含量（Liang and Tabatabai，1977），最终也会影响植物生物质产量。与外源钒处理不同，生长于矿区污染土壤的植物其根系生长并未显著受抑制（生菜根长反而较对照显著增加），但整体上矿区污染土处理时植物根系较对照更为纤细，这可能主要与矿区污染土中钒的存在形态及土壤养分、水分匮乏有关。矿区污染土较贫瘠（表 3.9），同时在试验过程中供试土壤未施基肥，因此，养分胁迫也是制约植物生长的原因。植物根系的伸长有利于其从更深层土壤中汲取更多养分和水分。

3.5.3 植物钒积累、转运与分配

3.5.3.1 植物各组织钒浓度及钒转移系数

生菜、烟草、紫花苜蓿各组织钒浓度变化分别如图 3.46、图 3.47、图 3.48 所示。三种植物各组织钒浓度均随外源钒添加量的增加而增加。对照、75 $mg·kg^{-1}$、150 $mg·kg^{-1}$ 钒处理及矿区污染土处理时生菜叶片和根部钒浓度分别为 1.0 $mg·kg^{-1}$、2.8 $mg·kg^{-1}$、15.0 $mg·kg^{-1}$、1.6 $mg·kg^{-1}$ 和 7.9 $mg·kg^{-1}$、144.6 $mg·kg^{-1}$、441.9 $mg·kg^{-1}$、28.6 $mg·kg^{-1}$，生菜根部钒浓度分别为叶片钒浓度的 7.9、51.6、29.5 和 17.9 倍。根部钒浓度随外源钒浓度的增加而显著（$p<0.05$）升高（图 3.46）。矿区污染土处理时生菜叶片、根部钒浓度与对照相比无显著差异。而 75 $mg·kg^{-1}$、150 $mg·kg^{-1}$ 外源钒处理时生菜根部钒浓度均显著高于矿区污染土处理。此外，矿区污染土处理的生菜叶片钒浓度较 75 $mg·kg^{-1}$ 钒处理无显著差异，但其显著低于 150 $mg·kg^{-1}$ 外源钒处理。对照、75 $mg·kg^{-1}$、150 $mg·kg^{-1}$、300 $mg·kg^{-1}$ 钒处理和矿区污染土处理时烟草根部钒浓度分别为 5.5 $mg·kg^{-1}$、30.1 $mg·kg^{-1}$、110.9 $mg·kg^{-1}$、285.7 $mg·kg^{-1}$ 和 30.8 $mg·kg^{-1}$，其分别为茎部钒浓度（0.5 $mg·kg^{-1}$、1.2 $mg·kg^{-1}$、4.8 $mg·kg^{-1}$、27.4 $mg·kg^{-1}$ 和 3.0 $mg·kg^{-1}$）的 11.0、25.1、23.1、10.4 和 10.3 倍，叶片钒浓度（0.5 $mg·kg^{-1}$、0.9 $mg·kg^{-1}$、1.6 $mg·kg^{-1}$、6.1 $mg·kg^{-1}$ 和 1.3 $mg·kg^{-1}$）的 11.0、33.4、69.3、46.8 和 23.7 倍（图 3.47）。矿区污染土处理时烟草根、茎、叶钒浓度分别较对照及 75 $mg·kg^{-1}$ 外源钒处理均无显著差异。150 $mg·kg^{-1}$ 钒处理时，烟草根部钒浓度显著高于矿区污染土处理，但茎、叶钒浓度与矿区污染土处理接近。300 $mg·kg^{-1}$ 钒处理时烟草根、茎、叶钒浓度均显著高于矿区污染土处理。外源钒浓度为 0 $mg·kg^{-1}$、75 $mg·kg^{-1}$、150 $mg·kg^{-1}$、300 $mg·kg^{-1}$、600 $mg·kg^{-1}$ 及矿区污染土处理时紫花苜蓿根部钒浓度分别为 4.4 $mg·kg^{-1}$、40.4 $mg·kg^{-1}$、204.6 $mg·kg^{-1}$、809.7 $mg·kg^{-1}$、1266.7 $mg·kg^{-1}$ 和 16.2 $mg·kg^{-1}$，其分别为茎部钒浓度（2.4 $mg·kg^{-1}$、6.9 $mg·kg^{-1}$、15.5 $mg·kg^{-1}$、159.2 $mg·kg^{-1}$、396.5 $mg·kg^{-1}$ 和 9.9 $mg·kg^{-1}$）的 1.8、5.9、13.2、5.1、3.2 和 1.6 倍，叶片钒浓度（0.8 $mg·kg^{-1}$、1.7 $mg·kg^{-1}$、2.2 $mg·kg^{-1}$、18.6 $mg·kg^{-1}$、44.0 $mg·kg^{-1}$ 和 2.5 $mg·kg^{-1}$）的 5.5、23.8、93.0、43.5、28.8 和 6.5 倍。矿区污染土处理时紫花苜蓿根、茎、叶钒浓度较对照及 75 $mg·kg^{-1}$ 外源钒处理均无显著差异。而 150 $mg·kg^{-1}$ 钒处理时，紫花苜蓿根部钒浓度显著高于矿区污染土处理，但此时茎、叶钒浓度与矿区污染土处理相比无显著差异。300 $mg·kg^{-1}$、600 $mg·kg^{-1}$ 钒处理时植株根、茎、叶钒浓度均显著高于矿区污染土处理。

生菜各组织钒浓度大小为根系＞叶片。整体上，烟草和紫花苜蓿各组织钒浓度大小顺序为根＞茎＞叶，烟草叶片和茎部钒浓度较为接近（除 300 $mg·kg^{-1}$ 钒处理外）。由此可知，生菜、烟草、紫花苜蓿吸收的钒主要贮存于其根部。生菜在矿区污染土、对照及

外源钒浓度为 75 mg·kg^{-1} 时叶片钒浓度较为接近（图 3.46）。而烟草和紫花苜蓿在对照、外源钒浓度为 75 mg·kg^{-1}、150 mg·kg^{-1} 及矿区污染土壤处理时其叶片、茎部钒浓度较为接近（图 3.47、图 3.48）。外源钒浓度为 300 mg·kg^{-1} 时紫花苜蓿根、茎、叶钒浓度显著（$p<0.05$）高于 0 mg·kg^{-1}、75 mg·kg^{-1}、150 mg·kg^{-1} 外源钒添加及矿区污染土处理时对应组织的钒浓度。600 mg·kg^{-1} 钒处理时紫花苜蓿根、茎、叶钒浓度均显著（$p<0.05$）高于其他各处理对应组织钒浓度。另外，生菜、烟草和紫花苜蓿在矿区污染土生长时各组织钒浓度较低。

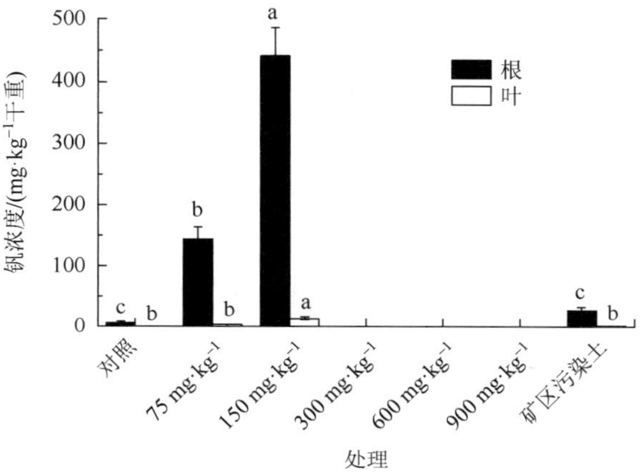

图 3.46　不同浓度钒对生菜各组织钒浓度的影响

垂直误差棒表示每个处理的 3 个重复值的标准偏差，不同小写字母表示同一指标在不同浓度钒处理时具有显著性差异（$p<0.05$）

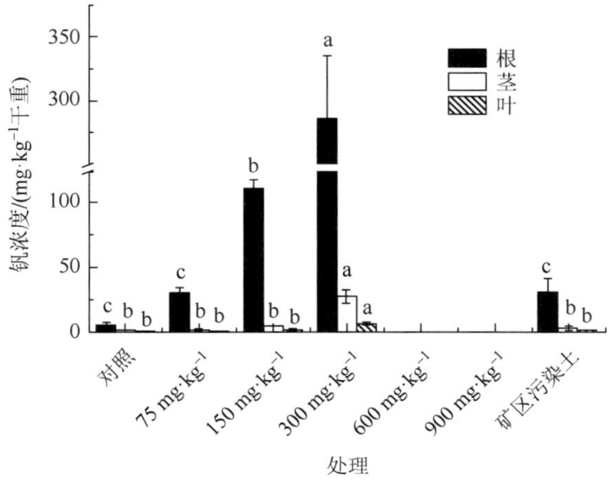

图 3.47　不同浓度钒对烟草各组织钒浓度的影响

垂直误差棒表示每个处理的 3 个重复值的标准偏差，不同小写字母表示同一指标在不同浓度钒处理时具有显著性差异（$p<0.05$）

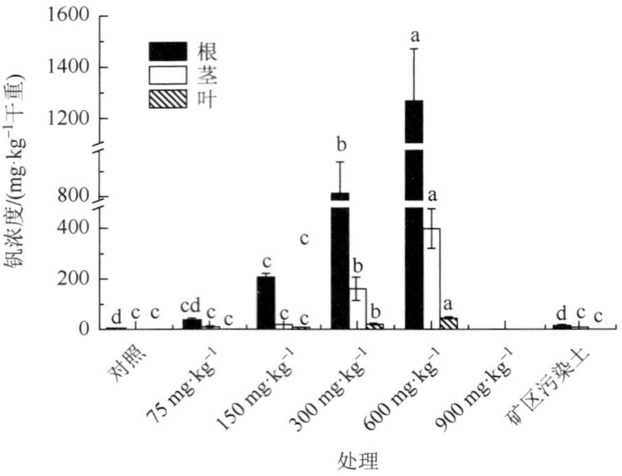

图 3.48　不同浓度钒对紫花苜蓿各组织钒浓度的影响

垂直误差棒表示每个处理的 3 个重复值的标准偏差，不同小写字母表示同一指标在不同浓度钒处理时具有显著性差异（$p<0.05$）

生菜、烟草和紫花苜蓿转移根部钒至地上部的能力（TF）均随外源钒浓度的增加先降低后有所升高（图 3.49、图 3.50、图 3.51）。生菜 TF 在 75 mg·kg^{-1} 钒处理时最低（TF = 0.02）（图 3.49），烟草和紫花苜蓿在外源钒添加量为 150 mg·kg^{-1} 时 TF 降至最低，其分别为 0.02（图 3.50）和 0.04（图 3.51）。整体而言，三种植物转移根部钒至地上部的能力较弱。矿区污染土处理时，生菜和烟草 TF 较对照显著（$p<0.05$）降低，而紫花苜蓿 TF 较对照有所降低但差异不显著（$p>0.05$）。对照、150 mg·kg^{-1} 钒处理和矿区污染土处理时生菜 TF 分别为 0.12、0.03 和 0.06。与对照相比，75 mg·kg^{-1}、150 mg·kg^{-1} 钒处理时生菜转移根系钒至地上部的能力分别显著（$p<0.05$）降低 83.8%和 73.0%。生菜在矿区污染土处理时钒转移能力较弱（TF = 0.06），但其高于外源钒处理。与对照相比，75 mg·kg^{-1}、150 mg·kg^{-1}、300 mg·kg^{-1} 钒处理及矿区污染土处理时烟草 TF 分别显著（$p<0.05$）降低 67.1%、80.8%、

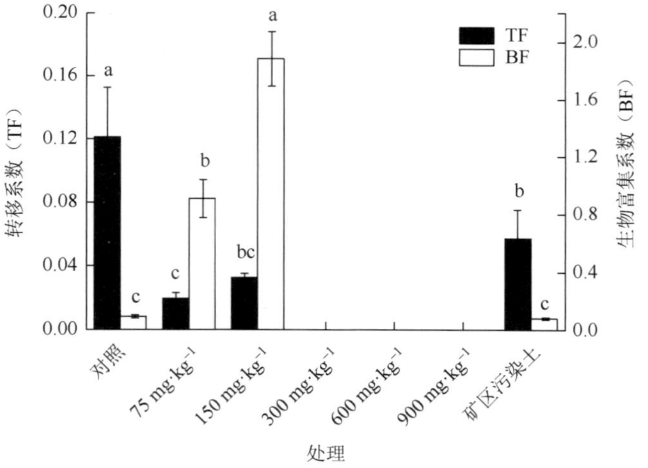

图 3.49　不同浓度钒对生菜转移系数（TF）和生物富集系数（BF）的影响

63.8%和 40.3%；矿区污染土处理时烟草转移根部钒至地上部的能力显著大于外源钒（75 mg·kg^{-1}、150 mg·kg^{-1} 和 300 mg·kg^{-1}）处理但显著小于对照（图 3.50）。水培、土培条件下烟草转移根部钒至地上部的能力接近且均较弱（除对照处理外）。可见，烟草更倾向于通过根系固定钒污染物而非将钒提取至其地上部。与对照相比，75 mg·kg^{-1}、150 mg·kg^{-1}、300 mg·kg^{-1} 和 600 mg·kg^{-1} 钒处理时紫花苜蓿 TF 分别显著（$p<0.05$）降低 68.8%、87.5%、75.0%和 62.5%。因此，紫花苜蓿在矿区污染土生长时其转移根部钒至地上部的能力 TF（0.29）明显强于烟草（0.06）和生菜（0.06）。综上可以看出虽然紫花苜蓿在外源钒处理时转移根部钒至地上部的能力整体强于烟草和生菜，但依旧较弱。在矿区污染土壤中，紫花苜蓿表现出相对较强的钒转移能力（0.29），且其 TF 远高于生菜（0.06）和烟草（0.06）。

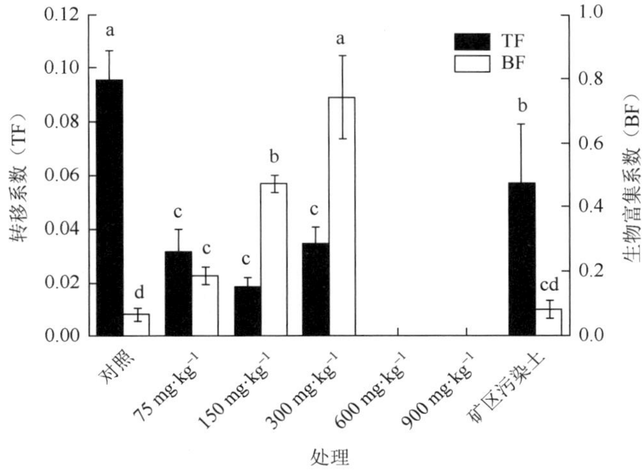

图 3.50 不同浓度钒对烟草转移系数（TF）和生物富集系数（BF）的影响

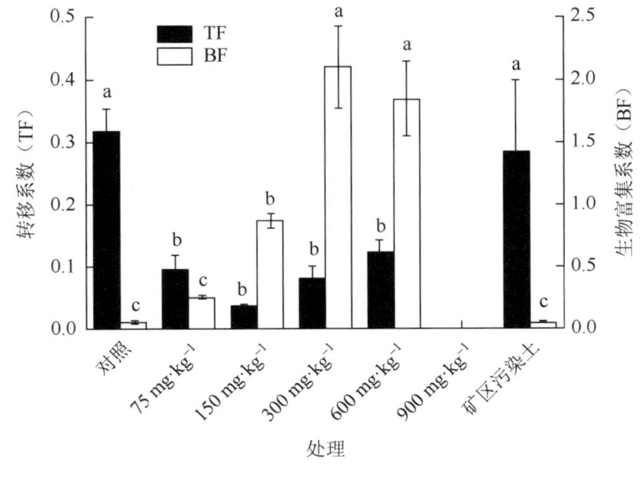

图 3.51 不同浓度钒对紫花苜蓿转移系数（TF）和生物富集系数（BF）的影响

生菜、烟草、紫花苜蓿在外源钒添加处理时生物富集钒的能力（BF）均较高，但在矿区污染土处理时三种植物的钒富集能力均较低且与各自的对照相比无显著（$p>0.05$）差异。对照、75 $mg·kg^{-1}$、150 $mg·kg^{-1}$ 钒处理及矿区污染土处理时生菜 BF 分别为 0.09、0.90、1.88、0.08。外源钒浓度为 75 $mg·kg^{-1}$、150 $mg·kg^{-1}$ 时生菜 BF 较对照分别显著增加 9.00 倍和 19.89 倍。对照、75 $mg·kg^{-1}$、150 $mg·kg^{-1}$、300 $mg·kg^{-1}$ 钒处理及矿区污染土处理时烟草 BF 分别为 0.06、0.19、0.47、0.74、0.08。外源钒浓度为 75 $mg·kg^{-1}$、150 $mg·kg^{-1}$、300 $mg·kg^{-1}$ 时烟草 BF 分别较对照显著（$p<0.05$）增加 2.17、6.83、11.33 倍。烟草在矿区污染土处理时 BF（0.08）较对照有所增加（$p>0.05$），但其均小于 75 $mg·kg^{-1}$、150 $mg·kg^{-1}$、300 $mg·kg^{-1}$ 外源钒处理。对照、75 $mg·kg^{-1}$、150 $mg·kg^{-1}$、300 $mg·kg^{-1}$、600 $mg·kg^{-1}$ 钒处理及矿区污染土处理时紫花苜蓿 BF 分别为 0.05、0.25、0.87、2.10、1.85、0.04。外源钒浓度为 150 $mg·kg^{-1}$、300 $mg·kg^{-1}$、600 $mg·kg^{-1}$ 时紫花苜蓿 BF 较对照分别显著（$p<0.05$）增加 15.9、39.8、34.9 倍。紫花苜蓿在矿区污染土处理时 BF 值小于其他各处理（图 3.51）。

由此可见，矿区污染土处理时三种植物的钒转移能力（TF）均小于对照但大于所有外源钒处理；而三种植物的钒生物富集能力（BF）在矿区污染土处理时接近其对照但均小于外源钒处理。即在矿区污染土种植三种植物均有利于土壤钒污染物向植株地上部转移，而外源钒处理时三种植物主要将钒污染物富集在根部，但并不能有效转移至植物地上部。

3.5.3.2　植物各组织钒吸收量

生菜根部、叶片及整株钒吸收量均随外源钒浓度的增加而显著增加（图 3.52）。矿区污染土处理时生菜根、叶片及整株钒吸收总量与对照相比无明显变化（$p>0.05$），但其显著小于外源钒为 75 $mg·kg^{-1}$、150 $mg·kg^{-1}$ 时植株对应组织的钒吸收量。150 $mg·kg^{-1}$ 钒处理时生菜根、叶片及钒吸收总量达到最大，其分别为对照处理时的 39.6、9.3 和 24.5 倍；为 75 $mg·kg^{-1}$ 外源钒处理时的 2.7、2.8 和 2.7 倍；为矿区污染土处理组的 12.6、14.0 和 13.1 倍。

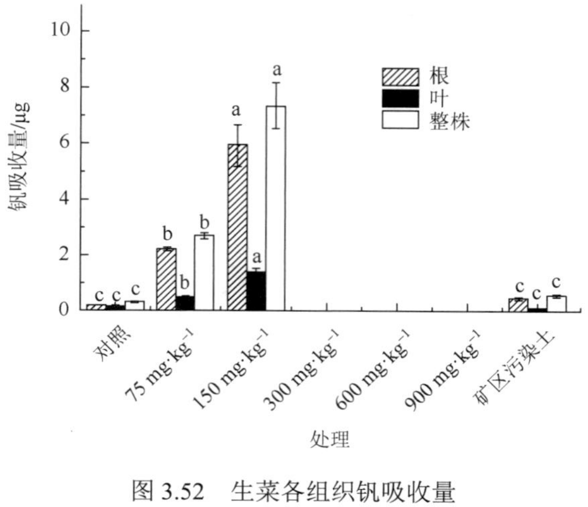

图 3.52　生菜各组织钒吸收量

烟草根、茎及整株钒吸收量均随外源钒浓度的增加而增加（图 3.53）。除叶片钒吸收量外，矿区污染土处理时烟草根、茎、地上部及整株钒吸收量较对照处理无明显变化（$p>0.05$）。矿区污染土处理时叶片钒吸收量（0.15 μg）显著小于对照（0.89 μg）。外源钒浓度为 75 mg·kg^{-1}、150 mg·kg^{-1} 和 300 mg·kg^{-1} 时植株根、茎、叶、地上部、整株钒吸收量均高于矿区污染土处理时相应组织钒吸收量。300 mg·kg^{-1} 外源钒处理时烟草根、茎、叶、地上部及整株钒吸收量达到最大。外源钒浓度为 0 mg·kg^{-1}、75 mg·kg^{-1}、150 mg·kg^{-1}、300 mg·kg^{-1} 及矿区污染土处理时植株根部钒吸收量分别为茎部钒吸收量的 5.7、27.7、23.6、11.8 及 15.3 倍，为叶片钒吸收量的 1.1、6.5、11.3、10.9 及 8.1 倍，为地上部钒吸收量的 0.9、5.3、7.6、5.7 及 5.3 倍。与相同浓度钒处理时烟草根部钒浓度最大相对应（图 3.47），相同钒浓度处理时烟草根部吸收的钒含量也最大。

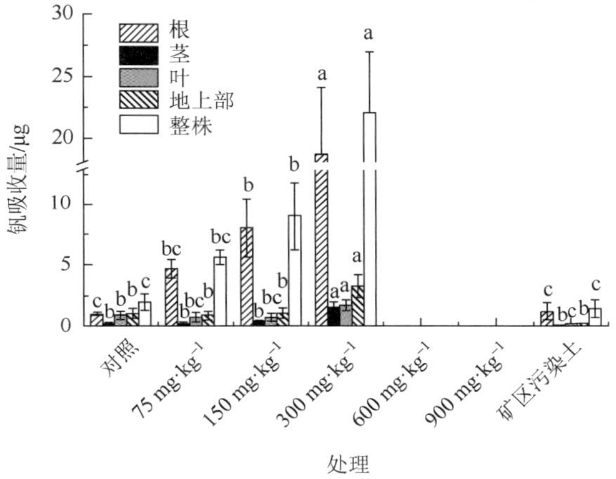

图 3.53　烟草各组织钒吸收量

紫花苜蓿根部和整株钒吸收量随外源钒浓度的增加先增加后减小，在外源钒浓度为 300 mg·kg^{-1} 时达到最大（图 3.54）。与对照相比，矿区污染土处理时植物各组织（除叶片外）钒吸收量无明显变化。外源钒浓度为 0 mg·kg^{-1}、75 mg·kg^{-1}、150 mg·kg^{-1}、300 mg·kg^{-1}、600 mg·kg^{-1} 及矿区污染土处理时紫花苜蓿根部钒吸收量分别为茎部钒吸收量的 1.02、3.51、11.99、6.66、6.36 及 6.12 倍，为叶片钒吸收量的 2.14、10.03、55.21、27.15、25.52 及 11.36 倍。外源钒浓度为 75 mg·kg^{-1} 时植株地上部钒吸收量显著（$p<0.05$）高于 150 mg·kg^{-1} 处理。矿区污染土处理时紫花苜蓿根、茎、叶、地上部、整株钒吸收量均小于外源钒处理时植株相应组织钒吸收量。另外，矿区污染土处理时，三种植物各组织钒吸收量接近对照处理，但小于外源钒处理时植物相应组织钒吸收量。

3.5.3.3　植物各组织钒吸收量百分比变化

对照处理时生菜根部钒吸收量所占比例显著（$p<0.05$）低于外源钒浓度为 75 mg·kg^{-1}、150 mg·kg^{-1} 及矿区污染土处理时的比例（图 3.55）；与之相反，植株叶片钒吸收量占整株

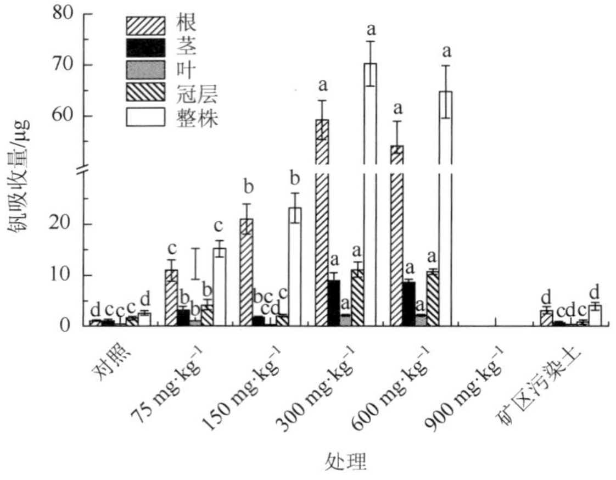

图 3.54　紫花苜蓿各组织钒吸收量

钒吸收量的比例在 75 mg·kg^{-1}、150 mg·kg^{-1} 钒处理及矿区污染土处理时显著（$p<0.05$）低于对照处理。对照处理时生菜根部（49.3%）和叶片（50.7%）钒吸收量所占比例接近。外源钒浓度为 75 mg·kg^{-1}、150 mg·kg^{-1} 及矿区污染土处理时生菜根部（叶片）积累钒的比例基本接近，即根部吸收钒所占比例分别为 82.3%、80.9%和 82.7%；叶片吸收钒所占比例分别为 17.7%、19.1%和 17.3%。

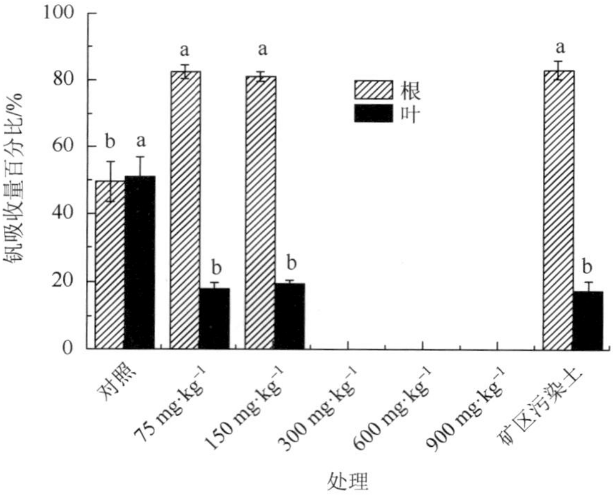

图 3.55　生菜各组织钒吸收量占整株总吸收量百分比

垂直误差棒表示每个处理 3 个重复的标准差，不同小写字母表示同一参数在不同浓度钒处理下具有显著性差异（$p<0.05$）

烟草根系钒吸收量所占比例在外源添加高浓度钒（除 600 mg·kg^{-1}、900 mg·kg^{-1}）及矿区污染土处理时均显著（$p<0.05$）高于对照（图 3.56）。与对照相比，外源钒浓度为 75 mg·kg^{-1}、150 mg·kg^{-1}、300 mg·kg^{-1} 及矿区污染土处理时植株根部钒吸收量所占比例分别显著（$p<0.05$）增加 73.3%、83.1%、73.6%及 64.9%。茎、叶片及地上部钒吸收量

所占比例随外源钒浓度的增加先降低后有所增加，在外源钒浓度为 75 mg·kg^{-1} 时茎部钒吸收量占比降至最低（2.9%）；而外源钒浓度为 150 mg·kg^{-1} 时叶片（7.5%）和地上部（11.3%）钒吸收量所占比例降至最低。矿区污染土处理时叶片钒吸收量所占比例较不同浓度（75 mg·kg^{-1}、150 mg·kg^{-1}、300 mg·kg^{-1}）外源钒处理有所升高但差异不显著（$p>0.05$）。矿区污染土处理时烟草茎部钒吸收量所占比例与其他各处理相比无显著差异（$p>0.05$）。矿区污染土处理时烟草根、茎、叶、地上部钒吸收量百分比分别为 79.8%、5.6%、14.5%、20.2%，其根部钒吸收量百分比显著高于对照（48.4%），茎部钒吸收量百分比与对照（7.8%）接近，而叶片、地上部钒吸收量百分比（分别为 43.7%和 51.6%）显著低于对照。外源钒浓度为 75 mg·kg^{-1}、150 mg·kg^{-1}、300 mg·kg^{-1} 时，烟草根、茎、叶、地上部钒吸收量百分比较矿区污染土处理无显著差异。

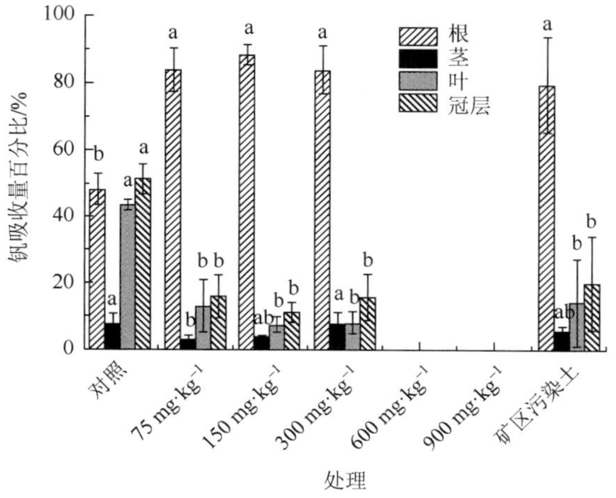

图 3.56　烟草各组织钒吸收量占整株总吸收量百分比

垂直误差棒表示每个处理 3 个重复的标准差，不同小写字母表示同一参数在不同浓度钒处理下具有显著性差异（$p<0.05$）

紫花苜蓿根部钒吸收量所占比例随外源钒浓度的增加先显著（$p<0.05$）增加后略有（$p>0.05$）降低（图 3.57），在 150 mg·kg^{-1} 钒处理时根部吸收钒所占比例达到最大（90.7%）。地上部、茎及叶片钒吸收量所占比例与根部钒吸收量所占比例变化趋势相反，均随外源钒浓度的增加先显著（$p<0.05$）降低后有所升高，且均在 150 mg·kg^{-1} 钒处理时降至最低（分别为 9.3%、7.6%和 1.7%）。外源钒浓度为 150 mg·kg^{-1}、300 mg·kg^{-1}、600 mg·kg^{-1} 时植株相同组织（地上部、根、茎、叶）钒吸收量所占比例之间无显著差异（$p>0.05$）。矿区污染土处理时紫花苜蓿根、茎、叶、地上部钒吸收量百分比分别为 80.0%、12.9%、7.1%、20.0%，其根部钒吸收量百分比显著高于对照（41.2%），而茎、叶、地上部钒吸收量百分比显著低于对照（分别为 39.5%、19.2%、58.8%）；外源钒浓度为 75 mg·kg^{-1} 时，紫花苜蓿根、茎、叶、地上部钒吸收量百分比较矿区污染土处理无显著差异；外源钒浓度为 150 mg·kg^{-1} 时，根、茎、叶、地上部钒吸收量百分比分别为 90.7%、7.6%、1.7%、9.3%，其根部钒吸收量百分比显著高于矿区污染土处理，但叶、地上部钒吸收量百分比显著低于矿区污染土处理，而茎部钒吸收量百分比较矿区污染土处理有所升高但差异不显著。整体而言，三种植物在矿区污染土生长时根部钒吸收比例均显著高于对照，但叶、茎、地上部钒吸收量百分比大多显著低于对照；另外，矿区污染土与外源钒处理相比，植株根、茎、叶、地上部钒吸收量百分比大多无显著差异。

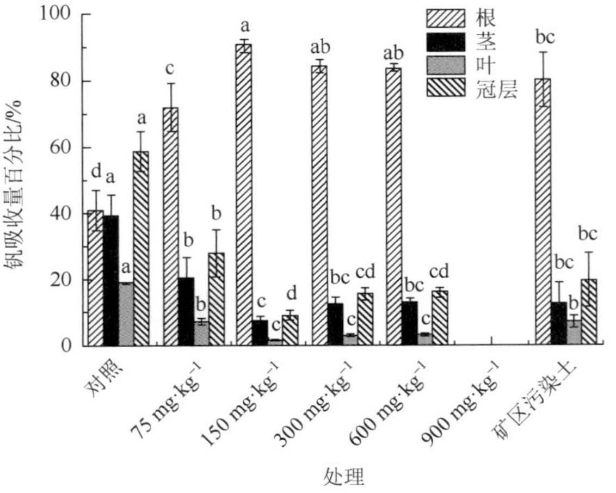

图 3.57　紫花苜蓿各组织钒吸收量占整株总吸收量百分比

垂直误差棒表示每个处理 3 个重复的标准差，不同小写字母表示同一参数在不同浓度钒处理下具有显著性差异（$p<0.05$）

生菜、烟草、紫花苜蓿各组织钒浓度均随外源钒浓度的增加而增加。根系是生菜、烟草、紫花苜蓿贮存所提取土壤钒的主要部位，这与前人的研究结果一致（Nawaz et al.，2018；Yang et al.，2017b；Saco et al.，2013）。生菜各组织钒浓度大小为根＞叶，烟草和紫花苜蓿各组织钒浓度大小为根＞茎＞叶。而在水培试验中发现生菜、烟草、紫花苜蓿各组织钒浓度大小顺序同样为根＞茎＞叶，类似的植物各组织钒浓度为根＞茎＞叶的结果也有报道（Nawaz et al.，2018；Tian et al.，2015）。另有研究发现植物各组织钒浓度大小为根＞叶＞茎（Hou et al.，2013；Qian et al.，2014）。钒在植物各组织积累浓度大小可能与多种因子有关，如物种特异性、环境条件及植物在钒暴露环境基质中的生长时长等。整体上，矿区污染土处理时生菜、烟草、紫花苜蓿各组织积累的钒浓度较低（图 3.46、图 3.47、图 3.48）。这可能与矿区污染土中残渣态钒的极高占比有关，地球成因所得钒较外源添加钒难溶，因而植物能够吸收利用的钒较少。前人研究也表明土壤中钒主要存在于残渣态中，部分土壤中残渣态钒含量占总钒含量的比例更高（≥90%）（Yang et al.，2011）。另外，在土壤矿物中钒主要以 VO^{2+}形式存在于矿物晶格中而难以释放，植物则易吸收土壤溶液中的钒（主要以 VO_3^- 形式存在）（杨洁等，2020；杨金燕等，2010a）。连续提取和土柱浸出试验表明，通常土壤中可提取和可浸出钒占土壤总钒的比例小于 1%（Tian et al.，2015）。由于水培条件与土培条件的介质不同，二者浓度梯度之间无直接相互转化关系。可间接通过生物有效态钒所占的比例进行估算，但当前我国还没有土壤生物有效态钒提取的标准方法，因此未对土培和水培钒浓度关系进行详细换算。

生菜、烟草、紫花苜蓿在对照处理时其转移根系钒至地上部的能力（TF）均高于外源钒处理，且 TF 随外源钒浓度的增加先降低后有所升高（图 3.49、图 3.50、图 3.51）。可以看出根系钒转移能力的降低是生菜、烟草、紫花苜蓿对钒毒性的一种反馈调节机制，以缓解钒对其地上部的伤害。但随外源钒浓度的增加，三种植物的这种自我反馈调节能力受到了影响，故植株转移根部钒至地上部的能力进一步增强，这虽然在一定程度上可缓解因根部过多钒积累而产生的毒性效应，但其以影响植株地上部生长为代价。整体上，植物各组织钒吸收量随外源钒浓度的增加而增加（图 3.52、图 3.53、图 3.54）。因此，在植物能存活的最大外源浓度时生菜和烟草的各组织钒吸收量也达到最大。而紫花苜蓿各组织钒吸收在其能存活的最大外源钒浓度（600 $mg \cdot kg^{-1}$）时有所降低。这主要是因为高浓度钒（600 $mg \cdot kg^{-1}$）胁迫对紫花苜蓿生长（干物质积累）的抑制作用更强，同时 600 $mg \cdot kg^{-1}$ 较 300 $mg \cdot kg^{-1}$ 处理对紫花苜蓿干物质积累抑制的幅度大于 600 $mg \cdot kg^{-1}$ 较 300 $mg \cdot kg^{-1}$ 处理时植物钒积累幅度（数据未列出）。生菜、烟草、紫花苜蓿根吸收钒所占百分比随外源钒浓度的增加先增加后基本保持稳定（图 3.55、图 3.56、图 3.57）。而矿区污染土处理时三种植物根系钒吸收量百分比与外源钒处理接近，这一变化趋势与水培紫花苜蓿的根系钒吸收量百分比变化趋势一致，但其与水培生菜和烟草相比，略有不同。这可能与植物自身特异性有关。

对于矿区污染土处理而言，生菜、烟草和紫花苜蓿根、茎、叶钒浓度及吸收量整体较对照处理无显著差异（图 3.46、图 3.47、图 3.48、图 3.52、图 3.53、图 3.54）；对照组生菜根部钒浓度显著小于外源钒处理组，而对照组叶片钒浓度与 75 $mg \cdot kg^{-1}$ 钒处理相比无明显差异，但显著小于 150 $mg \cdot kg^{-1}$ 钒处理。烟草和紫花苜蓿在矿区污染土处理时根、茎、叶钒浓度较 75 $mg \cdot kg^{-1}$ 外源处理无显著差异，但二者根部钒浓度显著小于外源钒浓度≥150 $mg \cdot kg^{-1}$ 的处理（图 3.47、图 3.48）。烟草叶片、茎钒浓度仅显著小于外源钒为 300 $mg \cdot kg^{-1}$ 时的处理（图 3.47）；而紫花苜蓿叶片、茎钒浓度仅显著小于外源钒≥300 $mg \cdot kg^{-1}$ 的处理（图 3.48）。烟草贮存钒至其根部的能力最强，其次是生菜，紫花苜蓿最弱，特别是对矿区污染土处理而言这一规律更为明显。三种植物根系贮存所吸收钒的能力大小与紫花苜蓿＞生菜＞烟草的钒转移能力相反。矿区污染土处理时，生菜根、叶片及整株钒吸收量均显著小于外源钒处理时对应吸收量（图 3.52）；烟草茎、叶、地上部钒吸收量仅显著小于外源钒为 300 $mg \cdot kg^{-1}$ 时的处理，而根部和整株钒吸收量显著小于外源钒≥150 $mg \cdot kg^{-1}$ 时的处理（图 3.53）；紫花苜蓿茎、叶、地上部钒吸收量显著小于外源钒≥300 $mg \cdot kg^{-1}$ 时的处理，而根部和整株钒吸收量显著小于外源钒≥75 $mg \cdot kg^{-1}$ 的处理（图 3.54）。由三种植物在矿区污染土壤中各组织吸收钒含量与外源钒处理时吸收钒含量的显著性变化关系可以进一步看出，矿区污染土壤中钒的存在形态（残渣态）是影响植物进一步吸收土壤中钒的主要原因，高浓度外源钒处理时植物组织钒吸收量的增加以影响植物生长为代价。

生菜、烟草、紫花苜蓿在矿区污染土处理时其 TF 均小于对照处理但高于外源钒处理，同时三种植物的 BF 较各自对照无显著差异，但均小于外源钒处理（图 3.49、图 3.50、图 3.51），这与矿区污染土中残渣态钒占绝大多数相一致，因此，植物能够直接吸收并进一步转移至地上部的游离钒数量极其有限，这不仅使得植物富集矿区污染土中的钒能力

（BF）较弱，而且也进一步影响了植物根系将钒转移至地上部的能力（TF）。矿区污染土处理时，生菜、烟草、紫花苜蓿根部钒吸收量百分比相较外源钒处理（除紫花苜蓿在 150 $mg·kg^{-1}$ 处理外）无显著差异，但均显著高于对照处理（图 3.55、图 3.56、图 3.57）。而矿区污染土处理时生菜、烟草、紫花苜蓿各组织的钒浓度较对照无显著变化，可见植物在矿区养分亏缺的情况并不像对照处理那样直接将根部积累的土壤钒直接转移至其地上部，而是将积累的钒较多地贮存于根部，这也成为植物在矿物环境中生长的耐性机制，而在试验过程中也发现虽然矿区污染土壤中生长的植物比较矮小，但是并没有出现严重的黄化、坏死等特征。生菜叶片钒吸收量百分比相较外源钒（75 $mg·kg^{-1}$、150 $mg·kg^{-1}$）处理无明显差异，但显著小于对照处理（图 3.55）。由于外源添加钒后土壤中的生物有效钒含量会增加，因此，植物吸收的钒将会增加，但是为减小钒对生菜地上部的毒害作用，植物依旧将吸收的大部分钒贮存在其根部。矿区污染土处理时烟草茎部钒吸收量百分比相较其他处理无显著差异，同时植株叶片、地上部钒吸收量比例较外源钒处理无显著变化，但其均显著小于对照处理（图 3.56）。烟草主要将钒贮存在其根部，而且其贮存钒在根部的能力比生菜和紫花苜蓿更强，这也体现在水培试验中。烟草自身对钒向其地上部转移的控制也成为其主要的钒耐性机制，烟草这一特性使得其具有在钒污染地区进行植被恢复的较好潜力。矿区污染土处理时紫花苜蓿茎、叶片、地上部钒吸收量百分比显著小于对照。另外，植株茎、叶、地上部钒吸收量百分比相较 75 $mg·kg^{-1}$ 外源钒处理无显著差异（图 3.57），这说明即便对于养分亏缺的矿区污染土，紫花苜蓿仍具有一定的将其根部积累钒进一步转移至其地上部的能力，这可能是由于紫花苜蓿是豆科植物，其具有一定固氮能力，从而可以缓解矿区污染土壤中养分胁迫对植物生长产生的影响；另外可能是由于紫花苜蓿自身较强的钒耐性。矿区污染土处理时植株根部钒吸收量百分比显著小于 150 $mg·kg^{-1}$ 钒处理，但叶片、地上部钒吸收量百分比显著高于 150 $mg·kg^{-1}$ 钒处理，而二者茎部钒吸收量百分比无显著差异。外源钒浓度为 300 $mg·kg^{-1}$、600 $mg·kg^{-1}$ 时植株茎、地上部钒吸收量百分比与矿区污染土处理相比无显著差异，但叶片钒吸收量百分比均显著小于矿区污染土处理（图 3.57）。

Aihemaiti 等（2017）在钒富集植物狗尾草（*Setaria viridis* L. Beauv）的研究中发现，狗尾草地上部能够积累较高浓度的钒（＞1000 $mg·kg^{-1}$），同时植物的钒转移系数（TF）和生物富集系数（BF）均大于 1。而 Saco 等（2013）在水培试验中发现菜豆（*Phaseolus vulgaris* L.）叶片中钒浓度较低，160 $\mu mol·L^{-1}$（8.2 $mg·L^{-1}$）钒处理时菜豆叶片钒浓度为 8.2 $mg·kg^{-1}$，而此时植株根部钒浓度较高（532.0 $mg·kg^{-1}$），最大外源钒浓度 320 $\mu mol·L^{-1}$（16.3 $mg·L^{-1}$）处理时菜豆叶片和根部钒浓度分别为 30.0 $mg·kg^{-1}$ 和 1544.0 $mg·kg^{-1}$。菜豆在对照、160 $\mu mol·L^{-1}$、240 $\mu mol·L^{-1}$、320 $\mu mol·L^{-1}$、400 $\mu mol·L^{-1}$ 时植物的钒转移系数（$TF = C_{root}/C_{leaf}$）分别为 0.08、0.02、0.01、0.02（Saco et al.，2013）。因此，菜豆主要通过其根系固定钒污染物，而非从生长介质中移除钒污染物。在水培烟草试验中发现钒处理后植株的 TF 较小，0.1 $mg·L^{-1}$、0.5 $mg·L^{-1}$、2.0 $mg·L^{-1}$ 和 4.0 $mg·L^{-1}$ 钒处理后烟草 TF 分别为 0.06、0.03、0.06、0.11。Wang 等（2018）对蜈蚣草修复钒污染土壤潜力进行了探究，对于生长在矿区污染土的蜈蚣草而言，植物转移根系钒至其地上部的能力较弱（$TF = C_{root}/C_{shoot} = 0.10$）。在本试验中，矿区污染土中生长的生菜（0.06）和烟草（0.06）其钒转

移系数也较低，但紫花苜蓿钒转移系数（0.29）较高，尽管紫花苜蓿钒转移系数<1。对生长于钒冶炼区的蜈蚣草而言，植物的钒转移能力同样较低（$TF = C_{root}/C_{shoot} = 0.11$）（Wang et al., 2018）。Ameh 等（2019）在对玉米的研究中发现植株具有高的钒转移（$TF_{average} = C_{shoot}/C_{root} = 1.16$）和富集能力（$BF_{average} = C_{root}/C_{soil} = 1.17$）。方维萱等（2005）发现钒富集植物主要为薇菜、紫阳春茶、紫阳毛尖茶、油菜籽、大叶绞股蓝，其体内的钒浓度分别为 28 mg·kg^{-1}、21 mg·kg^{-1}、21 mg·kg^{-1}、17 mg·kg^{-1}、13 mg·kg^{-1}、18 mg·kg^{-1}（干重基）。本试验中生长在矿区污染土的紫花苜蓿茎部和叶片钒浓度也相对较高，分别为 9.9 mg·kg^{-1} 和 2.5 mg·kg^{-1}（干重基），高于矿区污染土壤中烟草的茎（3.0 mg·kg^{-1}）、叶（1.3 mg·kg^{-1}）钒浓度和生菜的叶片钒浓度（1.6 mg·kg^{-1}）。因此，经与其他钒的超富集或者积累植物相比，综合从植物地上部组织的钒浓度大小及植物富集（BF）和转移（TF）钒的能力可知，虽然紫花苜蓿不具有像钒超富集植物狗尾草一样高的钒转移能力（TF>1），但其也具有一定的（TF = 0.29）去除土壤钒污染物的潜能；烟草具有一定的通过根系固定钒污染物的能力，但其钒转移能力较低；生菜的钒富集和转移能力介于紫花苜蓿和烟草之间，但由于生菜耐钒毒性能力弱，生长较差，其具有的修复钒污染土壤的潜能最小。

考虑到修复用生菜、烟草和紫花苜蓿的潜在（人体、动物）健康风险，收获所得富集钒的生菜不可食用或者投喂动物，紫花苜蓿不可用作牧草产品；另外，收获的烟草不可用于香烟等产品的生产。修复后的植物可用于制造实木或复合木制品及景观管理。另外，为在净化土壤钒污染物的同时获得一定的经济效益，修复后收获的修复植物可集中发酵生产生物乙醇和沼气等，从而达到环境修复和经济效益兼得的友好修复方式。

3.5.4　钒对植物干物质积累的影响

与对照相比，生菜根、叶片及总干重在外源钒浓度为 75 mg·kg^{-1} 时无显著差异（p>0.05）（表 3.10），但外源钒浓度为 150 mg·kg^{-1} 时，根、叶及总干重分别显著（p<0.05）降低 26.3%、40.7%和 39.8%。矿区污染土处理时根干重较对照有所减少，但差异不显著（p>0.05），而叶片及总干重较对照分别显著（p<0.05）降低 62.9%和 57.5%。

表 3.10　钒处理对生菜、烟草、紫花苜蓿各组织干重的影响

植物	处理	干重/g				
		根	茎	叶	地上部	整株
生菜	对照	0.019±0.003a		0.167±0.029a		0.186±0.032a
	外加 75 mg·kg^{-1}	0.016±0.002ab		0.174±0.039a		0.189±0.040a
	外加 150 mg·kg^{-1}	0.014±0.003b		0.099±0.021b		0.112±0.024b
	外加 300 mg·kg^{-1}	—		—		—
	外加 600 mg·kg^{-1}	—		—		—
	外加 900 mg·kg^{-1}	—		—		—
	矿区污染土	0.016±0.001ab		0.062±0.009b		0.079±0.009b

续表

植物	处理	干重/g				
		根	茎	叶	地上部	整株
烟草	对照	0.18±0.02a	0.33±0.06a	1.67±0.27a	2.00±0.32a	2.18±0.33a
	75 mg·kg^{-1}	0.16±0.03a	0.15±0.05b	0.80±0.19b	0.95±0.24b	1.11±0.25b
	150 mg·kg^{-1}	0.07±0.02b	0.07±0.02c	0.42±0.09c	0.50±0.11c	0.57±0.13c
	300 mg·kg^{-1}	0.06±0.01b	0.06±0.01c	0.28±0.08cd	0.34±0.09c	0.40±0.08cd
	600 mg·kg^{-1}	—	—	—	—	—
	900 mg·kg^{-1}	—	—	—	—	—
	矿区污染土	0.07±0.02b	0.03±0.01c	0.12±0.02 d	0.14±0.02c	0.19±0.02 d
紫花苜蓿	对照	0.255±0.056a	0.457±0.052a	0.677±0.048a	1.134±0.099a	1.389±0.154a
	外加 75 mg·kg^{-1}	0.272±0.060a	0.455±0.017a	0.632±0.086a	1.087±0.077a	1.359±0.018a
	外加 150 mg·kg^{-1}	0.103±0.019b	0.114±0.021b	0.172±0.012b	0.285±0.033b	0.388±0.047b
	外加 300 mg·kg^{-1}	0.074±0.007b	0.057±0.007c	0.118±0.012bc	0.175±0.019c	0.249±0.020c
	外加 600 mg·kg^{-1}	0.043±0.004b	0.022±0.003c	0.048±0.002c	0.070±0.001 d	0.113±0.004 d
	外加 900 mg·kg^{-1}	—	—	—	—	—
	矿区污染土	0.200±0.049a	0.055±0.009c	0.116±0.009bc	0.171±0.015c	0.370±0.063bc

注：同列不同小写字母表示不同浓度钒处理下相同组织的干重具有显著性差异（p<0.05）；“—”表示植株死亡或者剩余植物生物量太小而不纳入计算。

烟草各组织干重均随外源钒浓度的增加而降低。与对照相比，外源钒浓度为 75 mg·kg^{-1} 时，除根干重无显著（p>0.05）差异外，茎、叶片、地上部及总干重分别显著（p<0.05）降低 54.5%、52.1%、52.5%和 49.1%。与 75 mg·kg^{-1} 外源钒处理相比，外源钒浓度为 150 mg·kg^{-1}、300 mg·kg^{-1} 及矿区污染土处理时烟草根、茎、叶、地上部及总干重分别显著（p<0.05）降低 56.3%、53.3%、47.5%、47.4%及 48.6%，62.5%、60.0%、65.0%、64.2%及 64.0%，56.3%、80.0%、85.0%、85.3%及 82.9%。

整体上，紫花苜蓿各组织干重随外源钒浓度的增加而降低。与对照相比，外源钒浓度为 75 mg·kg^{-1} 时，植株根、茎、叶、地上部及总干重无显著差异（p>0.05）；外源钒浓度为 150 mg·kg^{-1}、300 mg·kg^{-1}、600 mg·kg^{-1} 时根、茎、叶、地上部及总干重分别显著（p<0.05）降低 59.6%、75.1%、74.6%、74.9%及 72.1%，71.0%、87.5%、82.6%、84.6%及 82.1%，83.1%、95.2%、92.9%、93.8%及 91.9%。与对照相比，矿区污染土处理时根干重有所降低，但差异不显著（p>00.05），而茎、叶、地上部及总干重分别显著降低 88.0%、82.9%、84.9%及 73.4%。与外源钒浓度 150 mg·kg^{-1} 处理相比，300 mg·kg^{-1} 和 600 mg·kg^{-1} 钒处理时根干重无显著（p>00.05）差异，但茎、地上部及总干重分别显著（p<0.05）降低 50.0%、38.6%及 35.8%，80.7%、75.4%及 70.9%。矿区污染土处理时，除根干重较 300 mg·kg^{-1} 外源钒处理显著增大外，两处理的茎、叶、地上部及总干重之间无显著差异（p>0.05）。

3.5.5　土壤微生物群落结构变化特征

种植生菜、烟草及紫花苜蓿后根际土壤细菌群落组成分别如图 3.58、图 3.59、图 3.60 所示。由图可知，种植生菜、烟草、紫花苜蓿后根际土壤共有的细菌群落组成包括变形菌门（Proteobacteria）、放线菌门（Actinobacteria）、绿弯菌门（Chloroflexi）、芽单胞菌门（Gemmatimonadetes）、酸杆菌门（Acidobacteria）、厚壁菌门（Firmicutes）、拟杆菌门（Bacteroidetes）、奇古菌门（Thaumarchaeota）、浮霉菌门（Planctomycetes）。种植生菜和紫花苜蓿后根际细菌群落组成一致且含有硝化螺旋菌门（Nitrospirae）（图 3.58、图 3.60）。而种植烟草后根际细菌群落中出现蓝藻门（Cyanobacteria），但无硝化螺旋菌门（Nitrospirae）（图 3.59）。尽管种植三种植物后根际土壤细菌群落组成成分基本相同，但各个细菌亚类所占比例有所不同（图 3.58、图 3.59、图 3.60）。种植生菜后，整体上，根际细菌群落中除变形菌门在所有处理中丰度最大外，放线菌门（除 600 mg·kg^{-1}、900 mg·kg^{-1} 钒处理及矿区污染土处理）、绿弯菌门和芽单胞菌门丰度接近且相对较大（图 3.58）。

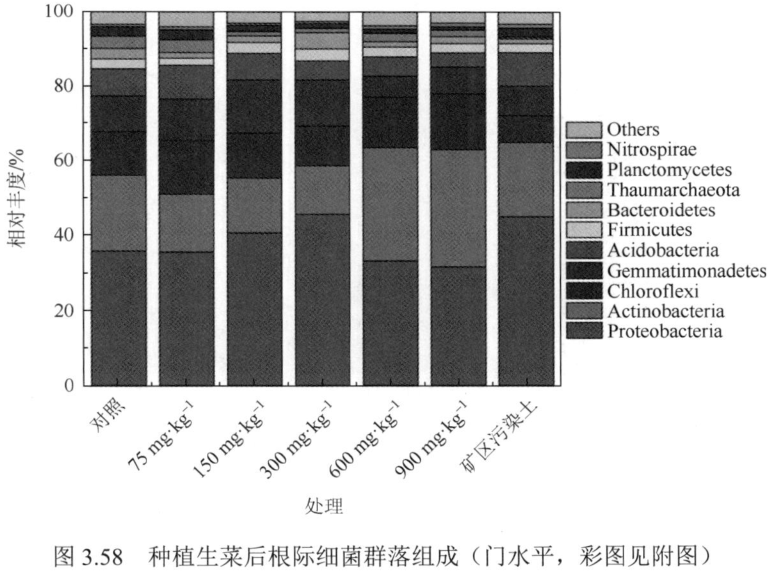

图 3.58　种植生菜后根际细菌群落组成（门水平，彩图见附图）

Others 表示其他门的丰度和不能鉴定到的门水平的序列丰度总和。“对照”表示在采集的清洁土样中种植生菜的处理，75 mg·kg^{-1}、150 mg·kg^{-1}、300 mg·kg^{-1}、600 mg·kg^{-1}、900 mg·kg^{-1} 表示在采集的清洁土样中分别添加 75 mg·kg^{-1}、150 mg·kg^{-1}、300 mg·kg^{-1}、600 mg·kg^{-1}、900 mg·kg^{-1}，“矿区污染土”表示在采集的矿区污染土壤中种植生菜的处理

种植烟草后在 600 mg·kg^{-1} 和 900 mg·kg^{-1} 外源钒处理后根际细菌中的蓝藻门丰度分别高达 18.05%和 14.58%（图 3.59）。种植紫花苜蓿后对照处理的根际土壤细菌群落中变形菌门所占比例极高（75.42%）（图 3.60）。900 mg·kg^{-1} 外源钒处理后，紫花苜蓿根际细菌群落中放线菌门丰度达到最大（36.85%）。而矿区污染土处理的根际细菌群落中变形菌门（34.25%）和放线菌门（30.60%）丰度较高且接近。

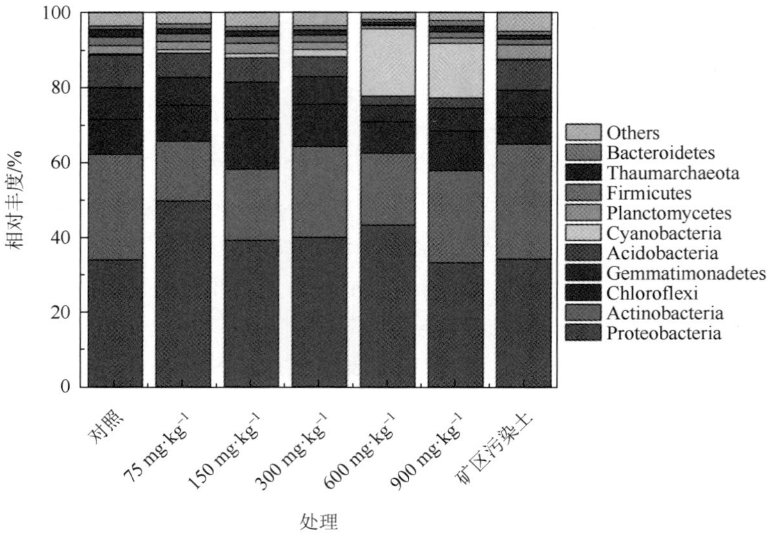

图 3.59　种植烟草后根际细菌群落组成（门水平，彩图见附图）

Others 表示其他门的丰度和不能鉴定到的门水平的序列丰度总和。“对照”表示在采集的清洁土样中种植烟草的处理，75 mg·kg^{-1}、150 mg·kg^{-1}、300 mg·kg^{-1}、600 mg·kg^{-1}、900 mg·kg^{-1} 表示在采集的清洁土样中分别添加 75 mg·kg^{-1}、150 mg·kg^{-1}、300 mg·kg^{-1}、600 mg·kg^{-1}、900 mg·kg^{-1}，“矿区污染土”表示在采集的矿区污染土壤中种植烟草的处理

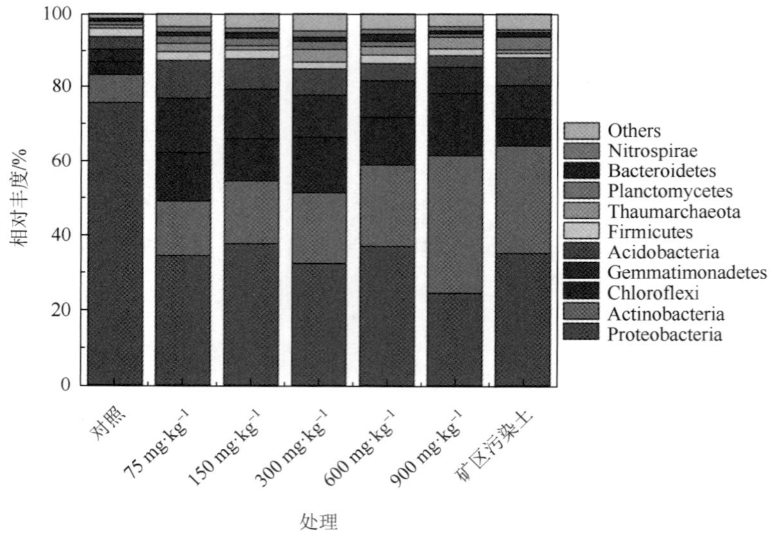

图 3.60　种植紫花苜蓿后根际细菌群落组成（门水平，彩图见附图）

Others 表示其他门的丰度和不能鉴定到的门水平的序列丰度总和。“对照”表示在采集的清洁土样中种植紫花苜蓿的处理，75 mg·kg^{-1}、150 mg·kg^{-1}V、300 mg·kg^{-1}、600 mg·kg^{-1}、900 mg·kg^{-1} 表示在采集的清洁土样中分别添加 75 mg·kg^{-1}、150 mg·kg^{-1}、300 mg·kg^{-1}、600 mg·kg^{-1}、900 mg·kg^{-1}，“矿区污染土”表示在采集的矿区污染土壤中种植紫花苜蓿的处理

伴随环境的变化，植物相关微生物组成及功能活动也会发生动态变化，这为植物的生存及健康提供了重要保障（Saijo and Loo，2020）。另外，微生物可积极固化、降解和转化有毒金属，这对于原位修复重金属污染环境基质至关重要。例如，由于植物的固氮

效率及根瘤菌赋予植物的许多有益作用，豆科植物和根瘤菌的协同作用被认为是原位修复重金属污染土壤的一个很好的例子。有报道称自20世纪70年代以来，细菌域、真核域和古细菌域中的各种微生物具有还原V(Ⅴ)为V(Ⅳ)的能力（Zhang et al.，2015）。在厌氧微生物代谢过程中，V(Ⅴ)可作为电子受体而自身被还原（Hao et al.，2015）。但钒浓度的升高则会影响微生物群落组成和活性（Xiao et al.，2017）。Yang等（2014）研究发现钒处理显著改变了真菌和细菌群落结构。钒污染土壤中微生物多样性减小（Zhang et al.，2019）。整体上，外源钒处理后生菜、烟草、紫花苜蓿根际土壤中细菌亚类组成成分基本一致。在主要的9种细菌亚类种群中，变形菌门所占比例最大，其次是放线菌门和绿弯菌门（图3.58、图3.59、图3.60）。Cao等（2017）对攀枝花钒生产区的土样分析后发现各采样点均含有丰富的拟杆菌门和变形菌门。

钒是一种氧化还原敏感金属，可被微生物还原固化（Zhang et al.，2019）。即微生物可以消耗较少能量而将毒性较高的V(Ⅴ)转化为毒性较低的V(Ⅳ)（Liu et al.，2017；Zhang et al.，2019）。Liu等（2017）在微生物厌氧还原含V(Ⅴ)地下水时发现了放线菌门、绿菌门和拟杆菌门积累。微生物可以将毒性大且移动性强的V(Ⅴ)转化为低毒性且稳定的V(Ⅳ)，这也成为钒还原细菌的解毒与能量代谢策略（Sun et al.，2020）。研究表明，钒还原细菌可将钒积累于其细胞膜上的特殊位置并进行还原（Antipov et al.，2000）。Gan等（2020）通过盆栽接种钒耐性菌株（*Arthrobacter* sp. 5k4-8-1）后发现紫花苜蓿所受钒胁迫程度得到有效缓解。钒耐性似乎在细菌中广泛存在，而其抗性与外排泵及三羧酸循环相关基因有关，一些钒耐性细菌可以沉淀形式贮存钒（Yelton et al.，2013）。本试验中，种植生菜、烟草、紫花苜蓿后，植物根际细菌群落中相对丰度最大的5种细菌群落均相同。其中变形菌门（Proteobacteria）相对丰度最大，其次是放线菌门（Actinobacteria），可见变形菌门和放线菌门具有忍耐土壤中高浓度钒胁迫的能力。Zhang等（2021）首次发现厚壁菌门（Firmicutes）中的革兰氏阳性菌能够有效还原V(Ⅴ)。拟杆菌门（Bacteroidetes）、变形菌门（Proteobacteria）和厚壁菌门（Firmicutes）是栖息在土壤表层的主要微生物种群，其经常参与V(Ⅴ)的还原（Zhang et al.，2015）。Cao等（2017）报道称钒冶炼厂周围土壤中广泛存在放线菌门、变形菌门、酸杆菌门和厚壁菌门。

一些微生物能够还原V(Ⅴ)，如奥奈达希瓦氏菌（*Shewanella oneidensis*）（Carpentier et al.，2003）、硫还原泥土杆菌（*Geobacter sulfurreducens*）（Xu et al.，2015）。微生物表面含有不同（带正、负电荷）的有机官能团，如羧基、磷酰基、羟基和酰胺基（Huang et al.，2015）。微生物可以将V(Ⅴ)还原为不溶的V(Ⅳ)并使其分布于细胞内外（Pessoa et al.，2014）。土壤微生物通过产生螯合剂和酸化剂改变根区pH，磷酸盐的溶解和氧化还原电位等对土壤重金属的移动具有重要影响（Rostami and Azhdarpoor，2019）。硫还原泥土杆菌和希瓦氏菌（*Shewanella oneidensis*）能够以V(Ⅴ)作为唯一电子受体而生长（Zhang et al.，2015a）。事实上，生物还原V(Ⅴ)被认为是一种潜在的修复钒污染土壤的方法（Sun et al.，2020）。五价钒还原为四价或三价钒可使得含钒矿物形成沉淀，从而降低钒的生物有效性和毒性（Yelton et al.，2013）。五价钒的还原也是一个节能过程，此过程可产生质子移位，从而加速微生物生长（Wang et al.，2020b）。

综上所述，由根际土壤细菌群落分布特征可知，整体上变形菌门、放线菌门、绿弯菌门、芽单胞菌门丰度较高（特别是变形菌门和放线菌门），其具有较好的适应钒胁迫环境的能力。产生这种群落分布的原因可能是变形菌门和放线菌门具有较强的将毒性最大的 V(Ⅴ)还原为毒性较低的低价钒的能力（Zhang et al.，2015）。对于绿弯菌门而言，其可能具有一定的钒耐性（Hao et al.，2021），也可能是绿弯菌门能够以 V(Ⅴ)作为电子受体（Zhang et al.，2015b）；而对于芽单胞菌门丰度较高的原因还需要进一步探索。

3.5.6　土壤不同形态钒的变化

种植生菜、烟草、紫花苜蓿后土壤中基于 Tessier 形态分级法的不同形态的钒的浓度分别如图 3.61、图 3.62、图 3.63 所示。随外源钒浓度的增加，残渣态钒所占比例逐渐降低，而其他形态钒所占比例整体上逐渐增加。矿区污染土中残渣态钒所占比例极高（>85%），而其他各形态钒所占比例较小。矿区污染土处理时植物各组织积累的钒浓度较低，而矿区污染土样中钒浓度也相对较高（385.6 mg·kg^{-1}）（表 3.9），由于矿区污染土中钒绝大多数以残渣态存在，植物能够有效吸收利用的部分极少，故直接由钒毒性造成的植物生长抑制要小于外源添加钒处理。特别需要注意的是，矿区污染土壤养分较少（表 3.9），而且试验过程中供试土壤未施基肥，植物较难获得较为充足的养分进行生物质生产。因此，养分胁迫也可能是植物生物量偏小的原因。

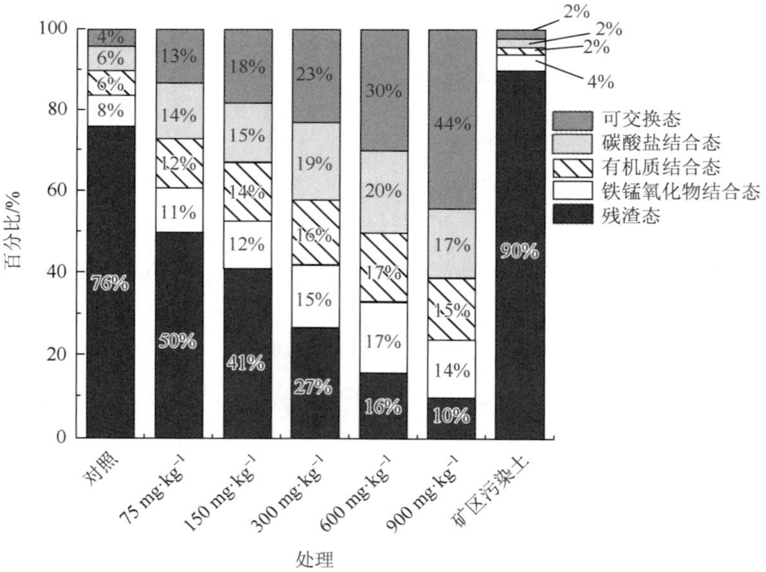

图 3.61　生菜生长后土壤钒 Tessier 形态分级

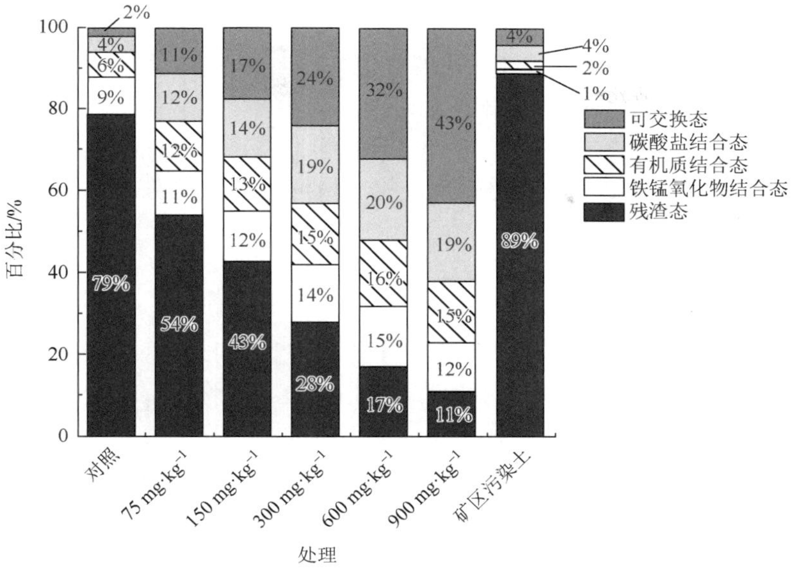

图 3.62　烟草生长后土壤钒 Tessier 形态分级

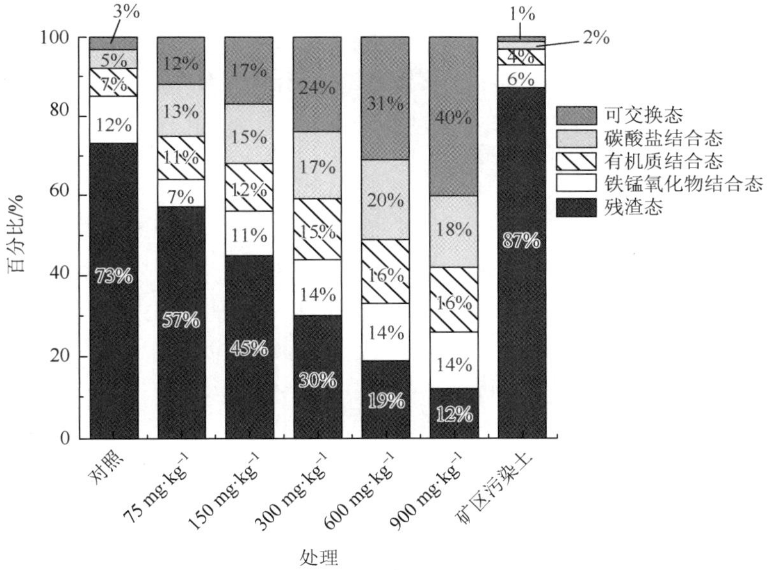

图 3.63　紫花苜蓿生长后土壤钒 Tessier 形态分级

种植生菜、烟草、紫花苜蓿后，对照和矿区污染土中钒的主要存在形态为残渣态（图 3.61、图 3.62、图 3.63）。同时矿区污染土壤中残渣态钒所占比例（＞85%）均高于对照处理（＜80%）。土壤中残渣态钒甚至可达总钒量的 90%以上（杨金燕等，2010a）。另外，整体而言对照和矿区污染土壤中铁锰氧化物结合态钒的比例相对于除残渣态以外的其他形态钒而言较高，即残渣态钒和铁锰氧化物结合态钒是土壤中钒的主要存在形态。

汪金舫和刘铮（1994）研究发现，土壤中的钒可能主要与（无定形铁氧化物外的）铁氧化物相结合，而可溶态钒主要与无定形铁氧化物结合。Poledniok 和 Buhl（2003）将土壤中的钒分为残渣态、铁锰氧化物结合态、有机质结合态、碳酸盐结合态和可交换态钒后发现，除可交换态钒和碳酸盐结合态钒外，土壤中残渣态钒、铁锰氧化物结合态钒及有机质结合态钒含量均与土壤所在地区及土壤钒总量有关。在土壤矿物中钒主要以 VO^{2+}形式贮存于矿物晶格中而不易释放，而存在于土壤溶液中的钒（VO_3^-）则易被植物吸收（杨金燕等，2010a）。这与对照处理及矿区污染土处理时生菜、烟草、紫花苜蓿各组织钒浓度（图 3.46、图 3.47、图 3.48）及吸收量（图 3.52、图 3.53、图 3.54）较小相一致。因此，矿区土壤中残渣态钒的较高比例也有利于植物的生长。这与本试验中矿区污染土壤中生菜、烟草、紫花苜蓿整体长势相对较好相一致。尽管土壤中较高比例的残渣态钒不利于通过植物提取而净化矿区钒污染土壤，但其间接提高了植物在矿区污染土壤中存活率。随外源钒浓度的增加，土壤中残渣态钒的比例逐渐降低，而其他形态的钒所占比例整体逐渐增加。整体而言，外源钒处理后可交换态钒、碳酸盐结合态钒、有机质结合态钒、铁锰氧化物结合态钒的形态分级大小为：可交换态钒＞碳酸盐结合态钒＞有机质结合态钒＞铁锰氧化物结合态钒。外源钒的加入使得植物能够吸收利用的钒的含量增加，因而植物的钒毒性效应更加明显。此外，外源钒的加入虽然增加了土壤中铁锰氧化物结合态钒所占比例，但整体而言增加比例较小，而本试验前的土壤陈化时间也相对较长（90 天）。因此，这可能是由于土壤中其他形态钒向铁锰氧化物结合态钒的转化是一个相对漫长过程，而且不同形态钒之间的转化受多种环境因素的影响（如气候条件、土壤 pH 等）。

3.5.7　摄食含钒生菜的健康风险

成人和儿童摄食钒污染土壤中生长的生菜后的潜在健康风险如图 3.64 所示。成人和儿童摄食钒污染土壤中生长的生菜的健康风险指数随外源钒浓度的增加而增加，但其均

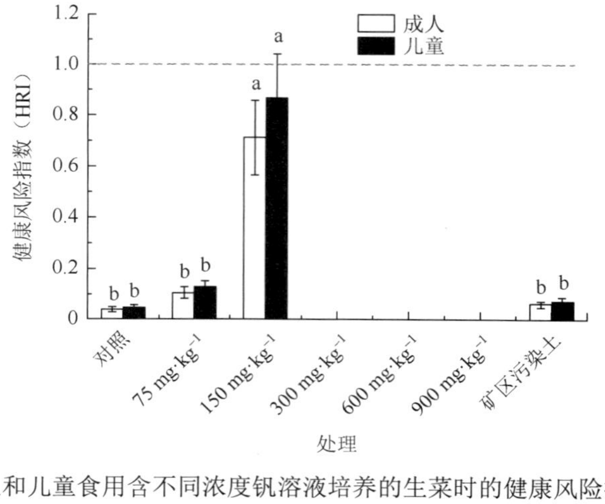

图 3.64　成人和儿童食用含不同浓度钒溶液培养的生菜时的健康风险指数（HRI）

垂直误差棒表示每个处理的 3 个重复值的标准偏差，不同小写字母表示食用不同浓度钒处理的生菜时成人或儿童的 HRI 具有显著性差异（$p<0.05$）

小于 1。由于生菜在钒污染土壤中的生长情况整体较差，植物在外源钒浓度＞150 mg·kg^{-1}时较难存活下来。在 150 mg·kg^{-1}外源钒处理时，成人和儿童摄食钒污染生菜的健康风险指数分别为 0.71 和 0.87。而摄食含相同浓度钒的土壤中生长的生菜时儿童的健康风险指数略高于成人。由于矿区污染土壤中钒的主要存在形态是残渣态，同时生菜吸收的土壤钒主要贮存于根部，因此植物地上部的钒浓度较小，这也是摄食生长于矿区污染土壤的生菜后人体健康风险在可接受水平的原因。但是对于一些冶炼区（矿渣堆积区），由于土壤中的生物有效态钒含量较高，而且本试验结果表明外源钒浓度为 150 mg·kg^{-1}时成人和儿童的健康风险指数已接近临界值 1，因此人类摄食冶炼区或者矿渣堆积区生长的蔬菜存在的健康风险还需进一步探究。

3.5.8　小结

土培条件下，生菜、烟草、紫花苜蓿三种植物的抗钒胁迫的能力大小为紫花苜蓿＞烟草＞生菜。外源钒浓度≥150 mg·kg^{-1}及矿区污染土处理时，三种植物的生长显著受抑制。生菜、烟草、紫花苜蓿积累的钒主要贮存于根部，生菜各组织钒浓度大小为根系＞叶片，而烟草和紫花苜蓿均为根系＞茎＞叶片。与对照相比，矿区污染土处理时三种植物各组织钒浓度均无明显变化。生菜、烟草及紫花苜蓿钒转移系数（TF）均随外源钒浓度的增加先降低后有所增加；生菜和烟草的生物富集系数（BF）均随外源钒浓度的增加而显著增加，紫花苜蓿 BF 随钒浓度的增加先增加后有所降低。矿区污染土处理时，三种植物的钒转移系数和生物富集系数均显著小于对照处理（除紫花苜蓿钒转移系数外），紫花苜蓿在矿区污染土中具有较强的转移根系钒至其地上部的能力。生菜和烟草的整株钒吸收量随外源钒浓度的增加而增加，紫花苜蓿整株钒吸收量随外源钒浓度的增加先增加后有所降低。对照处理时生菜、烟草、紫花苜蓿根部钒吸收量百分比显著小于其他各处理而叶片（地上部）钒吸收量百分比显著高于其他各处理。种植生菜、烟草、紫花苜蓿后三种植物根际土壤细菌群落组成基本相同，其中变形菌门和放线菌门是最为丰富的两种细菌群落。对照土壤和矿区污染土壤中残渣态钒所占比例极高，这也是对照处理和矿区污染土处理时植物各组织钒浓度较低的主要原因。随着外源钒浓度的增加，残渣态钒所占比例降低，植物可吸收的钒比例增加，因此其毒性效应逐渐加剧。

第4章　钒的微生物群落、藻类、细胞毒性

4.1　引　　言

钒作为一种微量元素，同其他微量元素一样，具有双重生物学功能，即低浓度时促进生物生长，而高浓度时对生物的生理活性起抑制作用，甚至产生毒害作用。钒的毒性很低，但其化合物对人和动物有中等毒性。钒已被确定为某些动物、绿藻和真菌及苔藓的必需元素，具有多种生物学效应，在一些海洋生物（海藻）及苔藓、真菌中都发现了活性依赖于钒的过氧化物酶，生物体内还发现了钒固氮酶。此外，有关钒对动物的生理作用是研究热点之一，研究表明钒具有多种生理作用和药理作用，钒具有维持动物生长、促进哺乳动物的造血功能、抑制胆固醇合成、降糖作用、对癌症有调控作用等多种重要作用。部分研究结果表明：钒和钼、锰、锌、铜等一样，是促进农作物生长发育、提高产量的微量元素之一，但钒对微生物群落、藻类生长及人体细胞生理的影响研究还很少。

4.2　钒钛磁铁矿区土壤微生物群落结构分析

土壤是由固、液、气三相组成的高度异质的环境，孕育着丰富的微生物种类。微生物是土壤生态系统的重要组成部分，1 g 土壤中大约有 4000～7000 种微生物，主要有细菌、真菌和其他超显微结构的微生物等（高焕梅等，2007）。微生物群体参与土壤中各种生物化学过程，对环境的变化能快速地作出反应，影响着生物多样性以及生态系统的功能。因此，土壤微生物群落结构的变化能敏感地反映出土壤环境质量状况（Horton and Bruns，2001；Maarit et al.，2001；Van et al.，1998；Van and Smalla，1995）。研究土壤中微生物群落的变化，对土壤的质量状况评估有重要的意义。

土壤微生物多样性是指土壤微生物的种类和种间差异，包括生理功能多样性、细胞组成多样性及遗传物质多样性。土壤微生物群落结构的分析主要是通过微生物生理生态学调查来完成的。土壤微生物的种类、数量和活性是土壤微生物群落结构稳定性及多样性的重要指标（车玉伶等，2005；Shi et al.，2002；Kandeler et al.，2000）。重金属对土壤中生物体的影响主要体现在两个方面，一是重金属极易与生物大分子、核酸上的碱基以及蛋白质的巯基结合，导致生物体失活，最终引起病变和死亡；二是重金属会和大量金属巯蛋白以及小分子量的配体如甘氨酸等结合，从而在生物体内积累，直接影响微生物群落的生物活性、种类和数量。因此，土壤中的重金属污染对土壤微生物群落结构会产生较大的影响。相关研究表明，影响土壤微生物群落结构的主要因素有土壤中重金属的种类、土壤类型以及微生物的类群。而重金属对微生物群落结构的影响主要有以下特征：不同的微生物种群对重金属的敏感程度是不一样的，一般情况下敏感顺序为细菌＞

放线菌＞真菌；重金属对微生物的生物毒性受土壤理化性质、pH 等影响较大（李永涛等，2004；龚平等，1997；顾宗濂等，1987）。微生物的生物活性和土壤群落结构决定了土壤生态功能的强弱，因此，土壤微生物群落结构的多样性是标记环境变化的重要方面。通过对目标环境微生物群落结构的分析，可以了解土壤环境质量，从而为优化土壤群落结构、调节微生物群落功能提供科学依据。

4.2.1　变性梯度凝胶电泳（DGGE）图谱分析

4.2.1.1　样品采集

从朱家包包矿山顶沿采矿场边坡自上而下 K1～K6 点位样点，和作为对照样品攀枝花市区近攀枝花公园样点 K7 点位，分别采集每个站点 0～20 cm 的表层土壤和 20～40 cm 的亚表层土壤作为研究材料。采样点位信息见表 4.1。试验土壤采样图见图 4.1。

表 4.1　攀枝花钒钛磁铁矿采样点位信息

土样编号	采样地	采样时气温/℃	植被
K1	朱家包包矿山顶	30	植被稀疏，少量杂草
K2	朱家包包采矿厂边坡	30	植被稀疏，少量杂草
K3	距采矿场 1000 m 路边绿化带	30	光叶子花等绿化植物
K4	距采矿场 1500 m 农田	30	莴笋、蒜
K5	距采矿场 2000 m 农田	30	卷心菜
K6	距采矿场 3000 m 左右路边土壤	30	小灌木
K7	远离采矿场，近攀枝花市区	30	路边绿化带

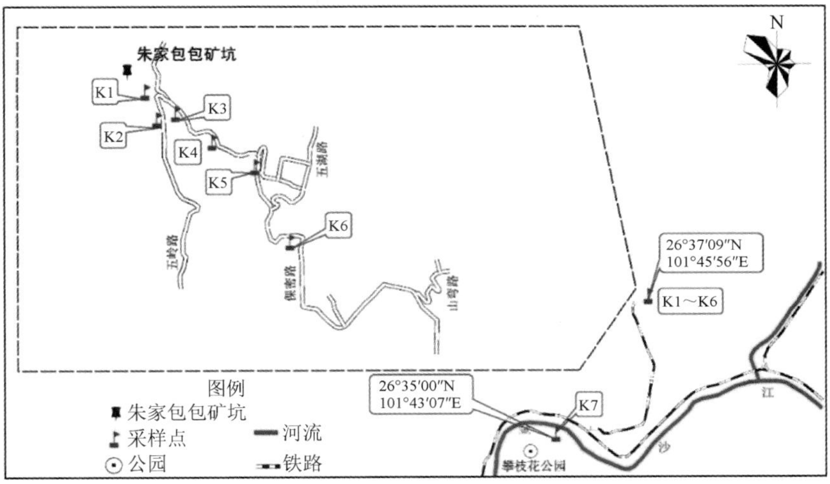

图 4.1　土壤采样点示意图

用于检测环境参数的土壤样品自然风干后过 100 目尼龙筛后待测；用于筛菌的土壤样品装于采样瓶中，保存于 4℃条件下备用；用于 DNA 提取和重金属全量测定的土壤样品分装于 15 mL 离心管中，于−80℃冰箱中保存备用。土壤 pH 采用电位法测定；土壤有机质采用高温外热重铬酸钾氧化-容量法测定；土壤 C、N、S 采用 Vario MAX 超大进样量元素分析仪测定；土壤 NH_4^+、PO_4^{3+} 和 NO_3^-/NO_2^- 采用氯化钾浸提法，LACHAT_QC8500 流动注射分析仪测定；钒（V）以及铅（Pb）、铬（Cr）、镍（Ni）、锌（Zn）全量测定采用 HNO_3-$HClO_4$-HF 消化法消解，原子吸收分光光度计（美国 PE AAS800）测定，采用国家标准物质中心标准物质作为参考物质。四川省标准土样钒含量为（125.75±4.54）$mg·kg^{-1}$。测定结果见表 4.2。

表 4.2　供试土壤理化性质和环境背景值

点位	pH	有机质/%	C/%	N/%	S/%	土壤无机盐含量/($mg·kg^{-1}$)			土壤中各种重金属含量/($mg·kg^{-1}$)				
						NH_4^+	PO_4^{3+}	NO_3^-/NO_2^-	V	Pb	Cr	Zn	Ni
K1s	7.45	2.14	0.49	0.06	3.11×10^{-3}	0.37	0.12	0.76	265.98	4.96	299.97	159.95	165.46
K2s	8.03	2.22	0.06	0.03	0.00	0.41	0.17	0.47	224.50	18.75	342.03	149.90	206.09
K3s	7.54	2.55	0.82	0.11	1.78×10^{-3}	0.88	0.15	0.87	131.42	40.26	158.63	173.38	101.98
K4s	7.52	2.49	0.54	0.07	1.33×10^{-4}	0.54	0.23	3.77	174.23	47.48	130.97	147.94	70.68
K5s	8.74	2.59	1.44	0.18	1.95×10^{-2}	1.19	0.55	33.17	72.45	52.04	118.81	226.31	46.73
K6s	8.45	2.60	3.61	0.14	1.23×10^{-2}	0.20	0.36	21.17	96.37	44.37	633.06	152.29	293.29
K7s	8.72	3.04	0.28	0.04	2.17×10^{-3}	0.30	0.15	1.43	154.64	11.17	133.32	89.25	36.25
K1d	7.19	2.87	0.58	0.08	3.22×10^{-3}	0.40	0.11	1.27	167.62	19.06	149.38	124.17	91.07
K2d	7.93	5.60	0.15	0.04	0.00	0.56	0.21	0.69	179.56	21.01	366.58	148.77	192.67
K3d	7.25	4.99	1.29	0.14	4.80×10^{-0}	0.43	0.17	1.37	109.75	35.21	137.76	120.18	86.82
K4d	8.49	7.60	0.97	0.09	9.44×10^{-2}	0.29	0.52	3.94	93.08	34.67	104.50	133.58	60.01
K5d	7.43	7.54	1.86	0.22	3.48×10^{-2}	2.45	1.89	38.12	55.28	32.08	101.32	176.67	33.00
K6d	8.29	0.79	2.92	0.19	1.87×10^{-2}	0.88	0.55	23.62	49.13	42.75	824.85	113.95	298.17
K7d	8.45	1.32	0.38	0.05	3.98×10^{-3}	0.35	0.19	2.00	101.21	26.42	96.70	114.28	32.34

注：K1s～K7s 是 0～20 cm 土壤样品；K1 d～K7 d 是 20～40 cm 土壤样品。

4.2.1.2　土壤微生物群落结构 DGGE 分析方法

土壤微生物群落结构调查分析通过土壤总 DNA 的提取、16s rRNA 基因 V3 高变区的 PCR 扩增、变性梯度凝胶电泳、连接转化产物鉴定四个步骤来完成。

（1）提取土壤总 DNA（FastDNA SPIN Kit for Soil 试剂盒）。

（2）16s rRNA 基因 V3 高变区的 PCR 扩增。

用无菌水分别稀释 10 倍和 100 倍土壤 DNA，并对 DNA 特异性片段 PCR 扩增。PCR-touchdown 反应体系：25 μL ExTaq 聚合酶，0.6 μL 引物 1：357F，0.6 μL 引物 2：519R，22.8 μL 无菌水，1 μL DNA。

PCR-touchdown 反应条件：

94℃	5 min	
94℃	45 s	10个循环，−1℃（第三步，每一个循环降1℃）
65℃	1 min	
72℃	2 min	

94℃	45 s	20个循环
55℃	1 min	
72℃	2 min	
72℃	7 min	
4℃	∞	

电泳检测（2%琼脂糖凝胶，Marker：100bp）是否成功扩增出所需片段。

（3）变性梯度凝胶电泳。

混合每个样品的稀释 10 倍和 100 倍的 DNA-PCR 产物，用超微量紫外分光光度计测混合 DNA-PCR 产物浓度值，设定参数定值 $K = 5000$，按比例设定 DNA 上样量 10～25 μL。

电泳槽装入 7 L 的 1×TAE 电泳缓冲液；取 40%和 60%变性溶液各 15 mL，分别加入过硫酸铵（10%）160 μL，TEMED13 μL，混匀，灌胶；将标记为低浓度（L）和高浓度（H）的注射器分别吸入全部 40%和 60%变性胶溶液，通过一系列连接装置，按说明书灌自上而下浓度由低到高的连续梯度凝胶；插入梳子，凝胶聚合 1 h，60℃预热电泳缓冲液；PCR 产物用注射针进样（样品用 6×loading Buffer 染色）；电泳条件：60℃，60 V，30 min 预电泳；75 V，15 h；凝胶于含有 Syber Green 的 1×TAE 缓冲液中染色，25℃，30 min；照相及观察：将染色后的凝胶用凝胶影像分析系统分析，观察每个样品的电泳条带并拍摄。

观察 DGGE 电泳胶条带，选取长度不同的 DNA 条带，切胶捣碎，加无菌水 50 μL 浸泡，−20℃，8 h，提取 DNA，对 DNA 进行特异性片段 PCR 扩增。PCR 反应体系：25 μL ExTaq 聚合酶，0.6 μL 引物 1：357F，0.6 μL 引物 2：519R，18.77 μL 无菌水，5 μL DNA；电泳条件：100 bp DNA Marker，125 V，200 mA，35 min。切胶回收长度在 100～200 bp 的 DNA 条带（胶回收试剂盒 Omega），并于室温保存待用。

（4）连接和转化。

连接目的是把菌种的目的 DNA 连接到大肠杆菌的质粒上，以鉴定目的 DNA 条带。配制连接体系（5 μL）：

PDM 18-T Vector	0.5 μL·管$^{-1}$	16℃，8 h，盖子温度：60℃
Solution Ⅰ	2.5 μL·管$^{-1}$	
胶回收 DNA	2 μL	

转化步骤：分装 30 μL 的 4℃解冻感受态细胞于 1.5 mL 离心管中，加入 5 μL 质粒产物于感受态细胞中，冰浴 30 min，稳定感受态细胞和重组质粒；稳定后，水浴 42℃2 min，打开感受态细胞，使重组质粒进入；冰浴 2 min，闭合感受态细胞；加入 300 μL 的 LB 液

体培养基，37℃，150 r·min^{-1}，培养 2 h，吸取样品 100 μL，涂布到 LA 培养基（抗性选择）上，37℃培养 10 h；每个样随机选取 3 个阳性克隆子进行 PCR 验证，PCR 反应体系：12.5 μL Premix Ex Taq，0.3 μL M13F-47，0.3 μL M13R-48，11.9 μL ddH_2O。

PCR 反应程序：

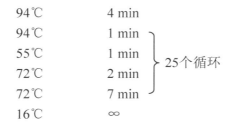

94℃	4 min	
94℃	1 min	25个循环
55℃	1 min	
72℃	2 min	
72℃	7 min	
16℃	∞	

电泳条件：100 bp DNA Marker，125 V，200 mA，30 min。选取 300 bp 阳性克隆子，37℃，150 r·min^{-1}液体培养 8 h，由上海美吉生物医药科技有限公司做 16s rRNA 基因片段测序。

4.2.1.3　变性梯度凝胶电泳图谱分析

试验土壤样品表层土（K1s～K7s）与亚表层土（K1d～K7d）的 16s rRNA 基因 V3 可变区的 PCR 产物经变性梯度凝胶电泳分离后的结果如图 4.2 所示，DGGE 图谱中的条

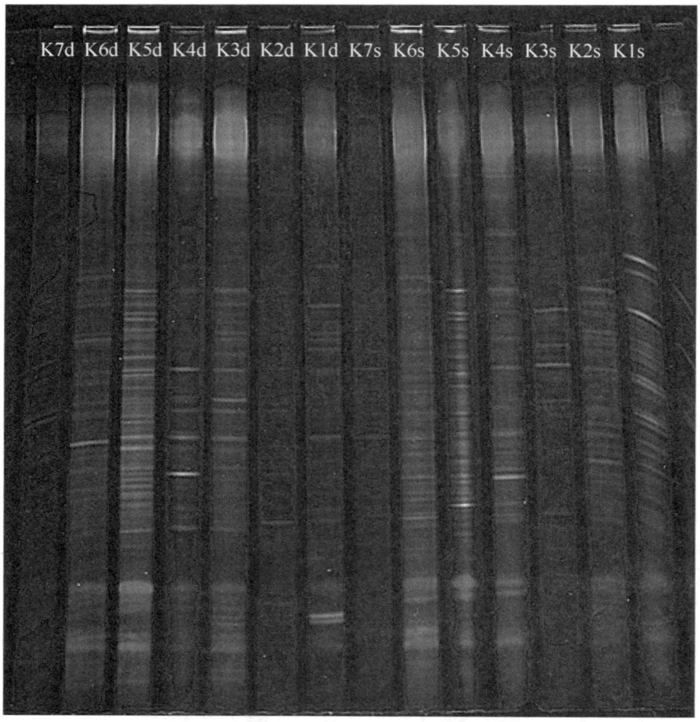

图 4.2　土壤微生物变性梯度凝胶电泳图谱

带数与土壤样品中的细菌种群的数量相关，而条带的亮度在一定程度上反映该种细菌数量的多少（陈红歌等，2005）。攀枝花钒钛磁铁矿的原位土壤环境中呈现出较好的生物多样性，14 种土壤样品的图谱在条带的数目和位置上均有一定的差异性。表层土（K1s～K7s）与其相应的亚表层土（K1d～K7d）的微生物群落结构具有相似性，说明菌群对特殊环境有较强的适应性。同时各点位土壤样品之间微生物群落结构具有差异性。从图 4.2 中可以看出研究区土壤中绝大多数微生物对重金属钒具有一定的耐受性。相同位置条带的亮度在不同泳道存在一定的变化，表示其代表的细菌种类的数量在不同土壤样品中存在一定的波动。图谱中 K5d 泳道的条带数量较多，亮度较大，表明该点位土壤具有较好的微生物多样性。其中试验土样 K1s、K2s、K4s、K6s、K3d 和 K6d 的微生物菌群种类较多，微生物多样性较好。

根据土壤变性梯度凝胶电泳模拟条带图（图 4.3）可以看出，点位与点位之间存在很多相似的菌属。与 K1s 点位比较，其余 13 种土壤样品与其相似度范围在 41.6%～57.4%，说明该区域不同点位之间微生物菌群的种类在一定程度上具有相似性，同时也有

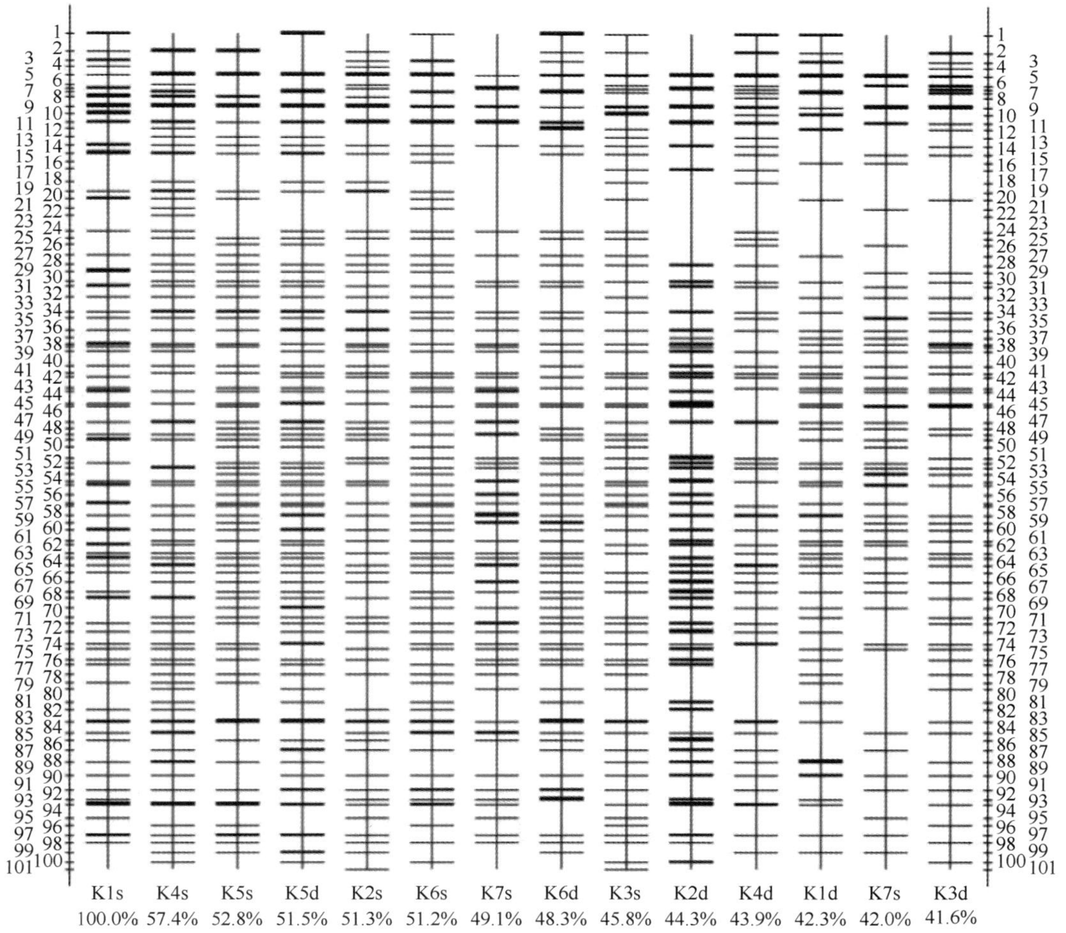

图 4.3　土壤变性梯度凝胶电泳模拟条带图

差异性。根据模拟条带的颜色深度判断各个土壤样品中的微生物菌群多样性较广，数量也较大，可以认为带谱中较亮的条带代表了环境中的优势菌群（Marteinsson et al.，2001），由于土壤样品采集位置不同及土壤环境背景值不同，土壤群落结构发生着变化。一般情况下，随着土壤深度的加大，微生物数量会呈递减的趋势（贾志红等，2004）。从整体上看，7 个点位的 14 个土壤样品的微生物群落结构较丰富，均表现出良好的微生物菌落多样性。其中 K2d 的条带强度最大，说明该点位土壤中微生物种类多且数量大。

通过分析 DGGE 图谱中条带的迁移情况及分布规律，导出聚类图谱（图 4.4）。K3s 和 K4s 的相似度为 60%，K3d 和 K4d 的相似性是 67%。点位 K3 与 K4 之间相差 500 m，说明土样 K3 与 K4 的微生物群落较为接近。K2d 和 K6d 的土壤微生物菌群相似性是 59%，K6s 和 K1d 的土壤微生物菌群相似性是 55%，说明具有一定距离的两个点位之间的微生物菌群具有一定的相似性。相邻表层土壤和相邻亚表层土壤的物种之间具有相似性和关联性，说明在采样矿区土壤微生物菌群种类受到了相同环境因子的影响。而土壤微生物在垂直分布上，也表现出了相似性。从整个聚类分析的结果来看，土壤微生物多样性不仅受土壤深度的影响，同时还受到土壤点位间区域距离的影响，但是影响程度不同，从而表现出丰富的微生物群落多样性。

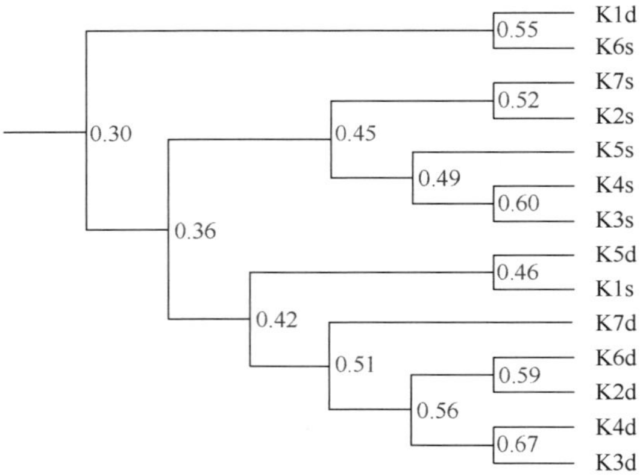

图 4.4　土壤微生物群落相似性聚类分析

生物群落是指在一定区域内，生活在同一环境下的不同种群的集合体，其内部联系极为复杂。群落多样性是指生物群落在组成、结构、功能和生命活动方面表现出的丰富多彩的差异（马克平等，1995；马克平和刘玉明，1994）。物种多样性指数是用简单的数值表示群落内种类多样性的程度，是物种丰富度和均匀度的函数，不同的多样性指数的差别在于对这两个变量赋予的权重不同。本试验数据分析采用香农多样性指数来估算群落多样性的高低。将 DGGE 图谱转化成数据阵列输出后，再导入 Primer5 软件进行电泳条带的多样性分析（表 4.3）。从表中可以看出，钒浓度较高的土壤点位 K1s 和 K1d 相对于其他土壤点位的总物种数、香农多样性指数和物种丰度最少。K4s 点位土壤中钒离子浓度为 174.23 $mg \cdot kg^{-1}$，该点位相对于其他土壤点位的总物种数、香农多样性指数和物种丰度最多。从整体上看，K1～K7 点位的表层土壤和相对应的亚表层土壤物种的丰度表现出了一致性。且 K1～K7 土壤样品在体现土壤微生物多样性的香农多样性指数上均在 4 左右，显示各点位试验土壤的微生物多样性较丰富。

表 4.3　物种多样性分析

点位	*S*	*d*	*H'*
K1s	56	13.66	4.02
K2s	69	16.06	4.23
K3s	70	16.24	4.24
K4s	75	17.13	4.31
K5s	59	14.22	4.07
K6s	67	15.69	4.20
K7s	66	15.51	4.18
K1d	49	12.33	3.89
K2d	66	15.51	4.18
K3d	73	16.78	4.29
K4d	56	13.66	4.02
K5d	69	16.06	4.23
K6d	57	13.85	4.04
K7d	57	13.85	4.04

注：*S* 为总物种数；*d* 为物种丰度；*H'*为香农-维纳多样性指数。

对根据土壤 DNA 变性凝胶电泳图谱分出的菌群鉴定分析其菌落分布，图 4.5 表明，试验土壤样品的菌种主要是细菌。细菌菌种主要分属于变形菌门（24%）、厚壁菌门（20%）和放线菌门（18%）。

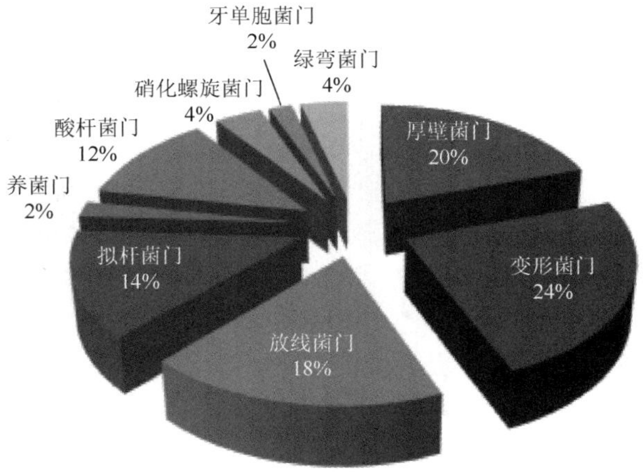

图 4.5　土壤细菌分布

4.2.2 Illumina 高通量测序

4.2.2.1 Illumina 高通量测序分析方法

随着生命科学的深入研究与生物技术的发展，为了更全面了解微生物生态系统，微生物生态学的研究已集中到基因组的层面，DNA 测序技术在不断改进，测序精度在不断优化，成本也相应在降低。因此，新一代高通量测序技术应运而生。这类技术可以实现一次对几十万条到几百万条 DNA 分子同时检测，经计算机获得完整的 DNA 序列信息，此后深度测序技术的发展，为微生物物种基因组的全貌分析创建了全新的技术平台。高通量测序技术是循环阵列合成测序技术，其原理是将基因组的 DNA 随机片段化，制备文库，然后对数以万计的克隆阵列（polony）的延伸反应产生信号检测，从而获取测序信息（张际峰等，2012）。

尽管细菌等超微型生物都是单细胞生物，大小一般均介于 0.2～2 μm，事实上它们是由许多不同的类群组成，这些不同类群细菌的表型特征、生理活性和生态功能等并不相同。因此，研究细菌的群落结构及其随环境因子的变化规律，对于了解每一类群细菌在生态系统中的作用，进而开发利用这些细菌具有重要意义。早期的显微镜技术和分离培养方法揭示了自然和人工环境中分布的大量微生物，然而由于这些技术的局限性和偏差性，极大地限制了我们对环境微生物的认识和了解。近二十年来，分子生物学技术的发展，如聚合酶链反应（PCR）、克隆文库（clone library）、核酸指纹图谱（DGGE、T-RFLP 和 ARISA）、定量 PCR（qPCR）、荧光原位杂交（FISH）和微阵列（microarray）等，揭示了优势及关键微生物类群（如参与碳循环的自养微生物和参与氮循环的固氮、硝化与反硝化微生物等）在生态系统中的重要作用。然而这些“传统”分子生物学技术仅揭开了冰山一角，它们只能分析环境中分布的优势菌群（dominant species，相对丰度高于总生物量的 1%）。近年来，高通量测序（high-throughput sequencing）技术，尤其是 Illumina 公司测序平台的发展为进一步深入认识环境中的微生物提供了重要契机。与以往的分子生物学技术相比，高通量测序技术可获得海量数据，其偏耗性低，单位运行成本低，并且理论上可检测出环境中所有的微生物。

本研究采用 Illumina 公司于 2011 年开发的 MiSeq 测序平台（PE250）对土壤样品进行宏基因组 16srRNA 基因单 V 区测序。该技术平台采用 TruSeq 边合成边测序技术，通过专利的可逆终止试剂方法对数百万个片段同时进行大规模平行测序。当加入每个 dNTP 时，对荧光标记的终止子成像，随后切割，以允许下一个碱基掺入。由于每个测序循环中四种可逆终止子结合的 dNTP 都存在，自然竞争让碱基的掺入偏差最小化。根据每个循环的荧光信号测定直接检出碱基，与其他技术相比大大降低了原始的错误率，同时实现了 300 bp×2 的测序长度，实现了可靠的碱基检出。

4.2.2.2 Illumina 高通量测序结果分析

对矿区 7 个点位土壤（表层 K1s～K7s 和亚表层 K1d～K7d）共 14 个样品，完成了土壤 DNA 提取和纯化［图 4.6（a）］、引物及识别标签（barcode）设计、PCR 样品制备［图 4.6（b）］及 Illumina 高通量测序（Miseq 平台，PE250），共获得 603599 条高质量微生物 16srRNA 序列（PE250 序列组装后），平均 43114 条序列/样品（表 4.4）。

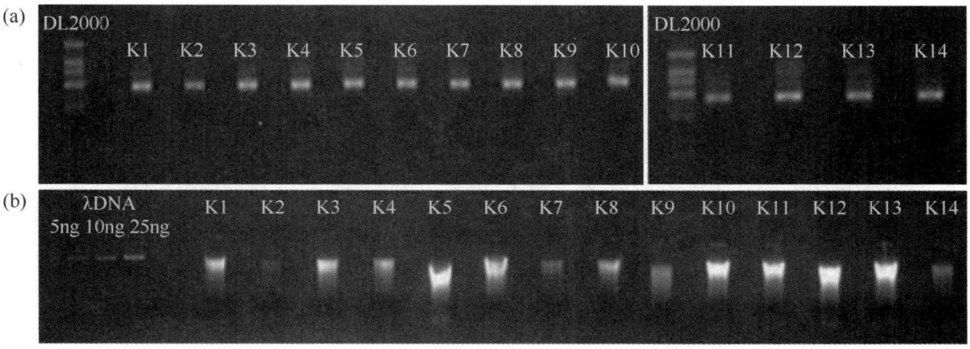

图 4.6　土壤基因组 DNA（a）及 PCR 产物电泳示意图（b）

表 4.4　矿区土壤环境微生物 16S rRNA 基因高通量测序数据总结

样本号	序列数	子样本序列数	OTUs 数	Faith's PD	Chao1	*H'*	Gini
K1s	58001	25000	7971	453	21934	7.60	0.97
K2s	47582	25000	10044	470	25338	8.36	0.96
K3s	51047	25000	10940	533	29974	8.46	0.95
K4s	49960	25000	10266	565	29849	8.26	0.96
K5s	29713	25000	8315	421	16767	7.94	0.97
K6s	45152	25000	9770	537	27476	8.05	0.96
K7s	27487	25000	9229	509	25204	8.07	0.96
K1d	31829	25000	8184	442	18883	7.77	0.97
K2d	41710	25000	10056	467	23299	8.31	0.96
K3d	59156	25000	10013	495	28089	8.22	0.96
K4d	60488	25000	9726	493	27478	8.14	0.96
K5d	33626	25000	6909	382	15276	7.40	0.98
K6d	36871	25000	10541	509	25488	8.41	0.95
K7d	30977	25000	9988	541	29083	8.21	0.96

注：OTUs 数为操作分类单元；Faith's PD 为 Faith's 系统发育多样性指数；Chao1 为 Chao1 多样性指数；*H'*为香农多样性指数；Gini 为基尼指数。

对组装数据的分析表明，总体上，组装后的序列长度主要分布于 390 bp 左右，接近以往 454 焦磷酸测序的水平，但单位成本更低。这一序列长度足以满足后续的多样性、群落结构和系统发育分类等生物信息学分析。本次 Miseq 平台测序的精确度-平均测序精确度接近 99.99%（碱基质量值 = 40）。

为了保证后续生物信息学分析的质量，进一步对原始数据进行多步质控（表 4.4），包括：①剔除序列长度小于 150 bp 的序列；②剔除含有模糊碱基的序列；③剔除平均测序精确度低于 99.9%的序列；④剔除 PCR 引物和识别标签中含有模糊碱基的序列；⑤剔除含有超过 6 个连续的同聚物（homopolymer），即序列中含有 6 个或以上连续相同的碱基。同时为避免测序深度不一导致分析误差，每个样本随机挑取 25000 条序列进行后续分析（表 4.4）。

为方便后续分析，以 97%序列相似度为操作分类单元（operation taxonomic units，OTUs）划分标准，共获得 108201 个 OTUs，平均 9425±1149 个 OTUs/个样本。稀释曲线分析表明，矿区土壤的微生物群落多样性极高，即使测序深度达到 25000 条序列，各样品的稀释曲线仍未达到平台。此外，矿区表层土壤和亚表层土壤的微生物群落遗传多样性和物种均匀度没有显著差异（Mann-Whitney 检验，$p>0.05$）（图 4.7）。

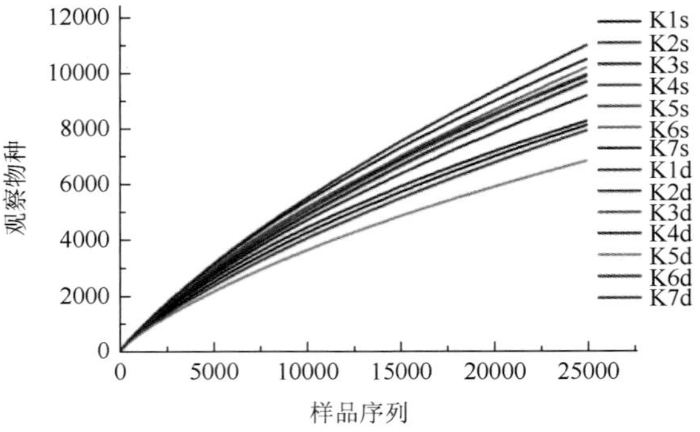

图 4.7　矿区土壤微生物群落高通量测序数据稀释曲线分析

朴素贝叶斯分类（Navie Bayesian Classifier，种群分类）表明，在门级别，矿区土壤微生物群落分为 63 个门，Proteobacteria、Acidobacteria、Actinobacteria、Planctomycetes、Bacteroidetes、Firmicutes、Nitrospirae、Gemmatimonadetes、WS3 和 Armatimonadetes 是主要组成，是相对丰度较高的 10 个门，占序列总量的 97.1%（图 4.8）。而在纲级别，矿区土壤微生物群落可分为 228 个纲，Proteobacteria 的 alpha-，beta-、gamma-和 delta-Proteobacteria；Actinobacteria 的 Actinobacteria、Acidobacteria-6 和 Thermoleophilia；Planctomycetes 的 Planctomycetacia 及 Acidobacteria 的 Solibacteres 纲是主要组成部分。总体上，RDP 分类分析表明，矿区土壤微生物群落组成极为复杂，是以往传统分子生物学方法所不能揭示的。这一工作将为研究钒钛磁铁矿区土壤微生物类群及其功能作用提供重要基础数据。

非度量多维测度（NMDS）分析和相似性分析（ANOSIM）表明，矿区表层和亚表层土壤的微生物群落结构没有显著性差异（图 4.9）。实际上，各个点位的表层和亚表层土壤微生物群落结构较为相似，而 K1 点位和 K5 点位的土壤微生物群落与其他点位较为不同。

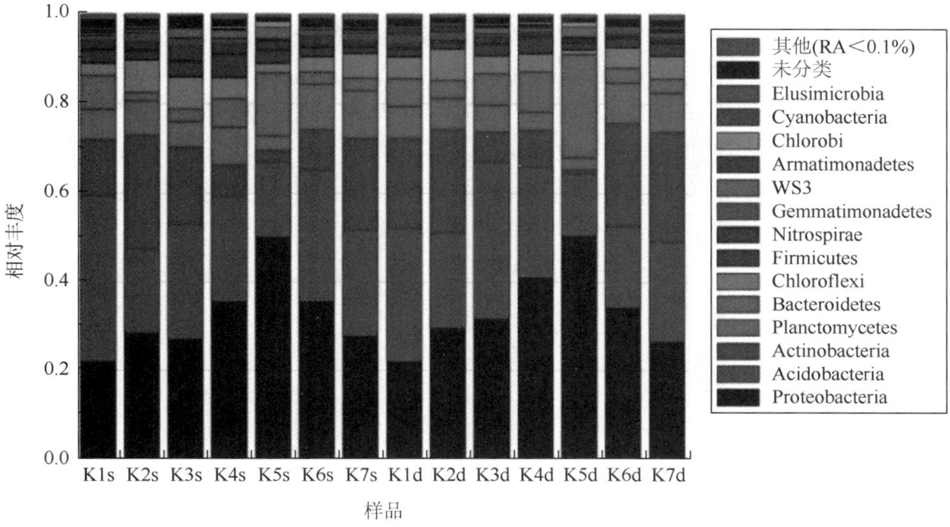

图 4.8　矿区土壤微生物群落组成（门）

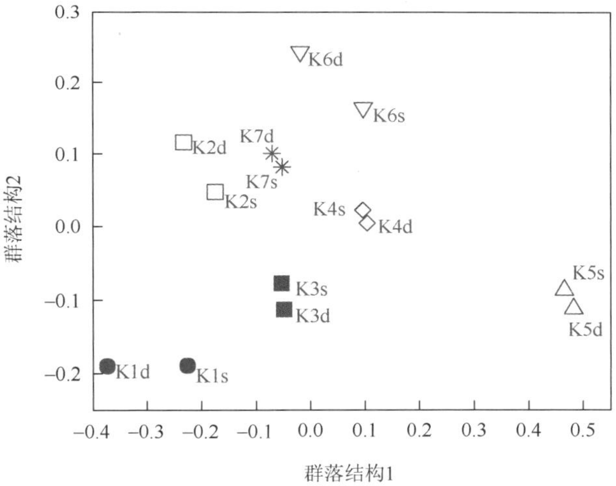

图 4.9　矿区土壤微生物群落非度量多维测度分析

4.2.3　小结

本研究以四川省攀枝花钒钛磁铁矿朱家包包矿区土壤样品和攀枝花市区土壤样品为研究对象，运用变性梯度凝胶电泳技术和 Illumina 高通量测序技术分析土壤微生物群落结构，得到以下几个主要结论。

（1）电泳模拟条带图表明研究区域不同点位、不同土层之间微生物菌群种类在一定程度上具有相似性，同时也有差异性；土壤微生物群落相似性聚类分析表明，土壤微生物群落在水平层次和垂直分布上具有相似性和关联性。

（2）土壤点位 K1s 和 K1d 相对于其他土壤点位的总物种数、香农多样性指数和物种丰度最少，钒可能对土壤微生物群落多样性具有相对的抑制作用。K1～K7 点位的表层土壤和相对应的亚表层土壤的物种丰度表现出了一致性；根据土壤 DNA 变性梯度凝胶电泳图谱分出的菌群主要分布在变形菌门、厚壁菌门和放线菌门。

（3）矿区表层土壤和亚表层土壤的微生物群落遗传多样性和物种均匀度没有显著差异（Mann-Whitney 检验，$p>0.05$）；Navie Bayesian Classifier 分析表明，矿区土壤微生物群落分为 63 个门，228 个纲；RDP 分类分析表明，矿区土壤微生物群落组成复杂，是以往传统分子生物学方法所不能揭示的；NMDS 和 ANOSIM 表明，各个点位表层和亚表层土壤微生物群落结构较为相似，无显著差异。

4.3　水培条件下钒对藻类生长的影响

钒是人体必需的微量元素之一，对人体的正常代谢有促进作用，但吸入过量会对人体产生一定的毒害作用，根据我国现行的毒性分级方法（LD_{50}），钒为中毒性到高毒性（滕彦国等，2011）。钒污染的水体对初生植物体和水生生物也有明显的毒性作用（WHO，1990、2001），如水螅虫生活在钒浓度为 2 $mg \cdot L^{-1}$ 的水中，10 天后其种群数量就会急剧下降（Jie et al.，2001）。而近年来，我国的钒生产速度极快，因此其生产过程中造成的环境污染及其对生物体的危害需要引起重视。

藻类作为水生生态系统的初级生产者，处于生态系统食物链的始端，对污染物反应灵敏，所以通常用藻类等水生生物作为受试对象对进入水体的污染物进行生物毒性监测和环境安全评价（Farré et al.，2009；王江雪等，2008）。应用模式生物对重金属耐受性及解毒机理的研究也已经取得一定进展（毕东苏和钱春龙，2007），但是关于钒对藻类生长的毒性效应尚不明确。本节以不同钒浓度的霍格兰培养液中的藻类为研究对象，以藻类的密度、干重和对营养元素的吸收能力为指标，探讨钒对藻类生长的毒性效应，对于受钒污染的水体环境的生物监测有一定的参考价值。

4.3.1　材料与方法

实验材料为紫花苜蓿水培营养液中的藻类。紫花苜蓿种子由成都禾盛草业有限公司提供。培养液为改良的霍格兰营养液（Hoagland and Arnon，1938）。本实验设置了 5 个不同的钒浓度，分别是 0 $mmol \cdot L^{-1}$、0.05 $mmol \cdot L^{-1}$、0.1 $mmol \cdot L^{-1}$、0.5 $mmol \cdot L^{-1}$ 和 1.0 $mmol \cdot L^{-1}$（钒以分析纯偏钒酸钠溶液的形式加入），每个浓度设置 3 个平行样品。

紫花苜蓿种子在 25～30℃条件下发芽 5 天后，转入 1/2 霍格兰营养液育苗 4 天，再转入全霍格兰营养液育苗 4 天。将长势一致的幼苗放入含已添加不同钒浓度营养液的 500 mL 广口瓶中培养，每瓶 4 株。紫花苜蓿生长 10 天左右，各营养液中有藻类出现。在紫花苜蓿的培养过程中，营养液的配制采用去离子水，所使用的容器均经过酸洗，因而营养液中出现的藻类可能均通过空气传播而来（刘国祥和胡征宇，2001）。为观察藻类的生长，培养期间不更换营养液。紫花苜蓿由于营养缺乏等原因，生长缓慢，在培养一段时间后，高浓度钒处理的紫花苜蓿陆续死亡，因而将全部紫花苜蓿从营养液中移除，继续观察营养液中藻类的变化，继续培养一段时间后，收获所有藻类。

藻类的鉴定：取适量培养液做成临时玻片，于光学显微镜（OLYMPUS CX31 型生物显微镜，×400）下进行鉴定和计数，鉴定参考胡鸿钧和魏印心（2006）的方法。

藻类干重的测定：将培养液倒入具质量已知的定量滤纸的大漏斗中过滤，先用去离子水冲洗数次，再用 20 mmol·L^{-1}EDTA-2Na 冲洗 3 次，清除吸附于藻类表面的营养元素，再用去离子水清洗数次。过滤完毕后，将滤纸连同藻类一同置于 75℃烘箱中烘至恒重。同时放置 3 张同一规格滤纸，置于 75℃烘箱中烘至恒重。差减法计算藻类生物量。

藻类对营养元素的吸收：烘干的藻类经 HNO_3-$HClO_4$ 消解后，采用原子吸收（美国 PerkinElmer AAS800）测定铜、镁、锰、锌四种营养元素的含量。

4.3.2　营养液 pH、电导率和氧化还原电位的变化

不同钒浓度的营养液 pH 变化范围是 4.85～9.57，电导率的变化范围是 1.033～1.489 mS·cm^{-1}，氧化还原电位的变化范围是 451.6～758.7 mV（图 4.10）。随着营养液中钒浓度的增加，营养液的 pH 和电导率的变化趋势类似，当钒浓度从 0 mmol·L^{-1} 增加到

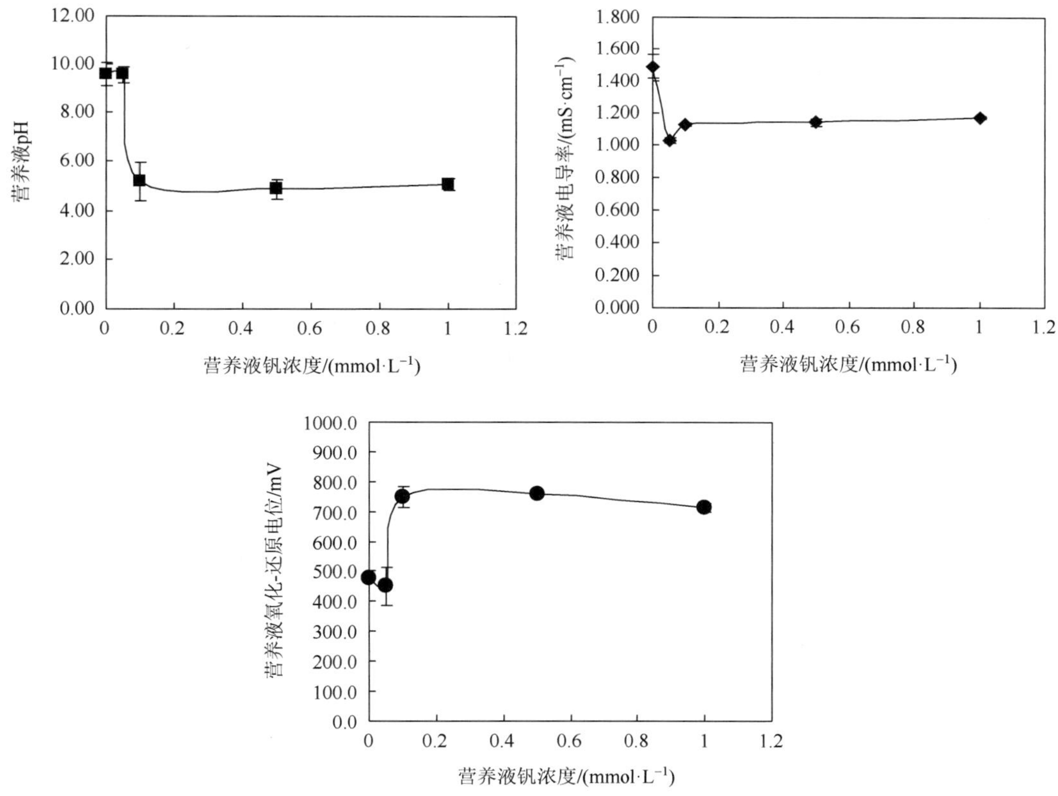

图 4.10　不同钒浓度的营养液 pH、电导率和氧化还原电位的变化

0.1 mmol·L^{-1}时，营养液 pH 和电导率减小，而氧化还原电位随钒浓度的增加其变化趋势与 pH 和电导率的变化相反。钒浓度高于 0.1 mmol·L^{-1}之后，营养液的 pH、电导率和氧化还原电位均趋于稳定。

4.3.3　不同钒处理浓度条件下藻类种类的变化

对照组（无外源钒）溶液中，容器壁附着藻类（其他浓度样品容器壁无藻类附着），藻类种类相对较多，有绿藻门绿球藻属藻类、小球藻属藻类和双色藻属藻类。0.05～1 mmol·L^{-1}钒处理的样本，都是以小球藻属藻类为主，也有少量绿球藻属藻类。0 mmol·L^{-1}、0.05 mmol·L^{-1}、0.1 mmol·L^{-1} 钒浓度样本中，发现带鞭毛的绿球藻属藻类的动孢子，而 0.5 mmol·L^{-1}和 1.0 mmol·L^{-1}钒浓度中则未发现。上清液中小球藻个体小，而沉淀物中还有其他藻类，个体大，颜色深，如绿球藻属藻类。不同钒浓度的培养液上清液颜色不一，推测钒浓度越大上清液越浑浊（绿色）的原因是钒对相同培养液中的藻类组成有影响。钒浓度越大，藻类组成越单一，以小球藻属藻类为主，个体小，浮游，所以钒浓度越大，浮游小球藻越多，营养液越浑浊；钒浓度越小，藻类组成相对越丰富，有个体更大的绿球藻属藻类沉积到底部，上清液则越清澈（图 4.11）。此外，对照组溶液中的藻类多黏结在一起（图 4.12），可能的原因是有些绿藻有胶被，容易黏结，这也可能是因为容器壁上附着藻类。

图 4.11　不同钒浓度营养液中的藻类

从左到右钒浓度依次为 0 mmol·L^{-1}、0.05 mmol·L^{-1}、0.1 mmol·L^{-1}、0.5 mmol·L^{-1}、1.0 mmol·L^{-1}

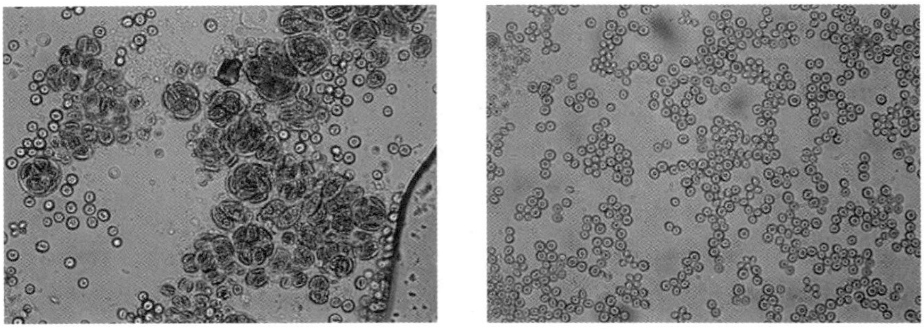

0 mmol·L^{-1}　　0.05 mmol·L^{-1}

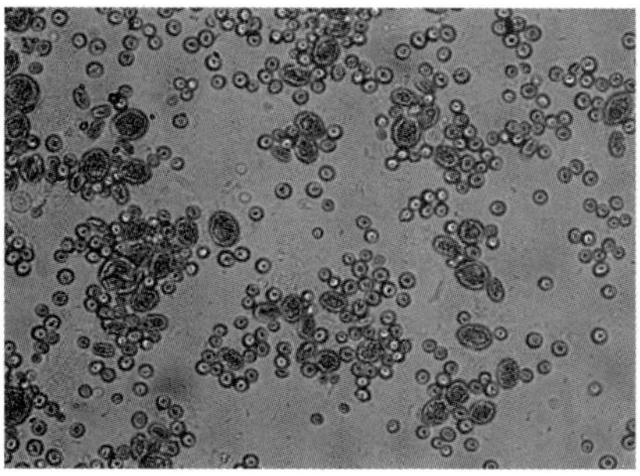

0.1 mmol·L^{-1}

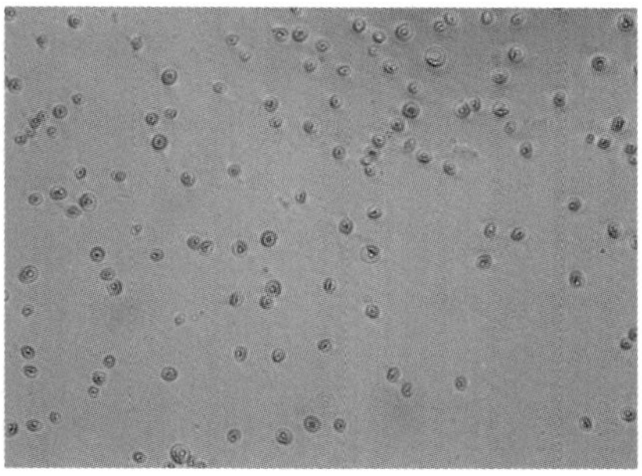

0.5 mmol·L^{-1}

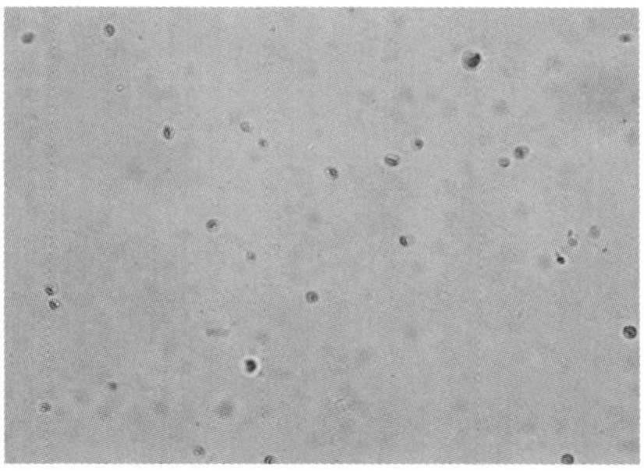

1 mmol·L^{-1}

图 4.12　不同钒浓度的营养液中藻类的光学显微镜照片（×400）

4.3.4　藻类细胞密度随钒浓度的变化

图 4.13 显示了不同钒浓度的营养液中藻类细胞密度的变化，其中藻类密度以单位体积的营养液中所含的藻类细胞个数表示。藻类细胞密度并没有随着钒浓度的增加而呈现减小的趋势，反而对照组藻类细胞密度最小，出现这种现象的原因可能是此时藻类生物多样性高，种类更丰富，出现了绿藻属的一些细胞个体较大的藻类。由此推测，藻类细胞密度可能无法显示出钒对藻类生长的抑制作用，但钒可能会抑制藻类群落的生物多样性。

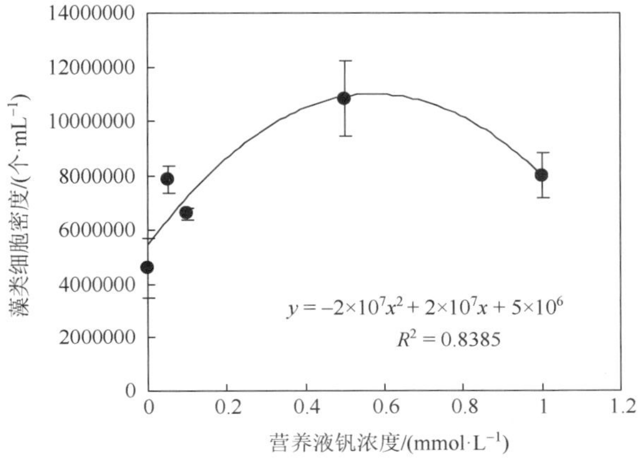

图 4.13　钒对藻类细胞密度的影响

4.3.5　不同钒浓度的营养液中藻类干重

从不同钒浓度的营养液中藻类干重的变化可以看出，随着营养液中钒浓度的增加，藻类的生长受到抑制，其干物质质量逐渐减少（图 4.14）。当钒浓度＜0.01 mmol·L^{-1}时，藻类干重减小不显著；当钒浓度达到 0.1 mmol·L^{-1}时，藻类受钒的毒害开始变得显著（此时藻类的干重比不施钒的对照减少了 84.2%），之后，随着钒浓度的不断增加，藻类干重的减少趋于稳定。钒浓度为 0.5 mmol·L^{-1}和 1.0 mmol·L^{-1}时，藻类干重比不施钒的对照分别减少了 90.0%和 91.2%。

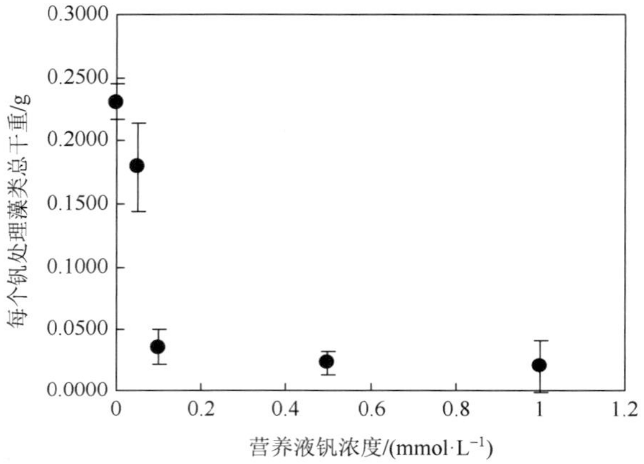

图 4.14　钒对藻类干重的影响

4.3.6　不同钒浓度的营养液中藻类对营养元素的吸收

锌是藻类光合作用和代谢相关酶的组成成分，是藻类生长的必需元素（张铁明，2006），但当其浓度达到一定限度时也可能对藻类的生长产生毒害，锌过量或缺乏都可能抑制藻类细胞的生长，具体情况根据藻种类的不同而不同（胡晗华等，2003）；铜是细胞色素氧化酶及活性氧清除酶系的组成成分，也在质体蓝素（Plastocyanin）中参与光合电子传递（Raven et al.，1999）；锰是浮游植物不可缺少的微量元素，是藻类代谢活动中一些酶的活化剂，缺锰会影响藻类对硝酸盐的利用，同时水的光解需要锰的参与，锰也是叶绿体的构成成分，水体中一定浓度的锰可促进浮游藻类的生长，浓度过高也会对藻类的生长产生抑制作用，这同样是根据藻种类的不同而异（刘国祥和胡征宇，2001）；镁是叶绿素的组成成分之一，不仅影响光合作用，也在发酵和呼吸过程中活化一些酶，对碳水化合物的转化起着作用（李林等，2012）。

图 4.15 显示了不同钒浓度的营养液中藻类对锌、铜、锰、镁 4 种营养元素的吸收情况。随着营养液中钒浓度的增加，一定浓度范围内，藻类营养元素 Zn 的含量有增加的趋势，但是当钒浓度高于 0.5 mmol·L^{-1} 时，锌的含量反而下降；铜的含量则在一定钒浓

度范围内有减少的趋势，同样是当钒浓度高于 0.5 mmol·L^{-1}时，铜的含量有所增加；随着钒浓度的增加，藻类锰的含量持续增加；镁的含量变化与钒浓度变化无显著性相关，但是各钒浓度处理条件下，藻类镁的含量均显著低于对照。由此可见，在一定范围内，钒对藻类吸收积累锌、锰有促进作用，而对藻类吸收积累铜、镁则有抑制作用。

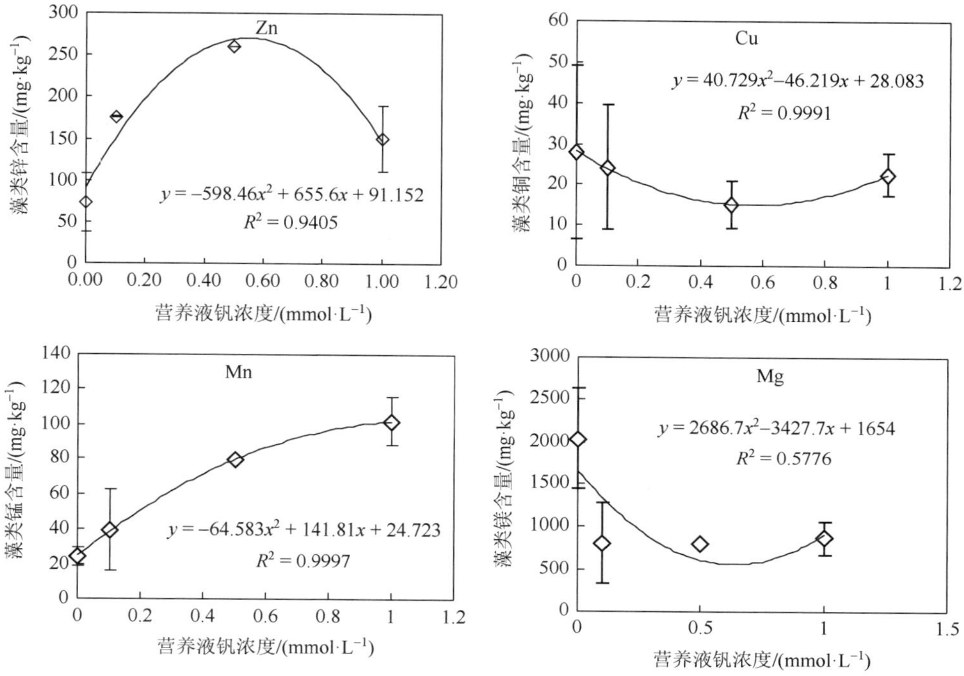

图 4.15 钒对藻类吸收营养元素的影响

4.3.7 小结

钒对藻类生长的影响显著。钒降低藻类群落的生物多样性。随着钒浓度的增加，藻类干重逐渐减少，即钒会抑制藻类的生长，钒浓度为 0.1 mmol·L^{-1} 时，藻类干重减少幅度最大，比不施钒的对照减少 84.2%，之后藻类干重的减少趋于稳定。在一定浓度范围内（<0.5 mmol·L^{-1}）时，钒可以促进对藻类吸收积累锌、锰，而抑制藻类吸收积累铜、镁。这些结论可为利用藻类监测受钒污染水体的环境状况提供参考依据。

藻类作为初级生产者，其生长状况是对环境因素的综合反映，可以影响藻类生长的环境因素多种多样，本节初步探讨了钒对其生长的影响，还有很多方面需要进一步讨论，如紫花苜蓿对藻类生长的影响、营养液中藻类的来源以及钒影响藻类吸收营养元素的机制等。

4.4 钒的人体细胞毒性

对钒的毒性认识的加深，离不开各种尺度下的毒理学试验资料的积累。从时间尺度上讲，包括长期毒性试验、中长期毒性试验、急性毒性试验；从受试对象层次上讲，包括种群毒性、个体毒性、组织器官毒性、细胞毒性、分子（基因）毒性；从暴露方式上讲，包括呼吸道暴露、摄食暴露、皮肤暴露、肌肉或血液注射等。从毒性结果上可以研究三致效应（致癌、致畸、致突变），从化合物形态上可以研究不同价态、不同化合物结合状态（有机物结合与否）等情况下钒的毒性。

随着钒工业的发展及钒的广泛应用，人类暴露于钒污染的环境中的概率大大提升。有关钒对人体的作用还没有明确的表述，毒性研究开始使用哺乳动物的细胞进行（Zwolak et al.，2014；Klein et al.，2008；Holko et al.，2008）。与传统的动物毒理学实验相比较，细胞毒理实验因成本低、周期短、结果可靠而被广泛应用。已有细胞被用于关于钒的毒性机理研究，然而用人体结肠癌系细胞（Caco-2 细胞）作为钒毒性研究对象的，未见报道。食物或者饮用水中的钒化合物，经过肠道吸收进入人体，在此过程中，肠腔上皮细胞暴露于钒化合物中，然而钒对该细胞是否有毒害作用，或者毒害作用强烈程度目前还不是很清楚。Caco-2 细胞取自人体肠腔上皮细胞，这一同源细胞可以很好地用于回答上面的问题。

本研究将 Caco-2 细胞作为受试对象对钒毒性进行评估，同时对四价钒（硫酸氧钒）和五价钒（原钒酸钠）化合物进行毒性评价。在不同浓度范围内（0.01 $\mu mol \cdot L^{-1}$、0.1 $\mu mol \cdot L^{-1}$、1 $\mu mol \cdot L^{-1}$、10 $\mu mol \cdot L^{-1}$、100 $\mu mol \cdot L^{-1}$、1000 $\mu mol \cdot L^{-1}$）评价钒的细胞毒性。选取了抗氧化酶中的超氧化物歧化酶和谷胱甘肽过氧化物酶作为指标；同时以吸收量、形态毒性观察和四唑盐（MTT）指标作为补充，研究钒化合物对细胞的毒性。选取超氧化物歧化酶作为量化指标，分别研究 6 h、12 h 和 24 h 暴露条件下四价钒和五价钒的毒性特点，并比较硫酸氧钒和原钒酸钠在相同的指标体系下的毒性强度。

4.4.1　材料与方法

4.4.1.1　细胞培养

将 Caco-2 细胞（中国科学院上海生命科学研究院）复苏，在底面积为 25 cm^2 的斜口透气的细胞培养瓶内培养一周。根据细胞不同生长周期及时更换培养液，当细胞单层形成后约每两天更换一次培养液。培养液选取 DMEM（dulbecco’s modified eagle’s medium）培养基，加入胎牛血清使其浓度达到 20%，加入双抗（青霉素 100 $U \cdot mL^{-1}$、裂霉素 100 $U \cdot mL^{-1}$）。

细胞培养于六孔板内，待成熟后用不同浓度的钒化合物与培养基混合液培养细胞 24 h，去除培养液。用磷酸盐缓冲液（PBS）冲洗细胞三次，收集全部细胞，用 1∶5 的过氧化氢和硝酸，消煮至澄清，测定钒浓度。细胞正常传代 3～8 次转接到六孔板内培养，当细胞单层形成开始，可测定碱性磷酸酶（AKP）活性，待酶活性稳定后投加钒溶液做不同钒浓度梯度处理。

培养基中含有酚红，根据培养液的颜色可以判断酸碱性，酸性时呈现黄色，中性时呈现桃红色（图 4.16 上面三孔），碱性时呈紫红色（图 4.16 下面三孔）。配制好的 $VOSO_4$

和 Na_3VO_4 过 0.22 μm 的水系滤膜除菌。超氧化物歧化酶（SOD）是一种能够催化超氧化物通过歧化反应转化为氧气和过氧化氢的酶。它广泛存在于各类动物、植物、微生物中，是一种重要的抗氧化剂，保护暴露于氧气中的细胞（高巍，2010）。谷胱甘肽过氧化物酶（GSH-Px 或 GPx）是对具有过氧化物酶活性（主要生物作用是使生物体免受氧化伤害）的酶家族的通用名。这些酶都是金属酶，每分子含有 4 个硒原子，辅酶为 NADPH（周玫和陈瑗，1985）。谷胱甘肽过氧化物酶在生物体中起到脱毒作用，主要生物功能是将脂类过氧化物还原为相应的醇，并将游离的过氧化氢还原为水，同时催化谷胱甘肽转变为氧化型。碱性磷酸酶（AKP）、总超氧化物歧化酶（T-SOD）、谷胱甘肽过氧化物酶（GSH-Px）采用南京建成试剂盒方法测定。钒毒性采用 MTT 毒性试验酶标仪法测定。四价钒和五价钒采用磷酸钨酸钠法分别在 510 nm 和 420 nm 处测定吸光度值（Aureliano，2014）。

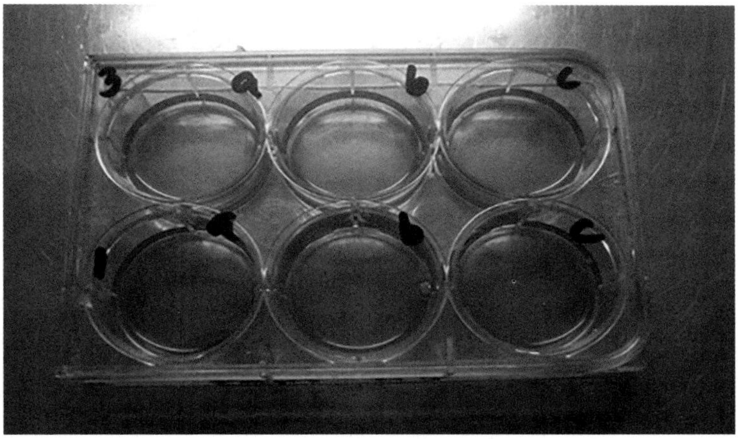

图 4.16　不同浓度的钒对培养基 pH 的影响（彩图见附图）

4.4.1.2　氧化还原试验

分别配制已知浓度的四价钒和五价钒溶液，与培养基按照一定比例混合，制成已知浓度的钒和培养基混合液。在已知 400～600 nm 范围内测定吸光度曲线，接种细胞并培养数天后，和无菌的样品比较吸光度曲线的差异，从而测定四价钒和五价钒浓度。

4.4.2　细胞酶活性

4.4.2.1　酶活性和钒浓度的关系

用不同浓度的钒化合物（$VOSO_4$、Na_3VO_4）溶液与细胞培养基（DMEM）按照 1∶20 混合，配制成所需浓度，暴露给发育成熟的 Caco-2 细胞，24 h 后定量吸取培养液测定其中的酶活性指标，结果见图 4.17。随着钒化合物浓度增加（无论五价钒还是四价钒），细胞培养液中的 T-SOD 的活性降低，GSH-Px 活性增强。

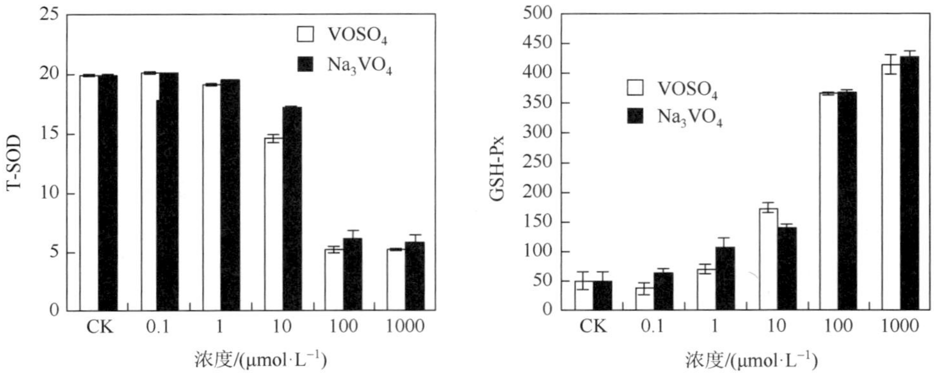

图 4.17　抗氧化酶活性剂量学研究结果

暴露于四价钒（$VOSO_4$）的细胞，经过 24 h 培养，细胞培养液中 T-SOD 活性，在 0.1 μmol·L^{-1} 和 1 μmol·L^{-1}$VOSO_4$处理时与对照（CK）组差异不显著（$p>0.05$）；在 10 μmol·L^{-1} 的浓度下 T-SOD 活性显著降低（$p<0.05$）；在 100 μmol·L^{-1} 和 1000 μmol·L^{-1}$VOSO_4$处理下活性降低到更低的水平，然而 100 μmol·L^{-1} 和 1000 μmol·L^{-1} 这两组处理之间的差异不显著（$p>0.05$）。经过 24 h 培养，细胞培养液中 GSH-Px 活性，在 0.1 μmol·L^{-1} 和 1 μmol·L^{-1} $VOSO_4$处理下，与对照组差异不显著（$p>0.05$）；在 10 μmol·L^{-1}、100 μmol·L^{-1} 和 1000 μmol·L^{-1} 浓度下，活性显著增加（$p<0.05$）。

暴露于五价钒（Na_3VO_4）的细胞，经过 24 h 培养，细胞培养液中 T-SOD 活性与四价钒暴露呈现相同的特点。细胞培养液中 GSH-Px 活性，在 0.1 μmol·L^{-1}Na_3VO_4浓度下，与对照（CK）组差异不显著（$p>0.05$）；在 1 μmol·L^{-1}、10 μmol·L^{-1}、100 μmol·L^{-1} 和 1000 μmol·L^{-1} Na_3VO_4浓度下，活性显著增加（$p<0.05$）。

综合这两种抗氧化酶指标的结果分析，当钒浓度达到 10 μmol·L^{-1} 时，酶活性与对照组相比有显著差异，而在 1 μmol·L^{-1} 时变化不明显，表明这两种钒化合物对 Caco-2 细胞抗氧化酶的最小有效剂量为 1～10 μmol·L^{-1}。钒浓度 1000 μmol·L^{-1} 已经达到此方法的最高浓度（Mochizuki et al.，2011），更高浓度的钒显著改变培养基的 pH 且细胞无法正常生长。在 1000 μmol·L^{-1} 的浓度下细胞培养液的颜色发生了肉眼可见的改变，经过培养后的细胞贴壁性明显变差，且大量细胞死亡。

通过以上分析得出，这两种钒化合物对 Caco-2 细胞抗氧化酶的剂量-效应反应研究，最佳浓度范围是 10～100 μmol·L^{-1}。浓度太小（小于 10 μmol·L^{-1}）时酶活性变化不显著；浓度太大（大于 100 μmol·L^{-1}）时出现大量死细胞，脱离细胞培养瓶壁，悬浮于细胞培养液中，继而影响培养液中酶活性测定。

为研究四价钒和五价钒对细胞酶活性影响的差异，选取 10 μmol·L^{-1} 和 100 μmol·L^{-1} 点的数据做线性内插，分别算出两种酶和两种化合物的 EC_{400} 和 IC_{50}（表 4.5）。其中 EC_{400} 表示酶活性达到对照组 400%的水平时，所需要钒化合物的等效浓度。IC_{50} 表示酶活性被抑制到对照组 50%的水平时，所需要钒化合物的浓度。无论是 EC_{400} 还是 IC_{50}，四价钒的浓度都比五价钒的浓度低，即酶活性达到相同的水平，四价钒用更低的浓度水平就可以实现。这说明在这两种酶活性刺激/抑制方面，四价钒的作用较五价钒更强。

表 4.5　酶活等效浓度计算值

化学品	GSH-Px EC_{400}/(μmol·L^{-1})	T-SOD IC_{50}/(μmol·L^{-1})
Na_3VO_4	34.0	67.6
$VOSO_4$	22.4	54.0

4.4.2.2　酶活性动力学

比较预实验结果，T-SOD 平行之间差异较小、酶活性稳定易得，因此将它作为酶活性动力学研究指标，在不同浓度下 6 h、12 h 和 24 h 分别测定酶活性（图 4.18）。

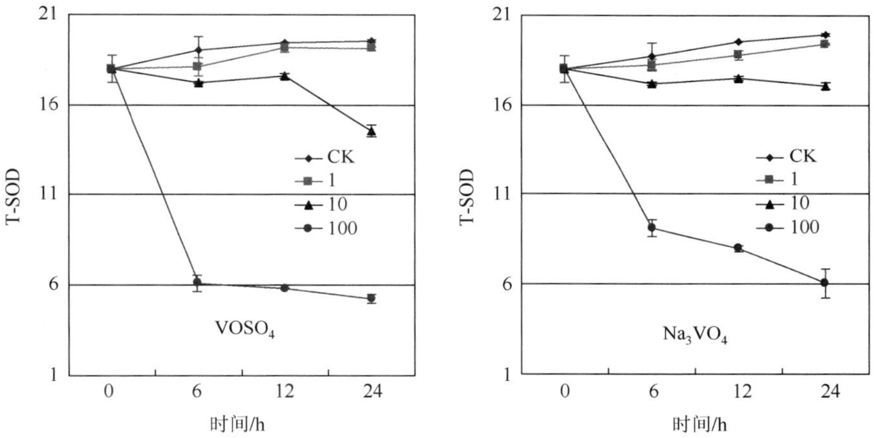

图 4.18　酶活性动力学研究结果（μmol·L^{-1}）

在对照（CK）组中，随着时间的推移 T-SOD 的活性略有升高，这可能是因为细胞的正常生长繁殖导致 SOD 活性增加，进而在培养液中积累。在钒暴露的情况下 SOD 活性呈现不同的特点：低浓度（1 μmol·L^{-1}）下酶活性变化不明显，与对照相比略有降低；中浓度（10 μmol·L^{-1}）下酶活性呈现阶段性特点，0～6 h 酶活性下降，6～12 h 酶活性恢复性回升，12～24 h 酶活性下降；高浓度（100 μmol·L^{-1}）下酶活性持续下降，0～6 h 急剧下降，6～24 h 下降速度放缓。

分析可能的原因，低浓度钒对细胞 SOD 活性影响不明显，因而总体上同对照组趋势相同，SOD 活性缓慢升高；中等浓度情况下，细胞在受到钒刺激时有一个适应性恢复的过程，最开始酶活性降低（急性刺激阶段），中段细胞有所适应，酶活性略有恢复（慢性适应阶段），随处理时间继续增加酶活性继而下降（中长期刺激阶段）；高浓度钒刺激下，细胞没有恢复的能力，酶活性持续降低，分为急性下降阶段和缓慢下降阶段。

比较四价钒和五价钒对细胞 SOD 刺激动力学过程，两种化合物在各浓度条件下呈现相同的影响趋势——细胞 SOD 活性在低浓度钒处理时上升；中浓度钒处理时较为复杂，是毒害和细胞适应同时作用的结果；高浓度钒处理时细胞 SOD 活性分两阶段下降。高浓度钒处理情况下，四价钒比五价钒对 T-SOD 的抑制程度强，T-SOD 出现最低值的时间更早。

4.4.3 细胞吸收及毒性指标

4.4.3.1 细胞对钒的吸收

总体而言，细胞对四价钒和五价钒的吸收量均随钒处理浓度增加而增加（表 4.6）。相同浓度下细胞对四价钒的吸收量比五价钒高。

表 4.6 不同浓度钒暴露培养 24 h 细胞吸收量

浓度/(μmol·L^{-1})	Na_3VO_4/(ng·孔$^{-1}$)	$VOSO_4$/(ng·孔$^{-1}$)
1000	2020±34	2170±108
100	601±53	959±39
10	123±5	212±16
1	30±0.3	40±2
0.1	25±2	28±3
0.01	—	11±2
0	12±1	12±1

注：“—”表示未测试。

4.4.3.2 MTT 毒性结果

MTT 毒性试验是细胞毒性试验中较为常用的方法，它通过吸光度值的大小来表征细胞的活性强弱，吸光度越大表示细胞活性越强。五价钒对细胞的毒性随着浓度的增加而变大，吸光度值与浓度呈单调递减的规律（图 4.19）。四价钒对细胞的毒性比较特别，在较低浓度和较高浓度下毒性较大，在 1 μmol·L^{-1} 的浓度时毒性最小，细胞活性最大（吸光度值最大）。另一批次利用四价钒做的 MTT 试验呈现相同的非单调结果（图 4.20）。

比较四价钒和五价钒 MTT 毒性差别发现，在相同浓度条件下，四价钒处理后细胞活力（吸光度值小）弱于五价钒处理后的细胞活力（吸光度值大），表明四价钒对细胞的毒性大于五价钒对细胞的毒性。对钒浓度值取对数后进行拟合，五价钒、四价钒与细胞活性的二次函数拟合得到较好的结果，相关系数分别达到 0.9354 和 0.9628。

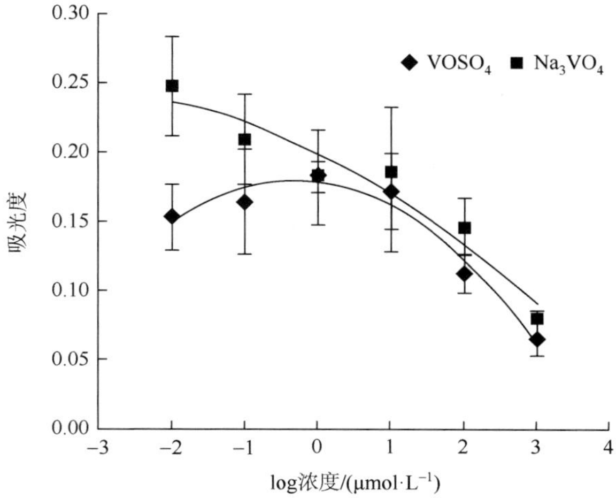

图 4.19　四价钒与五价钒 MTT 试验取对数结果

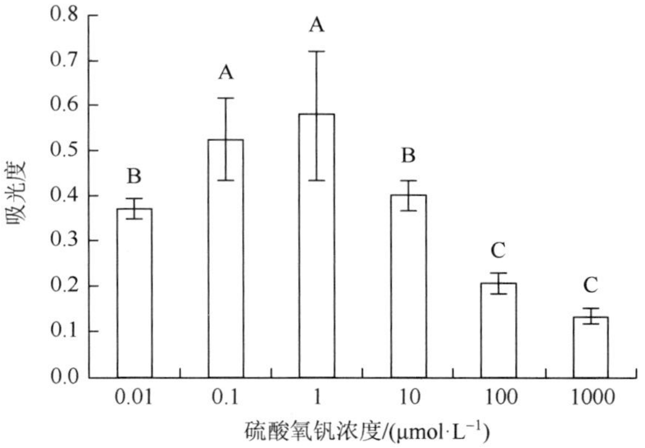

图 4.20　硫酸氧钒 MTT 试验结果

较低浓度的四价钒化合物对细胞的毒性较强是一个不符合常规毒理学假设的结果，经典毒理学认为任何化学品的毒性都是剂量所决定的，剂量越小毒性或者影响越小，当剂量达到一定的程度时任何化学品都是有毒害作用的。即浓度大（剂量大），一定比浓度小（剂量小）的情况毒性大。根据经典毒理学理论，硫酸氧钒对细胞的毒性应该与浓度呈现单调性关系。然而越来越多的试验结果不符合经典的毒理学的这个重要假设，2012 年一篇综述系统全面地总结了各个领域的非线性毒理学结果（Vandenberg et al.，2012），其中细胞试验的大量结果被引用，可见细胞试验中出现非单调结果较为普遍。

综合分析硫酸氧钒低剂量大毒性的原因有以下可能：

（1）硫酸氧钒可能具有内分泌物质干扰作用（Vandenberg et al.，2012），以催化剂的形式参与或者干扰重要生理活动，所以即使是较小的含量也可以产生重大影响；

（2）硫酸氧钒在低浓度下，形成高度聚合物的可能性较小（Aureliano，2014；Aureliano，2011），从而更直接参与生化反应；

（3）硫酸氧钒在低浓度下，发生氧化还原反应的可能性较大，价态或者其他化学形态改变的可能性较大。

4.4.4 细胞形态指标

4.4.4.1 细胞生长过程

贴附并伸展，这是大多数体外培养细胞的基本生长特点。除悬浮型细胞外，大多数细胞都可贴附在某些支持物上，并逐渐伸展而形成一定的形态。细胞在接种后很快便可见到细胞以伪足附着，与支持物形成一些接触点，接着细胞逐渐呈扁平或放射状地伸展开，逐渐形成上皮型或成纤维型或其他类型。细胞的贴附和伸展受一些因素的影响，如缺少附着因子、生长因子、离子作用、温度、培养液的流动过快等，特别是小牛血清和钙、镁离子对细胞贴壁影响更为明显。

培养瓶、培养皿中细胞过少或过密都会影响细胞的生长、增殖。当细胞贴附生长、汇合成单层时，细胞变得较为拥挤，而扁平形状的程度减少，与培养液的接触面减少，同时，培养液中的一些营养物逐渐被消耗掉，此时形成单层的细胞分裂活动停止，须马上换液传代，否则将影响细胞生长增殖。这种生长特性为密度依赖性调节。另外，细胞过少，培养液与细胞的容积太大，会影响细胞增殖。若培养液中的 pH 为碱性，则细胞生长受到抑制，甚至会脱落死亡（程宝鸾，2006）。

Caco-2 细胞属于贴壁上皮型细胞，随着细胞的生长，Caco-2 细胞会从培养液中贴到培养瓶底部并且开始融合，最终形成单层膜结构。图 4.21 表示细胞生长的不同时期，图 4.21（a）表示细胞悬浮在培养基中，图 4.21（b）表示细胞沉底并且和培养瓶有所粘连，图 4.21（c）表示细胞开始横向生长，形状从圆形变为不规则形，细胞扁平化完成，

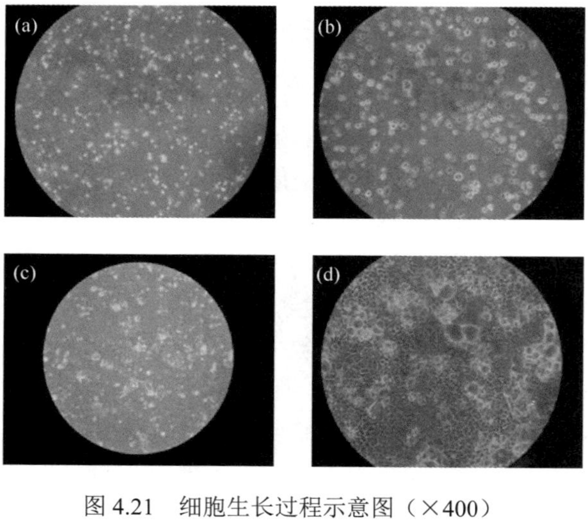

图 4.21　细胞生长过程示意图（×400）

（a）细胞传代最开始悬浮在培养液中；（b）细胞刚开始贴壁，附着于培养瓶壁；（c）细胞贴壁完成，开始横向生长；（d）细胞横向生长完全融合，单层膜形成

图 4.21（d）表示细胞融合完成，细胞之间彻底连成片，细胞单层结构完成，细胞绒毛开始生长。当细胞绒毛开始生长，细胞会分泌碱性磷酸酶，培养液中碱性磷酸酶会积累，碱性磷酸酶活性会经历一个先增多然后平稳的过程，当碱性磷酸酶活性达到一定值时代表细胞分化完全，细胞已经成熟了，此时可以进行一系列其他实验。

4.4.4.2　钒暴露前后细胞形态对比

用不同浓度的钒化合物（硫酸氧钒、原钒酸钠）溶液与细胞培养基（DMEM）按照 1∶20 混合，配制成所需浓度，暴露给发育成熟的 Caco-2 细胞。培养 24 h 后用显微镜观察，当钒浓度为 0.1 μmol·L^{-1}、1 μmol·L^{-1}、10 μmol·L^{-1} 时细胞形态学与对照没有可观察到的差别；当钒浓度达到 100 μmolL^{-1} 时在放大倍数为 400 倍时细胞发生可观察的改变；当钒浓度达到 1000 μmol·L^{-1} 时细胞形态发生显著改变。在细胞受到较大的毒害时，细胞的贴壁性下降、细胞单层结构被破坏、出现斑驳脱落，伴随着大量细胞死亡。进一步观察，细胞体积变小，细胞之间的联系减弱（图 4.22）。这说明当钒的浓度达到 1000 μmol·L^{-1} 时细胞已经无法正常生长，大量细胞死亡。

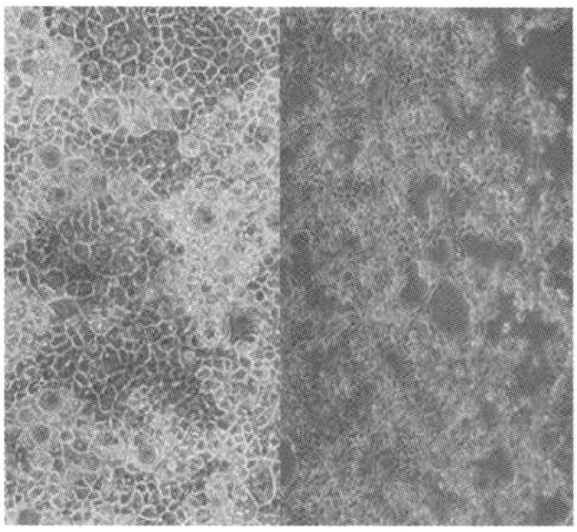

0 μmol·L^{-1}　　1000 μmol·L^{-1}

(a)

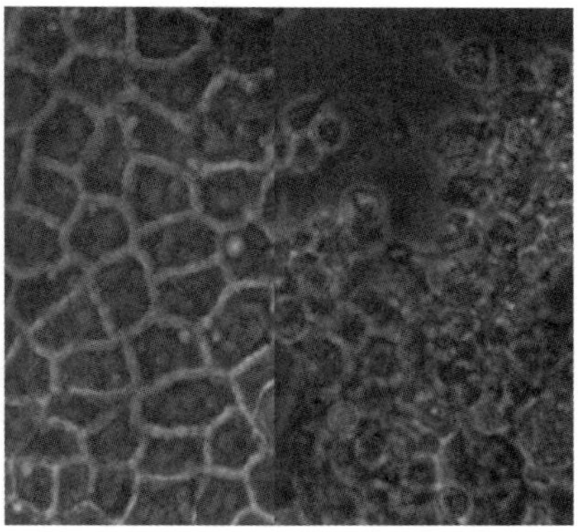

0 μmol·L^{-1}　　1000 μmol·L^{-1}

(b)

图 4.22　硫酸氧钒 48 h 细胞形态学毒性

（a）×100；（b）×400

4.4.5　同时测定培养基中四价钒和五价钒的方法研究

有文献（邝贵赢等，1980）表明四价钒和五价钒在酸性条件下和钨酸钠反应生成不同颜色的物质，根据这个化学性质，可以实现四价钒和五价钒的区分测定。四价钒显色呈现紫色，五价钒显色呈现黄色，在 400～600 nm 处作吸光度曲线可以看出差异：四价钒吸光度值在这个波长范围内变化不大，较为平稳；五价钒吸光度在这个波长范围内变化较大，400～480 nm 吸光度较为明显，510～600 nm 吸光度基本可以忽略（图 4.23）。

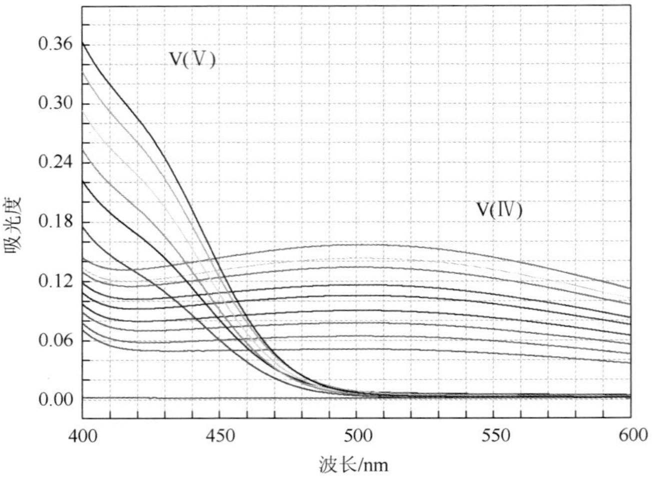

图 4.23　四价钒与五价钒显色后吸光度曲线

因此在 510～600 nm 选取一个波长测定，其吸光度全部由四价钒贡献，可以单独测定并计算得出四价钒的含量。在 400～480 nm 选取一个波长测定总的吸光度，用总的吸光度减去测定出的四价钒在此处等效吸光度，得到五价钒在此处贡献的吸光度值，即可计算出五价钒的含量。

510～600 nm 范围内波长选择原则：四价钒的吸光度值大，五价钒的吸光度值小，即它们之间的差异越大越好，选取 510 nm 较为合适。400～480 nm 范围内波长选择原则：钒浓度和吸光度有较好的相关性，通过试验对比 420 nm 是一个合适的值。

五价钒在 420 nm 记录吸光度值并绘制标准曲线 I，得到吸光度系数 A_1（0.0319 为实例中测试结果）；四价钒在 510 nm 和 420 nm 记录吸光度值并绘制标准曲线 II 和III，分别得到吸光度系数 A_2（0.0131）和 A_3（0.0107）（图 4.24）。

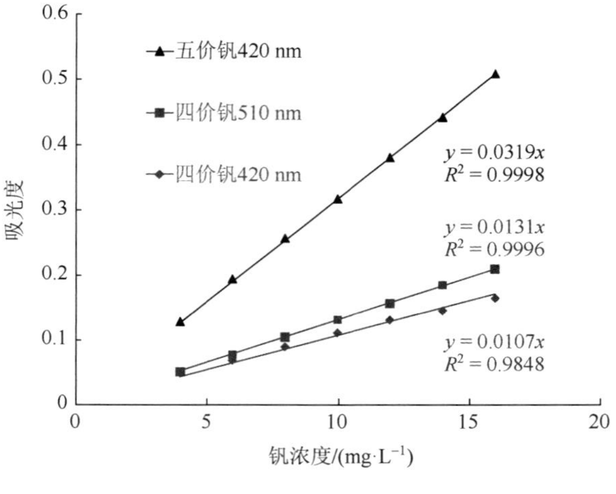

图 4.24　分光光度法同时测定四价与五价钒标准曲线

无菌培养基中含有已知浓度的四价钒或五价钒（400～1600 mg·L^{-1}），无菌操作接入已知菌种，培养 3～6 天。取样品 0.1 mL，加入 8.5 mL 去离子水中，然后加入 0.2 mL 浓硫酸、0.2 mL 浓磷酸、1 mL 磷钨酸应用液。摇匀静置显色 0.5～1 h，取上清液过 0.22 μm 水系滤膜。在 400～600 nm 范围内做吸光度曲线，并记录 510 nm 和 420 nm 处的吸光度值，分别记作 E_1 和 E_2。样品中四价钒的浓度 = E_1/A_2，样品中五价钒的浓度 = $(E_2-E_1)\times A_3/A_2/A_1$。

本研究实现了四价钒和五价钒在牛肉膏蛋白胨培养基中的同时测定，培养基中钒浓度在 400～1600 mg·L^{-1} 时，测定相对误差小于 10%。该方法为进一步研究 Caco-2 细胞对钒的氧化还原能力提供了有益的参考。

4.4.6　小结

将培养好的细胞分别暴露于浓度为 0 μmol·L^{-1}、0.1 μmol·L^{-1}、1 μmol·L^{-1}、10 μmol·L^{-1}、100 μmol·L^{-1}、1000 μmol·L^{-1} 的 $VOSO_4$ 和 Na_3VO_4 无菌溶液与细胞培养液中，按照 1∶20 混合液中培养 24 h，然后测定 T-SOD 和 GSH-Px 活性。同样的暴露条件下测定细胞内钒的吸收量、MTT 毒性，并且观察细胞形态毒理学指标。通过预实验选取 T-SOD 作为毒性动力学指标，研究了 6 h、12 h、24 h 酶活性变化。

在生物体内钒大多以四价存在，五价钒在进入细胞前很可能部分发生了还原反应，这势必影响对四价钒和五价钒毒性的单独评价结果。本研究通过分光光度法实现了四价与五价钒在培养基中的同时测定，为进一步探讨细胞对钒生物转化的影响提供了一种手段。

1）Caco-2 细胞钒中毒症状

当 Caco-2 细胞暴露于含钒培养基内时，细胞对钒有不同程度的摄取，摄取量多少主要取决于培养基中钒的浓度。当培养基中钒浓度高于 10 μmol·L^{-1} 时细胞抗氧化防御作用启动，酶活性在 6 h 内发生显著改变，钒化合物抑制细胞超氧化物歧化酶活性，促进谷胱甘肽过氧化氢酶活性。以酶活性为观察指标时，钒的最佳试验浓度范围是 10～100 μmol·L^{-1}。当培养基中钒浓度达到 100 μmol·L^{-1} 时，MTT 表征的细胞活性显著降低（细胞已经中毒）。当培养基中钒浓度达到 1000 μmol·L^{-1} 时，细胞贴壁性减弱，大量细胞死亡。

2）四价钒比五价钒对 Caco-2 细胞毒性强烈

Caco-2 细胞暴露于同等浓度的含有四价钒或五价钒的培养基中时，四价钒的摄取量高于五价钒。相同的暴露条件下，四价钒对酶活性的刺激/抑制作用高于五价钒。同等暴露条件下，四价钒对细胞活性（MTT 法表征）的抑制程度更强烈。综上所述，四价钒比五价钒更容易被 Caco-2 细胞摄取，因此四价钒对细胞的危险程度更高。

第5章　钒污染的人体健康风险

5.1　引　　言

工业的高速发展在促进经济社会发展和人口迅速增长的同时，也使得大量潜在的有害物质借由人类的生产生活活动被释放入环境中，从而带来了各种各样的环境问题，对生态系统乃至人类健康造成潜在的不利影响。因此，准确评估这些潜在有害物质可能对人体造成的危害，对于健康危害的预防和有害废物的正确管理等具有十分重要的意义。然而，在目前的污染物暴露危害和健康风险评估当中，更多的是将污染物在某一具体环境介质中的总浓度视为该污染物最终可作用于人体的量（Singh et al.，2018；Tepanosyan et al.，2017）。虽然这在一定程度上可以提高人们对污染物危害和风险的认识并指导人们尽可能合理规避污染物的危害，但也极有可能高估了污染物在人体内的实际暴露水平；而这种高估可能会干扰相关环境政策的导向，从而带来如环境污染治理成本的升高以及不必要的额外环境修复费用等问题（Pelfrêne et al.，2020）。因此，准确测定污染物实际可被人体吸收利用的部分（即具有生物有效性的部分）作为人体健康风险评估中关键性的一步，是当前环境健康研究领域需要探讨的重要问题之一（Tang et al.，2018）。通常获取污染物的生物有效性的方法主要为直接对特定人群的尿液、血液、乳汁、胎盘组织或其他人体组织中污染物的浓度进行测定，以便判断污染物在人体内的真实负荷水平（Jiang et al.，2019；Ma et al.，2017；Chen et al.，2014）。然而这种方法的局限性过高，一方面受限于复杂的伦理问题，另一方面样本的采集本身也十分困难，此外通过这种方法得到的测定结果虽然可以指示污染物在体内的暴露水平，然而无法区分各个暴露途径的贡献比例（Scheckel et al.，2009）。由于可以反映污染物的相对生物有效性，借助哺乳动物进行的活体实验逐渐被用于替代人体样本以评估污染物对人体的危害，然而这种方法既耗时费力、成本高昂，且仍不可避免面临着伦理挑战（Li et al.，2019；Pan et al.，2016）。借助鱼类等无脊椎动物的实验研究虽然比哺乳动物实验更易推广，但由于与人体实际生理结构差异巨大，测定结果很难真实地反映目标有害物质在人体内的消化吸收水平（Gaillard et al.，2014）。

近年来，人类生产生活活动加剧导致了人为源排放的钒在环境中不断累积，而当过量的钒在人体内蓄积时，则会对人体健康造成一系列危害。然而，相对于得到较多研究的常见阳离子型污染物如铅、镉等，关于阴离子型污染物钒对人体造成的健康风险的可用资料还较少，相关信息亟待补充。另外，目前大多数评估环境中污染物对人体的健康危害的研究是基于总量等指标且主要关注污染物的单一暴露途径，因此，需要建立更全面的评估钒危害的方法，并从多暴露途径以及针对不同目标人群进行更为全面和综合的健康风险评估。

为弥补当前对于环境中钒对人体健康的潜在危害认识的不足，本研究首先建立了人体体外全仿生消化方法，并借助该方法研究了不同环境介质中不同价态的钒经口暴露的生物可给性；此外还分析了赋存介质类型、消化酶、汗液和食物等因素对钒经口暴露生物可给性的影响。另外，为了更全面地了解钒的人体健康风险，针对呼吸吸入暴露途径以及皮肤接触暴露途径进入人体的钒的生物可给性进行了研究。之后，基于对多暴露途径下所得的钒的生物可给性，根据生产生活活动特点从职业暴露和一般暴露角度以及根据年龄段的差异从成人和儿童角度，选取适宜的暴露参数，对钒通过多暴露途径对不同目标人群造成的暴露风险及非致癌风险进行分析评估。

5.2　钒经口暴露的生物可给性

考虑到传统的人体样本测定或活体动物实验的局限性，研究者们开始寻找新的替代方案。通过对污染物在人体内的消化情况进行体外仿生模拟可以得到该环境介质中目标污染物经口暴露后能够被人体吸收的最大量，这在一定程度上决定了污染物最终的经口暴露生物有效性（Ruby et al.，1999）。由于操作简便、价廉高效且不涉及复杂的伦理问题，针对作为人体消化系统中主要部分的胃部和小肠的人体环境进行模拟的体外仿生消化方法得到了迅速的发展，并被应用在许多污染物危害评估当中（Tilston et al.，2011；Lopez et al.，2002）。目前已建立的体外仿生消化方法较多，且随后不同研究者根据具体研究目的对方法进行了一定的改进和调整，但主要还是对胃部和小肠二者或其中之一进行研究（Mokhtarzadeh et al.，2020；Karna et al.，2017；Intawongse and Dean，2006）。然而考虑到实际生理条件下人体的消化和吸收存在于包括口腔、胃部、小肠和大肠在内的整个消化系统以及血浆当中，因此本研究在总结和整理前人研究的资料的基础上，构建了模拟整个消化系统消化过程的体外全仿生消化方法，并将其用于不同介质中钒的经口生物可给性的研究。

5.2.1　体外全仿生消化方法的建立

不同研究对借助同一类仿生模拟方法所测得的生物可给性对应的人体消化场所之间存在着差异。例如，对于连续经过胃部和小肠消化后的仿生液中的污染物生物可给性，有的研究者将其视为污染物在“胃肠道”中的生物可给性（De Araújo et al.，2021）；而另有一部分研究者将其视为“肠道”中的生物可给性（Bolan et al.，2021）；还有研究者将其视为“小肠”中的生物可给性（Sultana et al.，2020）。这些概念上的差异可能是由各国语言以及研究者们所属具体研究领域之间的差异造成的。

以上这些现存的问题，可能会对体外仿生方法的合理应用造成一定的不利影响，因此本研究首先对相关的研究资料进行回顾和梳理，并在此基础上构建了符合本研究研究目的的体外仿生消化方法，然后将其应用于后续的研究中。这项工作不仅可以为本研究中体外仿生方法的合理建立奠定基础，还可为相关领域的其他研究者提供一定的借鉴和参考。

5.2.1.1　仿生液配方确立

目前各类研究中所使用的仿生消化液配方之间存在着差异。这一方面是由于不同研究所参考的原始体外仿生消化模拟方法最初是基于不同的研究目的而建立的，如荷兰公共卫生与环境国家研究院体外仿生消化法、基于生理的提取试验（PBET）、体外胃肠道法（IVG）以及欧洲统一生物可给性小组研究法（UBM）等使用了更接近于人体生理条件的仿生液配方，以便更为真实有效地模拟污染物在人体内的消化情况（Wragg et al.，2011；Oomen et al.，2002；Rodriguez et al.，1999；Ruby et al.，1993），而简化生物可给性提取试验（SBET）法则是为了获取更大的生物可给性数据，以免造成污染物风险评估结果偏低，所以通常这一方法所测得的生物可给性较实际情况更高（Medlin，1997）。另一方面，当这些模型被应用于其他相关研究中时，常常经过一定程度的修改或改进。

本研究首先参考目前更接近于人体生理成分和生理参数的仿生液配方（表 5.1），确立了用于本研究的口腔仿生液、胃仿生液以及小肠仿生液（由十二指肠仿生液和胆汁仿生液在消化过程中混合添加而成）（Wragg et al.，2011；Roussel et al.，2010）。这些配方经适当调整，从而使得配方组成和参数更接近于人体生理情况。具体主要包括进一步提高了十二指肠模拟液和胆汁模拟液中的碳酸氢钠的浓度，这是为了满足将小肠仿生液添加入胃液中时能快速完成模拟液混合体系由强酸性环境转变为碱性环境的酸碱度转化；另外，也将胆汁酸盐的浓度设定为更高的水平，从而与人体实际分泌的胆汁水平更为接近（Charman et al.，1997；Hörter and Dressman，1997）；此外，还调整了各仿生液配方中盐酸的添加量，从而使模拟液的酸碱度更接近人体生理指标。此外，为了对污染物在整个消化系统的消化情况进行探究，本研究还补充了大肠仿生液以及血浆仿生液（高理想，2016；周鸣等，2013）。

表 5.1　本研究仿生液成分及参数

	无机组分	有机组分	其他组分/活性组分	混合体系 pH
口腔仿生液	10 mL KCl 89.6 $g \cdot L^{-1}$ 10 mL KSCN 20 $g \cdot L^{-1}$ 10 mL NaH_2PO_4 88.8 $g \cdot L^{-1}$ 10 mL Na_2HPO_4 57 $g \cdot L^{-1}$ 1.7 mL NaCl 175.3 $g \cdot L^{-1}$ 1.8 mL NaOH 40 $g \cdot L^{-1}$	8 mL 尿素（25 $g \cdot L^{-1}$）	145 mg α-淀粉酶	6.5±0.5
胃仿生液	15.7 mL NaCl 175.3 $g \cdot L^{-1}$ 3.0 mL NaH_2PO_4 88.8 $g \cdot L^{-1}$ 9.2 mL KCl 89.6 $g \cdot L^{-1}$ 18 mL $CaCl_2 \cdot 2H_2O$ 22.2 $g \cdot L^{-1}$ 10 mL NH_4Cl 30.6 $g \cdot L^{-1}$ 8.3 mL HCl 37%（质量分数）	10 mL 葡萄糖（65 $g \cdot L^{-1}$） 10 mL 葡萄糖醛酸（2 $g \cdot L^{-1}$） 3.4 mL 尿素（25 $g \cdot L^{-1}$） 10 mL 氨基葡萄糖盐酸盐（33 $g \cdot L^{-1}$）	1 g 牛血清蛋白 1 g 胃蛋白酶 3 g 黏蛋白	1.07±0.07
十二指肠仿生液	40 mL NaCl 175.3 $g \cdot L^{-1}$ 40 mL $NaHCO_3$ 84.7 $g \cdot L^{-1}$ 10 mL KH_2PO_4 8 $g \cdot L^{-1}$ 6.3 mL KCl 89.6 $g \cdot L^{-1}$ 10 mL $MgCl_2$ 5 $g \cdot L^{-1}$ 180 μL HCl 37%（质量分数）	4 mL 尿素（25 $g \cdot L^{-1}$）	9 mL $CaCl_2 \cdot 2H_2O$ 22.2 $g \cdot L^{-1}$ 1 g 牛血清蛋白 3 g 胰酶 0.5 g 脂肪酶	7.4±0.2

续表

	无机组分	有机组分	其他组分/活性组分	混合体系 pH
胆汁仿生液	30 mL NaCl 175.3 $g \cdot L^{-1}$ 68.3 mL $NaHCO_3$ 84.7 $g \cdot L^{-1}$ 4.2 mL KCl 89.6 $g \cdot L^{-1}$ 200 μL HCl 37%（质量分数）	10 mL 尿素（25 $g \cdot L^{-1}$）	10 mL $CaCl_2 \cdot 2H_2O$ 22.2 $g \cdot L^{-1}$ 1.8 g 牛血清蛋白 6 g 胆汁酸盐	8.0±0.2
大肠仿生液			2.8 mg δ-纤维素酶 52 mg δ-木聚糖酶 1.25 mg β-葡聚糖水解酶 71 mg δ-果胶酶	8.35±0.05
血浆仿生液		3.0285 g 三羟甲基氨基甲烷	0.335 g BSA	7.40±0.05

5.2.1.2　仿生消化步骤确立

1）现有模拟步骤总结

现有的仿生消化步骤主要涉及胃和小肠的模拟消化相，且一般通过联立各模拟消化相的消化过程来对不同目标模拟部位的生物可给性进行评估，然而目前不同研究者对于同一类仿生消化步骤消化所得的生物可给性对应的模拟相给出的定义存在一定差异。表 5.2 对目前主要的仿生消化模拟类型及对应所得的生物可给性概念理解进行了总结。

表 5.2　部分现有模拟类型的概念定义

模拟类型	步骤简述	目标模拟相	参考文献
口	仅添加口腔仿生液进行口腔阶段的消化	口腔，仅包括口部	Tian et al.，2020
胃	忽略口腔阶段的消化，直接添加胃仿生液进行消化	胃，仅包括胃部	Sultana et al.，2020；Araújo et al.，2021
口→胃	考虑口腔阶段的消化，先添加口腔仿生液进行口腔阶段消化，然后在此基础上添加胃仿生液进行胃阶段的消化	胃，仅包括胃部	Louzon et al.，2020；Tian et al.，2020
胃→小肠	忽略口腔阶段的消化，先直接添加胃仿生液进行胃腔阶段消化，然后在此基础上添加小肠仿生液进行小肠阶段的消化	胃肠道，不包括口腔的消化道，包括胃、小肠和大肠	Araújo et al.，2021
		肠道，包括小肠、大肠	Bolan et al.，2021；Ning et al.，2021
		小肠，仅包括小肠	Sultana et al.，2020
口→胃→小肠	考虑口腔阶段的消化，先添加口腔仿生液进行口腔阶段消化，然后在此基础上添加胃仿生液进行胃阶段的消化，之后进一步添加小肠仿生液进行小肠阶段的消化	胃肠道，不包括口腔的消化道，包括胃、小肠和大肠	Louzon et al.，2020
		肠道，包括小肠、大肠	Tian et al.，2020
		小肠，仅包括小肠	Gao et al.，2019

现有的多相消化模拟步骤基本可以总结为在上一步单项模拟结束后，取部分上清液用于生物可给性的测定；紧接着在剩余体系中加入下一模拟阶段的仿生液进行下一消化

相的仿生消化，结束后取上清液测定目标污染物的生物可给性水平。以胃-小肠两相消化为例，整个多相消化过程的大致流程如图 5.1 所示。

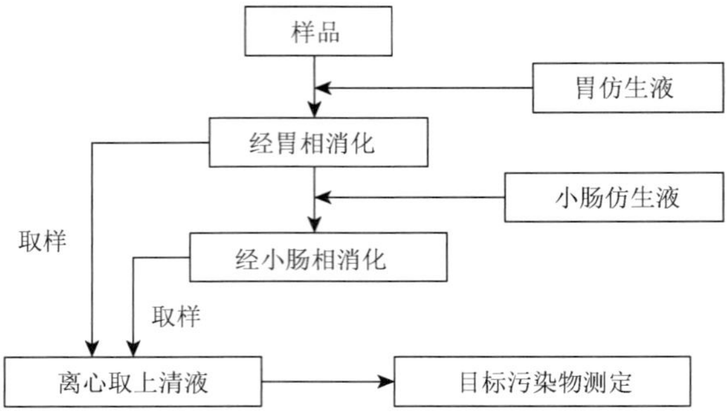

图 5.1　多相消化研究的体外消化步骤示意图（以胃-小肠两相消化为例）

然而不论是单相消化模拟还是多相消化模拟，都有必要对目前消化后所测得的生物可给性对应定义的目标模拟部位重新进行梳理并统一，以便对不同研究之间的结果进行对比。因此，本研究在仔细查阅相应的专业词典并结合对生理学资料的调研的基础上，首先对目前现有目标模拟部位的表述进行详细解释说明，并对接下来在当前研究中将会涉及的一些相关概念进行阐述，具体内容如表 5.3 所示。

表 5.3　本研究重新定义的目标模拟部位的表述

本研究编号	模拟部位	具体概念
相Ⅰ（Phase Ⅰ）	口腔阶段	口腔阶段，仅包括口腔
相Ⅱ（Phase Ⅱ）	口胃阶段	口胃阶段，包括口腔和胃部
相Ⅲ（Phase Ⅲ）	上消化道阶段	上消化道阶段，包括口腔、胃部和小肠
相Ⅳ（Phase Ⅳ）	全消化道阶段	全消化道阶段，包括口腔、胃部、小肠和大肠
相Ⅴ（Phase Ⅴ）	血浆阶段	血浆阶段，仅包括血浆

2）仿生消化步骤

目前大多数的体外仿生消化模型仅考虑了胃和小肠的作用，这是由于通常认为胃和小肠是主要的消化吸收场所；然而从生理学的角度考虑，消化和吸收发生于整个消化系统中（石碧清，2007）。因此，本研究对钒在整个消化系统包括口腔、胃部、小肠和大肠以及血浆阶段的生物可给性进行了研究。整个仿生消化过程将温度保持在 37℃以接近人体正常体温的水平，并选取与人体生理参数接近的特征参数如消化时间以及仿生液比例等（Oomen et al.，2002；Degen and Phillips，1996；Christensen et al.，1985）。另外，为了维持整个研究过程中样品与各仿生液之间的比例，相较于目前大多数的多相消化仿生步骤，本研究将对各个消化模拟相的研究分为口腔阶段、口胃阶段、上消化道阶段、全消化道阶段以及血浆阶段共五个独立的阶段进行，分别编号为 PhaseⅠ、PhaseⅡ、PhaseⅢ、PhaseⅣ和 PhaseⅤ，图 5.2 为整个消化步骤的流程图。

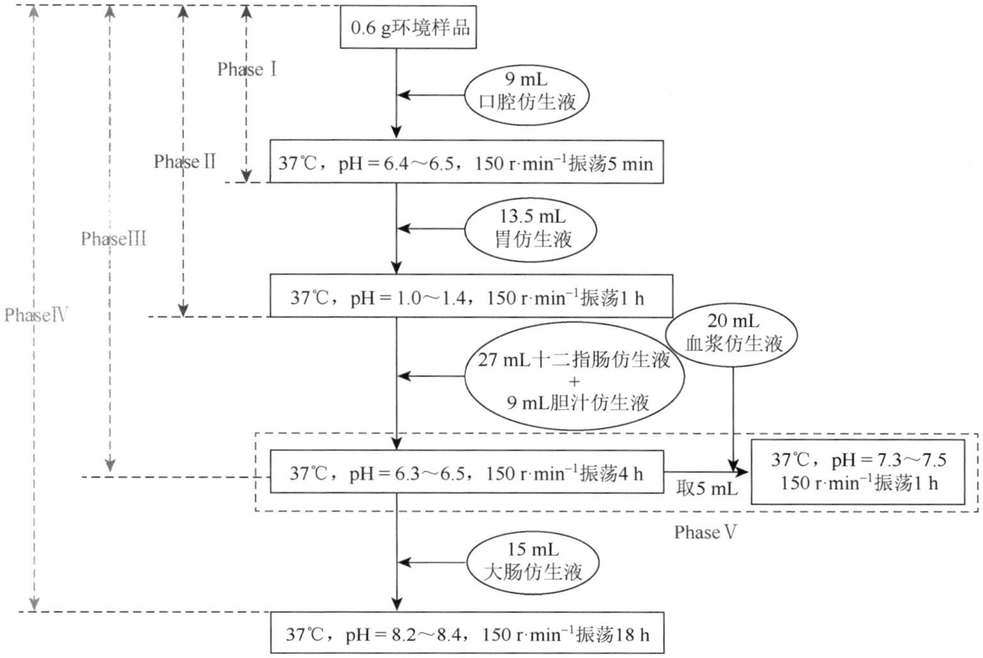

图 5.2　本研究体外仿生消化步骤示意图

5.2.1.3　生物可给性的测定与计算

仿生液中钒的测定包括四价和五价两个价态，对于四价钒的测定采用的是 Safavi 等（2000）提出的方法，对于五价钒的测定采用的是 Ensafi 等（1999）提出的方法。钒的生物可给性以百分比的形式给出，表达为目标污染物在消化后仿生液中的浓度与其在未经消化的原始环境样品中的总浓度的比值，具体计算方法如式（5.1）所示。

$$BA = C_{di}/C_{total} \times 100 \tag{5.1}$$

式中，BA 为污染物生物可给性的百分比形式（%）；C_{di} 为仿生液提取的目标污染物的浓度（$mg·kg^{-1}$）；C_{total} 为环境样品中目标污染物的浓度（$mg·kg^{-1}$）。

5.2.2　经口暴露的生物可给性

攀枝花地区密集的矿业活动导致的日益突出的环境中钒污染问题使得当地居民，尤其是从事钒相关生产活动的职业群体，由于频繁地暴露于周围各种含钒环境介质中，极有可能遭受不可忽视的钒危害。本研究选择在该地区采集环境样品以研究和评估钒对人体的危害。从攀枝花矿区以及附近人口密集区采集精矿、土壤（采矿场、尾矿坝、选矿厂附近的农田、市区校园、城市主干道）、灰尘（选矿厂附近路旁、矿区公路旁、矿区居民区道路）样品。样品中钒的含量为 217～4219 $mg·kg^{-1}$，远超过我国以及世界范围内土壤中钒的平均水平。其中精矿中含有的钒（4219 $mg·kg^{-1}$）比土壤（217 $mg·kg^{-1}$）和灰尘（504 $mg·kg^{-1}$）中的钒含量高 1 个数量级（表 5.4）。

表 5.4　环境样品的基本性质

样品类型	pH	有机质/%	总钒/(mg·kg^{-1})
土壤	7.59±0.68	2.16±0.91	217±60.6
灰尘	8.95±0.29	2.07±0.78	504±156
精矿	3.61±0.01	0.75±0.16	4219±218

不同环境介质中不同价态钒的生物可给性水平存在着明显的差异，且整体上五价钒的生物可给性显著高于四价钒（$p<0.001$）。在口腔阶段（Phase Ⅰ），精矿、土壤和灰尘所含的五价钒的生物可给性分别约为四价钒的 2 倍、3 倍和 5 倍。作为一种变价金属元素，钒的存在价态受酸碱度条件的影响较大（Baes et al.，1976）。具体而言，在酸性条件下四价钒可以较为稳定地存在，但当 pH 升高到 5 以上时，四价钒开始逐渐自发向更高价态转化；同样，当所存在的介质 pH 降低时，五价钒可以缓慢地向低价态形式转化（Pyrzyńska，2006）。另外，对四价钒和五价钒生物可给性的相关性进行分析，发现二者之间的相关系数为 0.737，达到了统计学上的显著水平（$p<0.05$），在一定程度上可能反映出钒在这两个价态之间存在着相互转化并保持动态平衡。因此，目前口腔阶段五价钒的生物可给性高于四价钒，可能是由于模拟口腔中的酸碱条件接近中性（pH 约 6.5）。此外，根据前人的研究可以发现，在当前 pH 条件下，四价钒主要以难溶的 $VO(OH)_2$ 形式存在，从而使得四价钒的生物可给性较低，因此几乎难以被人体进一步吸收利用；相反，在该酸碱条件下，五价钒主要以游离的 $H_2VO_4^-$ 形式存在，因此生物可给性的水平相对较高，易被人体吸收利用。前人研究也指出，在实际生理条件下，进入人体的四价钒存在自发地向五价钒转化的现象（Li et al.，1996），且以阴离子形式存在的钒（如五价形式的 $H_2VO_4^-$）可以直接通过人体细胞膜上的阴离子转运通道而直接被吸收利用，这一吸收量大约为对阳离子形式存在的钒（如四价形式的 VO^{2+}）的吸收量的 5 倍（Hirano and Suzuki，1996）。

例如口胃阶段（Phase Ⅱ），与口腔阶段的消化结果相比（0.68%～1.94%），当经过口胃阶段的消化后，精矿、土壤和灰尘中所含的钒的生物可给性均有一定程度的提高（3.70%～8.85%）（$p<0.05$），表明相对于口腔而言，胃部对钒的消化能力更强。类似地，通过对药物中金属元素铁进入人体后的生物可给性的研究，Zheng 等（2007）也指出胃部是药物中所含铁的主要消化场所；Ning 等（2021）基于对矿区土壤中金属元素的研究发现，样品中所含的钛在胃部的生物可给性达到最高。根据前人的研究报告可知，对于金属元素而言，模拟胃液的强酸性可能对其在胃模拟消化相中的消化吸收情况具有重要影响（Ruby et al.，1993）。因此在强酸性的模拟胃液的参与下，钒在口胃阶段的生物可给态浓度增加，从而使得钒的生物可给性提高。另外，在这一模拟阶段具有还原能力的葡萄糖参与了消化过程，这也可能是目前四价钒浓度高于口腔模拟阶段的一个原因（Rehder，2008）。且作为一类蛋白质分解酶，胃蛋白酶可能会将共存的牛血清蛋白分解产生酪氨酸等多种具有还原作用的氨基酸（国家药典委员会，2015）。Hirano 和 Suzuki（1996）也指出大部分经口摄入进入人体消化道的钒在胃中主要以钒氧阳离子形式存在。另外，当前研究条件下，四价钒和五价钒之间仍存在显著相关性（$R^2 = 0.736$，$p<0.05$）也部分证明了在口胃阶段存在于二者之间的相互转化。然而，目前仅 1 h 的有限的模拟消化时间以及

少量的还原物质可能会限制五价钒向四价钒的转化，从而导致在当前模拟口胃阶段钒的生物可给性仍是五价钒（3.34%～7.41%）高于四价钒（0.36%～1.44%）。

在涉及口腔、胃部和小肠的整个上消化道模拟阶段（PhaseⅢ）中，与五价钒相比，目前所研究的包括精矿、土壤、灰尘的环境介质中四价钒的生物可给性仍较低，平均为0.91%。前人对钒在人体实际生理环境下的生物化学性质的研究表明，四价钒在人体消化道中的消化和吸收水平通常低于 1%，这与本研究目前的结果相吻合（Rehder，2008）。然而总体上与口胃阶段的消化水平相当，钒在整个上消化道中仍维持着相对较高的生物可给性水平（3.54%～8.05%），且显著高于口腔阶段（$p<0.05$），这一结果与许多其他金属/类金属元素类似。例如，Ning 等（2021）借助 PBET 模型进行的体外仿生消化研究证明了汞、砷和锑主要的消化场所为胃肠道，相应的生物可给态浓度分别为 1.82 $mg\cdot kg^{-1}$、4.87 $mg\cdot kg^{-1}$ 和 0.18 $mg\cdot kg^{-1}$。然而增添了对大肠阶段的模拟后，包含口腔、胃部、小肠和大肠的全消化道阶段（PhaseⅣ）的模拟结果（2.42%～6.90%）整体上要低于上消化道模拟阶段测得的钒的生物可给性（$p<0.05$）。这一方面可能是由于大肠模拟阶段的反应时间相对较长，从而使得游离的钒被重新吸附，或者是由于在大肠阶段额外添加的消化酶的作用。然而，总的来说目前的结果表明大肠阶段对钒的消化吸收贡献相对较小，经口摄入的钒主要的消化场所为上消化道。

当不考虑小肠上皮细胞的吸收作用时，可借助血浆阶段（PhaseⅤ）的仿生模拟来考察血浆本身对所吸收的污染物的生物可给性的影响。当前研究发现钒在血浆阶段的生物可给性水平（4.05%～6.04%）整体上略低于其在上消化道中的生物可给性（3.54%～8.05%），然而这种差异并不显著（$p>0.05$）。钒进入血液循环后，可与血清转铁蛋白和血清白蛋白发生配位反应或在这些蛋白质的作用下发生一系列的氧化还原反应（Rehder，2008）。因此，当前血浆模拟阶段钒的生物可给性不管是在整体上还是不同价态之间与上消化道中测定值的细微差别可能是由于模拟血浆中所含牛血清蛋白的作用。

综合上述，根据各个模拟阶段的研究可以发现，对于整个消化系统而言上消化道是钒主要的消化场所，且五价钒的生物可给性要高于四价钒，这与前人研究得出的五价钒的毒性通常高于低价态钒的结论一致（Mthombeni et al.，2016；Madejón，2013）。然而当前的研究结果也表明，即便在上消化道中钒整体的生物可给性水平也未超过 10%，这也符合前人对钒在人体内的代谢过程的描述；具体而言，被人体摄入的钒最终大约有 80%会随粪便排出体外，另外还有一部分通过尿液的形式排出，即最终经消化吸收并保留在体内的钒相对较少（Anke，2005；Alimonti et al.，2000）。此外，Fantus 等（1995）还指出钒的快速消化吸收和分布，即在人体消化道内被消化的钒可以快速被吸收进入血浆当中，这也可能是目前钒的生物可给性在模拟血浆和模拟上消化道中差异不显著的原因。接着在实际情况下，血浆中的钒可进一步快速被人体相应的靶组织或靶器官所吸收，因此，真实的生理环境中血浆中钒的浓度可能相对较低，这也可能是在许多研究报道中发现的长期低剂量补充钒并不会或者很少造成明显的毒性效应的原因（Fawcett et al.，1997；Guidotti et al.，1997）。因此，经口摄入的钒所造成的实际危害可能远低于基于总量的评估结果。

如图 5.3 所示，钒的消化过程主要发生在上消化道中。因此，经口摄入的钒可能对上消化道造成的健康危害相对更高。另外，对各个模拟阶段中四价钒和五价钒的生物可给性的相关性的分析证实，在各个模拟阶段二者之间的相关程度均具有统计学意义（$p<0.05$），表明在体外仿生消化过程中四价钒和五价钒的生物可给性之间存在动态平衡。

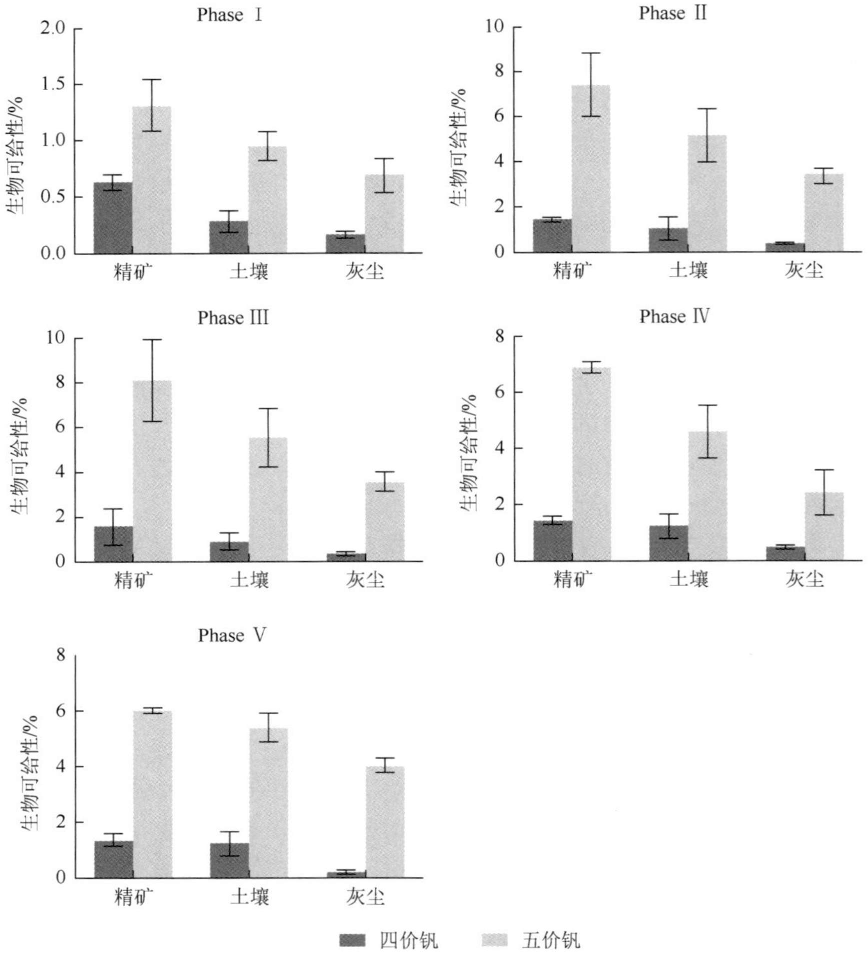

图 5.3　不同环境介质中钒的生物可给性

另外，通过对前人的研究总结可以发现，在不同环境介质中的同一污染物在消化道内生物可给性水平具有很大差异。例如，Safruk 等（2015）测得的土壤中汞的生物可给性平均约为 3%；然而 Wu 等（2018）基于对我国不同省份和汞矿区的大米样品的研究发现，汞的平均生物可给性小于 50%；还有研究者从来自西班牙的冷冻剑鱼的鱼肉中测得了汞的平均生物可给性为 64%±14%（Cabañero et al.，2004）。本研究基于对不同环境介质中钒的生物可给性的研究也再次证明了存在介质的差异对污染物可给性水平的影响。具体而言，精矿中钒的生物可给性水平最高，土壤次之，灰尘中所含的钒的生物可给性水平最低；且整体上五价钒的生物可给性高于四价钒的生物可给性。精矿中所含的钒的生物可给性比土壤和灰尘中含有的钒的生物可给性更高，这表明精矿中的钒对人体健康的危害可能更高。先前也有报道指出，由于长期频繁地暴露于五氧化二钒中，从事钒加工生产等活动的工人可能会出现舌头变绿、哮喘以及尿蛋白等症状（Sato et al.，2002）。因此，相较于较少接触钒精矿的一般人群，由无意识摄入钒精矿粉造成的职业暴露带来的危害可能更高。因此，职业人群在从事相关生产制造活动时应该采取更为妥善的防护措施，如工作时严格按要求使用防护护具，工作结束后及时洗手以及清洗衣物等。

5.3　钒经口暴露的生物可给性影响因素

存在于不同环境介质中的钒的生物可给性之间差异较大，表明环境介质本身的性质差异会对钒的生物可给性造成影响。此外根据已有的研究发现，除了环境介质本身的影响，还有多种因素会影响污染物的生物可给性。

首先，在实际生理条件下消化酶对维持人体正常的消化吸收功能具有重要作用（Podsędek et al.，2014）。先前的研究也表明，从存在介质中被释放入人体消化系统中的污染物可以以游离态的形式存在，还可能与蛋白质发生结合，或者被胆汁酸盐胶体所吸附，此外还可能被各类酶代谢（Corte-Real et al.，2018）。因此在体外环境中，消化酶同样可能影响借助体外仿生消化模型所测得的污染物的生物可给性。目前，已有部分针对体外仿生方法中所使用的消化酶对目标物生物可给性的影响的研究陆续发表。Qie 等（2021）通过仿生消化模拟探讨了消化酶与儿茶素之间的相互作用以及对蛋白质消化率的影响，研究表明消化酶与儿茶素之间具有亲和力，这一相互作用会降低饮品中蛋白质的利用率。Xiao 等（2019）研究了药用和食用植物中的残留农药的生物可给性，并发现模拟唾液中的 α-淀粉酶和模拟小肠液中的胰酶对于残留农药从植物中释放进入模拟消化液中的行为具有重要影响。然而目前关于体外仿生消化过程中消化酶对土壤等非食用性环境介质中所含污染物的生物可给性的影响研究较少。因此，接下来的研究将会就体外仿生消化过程中涉及的消化酶对非食用性环境介质中所含的钒由于无意识地经口暴露进入人体消化道的消化情况的影响进行探索。

其次，许多资料都表明，手口接触造成的污染物无意识摄入是非食用性环境介质中所含污染物经口暴露的主要方式（Luo et al.，2012）。显然在这一暴露过程中，手掌表面的汗液极有可能会随受污染介质一同被摄入体内，从而可能对污染物的生物可给性造成潜在影响。然而，目前关于汗液对经口暴露的污染物生物可给性的影响的相关信息还十分匮乏，因此有必要进一步补充研究。另外，将食物作为污染物存在介质进行研究时，不同类型的食物中所含的同一污染物的生物可给性之间的明显差异已在许多研究中得以证明。例如，廖文（2019）对采集自广州市的大米、海藻类、菌类以及海鲜类的食物中的砷和汞的生物可给性进行研究，发现大米、紫菜、裙带菜、海带以及蘑菇中的砷在胃部的生物有效性平均分别约为 71%、80%、11%、83%以及 80%～100%。然而较少研究将食物本身视作一类影响因素来探索其对无意识摄入的非食用性环境介质中所含的污染物的生物可给性的作用。最后，对于汗液和食物同时存在时对污染物在体外仿生消化的结果的研究则更是一个需要填补的空白。因此，以上可能对不同非食用性环境介质中钒的生物可给性造成影响的潜在因素均将纳入接下来的研究当中。

5.3.1 消化酶的影响

向口腔阶段（Phase Ⅰ）添加口腔半仿生模拟液，得到污染物在缺乏 α-淀粉酶情况下的生物可给性；向口胃阶段（Phase Ⅱ）依次添加口腔仿生液和胃半仿生液，得到在缺乏胃蛋白酶情况下的生物可给性；向上消化道阶段（Phase Ⅲ）依次添加口腔仿生液、胃仿生液和十二指肠半仿生液、胆汁半仿生液得到在缺乏胰酶、脂肪酶以及胆汁酸情况下的生物可给性；向全消化道阶段（Phase Ⅳ）依次添加口腔仿生液、胃仿生液、十二指肠仿生液、胆汁仿生液以及大肠半仿生液得到在缺乏大肠酶情况下的生物可给性。此外，向上消化道阶段（Phase Ⅲ）依次添加口腔仿生液、胃仿生液和缺乏胰酶的十二指肠半仿生液、胆汁仿生液，得到在仅缺乏胰酶情况下的生物可给性；向上消化道阶段（Phase Ⅲ）依次添加口腔仿生液、胃仿生液和缺乏脂肪酶的十二指肠半仿生液、胆汁仿生液，得到在仅缺乏脂肪酶情况下的生物可给性；向上消化道阶段（Phase Ⅲ）依次添加口腔仿生液、胃仿生液和十二指肠仿生液、缺乏胆汁酸盐的胆汁半仿生液，得到在仅缺乏胆汁酸盐情况下的生物可给性。

在口腔阶段，当缺乏 α-淀粉酶时四价钒和五价钒的生物可给性均会显著提高（$p<0.001$），表明 α-淀粉酶对口腔中钒的生物可给性具有降低作用。当缺乏胃蛋白酶以及小肠活性成分（胰酶、脂肪酶和胆汁酸盐）时，精矿中四价钒（$p<0.01$）和五价钒（$p<0.05$）的生物可给性也会显著升高，证明了胃蛋白酶和小肠活性成分同样可以降低精矿在胃部以及小肠中的生物可给性，然而对于土壤和灰尘中的钒的生物可给性的降低作用不显著（$p>0.05$）。总体而言，存在于口腔、胃部和小肠中的消化酶及其他活性成分对钒的生物可给性具有降低作用。相反的是，当缺乏大肠酶的时候，不同环境介质中的四价钒和五价钒的生物可给性均会发生一定程度的下降，其中精矿中四价钒和五价钒的生物可给性的降低达到了显著水平（$p<0.01$），而土壤和灰尘中四价钒的生物可给性的升高不显著（$p>0.05$），说明大肠中的酶系在一定程度上会提高钒的生物可给性。另外，小肠中的三种活性成分（胰酶、脂肪酶和胆汁酸盐）单独对钒的生物可给性的影响，相较于缺乏脂肪酶和胆汁酸盐的情况，缺乏胰酶时精矿中的钒的生物可给性水平更高，表明在当前的研究条件下胰酶对精矿中钒的生物可给性水平的降低作用更大（图 5.4、图 5.5）。

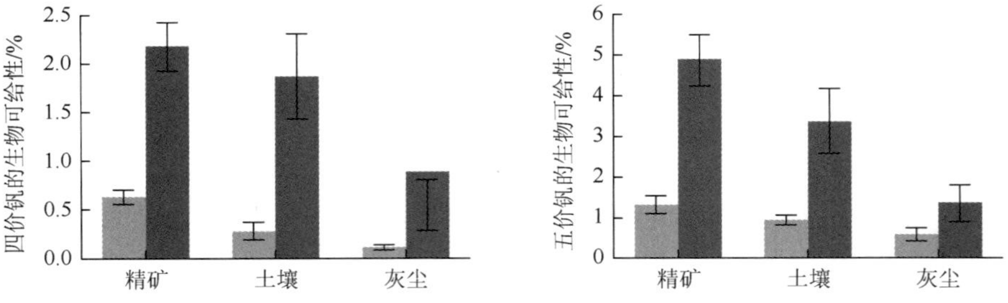

(a) 口腔阶段（Phase Ⅰ）

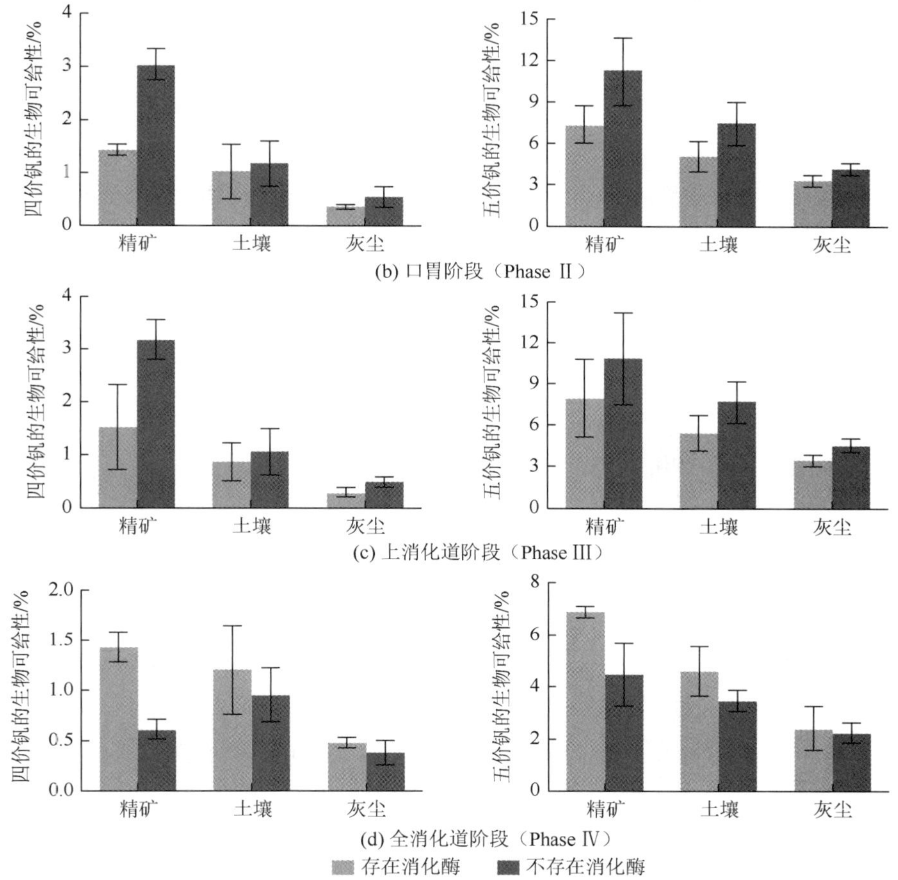

图 5.4　消化酶对钒在各消化道阶段生物可给性的影响

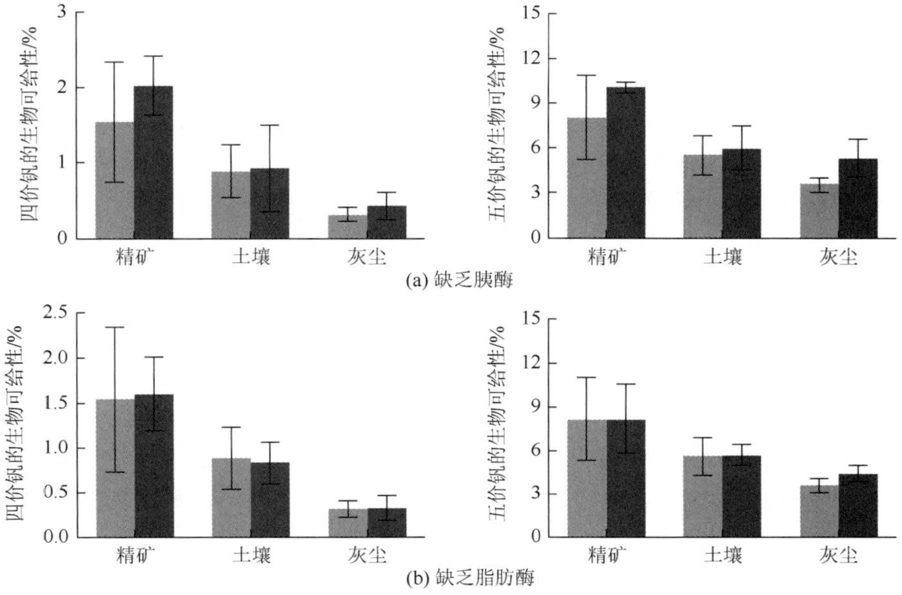

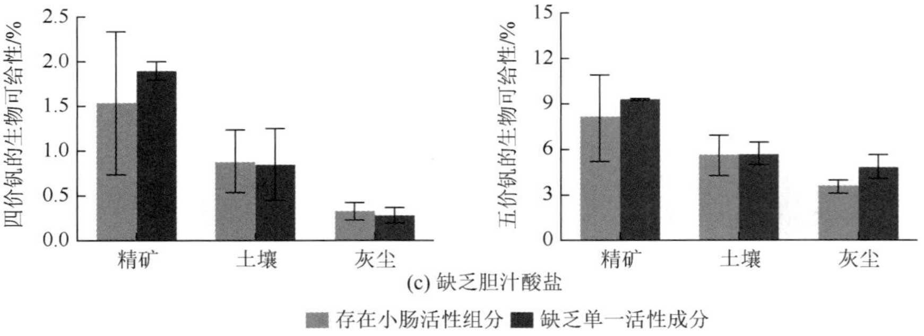

图 5.5　小肠活性组分对钒的生物可给性的影响

整体而言，不同类型的消化酶对不同环境介质中的钒的生物可给性的影响不同。而目前已有研究对于在体外仿生消化过程中添加消化酶对污染物生物可给性的影响情况也并无统一的结论。部分研究指出消化酶可以与目标污染物之间发生结合，从而使得污染物在体外仿生液中的溶解度增加，使得生物可给性提高，这可能是目前大肠中的酶系提高钒生物可给性的一种方式（Davis et al.，1994；Ruby et al.，1993）。然而本研究中发现的口腔、胃部和小肠中的消化酶对钒生物可给性的降低作用同样也在先前的其他研究中被发现（Morrison and Gulson，2007），这可能是由于目标污染物与属于蛋白质类的消化酶（胃蛋白酶和胰酶）之间的共沉淀作用（Kumar et al.，1998）。以金属与蛋白质之间的共沉淀作用为例，金属离子首先可通过竞争性吸附结合于蛋白质表面的活性点位上，然后与蛋白质结合的金属离子可以进一步与其他蛋白质继续发生结合，并最终因蛋白质的团聚而发生沉淀（Iyer and Przybycien，1996）。此外，Sun 等（2000）还观察到被排入小肠中的胆汁酸盐也可以与各种金属离子之间形成沉淀物，且 Alimonti 等（2000）指出摄入人体内的大量的钒可能随胆汁被排出。因此，胆汁也可能对钒的生物可给性的降低具有一定贡献，然而进一步测定缺乏胆汁酸盐时钒的生物可给性发现，当前研究条件下胆汁酸盐对钒的生物可给性的影响并不明显。相似的研究结果也在先前的研究中被发现，如 Oomen 等（2003b）发现改变体外仿生消化研究中所使用的胆汁酸盐的浓度并不会对污染物的生物可给性造成显著影响；此外，Oomen 等（2004）还指出胆汁类型不同同样不会对污染物生物可给性造成明显的影响。

5.3.2　汗液的影响

通过人工合成的方式得到人工合成汗液，与未添加汗液的体外仿生结果比较，探究汗液在口腔阶段、口胃阶段、上消化道阶段以及全消化道阶段（Phase Ⅰ～PhaseⅣ）对钒生物可给性的影响（图 5.6）。用于探究汗液对经口暴露生物可给性的影响的汗液是依据国家标准《纺织品耐汗渍色牢度试验方法》（GB/T 3922—1995）中给出的配方人工合成的，这同时也是国际标准化组织发布的关于检测纺织品色牢度的标准（ISO105-E04：2013）中给出的人工合成汗液的配方。目前虽然关于经口摄入的污染物对人体危害的研究相对较多，然而对于同时可能被无意识摄入的汗液对污染物危害的影响的研究还是空白。当前研究条件下，根据图 5.6 中的结果可以发现，汗液的添加对四价钒和五价钒的生物可给性整体上均有较小的提高，表明随着手口途径同污染物一同被无意识摄入的汗液可能会提高钒在消化道内的释放，从而提高钒对人体的潜在危害。另外，口胃阶段中四价钒生物可给性的略微下降及五价钒生物可给性的略微升高，可能是由于汗液将部分四价钒氧化为五价钒。总的来说，当前研究在一定程度上反映了汗液的无意识摄入增强经口暴露

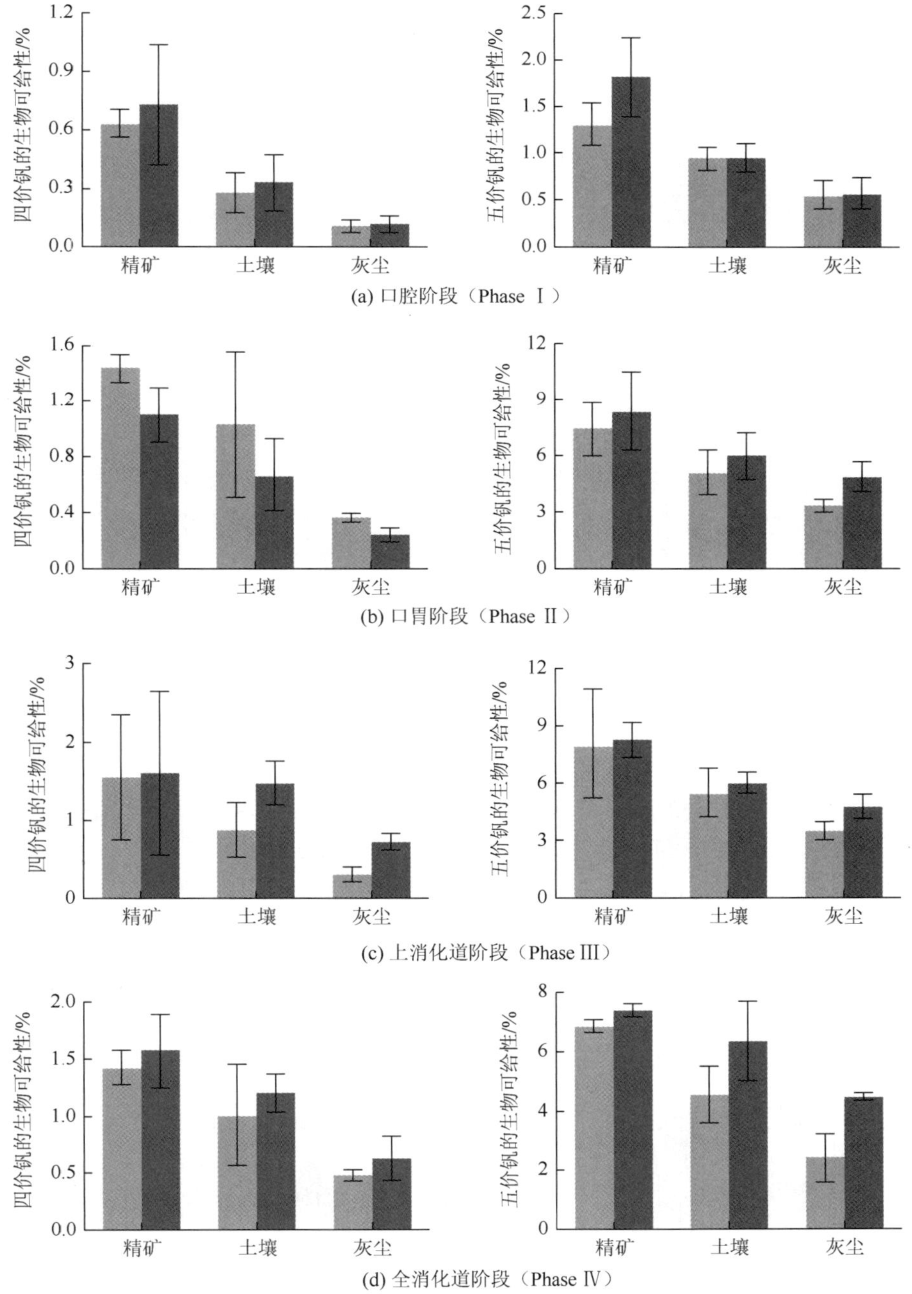

(a) 口腔阶段（Phase Ⅰ）

(b) 口胃阶段（Phase Ⅱ）

(c) 上消化道阶段（Phase Ⅲ）

(d) 全消化道阶段（Phase Ⅳ）

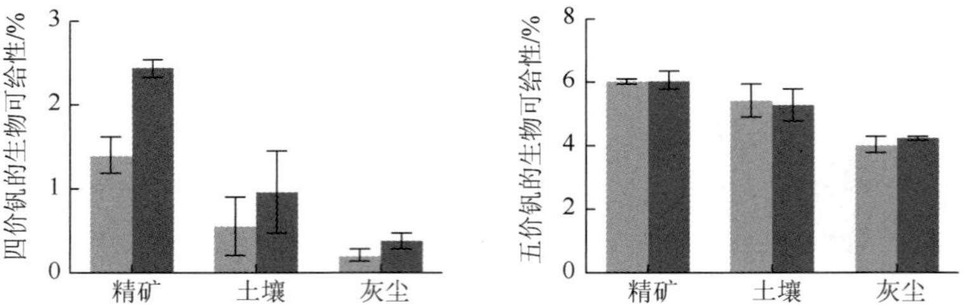

(e) 血浆阶段（Phase Ⅴ）

图 5.6　汗液对钒在各消化道阶段及血浆阶段的生物可给性的影响

的污染物对人体的危害，因此在今后的研究中应该加强对汗液的关注，并对其造成的污染物危害的提高进行进一步深入探讨。

5.3.3　食物的影响

根据李仪（2013）关于食物对土壤和灰尘中铜、锌和铅的生物可给性的影响的研究中食物的添加方法，本研究向胃仿生消化相中额外添加市售面粉并比较口胃阶段、上消化道阶段、全消化道阶段以及血浆阶段（Phase Ⅱ～Phase Ⅴ）添加和未添加面粉的生物可给性，并评估食物对钒生物可给性的影响。图 5.7 展示了添加食物后不同环境介质中四价钒和五价钒的生物可给性的变化情况。可以看出食物的影响主要发生在口胃阶段，添加食物后四价钒和五价钒的生物可给性均发生一定程度的下降，其中精矿中钒的生物可给性降低最为显著（$p<0.01$），土壤次之。这符合前人得出的对于不经意的土壤摄入而造成的人体健康危害在空腹状态时比饱腹状态时更高的结论（Oomen et al.，2003）。目前大多数的体外研究都是基于对人体空腹状态的模拟，关于添加食物对污染物生物可给性的影响的研究相对有限。Schroder 等（2003）研究了添加生面团对土壤中铅的生物可给性的影响，发现了与本研究类似的现象，即添加面团后土壤中铅的生物可给性大幅度下降，这可能是由于面粉中含有的植酸的作用。植酸作为一类提取自植物种子的有机磷酸类化合物，可以与如钙、镁、铜、镍等多种离子发生络合反应，从而形成不溶性的化合物，使得被络合的离子失活（冯屏等，2006）。因此，可能同样是由于钒与面粉中的植酸之间形成了不溶性的化合物，钒在模拟口胃阶段的生物可给性降低（Nolan et al.，1987）。

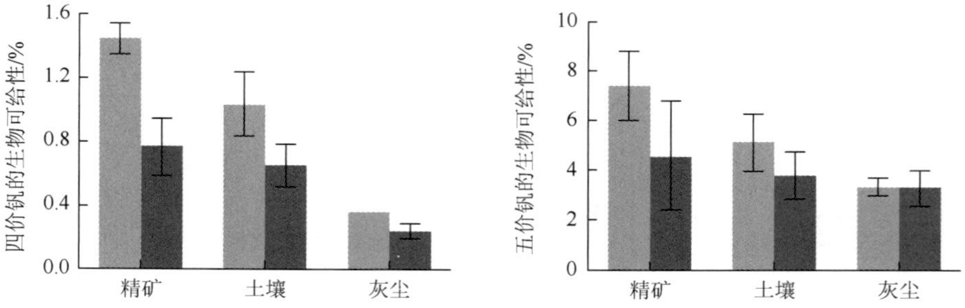

(a) 口胃阶段（Phase Ⅱ）

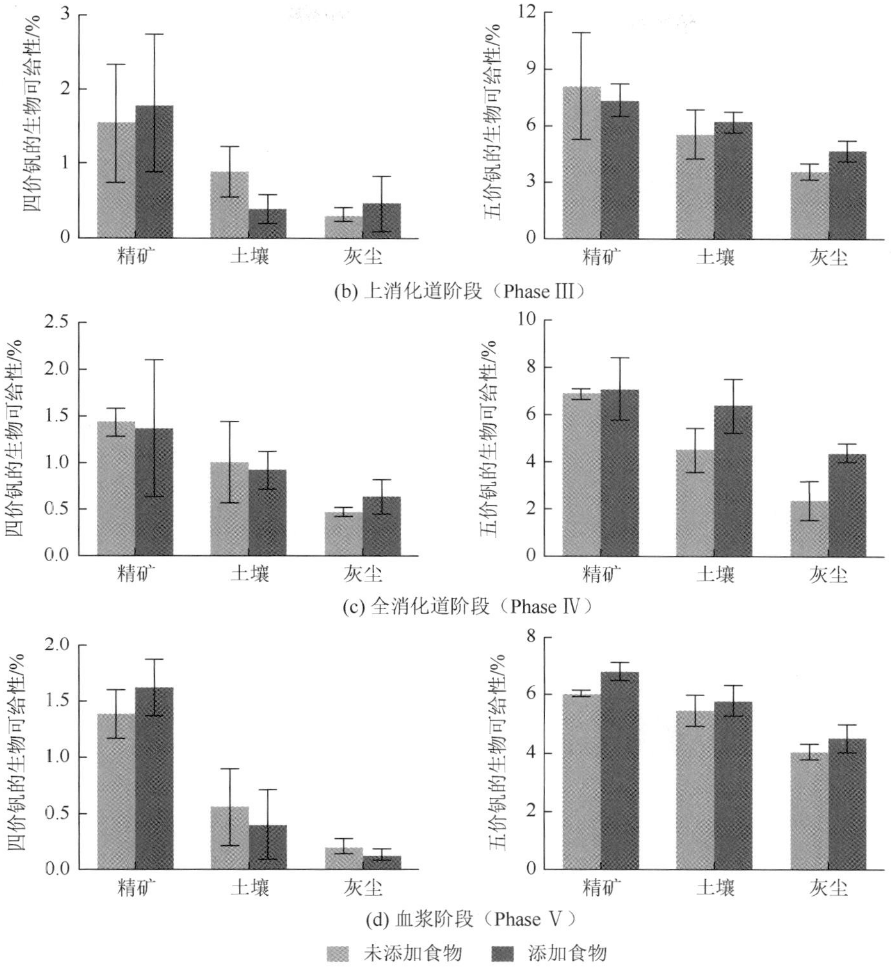

图 5.7　食物对钒在各消化道阶段及血浆阶段的生物可给性的影响

此外，当前研究结果与前人通过临床试验所得的结论一致。具体而言，在实际的临床研究中，研究者发现土壤中的铅在空腹时在人体内的实际生物有效性为 26%，然而当饱腹时，即有食物摄入时，其生物有效性显著下降，仅为 2.5%，证明了食物可能会在较大程度上降低污染物实际的消化吸收效率（Madalonni et al.，1998）。

5.3.4　汗液和食物的复合影响

基于汗液和食物对钒生物可给性的单独影响，同时将汗液和食物添加入图 5.8 所示的各个体外仿生模拟阶段（Phase Ⅰ～Phase Ⅴ），评估汗液和食物对钒生物可给性的复合影响。上文对汗液和食物分别单独存在时钒生物可给性的变化情况进行了分析讨论，发现汗液可以在一定程度上提高钒的生物可给性，然而食物的影响效果相反，对钒的生物可给性具有一定的抑制效果。因此，这里对二者同时存在时的影响进行了探讨。当汗液和食物同时存在时，四价钒和五价钒的生物可给性的变化情况与汗液单独存在时的变化类似，即整体上四价钒和五价钒的生物可给性均有一定程度的升高，而在口胃阶段四价钒的降低和五价钒的升高或许可以与四价钒向五价钒的氧化作用联系起来。

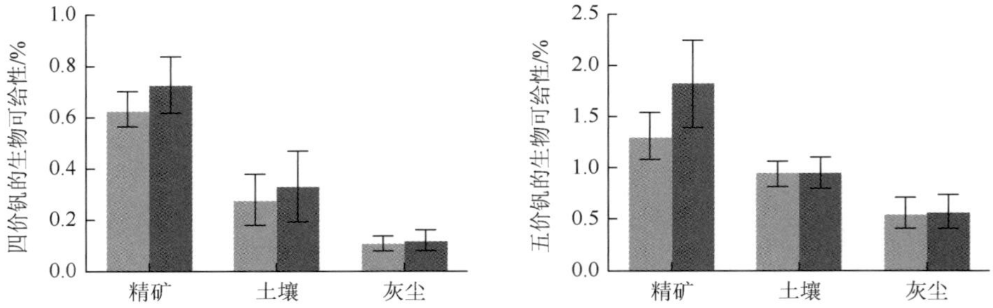

(a) 口腔阶段（Phase Ⅰ）

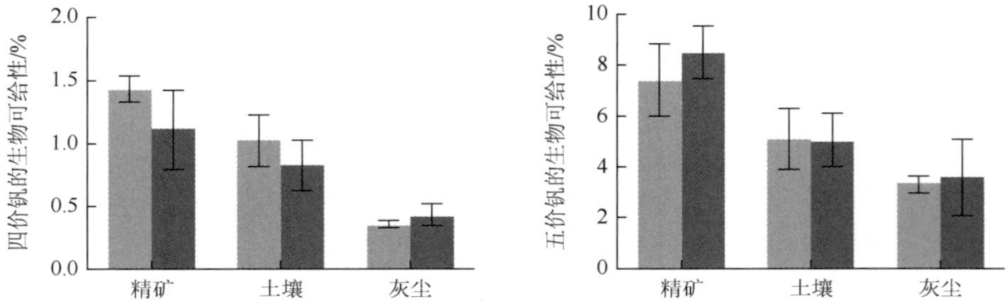

(b) 口胃阶段（Phase Ⅱ）

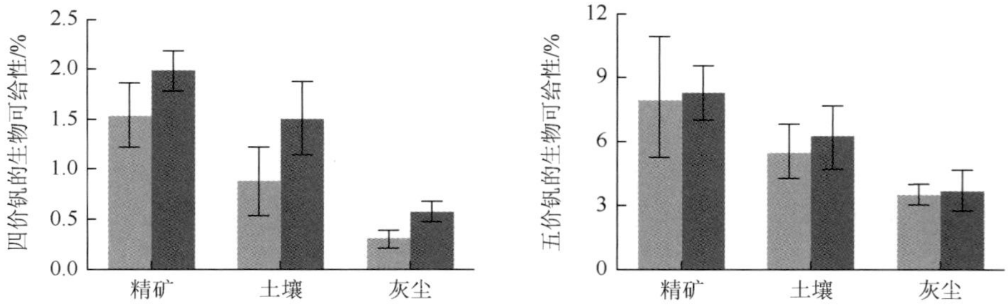

(c) 上消化道阶段（Phase Ⅲ）

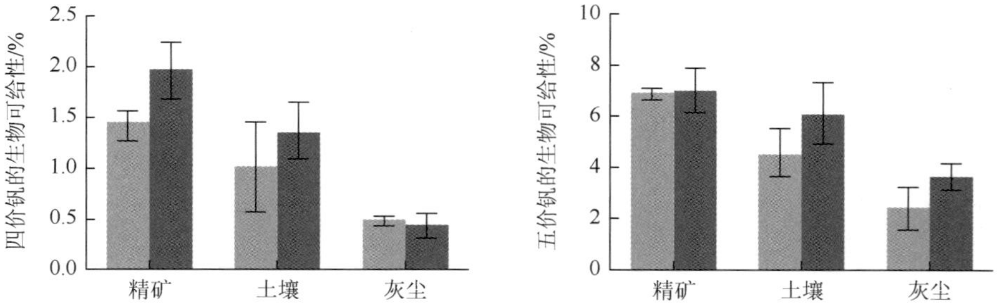

(d) 全消化道阶段（Phase Ⅳ）

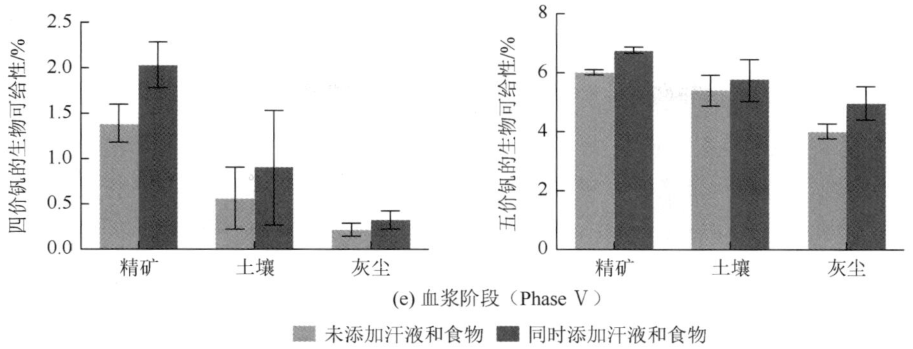

图 5.8 汗液和食物对钒在各消化道阶段及血浆阶段的生物可给性的复合影响

本章进一步研究了消化酶、汗液、食物以及汗液和食物共同存在时钒在体外仿生消化过程中生物可给性的变化情况，结果表明：①对各类影响因素进行研究可以发现，不同类型的消化酶对钒的生物可给性的作用效果不同，其中钒与消化酶之间的共沉淀等作用除了会影响钒的生物可给性之外，还可能会导致消化酶变性失活，这可能是这类污染物对人体健康造成危害的一种表现形式。存在于口腔中的淀粉酶、胃中的胃蛋白酶以及小肠中的胰酶、脂肪酶和胆汁酸盐可以降低钒的生物可给性；然而存在于大肠中的消化酶的作用效果则相反，即会提高钒的生物可给性。且进一步分析小肠中的胰酶、脂肪酶和胆汁酸盐各自对钒生物可给性的影响可以发现，胰酶对钒的生物可给性的降低起主要作用。②当汗液随含有钒的环境介质一同被人体摄入后会造成消化系统内钒生物可给性升高，从而使得污染物对人体造成的健康危害升高。③食物对钒的生物可给性具有一定的降低作用，从而在一定程度上可以减缓钒对人体的危害，这可能主要与食物中所含的植酸有关。其中对钒的生物可给性的降低主要体现于钒精矿在口胃阶段的消化过程中。④当综合考虑汗液和食物对钒的生物可给性的复合影响时，可以发现钒的生物可给性整体上存在一定程度的提高，但这一结果并非汗液和食物单独存在时钒的生物可给性变化情况的简单叠加。

5.4 钒经其他暴露方式的生物可给性

一般依据四步分析法对污染物进行健康风险评价，从而评估目标污染物对人体造成的危害程度。其中作为关键性一步的暴露评价可以概括为在明确目标污染物可能进入人体的途径的基础上对各个暴露途径造成的暴露剂量进行定性判断；而对于环境中污染物对人体的暴露途径除了经口摄入外，呼吸吸入以及皮肤接触也是非常重要的暴露途径（USEPA，1989）。另外同经口摄入暴露类似，通过呼吸吸入和皮肤接触进入人体的污染物对人体能够造成的最终危害程度受其在各个途径中的可给性的影响。因此，为了对环境污染物对人体健康造成的潜在危害进行更为准确的评估，需要对污染物的呼吸暴露生物可给性和皮肤暴露生物可给性进行测定。

与用于研究污染物的经口暴露生物可给性的体外仿生消化方法相比，用于研究呼吸和皮肤暴露生物可给性的体外仿生方法起步较晚（Gosselin and Zagury，2020）。且与体外仿生消化研究相似，目前尚未形成统一的测定污染物呼吸吸入生物可给性的通用体外研究方法（Ren et al.，2020）。相对而言，名为 Gamble's solution（GS）和 artificial lysosomal fluid（ALF）的仿生液是两类在肺部体外仿生研究中应用较为广泛的肺部环境模拟液，且 GS 和 ALF 分别用于模拟不同条件下的肺部液体环境（Guney et al.，2016）。其中，GS 可用于模拟人体在正常健康状况下的深肺部位的细胞间隙液（Midander et al.，2007）；ALF 则可用于模拟类似于肺泡和肺间质中的巨噬细胞中可吸纳污染物的溶酶体内的液体环境（Colombo et al.，2008）。另外，对于借助体外仿生模拟的方法来对皮肤接触生物可给性进行测定的研究则更为稀少（Villegas et al.，2019）。由于汗液是皮肤表面液体环境最主要的组分之一，因此其可能对皮肤接触的污染物的生物可给性具有不可忽视的潜在影响（WHO，2006）。基于此，目前已有的相关研究主要是通过制备含有汗液主要成分的仿生液对皮肤暴露环境进行模拟，从而测定目标污染物的皮肤接触生物可给性（Stefaniak et al.，2014）。因此首次通过配制可用于模拟肺内液体环境以及皮肤表面液体环境的仿生液，借助体外仿生实验分析了不同介质中钒的呼吸吸入和皮肤接触暴露情况，以期为更为全面的人体健康风险分析做出贡献。

5.4.1　呼吸暴露生物可给性

本研究使用了两类仿生肺液（GS 和 ALF）对钒的呼吸暴露生物可给性进行研究。这两类仿生液除了在组分上具有显著差异外，二者的 pH 也具有较大差异，其中 GS 模拟的是肺部间隙的中性液体环境，pH 约为 7.4；ALF 模拟的是肺部巨噬细胞中溶酶体内的酸性液体环境，pH 约为 4.5（Guney et al.，2016）。本研究参考 Guney 等（2017）的研究所使用的仿生液成分，且实验过程中所使用的仿生液均是现用现配的。

Kastury 等（2017）指出，1∶100 的固液比是呼吸暴露体外仿生研究中最常采用的比例；另外，大部分经由呼吸道进入肺部的颗粒物（高达 90%）将在 24 h 内从肺中被清除（这里的清除指的是离开肺部液体环境，包括被吸收入体内其他组织以及实际排出体外），因此经 24 h 仿生提取后测得的污染物的呼吸暴露生物可给性最具生物学意义。综上，目前的呼吸暴露生物可给性是通过使用所制备的仿生肺液并将所取用的研究样品与仿生肺液的比例设置为 1∶100，然后对目标污染物进行为期 24 h 的提取后测得的。

图 5.9 为四价钒和五价钒在肺泡间质液模拟液（GS）和人工溶酶体液（ALF）这两类仿生肺液中的生物可给性。四价钒和五价钒的生物可给性在不同环境介质之间差异较大，表明钒的呼吸暴露生物可给性受到存在介质的理化性质以及矿物学特征等属性的影响。在 GS 中精矿中钒的生物可给性最高，四价钒和五价钒的生物可给性分别为 21.10%和 49.67%；土壤中钒的生物可给性水平次之，四价钒和五价钒的生物可给性分别为 15.81%和 37.30%；灰尘中所含钒的生物可给性水平最低，四价钒和五价钒的生物可给性分别为 6.89%和 24.47%。在 ALF 中，钒的生物可给性的高低顺序与 GS 中的情况相同，即精矿＞土壤＞灰尘。在精矿中，四价钒和五价钒的生物可给性分别为 25.00%和 32.69%；在土壤中，四价钒和五价钒的生物可给性分别为 18.02%和 21.76%；在灰尘中，四价钒和五价钒的生物可给性分别为 5.29%和 9.63%。环境介质对污染物生物可给性的影响同样也在先前

的研究中得到过证明，如 Boim 等（2021）对不同环境介质中的潜在有害金属的呼吸暴露生物可给性进行测定，发现土壤中的镉、铜、铅、锰和锌的平均生物可给性水平分别为 0.5 $mg·kg^{-1}$、31 $mg·kg^{-1}$、193 $mg·kg^{-1}$、325 $mg·kg^{-1}$ 和 239 $mg·kg^{-1}$；而在沉积物中镉、铜、铅、锰和锌的平均生物可给性则有所不同，分别为 5 $mg·kg^{-1}$、49 $mg·kg^{-1}$、648 $mg·kg^{-1}$、512 $mg·kg^{-1}$ 和 482 $mg·kg^{-1}$；而尾矿中所含的这些有害金属的生物可给性水平与土壤和沉积物中的情况均不相同，镉、铜、铅、锰和锌的平均生物可给性分别为 11 $mg·kg^{-1}$、950 $mg·kg^{-1}$、10000 $mg·kg^{-1}$、416 $mg·kg^{-1}$ 和 3000 $mg·kg^{-1}$；因此整体上尾矿中金属的生物可给性水平相对较高。

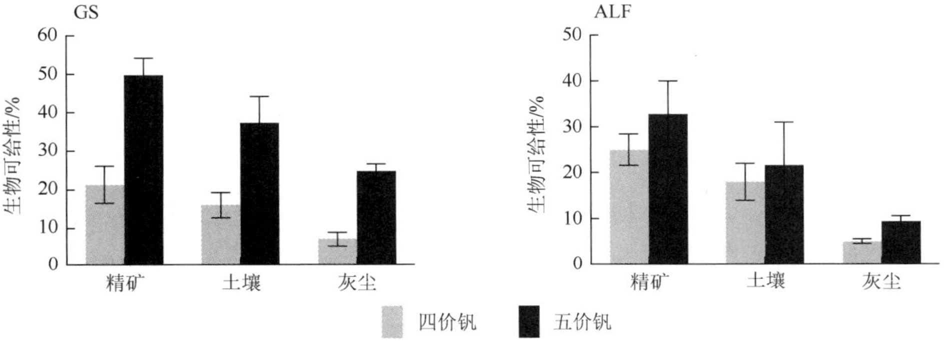

图 5.9　钒的呼吸暴露生物可给性

此外，比较分别经 GS 和 ALF 提取后的四价钒和五价钒的生物可给性可以发现，精矿和土壤中所含的四价钒经 ALF 提取后测得的生物可给性分别为 25.00%和 18.02%，高于经 GS 提取的结果（精矿：21.10%；土壤：15.81%）；而灰尘中的四价钒在 ALF 和 GS 中测得的生物可给性之间差异相对较小，分别为 5.29%和 6.89%；因此四价钒的生物可给性总体上在 ALF 中高于在 GS 中。而五价钒的情况则有所不同，在当前研究条件下，五价钒在 GS 中的生物可给性为 24.47%～49.67%，高于其在 ALF 中的生物可给性水平（9.63%～32.69%）。在这两类仿生肺液中测得的四价钒和五价钒相反的生物可给性水平可能与两类模拟液的 pH 差异有关。具体而言，由于静电排斥的作用，在 pH 偏酸性的 ALF（约为 4.5）中，以阳离子形式存在的四价钒更易以游离离子的形式存在，而在 pH 偏碱性的 GS（约为 7.4）中，以阴离子形式存在的五价钒更易游离（Shaheen et al.，2019）。配方不同的仿生肺液对污染物呼吸暴露生物可给性的影响在先前的研究中也有报道。Pelfrêne 等（2017）比较了分别经三类不同的仿生肺液（磷酸盐缓冲液、GS 和 ALF）提取的三种标准样品中所含金属的呼吸暴露生物可给性情况；结果表明，对于三种样品中的钡、镉、铜、锰、镍、铅以及锌的生物可给性，整体上在 ALF 中较高，而在磷酸盐缓冲液中较低。Midlander 等（2006）用磷酸盐缓冲液和 ALF 对不锈钢粉末中的金属元素的生物可给性进行了测定，结果表明镍、铬和铁在 ALF 中的释放速率和水平更高。Colombo 等（2008）对汽车尾气中的铂族元素的呼吸暴露生物可给性的测定结果表明，GS 对主要以阳离子形式存在于仿生液中的铂族金属元素的提取效率较低，且与本研究一致，不同仿生液的 pH 之间的差异同样也是造成污染物在以上不同仿生肺液之间的呼吸暴露生物可给性不同的一个主要原因。

综上所述，钒的呼吸暴露生物可给性水平在不同的环境介质之间存在较大差异；另外，同一类型的环境介质所含的钒的生物可给性在不同的仿生肺液（GS 和 ALF）中的测定结果也存在明显不同。污染物的呼吸暴露生物可给性水平不仅受其本身依附的环境介质的影响，还会受到仿生液组成和参数的影响，且不同污染物之间的生物可给性也存在着很大的差异（表 5.5）。

表 5.5　部分目前已有的呼吸暴露生物可给性研究结果

污染物	存在介质	仿生肺液	呼吸暴露生物可给性	参考文献
铬、铅、锌	矿渣	肺巨噬细胞模拟液	铬（64%）、铅（16%）、锌（70%）	Schaider 等（2007）
铅	尾矿	肺部间质液模拟液	15%～41%	Wragg 和 Klinck（2007）
铬、铅	路边灰尘	肺部间质液模拟液、人工溶酶体液、去离子水	铬（19%）、铅（47%）	Potgieter-Vermaak 等（2012）
镍	土壤	改进的肺部间质液模拟液	整体较低为 0.5%～3%，最高可达 4.2%	Drysdale 等（2012）
铅	灰尘	人工溶酶体液	高达 100%	Witt 等（2014）
铅	土壤、尾矿	肺上皮模拟液	0.02%～11%	Boisa 等（2014）
银	土壤	改进的肺部间质液模拟液、人工溶酶体液	0.16%～26%	Cruz 等（2015）

5.4.2　皮肤暴露生物可给性

本研究共制备了三种 pH 不同的模拟汗液用以研究钒的皮肤暴露生物可给性。其中，第一种 pH 约为 6.5 的模拟汗液（BS-1）是依据欧盟标准 EN1811-2015 中提出的用于测试硬币等金属制品中含有的镍、铬以及其他重金属的量是否会引起人体皮肤的过敏反应的人工合成汗液配方配制的（Hillwalker and Anderson，2014）；第二种 pH 约为 4.7 的模拟汗液（BS-2）是根据瑞士钟表行业规范 NIHS96-10 中提出的人工合成汗液配方配制的（Wainman et al.，1994）；第三种 pH 约为 5.5 的模拟汗液（BS-3）同 5.3.2 节中用于研究汗液对钒经口暴露生物可给性影响时所采用的人工合成汗液配方一致，源自我国国家标准《纺织品耐汗渍色牢度试验方法》（GB/T3922—1995）中提出的用于测试纺织品色牢度的合成汗液配方，这也是国际质量标准 ISO105-E04：2013 中推荐使用的测试纺织品色牢度的合成汗液配方。值得注意的是，尽管以上合成汗液配方成分和参数存在差异，但其均考虑了实际人体汗液中主要电解质氯化钠。

通过对受污染土壤和尾矿中金属对人体造成的皮肤暴露的体外仿生研究，Leal 等（2018）提出了最适宜于模拟真实情景的 1∶10 的固液比。因此，本研究对钒的皮肤暴露生物可给性的测试是在保持固液比 1∶10 的前提下，参考了 Villegas 等（2019）提出的污染物的皮肤暴露生物可给性的体外研究方法进行的。

图 5.10 展示了不同环境介质中的四价钒和五价钒分别经三种模拟汗液提取后测得的皮肤暴露生物可给性。钒的皮肤暴露生物可给性水平整体上均小于 5%，相对于呼吸暴露生物可给性而言，当前研究条件下的皮肤暴露对人体造成的潜在危害可能较低，这种存在于不同暴露途径之间的污染物的生物可给性水平的差异是多方面因素综合作用的结果，如体外实验程序上的差异、仿生模拟液成分以及特征参数方面的差异（Leal et al.，2018）。同样较低的皮肤暴露生物可给性在先前的研究中也已有报道，如 Villegas 等（2019）借助体外皮肤暴露模拟实验，在标准土样（BGS102）中测得了较低的铅、镍和锌的皮肤暴露生物可给性水平。

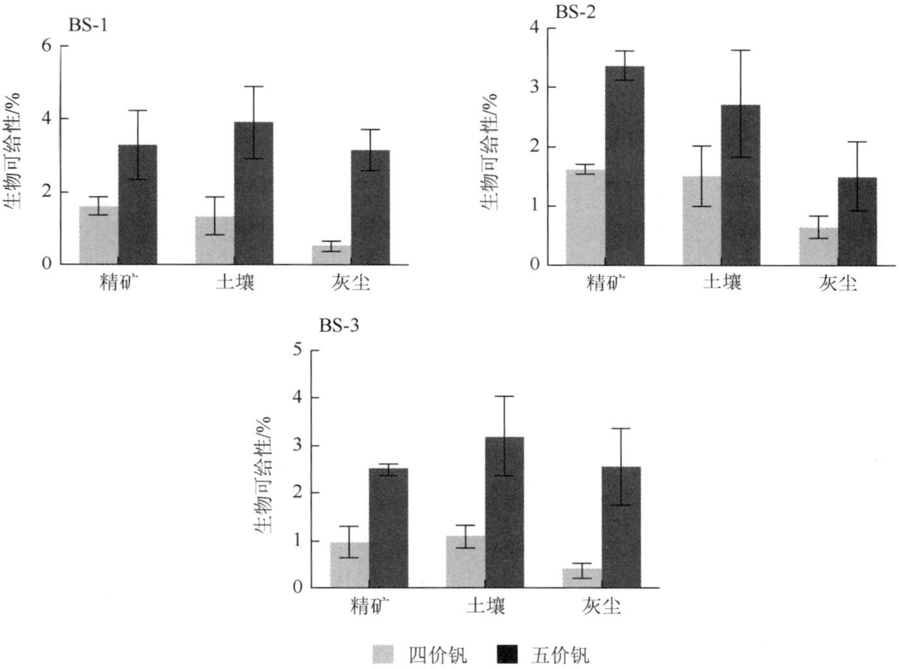

图 5.10　钒的皮肤暴露生物可给性

不同模拟汗液提取后钒的生物可给性水平之间存在差异。参考 EN1811-2015 配制的模拟汗液（BS-1）中钒的生物可给性整体上稍高（3.70%～4.91%）；参考 NIHS96-10 配制的模拟汗液（BS-2）中钒的生物可给性次之，为 2.93%～4.30%；而参考 GB/T3922—1995 配制的模拟汗液（BS-3）中钒的生物可给性相对较低（2.16%～4.99%），表明汗液成分不同会对钒的生物可给性造成较大影响。由于在实际的生理条件下，人体汗液的组成在不同个体之间的变异性很高（Stefaniak and Harvey，2006），因此可能存在某些钒的皮肤暴露生物可给性较高的暴露场景。所以对于钒造成的潜在皮肤暴露危害仍不可轻易忽视。

此外，与其他暴露途径类似，环境介质本身对钒的皮肤暴露生物可给性也存在着影响。BS-1 中测得的精矿、土壤和灰尘中的四价钒的生物可给性分别为 1.60%、1.35%以及 0.53%；五价钒的生物可给性分别为 3.30%、3.92%、3.17%。BS-2 中测得的精矿、土壤和灰尘中的四价钒的生物可给性分别为 1.62%、1.50%以及 0.65%；五价钒的生物可给性分别为 3.37%、2.73%、1.50%。BS-3 中测得的精矿、土壤和灰尘中的四价钒的生物可给性分别为 0.97%、1.10%以及 0.37%；五价钒的生物可给性分别为 2.50%、3.20%、2.56%。

另外，对比四价钒和五价钒的生物可给性可以发现，在当前研究条件下具有皮肤暴露生物可给性的钒以五价钒为主，生物可给态的五价钒大约为四价钒的 2～7 倍。在仿生提取后的 BS-1、BS-2 以及 BS-3 中，分别大约为 2.1～6.0 倍、1.8～2.3 倍以及 2.6～7.0 倍。显而易见，当前相对于在 BS-1 和 BS-3 中测得的结果，在 BS-2 中测得的生物可给态的四价钒的浓度在总的生物可给态钒浓度中的占比较高，这可能与 BS-2 相对较高的酸性条件（pH 4.7）有关，即四价钒在 pH 较低的环境中占比高于在 pH 较高的环境中（BS-1 和 BS-2 的 pH 分别为 6.5 和 5.5）。已有的皮肤暴露生物可给性研究中同样发现了模拟汗液的 pH 条件对污染物生物可给性水平的影响。例如，Leal 等（2018）发现在酸性较强的模拟汗液中，锌、镍、铅等金属的生物可给性较高，这可能是由于酸性条件更有利于带正电荷的锌、镍、铅等金属离子的释放，而在 pH 较高的环境下，由于不溶性氢氧化物或碳酸盐类化合物的生成，这些金属离子的释放效率下降（Metwally et al.，1993）。

在传统的观念中，一般认为环境中的污染物经口摄入后对人体造成的危害较高，因而在许多评估当中常常忽略了呼吸吸入以及皮肤接触这两种暴露途径带来的人体健康危害。然而近年来随着生产生活活动的加剧，由污染物造成的人体呼吸系统以及皮肤危害事故相继被报道，逐渐提高了人们对这两类暴露途径的重视。本研究对钒的呼吸暴露和皮肤暴露生物可给性的测定结果也再次说明了加强关注污染物的呼吸暴露和皮肤暴露的必要性。

此外，对于钒精矿而言，不论是通过呼吸吸入还是通过皮肤接触造成的污染物的生物可给性水平都相对较高，因此，相对于一般人群而言，从事相关职业活动的人群由于可能与此类环境介质之间存在着更高的暴露概率，从而可能受到更高的暴露危害。

5.5　钒的健康风险分析

通过前面的研究，可以发现环境中的钒经由不同暴露途径进入人体后的生物可给性之间存在差异，即通过不同暴露途径进入人体的钒最终可能被人体吸收利用的比例不同。因此钒最终对人体健康的危害程度不仅与污染物的暴露途径有关，还受到污染物的生物可给性的影响。因此，有必要将各个暴露途径的钒的生物可给性水平纳入对人体健康造成的潜在风险的分析当中。

目前许多国家都发布了关于污染物的健康风险分析方法，然而这些标准或指南中均未就目标污染物浓度的生物可给性矫正给出具体的建议或指导（USEPA，2011；European Environment Agency，1999）。近年来，虽然陆续有研究开始在对污染物进行健康风险评估的过程中考虑污染物生物可给性的影响，但目前大多数生物可给性的数据仍是通过模拟胃肠道的体外方法得出的，即以污染物通过经口暴露途径在胃肠道中的释放比例为基础对污染物的健康风险进行定量判断，而污染物在消化系统中其他消化阶段如口腔、大肠以及血浆中的释放情况目前尚未被纳入评估（Gosselin and Zagury，2020）。根据前面的研究还发现，汗液和食物这些外界条件因素会在一定程度上影响目标污染物经口暴露的生物可给性，因此有必要分析汗液和食物各自单独及共同存在时污染物对人体造成的健康风险。此外，目前对同时涉及多个暴露途径的污染物生物可给性的健康风险研究则更为不足（He et al.，2020）。因此，为了更为合理可靠地评估环境中的钒对人体的健康危害，本研究基于前面章节中所得到的经口摄入、呼吸吸入以及皮肤接触三种暴露途径下的钒的生物可给性数据综合分析了钒对人体的健康风险，以期为进一步加深人们对钒这类环境中的阴离子型污染物对人体健康危害的认识做出一定的贡献。

5.5.1　健康风险评估方法

由于身高、体重以及日常行为活动方式之间存在较大差异，在健康风险评估当中经常将目标人群划分为成人和儿童两类（HJ25.3—2014）。此外，对于目标污染物的职业暴露群体，由于工作特性等原因，这类人群与一般的非职业人群受到的目标污染物的暴露频率同样差异较大。例如，对于本研究中的精矿，通常一般的非职业人群与其接触的概率较低，因此受到的暴露概率较低。因此基于上述考虑，本研究中的健康风险分析的目标人群首先将依据年龄分为儿童和成人；并在此基础上，用精矿中所含目标污染物造成的健康危害来评估成人群体中的职业人群（occupational population）受到的健康风险，用土壤或灰尘中的目标污染物造成的健康危害来评估成人群体中的一般人群（general population）受到的健康风险。

此外，根据目前应用最为广泛的健康风险评估方法，污染物的健康风险首先可根据暴露剂量评估相应的暴露风险，之后在此基础上通过与污染物的暴露参考剂量进行对比来计算目标污染物对人体造成的风险终点效应。该终点效应根据目标污染物是否具有致癌性可分为致癌风险效应和非致癌风险效应。致癌风险效应评估的对象为已探明的致癌物，其具体含义为个体受到低剂量的致癌物质的暴露时，累积的潜在致癌效应最终导致人体发生癌变的可能性；对于特定水平的致癌物质，其可能的致癌上限通常使用流行病学研究或动物慢性毒性试验所得的致癌斜率因子；而将非致癌风险效应用于评估非致癌物或未明确具有致癌性的污染物，通常是通过比较目标污染物经某一暴露途径对人体造成的实际暴露剂量与对应的参考剂量进行评估（USEPA，2011）。根据国际癌症研究机构（IARC）对污染物的分类可知，本研究所调查的钒不属于已探明的致癌物（Tong et al.，2018；IARC，1994），因此这里对钒进行非致癌风险评估。

根据美国环境保护署发布的健康风险评估方法，经口摄入进入消化系统、呼吸吸入进入肺部以及皮肤接触的污染物的人体暴露风险水平一般是通过计算污染物的日均经口摄入量、日均呼吸吸入量以及日均皮肤接触量进行判断的。然而污染物经由不同暴露途径造成的实际暴露剂量除了与目标污染物的总浓度有关，还与污染物通过该暴露途径进入人体体液中的比例有关，这是由于只有被释放进入体液才有可能进一步被其他组织或器官吸收，从而对人体造成危害。当前研究中所使用的各个暴露途径中污染物在体液中的可利用率，是借助体外仿生实验测得的生物可给性进行估算的。本研究基于钒的多暴露途径的生物可给性的测定值，根据美国环境保护署推荐的污染物日均摄入量（daily intake，DI）的计算方法，对钒的三种暴露途径的暴露风险进行评估；其中经口摄入暴露风险、呼吸吸入暴露风险以及皮肤接触暴露风险的计算公式分别如式（5.2）～式（5.4）所示（USEPA，2004，2011，2013）

$$\mathrm{ODI} = (C \times \mathrm{BA\%} \times \mathrm{IR_{ois}} \times \mathrm{EF} \times \mathrm{ED} \times \mathrm{CF})/(\mathrm{BW} \times \mathrm{AT}) \tag{5.2}$$

$$\mathrm{IDI} = (C \times \mathrm{BA\%} \times \mathrm{IR_{pis}} \times \mathrm{EF} \times \mathrm{ED} \times \mathrm{CF})/(\mathrm{PEF} \times \mathrm{BW} \times \mathrm{AT}) \tag{5.3}$$

$$\mathrm{DDI} = (C \times \mathrm{BA\%} \times \mathrm{AF} \times \mathrm{SA} \times \mathrm{ABS} \times \mathrm{EF} \times \mathrm{ED} \times \mathrm{CF})/(\mathrm{BW} \times \mathrm{AT}) \tag{5.4}$$

在皮肤暴露风险的计算过程中，皮肤暴露面积是根据目标人群的身高、体重参数确定的；计算方法参考自我国生态环境部发布的建设用地土壤污染风险评估技术导则（HJ25.3—2019），如式（5.5）所示。

$$\mathrm{SA} = 239 \times H^{0.417} \times \mathrm{BW}^{0.517} \times \mathrm{SER} \tag{5.5}$$

与美国环境保护署给出的研究方法相似（USEPA，2011），该公式是基于人群环境暴露行为模式研究中大规模实测的皮肤暴露面积以及身高和体重的数据，利用蒙特卡罗统计方法对皮肤表面积与体重和身高之间的关系进行一元或二元回归分析得出的。此外，污染物在汗液中的溶解场景与皮肤暴露于水体中的污染物的情景相似（Leal et al.，2018）；因此，参考水体中污染物的皮肤暴露评估思路，并结合已发表的皮肤暴露风险分析方法（Khelifi et al.，2021），本研究中的皮肤暴露风险的计算，除了考虑汗液中污染物的生物可给性，进入汗液中的污染物进一步的渗透吸收率也同时纳入考虑当中，参数值是根据美国环境保护署（USEPA，2004）以及相关前人研究的结果（Ferreira-Baptista and De Miguel，2005；Huang et al.，2017；Praveena et al.，2015）确定的。

这里的 ODI、IDI 和 DDI 为污染物分别由于经口暴露、呼吸暴露和皮肤暴露造成的每千克体重日均摄入量（$\mathrm{mg \cdot kg_{BW}^{-1} \cdot d^{-1}}$）；$C$ 为环境样品中污染物的总浓度（$\mathrm{mg \cdot kg^{-1}}$）；BA%为环境样品中不同暴露途径下的百分比形式的污染物的生物可给性（%）；对于公式中其他的特征参数的取值，首先是参考我国环境保护部发布的中国人群暴露参数手册中推荐使用的西南地区人群的参数取值确定的（中华人民共和国环境保护部，2013，2016）；并在此基础上，进一步补充使用中国营养学会发布的《中国居民膳食指南（2022）》中营养素参考摄入量以及环境保护部颁布的《污染场地风险评估技术导则》中推荐使用的中国人群的暴露参数取值；此外，还根据《中国人群暴露参数手册》（中华人民共和国环境保护部，2013，2016）中的建议结合使用了来自国外权威机构（如美国环境保护署）所公布的部分参数取值（USEPA，2004，2011）；所有这些参数的具体含义、取值以及来源在表 5.6 中详细列出。

表 5.6　暴露风险评估模型的参数

参数	含义	儿童	成人	单位	参考文献
$\mathrm{IR_{ois}}$	消化道日均摄入量	200	100	$\mathrm{mg \cdot d^{-1}}$	USEPA，2011；
$\mathrm{IR_{pis}}$	呼吸道日均吸入量	10.1	15.7	$\mathrm{m^3 \cdot d^{-1}}$	中华人民共和国环境保护部，2013，2016
PEF	污染物排放因子	1.36×10^3		$\mathrm{m^3 \cdot mg^{-1}}$	USEPA，2011
AF	皮肤黏附率	0.2	0.07	$\mathrm{mg \cdot cm^{-2}}$	USEPA，2011

续表

参数	含义	儿童	成人	单位	参考文献
SA	皮肤的暴露面积	如式（5.5）所示，由身高和体重决定		cm^2	HJ25.3—2019
H	身高	99.4	156.3	cm	HJ25.3—2019
SER	皮肤暴露比率	0.36	0.32	无	HJ25.3—2019
ABS	皮肤渗透吸收率	0.001		无	USEPA，2004；Ferreira-Baptista and De Miguel，2005；Huang et al.，2017；Praveena et al.，2015
EF	暴露频率	350		$d \cdot a^{-1}$	USEPA，2011
ED	暴露周期	6	24	a	USEPA，2011
CF	换算系数	10^{-6}		$kg \cdot mg^{-1}$	USEPA，2011
BW	体重	18.9	58.3	kg	中华人民共和国环境保护部，2013，2016
AT	非致癌效应平均时间	2190	9125	d	USEPA，2011

需要注意的是，根据中国营养学会发布的《中国居民膳食营养素参考摄入量（2023）》，人体对有阈值的化学元素的日均摄入量均存在一个耐受上限，即可耐受最高摄入量（tolerable upper intake level，UL），摄入量超过这一上限水平时，则会损害人体健康（中国营养学会，2014）。然而目前中国营养学会还未发布关于钒的可耐受最高摄入量的信息，但根据对现有的流行病学调查结果的总结，前人指出应将人的每日钒摄入量限制在 $10\ \mu g \cdot d^{-1}$ 的水平（中国营养学会，2014）。因此本研究使用 $10\ \mu g \cdot d^{-1}$ 作为钒的日均摄入量限值，结合当前选用的目标人群的体重参数，得到钒的摄入限值为 $1.76 \times 10^{-4}\ mg \cdot kg_{BW}^{-1} \cdot d^{-1}$，并将依据式（5.2）～式（5.4）计算所得的暴露剂量与该限值进行比较，从而评估当前研究条件下各个暴露途径造成的暴露风险水平是否会损害人体健康。

根据美国环境保护署的规定，污染物的非致癌风险使用危害商（hazard quotient，HQ）进行评价，该商是通过计算各个暴露途径下污染物的实际暴露剂量与标准参考剂量的比值得到的，计算如式（5.6）～式（5.8）所示（USEPA，2011）：

$$HQ_{ois} = ODI/RfD_{ois} \quad (5.6)$$

$$HQ_{pis} = (IDI \times BW)/(IR_{pis} \times RfD_{pis}) \quad (5.7)$$

$$HQ_{dcs} = DDI/RfD_{dcs} \quad (5.8)$$

式中，HQ_{ois}、HQ_{pis} 和 HQ_{dcs} 分别为由经口暴露、呼吸暴露以及皮肤暴露造成的目标污染物的危害商；RfD_{ois}、RfD_{pis} 和 RfD_{dcs} 分别为对应暴露途径下的暴露参考剂量。另外，皮肤暴露参考剂量是根据经口暴露参考剂量确定的，计算方法如式（5.9）所示（USEPA，2004）：

$$RfD_{dcs} = RfD_{ois} \times ABS_{gi} \quad (5.9)$$

具体的参考剂量数值及其他参数信息在表 5.7 中详细列出。这些信息来源于我国健康风险评估标准中推荐使用的美国环境保护署综合风险信息系统（IRIS）、临时性同行审定毒性数据以及区域筛选值总表中给出的污染物毒性数据。

表 5.7　非致癌风险评估模型的参数

参数	含义	数值	单位
RfD_{ois}	经口暴露参考剂量	9.0×10^{-3}	$mg\cdot kg_{BW}^{-1}\cdot d^{-1}$
RfD_{pis}	呼吸暴露参考剂量	7.0×10^{-6}	$mg\cdot m^{-3}$
RfD_{dcs}	皮肤暴露参考剂量	如式（5.9）所示，由经口暴露参考剂量和消化道吸收率决定	$mg\cdot kg_{BW}^{-1}\cdot d^{-1}$
ABS_{gi}	消化道吸收率	0.026	无

当危害商的数值为正且绝对值越大，代表该污染物造成的非致癌风险越高，当绝对值＜1 时可以认为当前条件下目标污染物的暴露水平不足以对人体健康造成损害，即非致癌健康风险可忽略不计；相反，若绝对值＞1，则表示当前条件下目标污染物对人体健康存在的潜在非致癌健康风险需要引起重视。

5.5.2　经口摄入途径的健康风险

在当前研究条件下，当不考虑生物可给性时不同目标人群的污染物平均日暴露剂量及相应的危害商如表 5.8 所示。根据中国营养学会发布的《中国居民膳食营养素参考摄入量（2023）》中给出的钒的摄入量限值，对于当前全部的目标人群钒的日均暴露量均超过限值（中国营养学会，2023）。显然，不同类型的环境介质对人群造成的污染物暴露水平不同。总的来说，暴露于精矿时会造成人体摄入更多的污染物，因此职业人群相对于一般人群和儿童，遭受的污染物的暴露危害更高。此外，由于体重等特征参数的差异，存在于同种环境介质中的污染物对儿童造成的健康危害高于成人（一般人群）。另外，基于当前污染物的暴露剂量计算所得的危害商均小于 1，表明不考虑生物可给性时，目前钒的暴露水平不会对人体健康造成潜在的非致癌风险，然而这些商之间仍存在一些差异，这些差异受相应的暴露剂量水平的影响，同样可以反映存在于不同环境介质中的污染物对不同目标群体造成的危害差异。

表 5.8　基于污染物总量的经口暴露健康风险分析

目标人群	样品类型	平均暴露剂量/($mg\cdot kg_{BW}^{-1}\cdot d^{-1}$)	危害商
职业人群	精矿	6.94×10^{-4}	7.71×10^{-1}
一般人群	土壤	3.56×10^{-4}	3.96×10^{-2}
	灰尘	8.29×10^{-4}	9.21×10^{-2}
儿童	土壤	2.20×10^{-3}	2.44×10^{-1}
	灰尘	5.11×10^{-3}	5.68×10^{-1}

对于不同的目标群体，当考虑生物可给性时，经口摄入的钒在人体消化系统内的暴露剂量水平在不同消化阶段不同（图 5.11～图 5.15）。具体而言，根据钒的日均摄入

量限值，口腔阶段（Phase Ⅰ）的四价钒和五价钒的暴露剂量水平对于不同目标群体均未超过限值（图 5.11）；在口胃阶段（Phase Ⅱ）精矿中五价钒对职业人群的暴露剂量水平（5.14×10^{-4} $mg\cdot kg_{BW}^{-1}\cdot d^{-1}$）超过限值（图 5.12）；在上消化道阶段（Phase Ⅲ）精矿中五价钒对职业人群的暴露剂量水平（5.59×10^{-4} $mg\cdot kg_{BW}^{-1}\cdot d^{-1}$）超过限值，且灰尘中四价钒和五价钒对儿童的暴露剂量之和（1.73×10^{-4} $mg\cdot kg_{BW}^{-1}\cdot d^{-1}$）接近限值（图 5.13）；在全消化道阶段（Phase Ⅳ）精矿中五价钒对职业人群的暴露剂量水平（4.79×10^{-4} $mg\cdot kg_{BW}^{-1}\cdot d^{-1}$）超过限值，且灰尘中四价钒和五价钒对儿童的暴露剂量之和（1.92×10^{-4} $mg\cdot kg_{BW}^{-1}\cdot d^{-1}$）也超过限值（图 5.14）；另外，在血浆阶段（Phase Ⅴ）精矿中五价钒对职业人群的暴露剂量水平（4.19×10^{-4} $mg\cdot kg_{BW}^{-1}\cdot d^{-1}$）超过限值，且灰尘中五价钒对儿童的暴露剂量水平（$1.95\times10^{-4}$ $mg\cdot kg_{BW}^{-1}\cdot d^{-1}$）同样超过限值（图 5.15）。因此，总的来说，职业人群遭受的钒的暴露风险相对一般人群和儿童更高，且对于不同目标人群五价钒造成的暴露风险整体上高于四价钒。

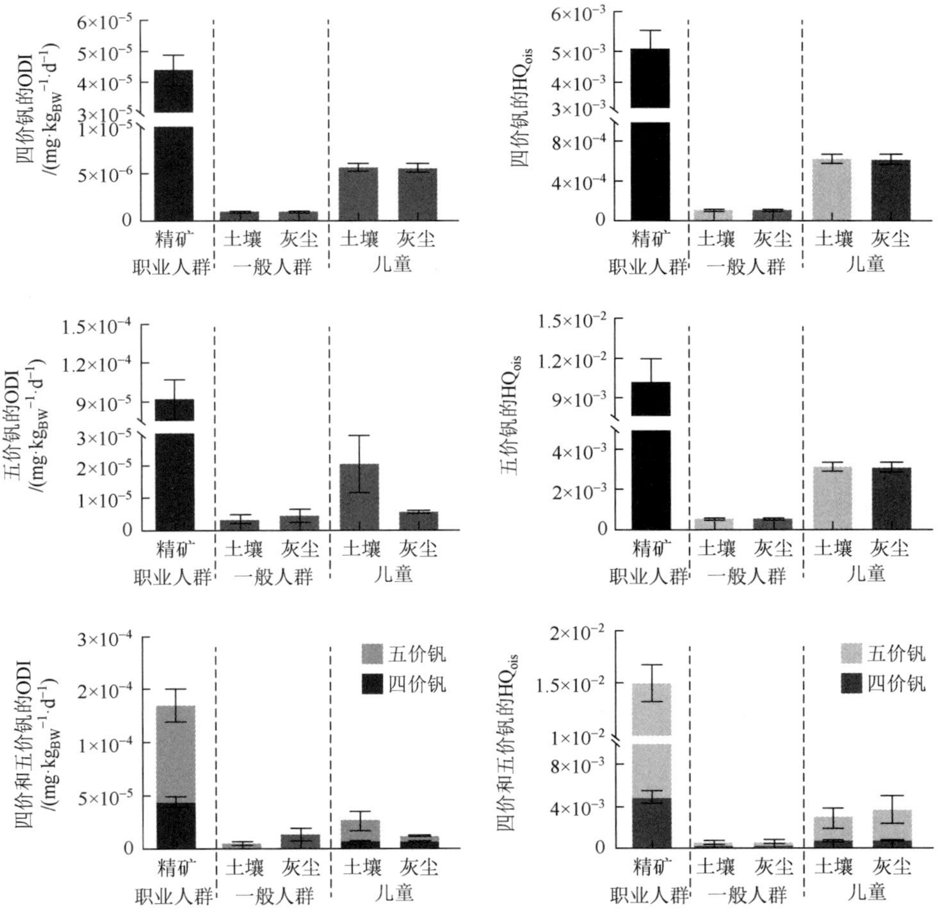

图 5.11　基于钒在口腔阶段（Phase Ⅰ）测得的经口暴露生物可给性的健康风险

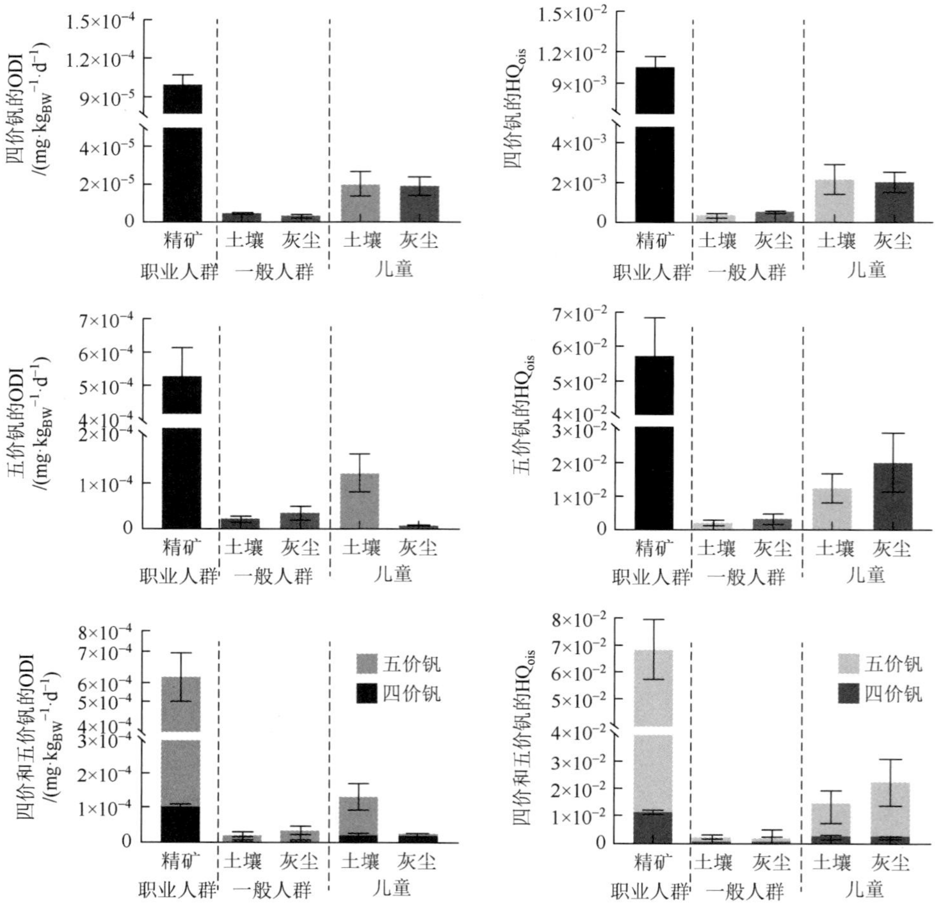

图 5.12　基于经口暴露生物可给性的钒在口胃阶段（Phase Ⅱ）的健康风险

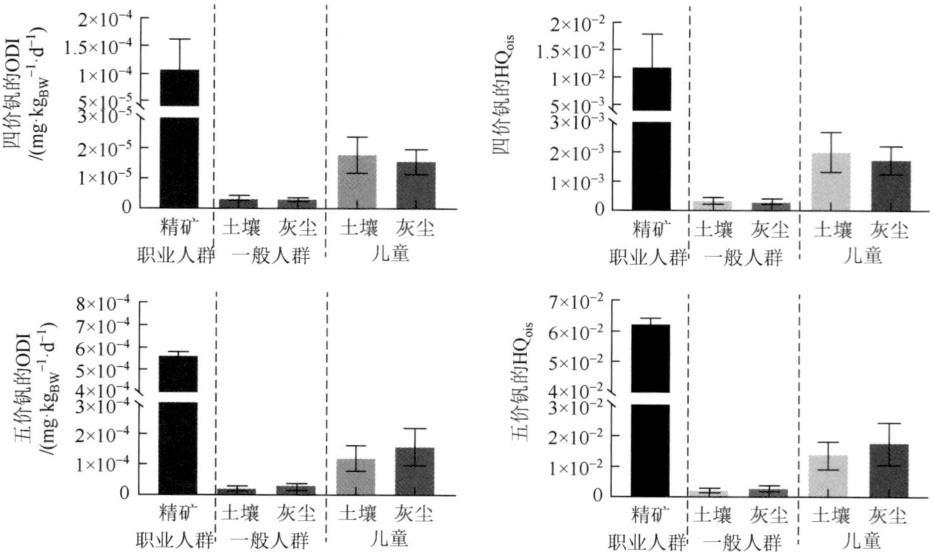

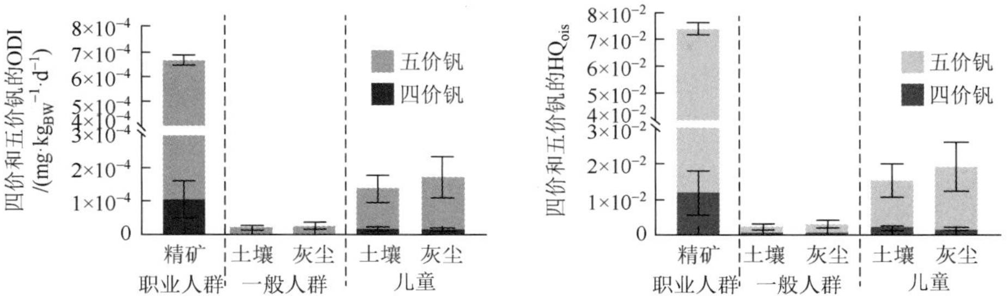

图 5.13　基于经口暴露生物可给性的钒在上消化道阶段（Phase III）的健康风险

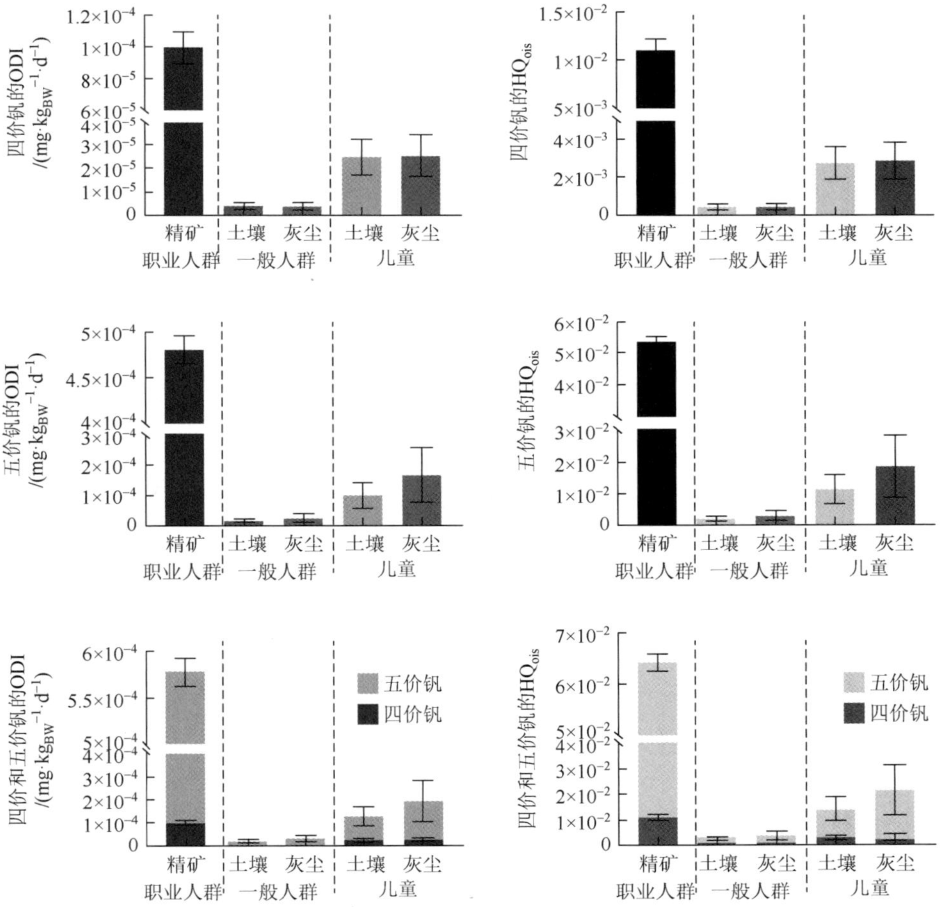

图 5.14　基于经口暴露生物可给性的钒在全消化道阶段（Phase IV）的健康风险

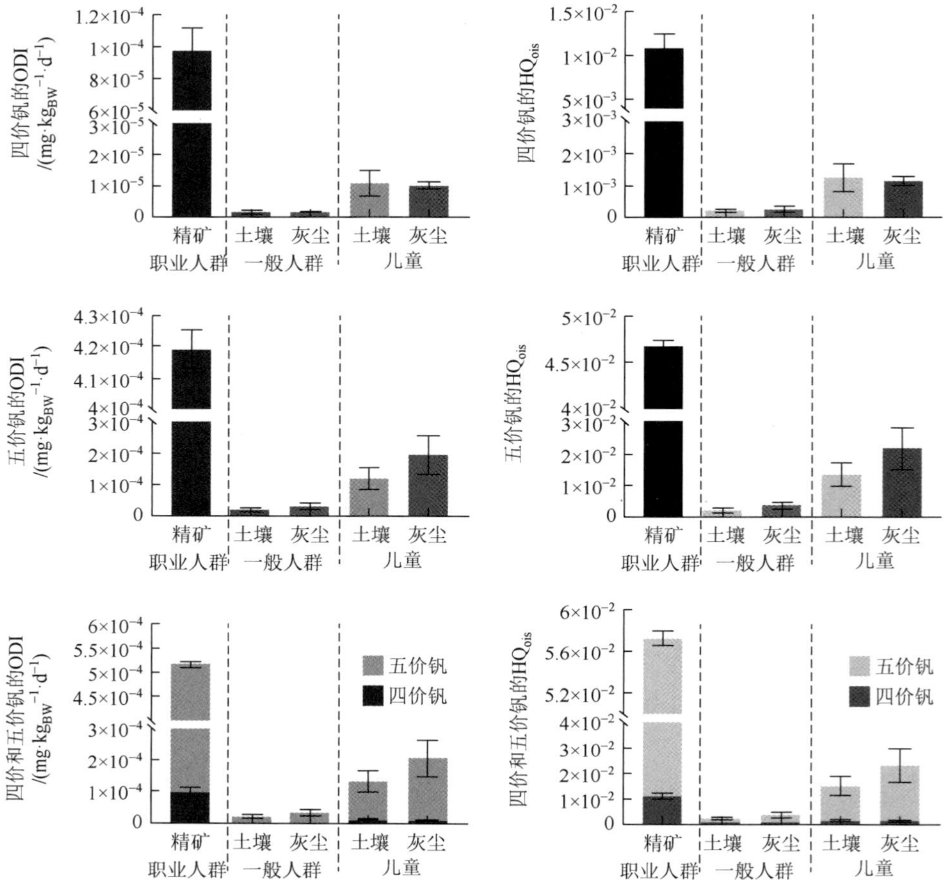

图 5.15　基于经口暴露生物可给性的钒在血浆阶段（Phase Ⅴ）的健康风险

将生物可给性纳入危害商的计算中时发现，当前目标污染物的危害商均小于 1，表明基于污染物的生物可给性的钒的非致癌风险水平均处于可接受的程度，这与基于总量计算所得的非致癌风险结果一致，即非致癌风险可接受。但显然基于目标污染物的总量计算的危害商数值大于基于目标污染物的生物可给性的计算结果，这表明基于污染物总量的健康风险评估会在一定程度上高估污染物对人体造成的健康风险。

5.5.3　不同因素对经口摄入途径的健康风险的影响

5.5.3.1　食物的影响

图 5.16～图 5.19 分别展示了基于添加食物后的钒在不同模拟阶段的生物可给性计算所得的健康风险，同未添加食物的情况一致，整体上职业人群遭受的钒的暴露风险相对一般人群和儿童更高，且对于不同目标人群五价钒造成的暴露风险整体上高于四价钒。食物在一定程度上可以降低钒的生物可给性，这进一步导致了当前研究条件下，在口胃阶

段（Phase Ⅱ）（图 5.16）和上消化道阶段（Phase Ⅲ）（图 5.17）添加食物后，钒精矿中五价钒对职业人群的暴露剂量水平分别为 3.17×10^{-4} $mg\cdot kg_{BW}^{-1}\cdot d^{-1}$ 和 5.09×10^{-4} $mg\cdot kg_{BW}^{-1}\cdot d^{-1}$，虽然超过中国营养学会推荐的日均摄入量限值，但均低于未添加食物的情况（分别为 5.14×10^{-4} $mg\cdot kg_{BW}^{-1}\cdot d^{-1}$ 和 5.59×10^{-4} $mg\cdot kg_{BW}^{-1}\cdot d^{-1}$）。

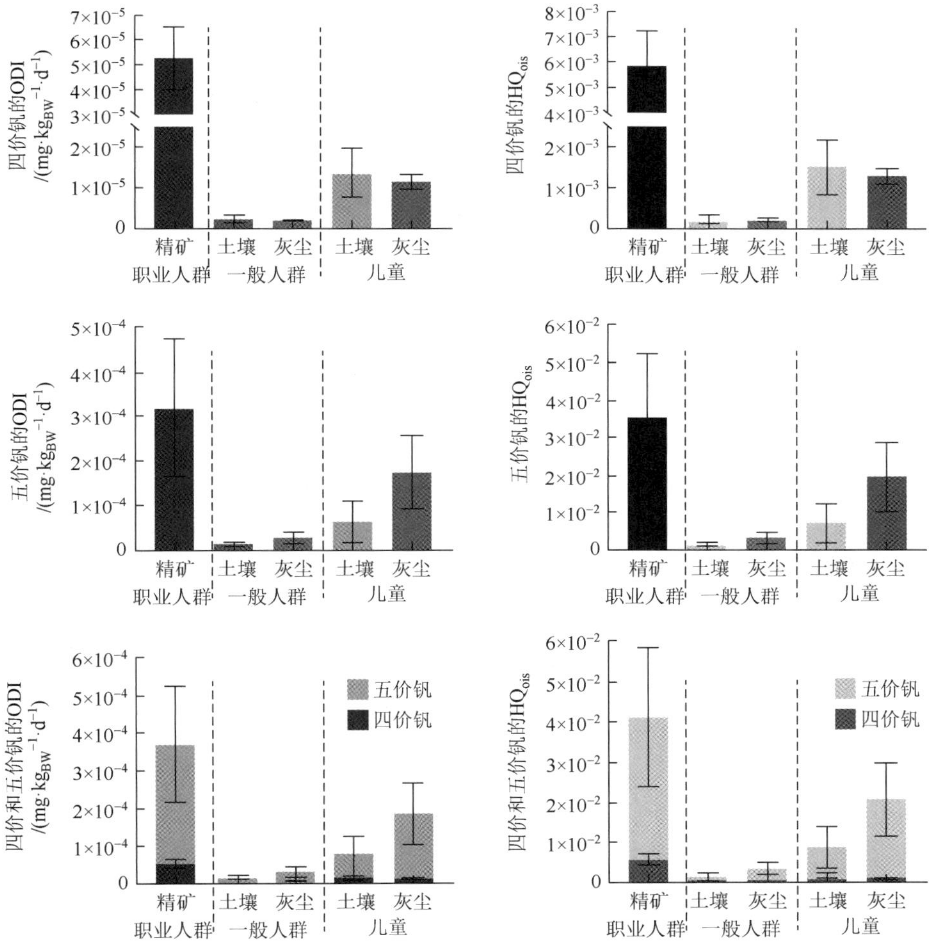

图 5.16　添加食物后的基于经口暴露生物可给性的钒在口胃阶段（Phase Ⅱ）的健康风险

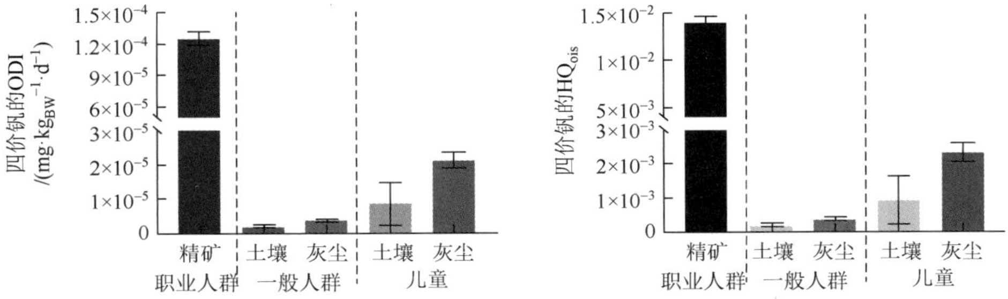

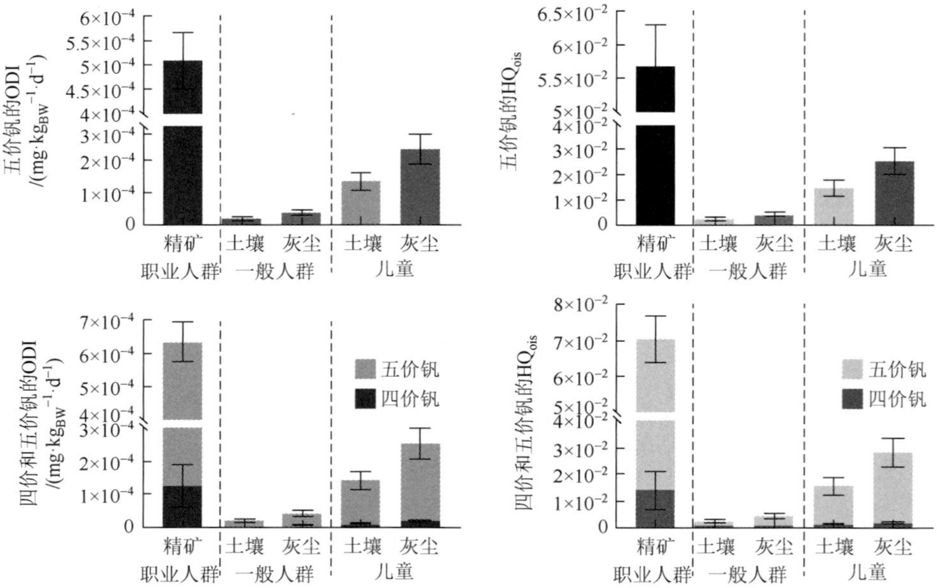

图 5.17　添加食物后的基于经口暴露生物可给性的钒在上消化道阶段（Phase III）的健康风险

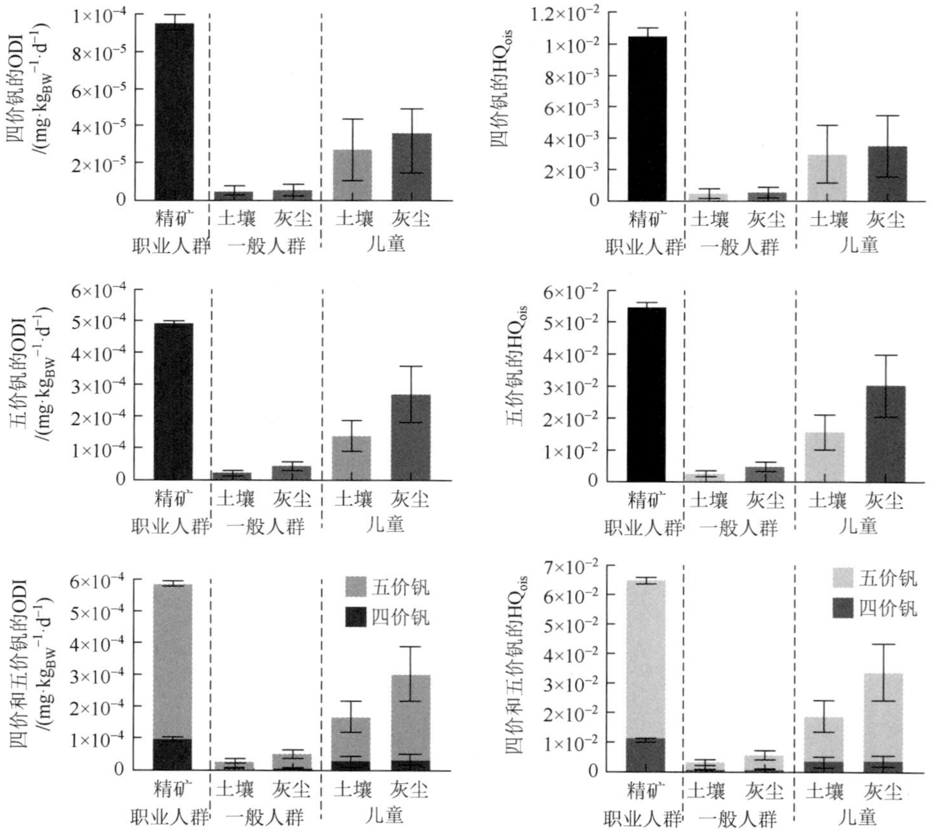

图 5.18　添加食物后的基于经口暴露生物可给性的钒在全消化道阶段（Phase IV）的健康风险

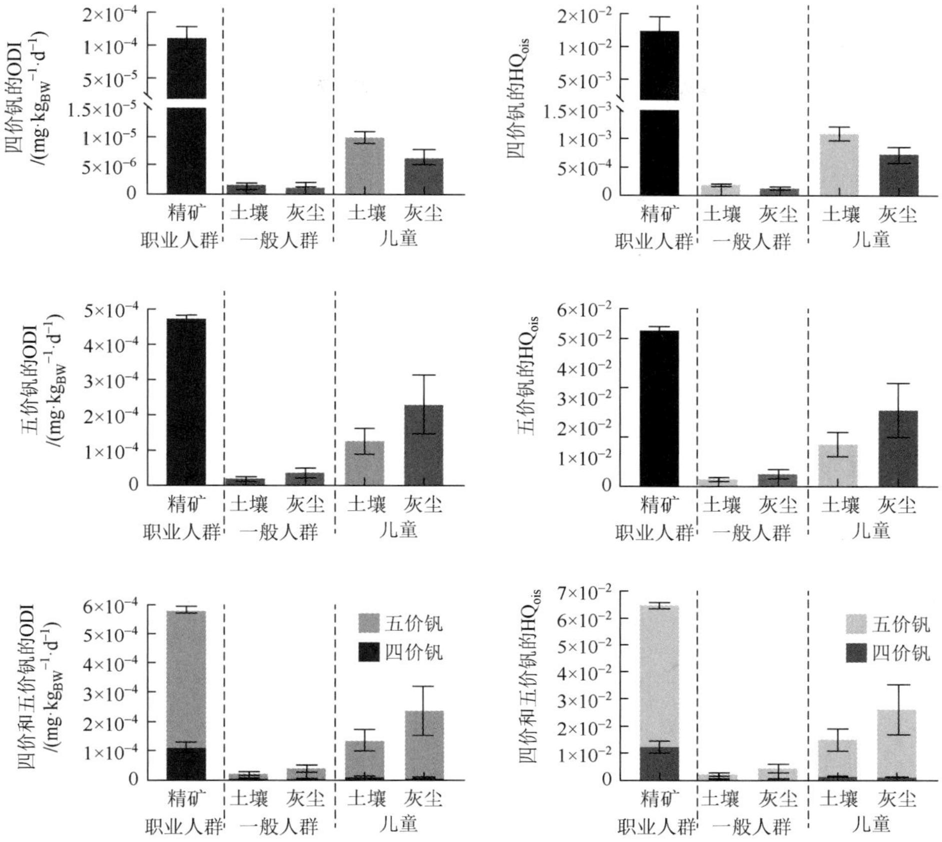

图 5.19　添加食物后的基于经口暴露生物可给性的钒在血浆阶段（Phase Ⅴ）的健康风险

5.5.3.2　汗液的影响

如图 5.20～图 5.24 所示，相较于未添加汗液时对所有目标群体在口腔阶段的四价钒和五价钒的日均暴露剂量未超过限值的情况，当添加汗液后，职业人群在口腔阶段（Phase Ⅰ）遭受的四价钒和五价钒的暴露剂量之和（1.77×10^{-4} mg·kg$_{BW}^{-1}$·d^{-1}）高于日均摄入量限值。另外职业人群所遭受的钒的暴露风险在口腔阶段（Phase Ⅰ）（图 5.20）、口胃阶段（Phase Ⅱ）（图 5.21）、上消化道阶段（Phase Ⅲ）（图 5.22）、全消化道阶段（Phase Ⅳ）（图 5.23）以及血浆阶段（Phase Ⅴ）（图 5.24）分别提高了 4.20×10^{-5} mg·kg$_{BW}$·d^{-1}、4.27×

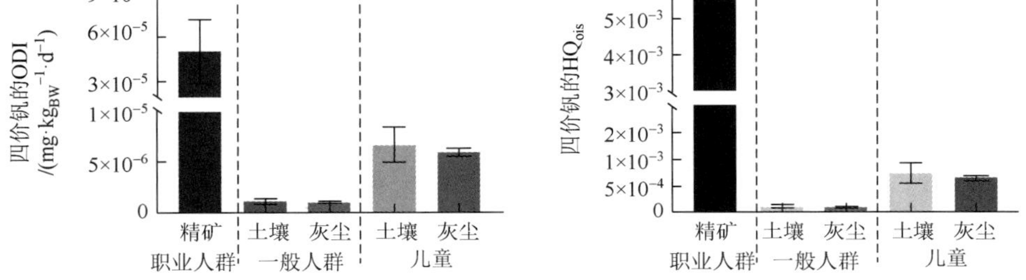

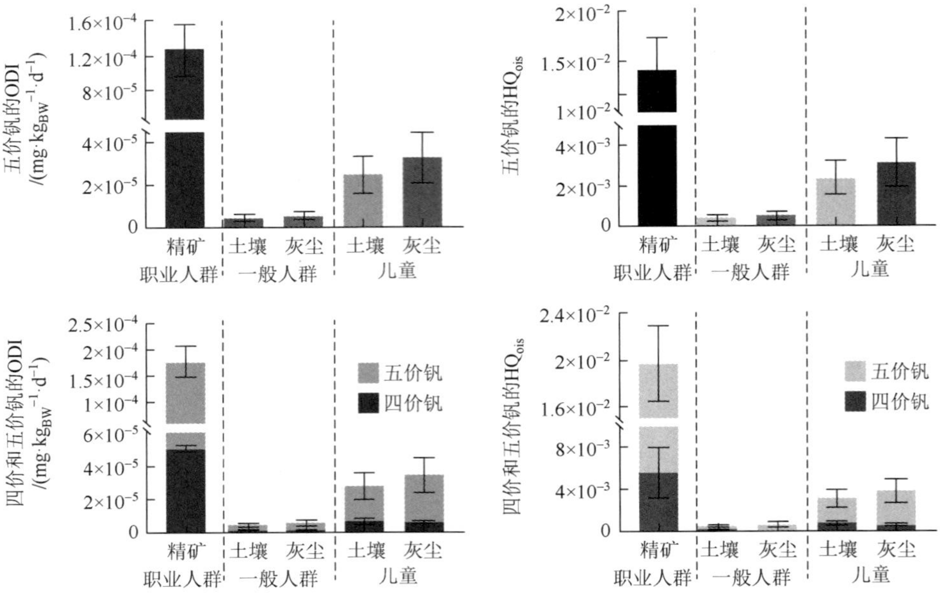

图 5.20　添加汗液后的基于经口暴露生物可给性的钒在口腔阶段（Phase Ⅰ）的健康风险

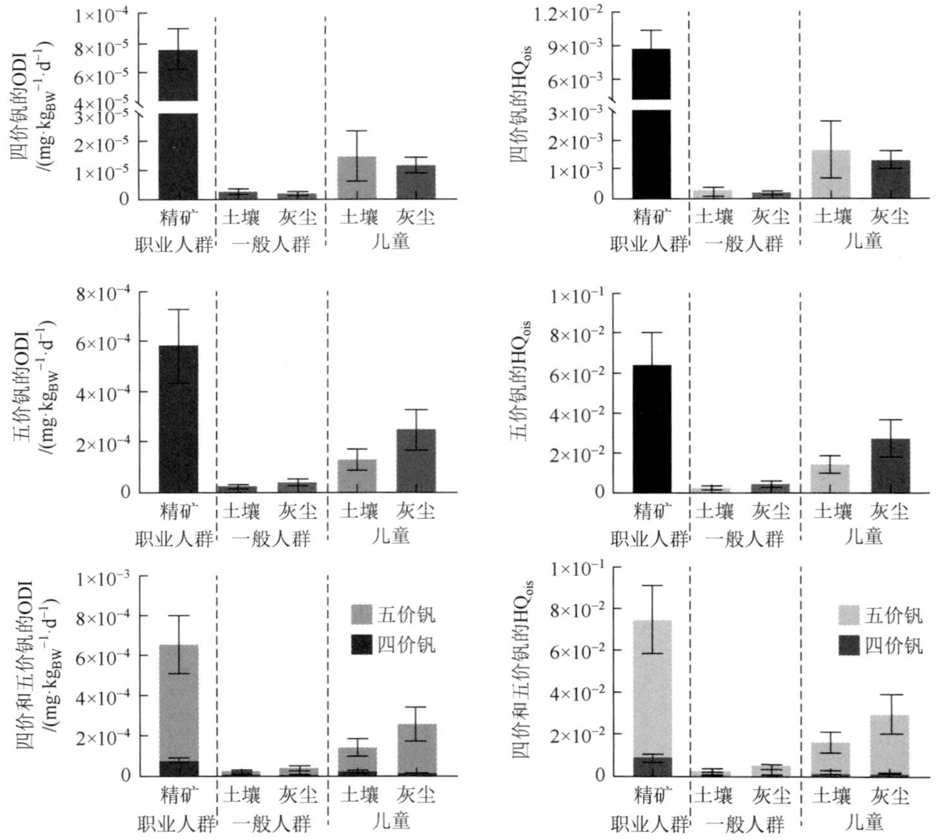

图 5.21　添加汗液后的基于经口暴露生物可给性的钒在口胃阶段（Phase Ⅱ）的健康风险

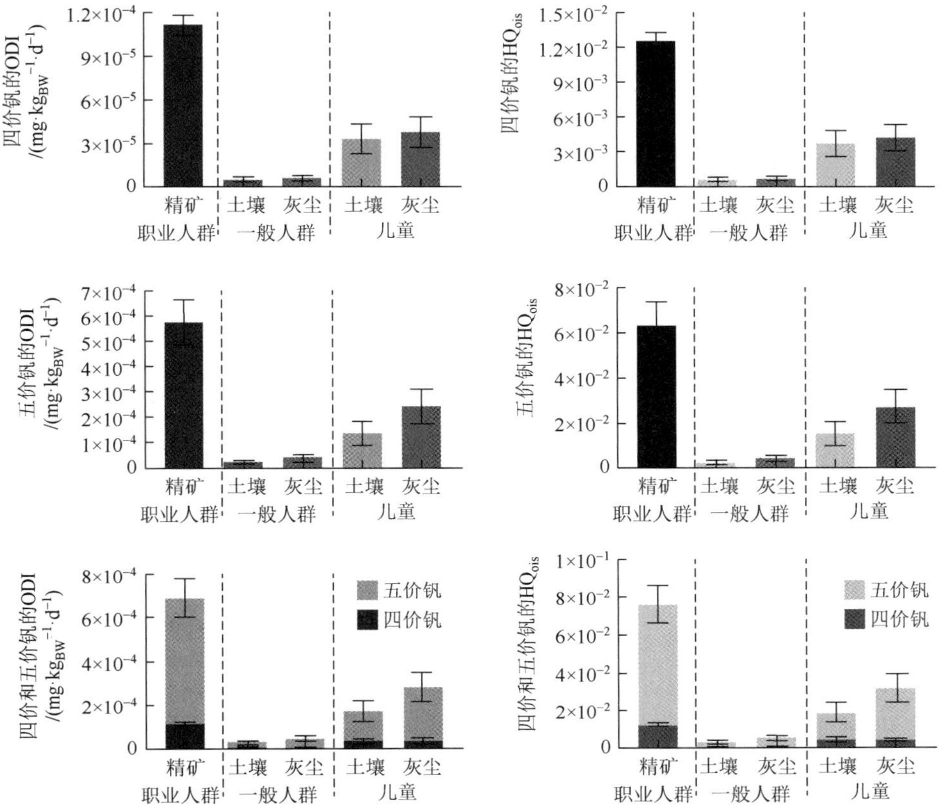

图 5.22　添加汗液后的基于经口暴露生物可给性的钒在上消化道阶段（Phase III）的健康风险

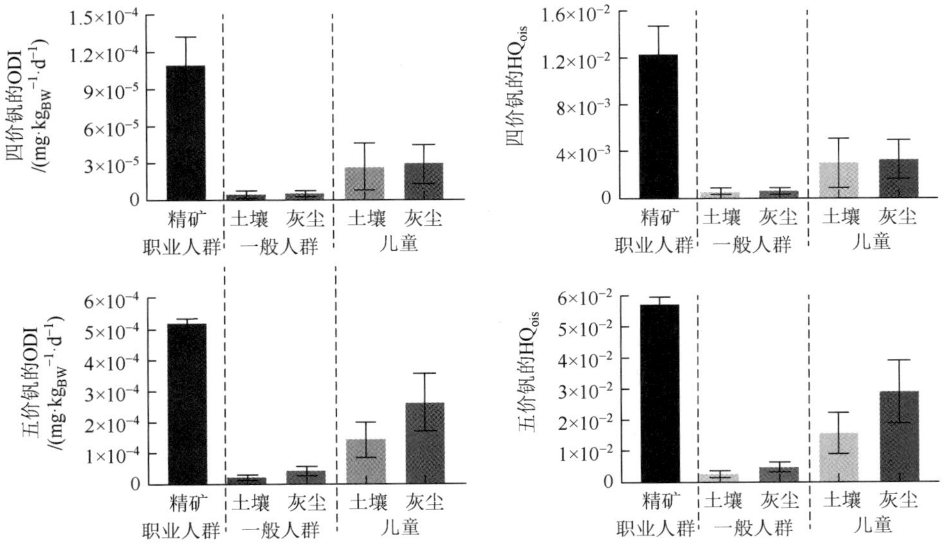

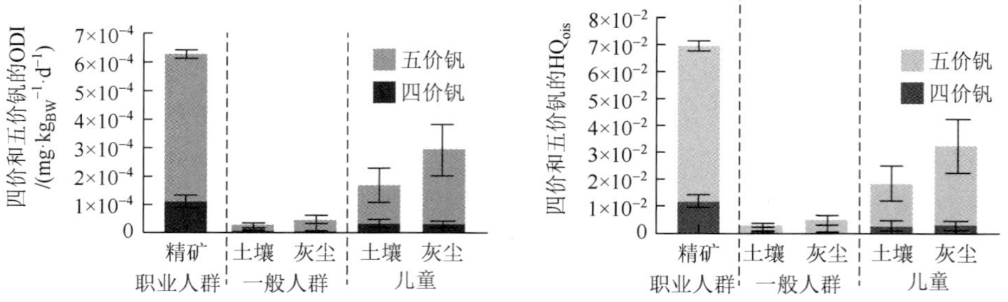

图 5.23　添加汗液后的基于经口暴露生物可给性的钒在全消化道阶段（Phase Ⅳ）的健康风险

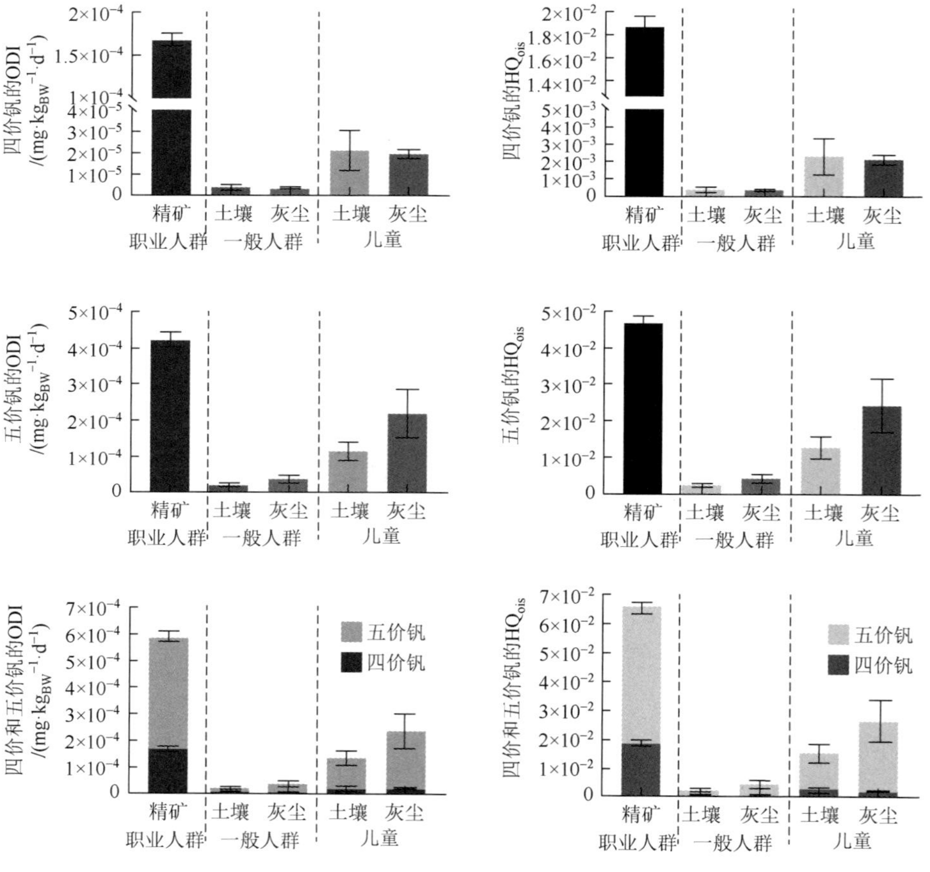

图 5.24　添加汗液后的基于经口暴露生物可给性的钒在血浆阶段（Phase Ⅴ）的健康风险

10^{-5} mg·kg$_{BW}$$^{-1}$·d^{-1}、$2.03\times10^{-5}$ mg·kg$_{BW}$$^{-1}$·d^{-1}、$4.81\times10^{-5}$ mg·kg$_{BW}$$^{-1}$·d^{-1} 和 7.42×10^{-5} mg·kg$_{BW}$$^{-1}$·d^{-1}，且对于一般人群和儿童在各个消化阶段同样存在一定程度的提高。因此，添加汗液后钒在整个消化系统内的暴露剂量均有所提高。

5.5.3.3　汗液和食物的复合影响

当同时考虑汗液和食物的影响时，基于生物可给性的钒的健康风险评估结果如图 5.25～图 5.33 所示，可以发现钒在消化系统中造成的健康风险整体上有一定程度的提高。具体而言，将汗液和食物的复合影响纳入考虑时，钒在口腔阶段（Phase Ⅰ）（图 5.25）、上消化道阶段（Phase Ⅲ）（图 5.27）、全消化道阶段（Phase Ⅳ）（图 5.28）和血浆阶段（Phase Ⅴ）（图 5.29）的暴露剂量的提高量最高分别达 4.20×10^{-5} $mg\cdot kg_{BW}^{-1}\cdot d^{-1}$、$1.09\times10^{-4}$ $mg\cdot kg_{BW}^{-1}\cdot d^{-1}$、$4.46\times10^{-5}$ $mg\cdot kg_{BW}^{-1}\cdot d^{-1}$ 和 9.96×10^{-5} $mg\cdot kg_{BW}^{-1}\cdot d^{-1}$；对职业人群而言，钒在口胃阶段（Phase Ⅱ）（图 5.26）的暴露剂量同样从 6.14×10^{-4} $mg\cdot kg_{BW}^{-1}\cdot d^{-1}$ 提高到了 6.67×10^{-4} $mg\cdot kg_{BW}^{-1}\cdot d^{-1}$。

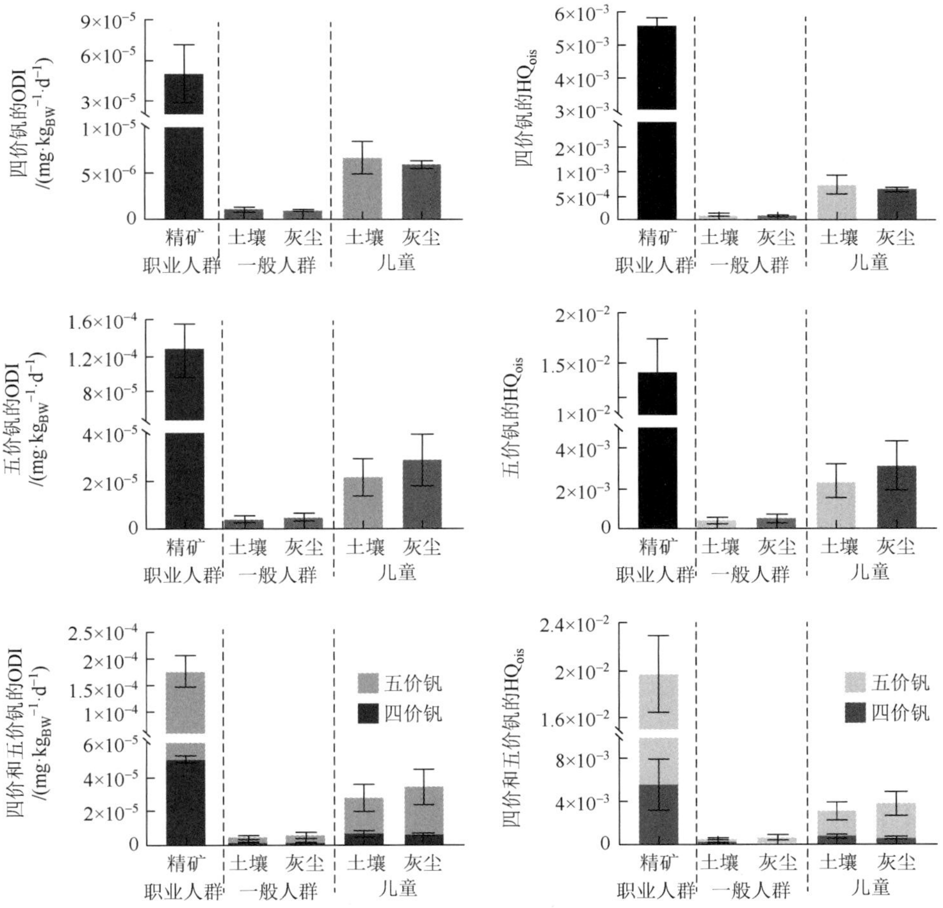

图 5.25　同时添加汗液和食物后的基于经口暴露生物可给性的钒在口腔阶段（Phase Ⅰ）的健康风险

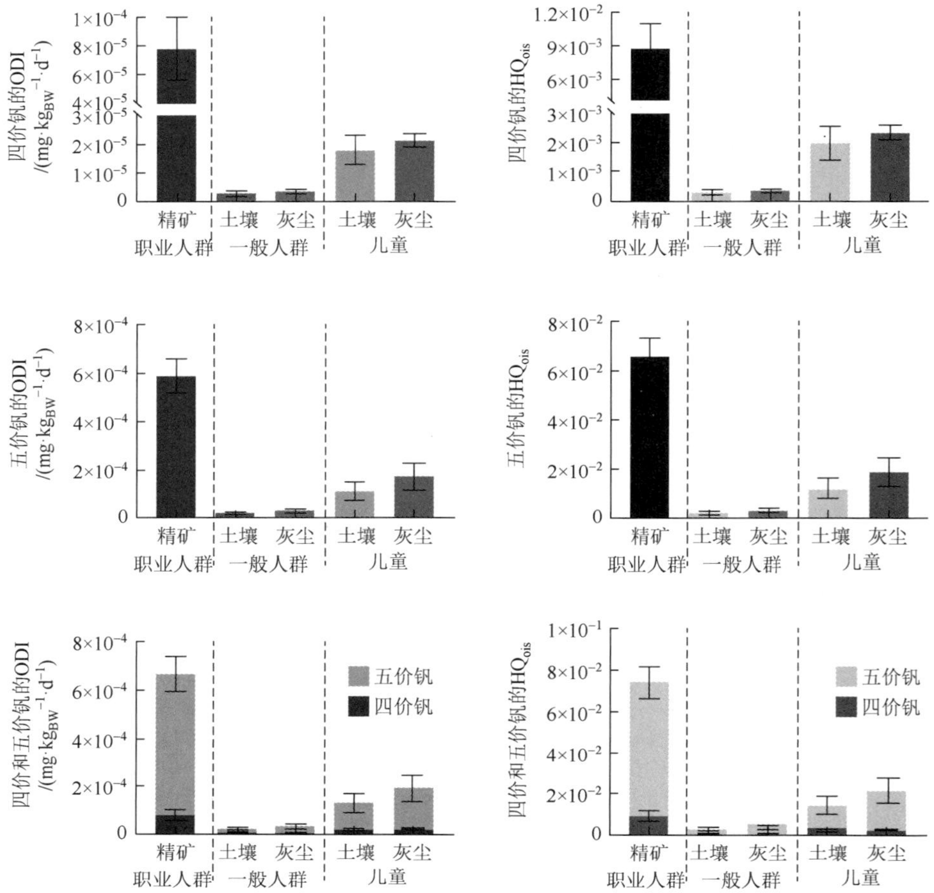

图 5.26　同时添加汗液和食物后的基于经口暴露生物可给性的钒在口胃阶段（Phase Ⅱ）的健康风险

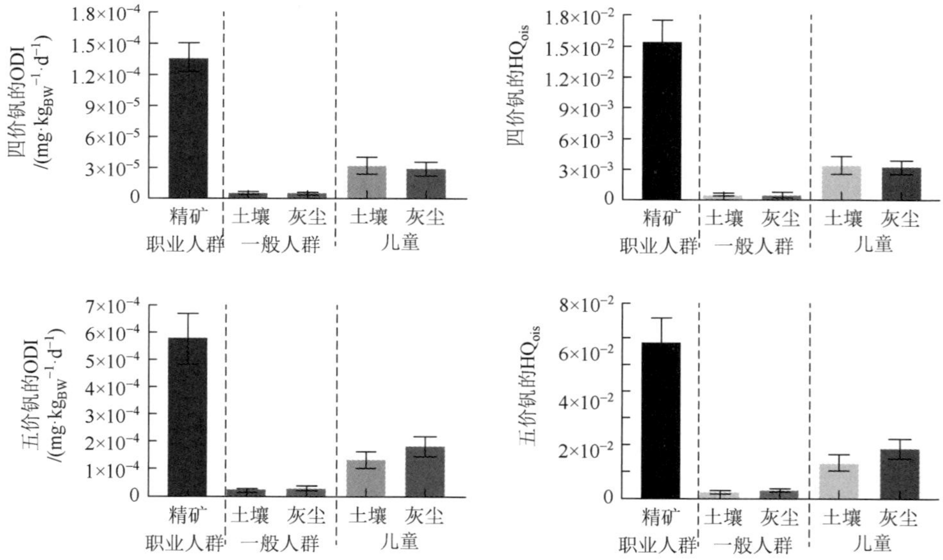

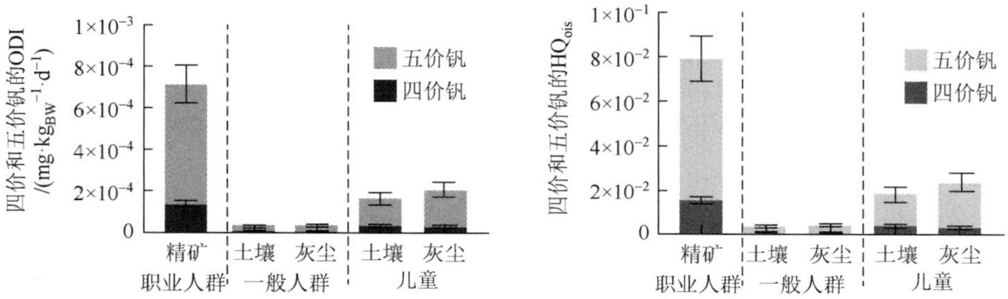

图 5.27　同时添加汗液和食物后的基于经口暴露生物可给性的钒在上消化道阶段（Phase Ⅲ）的健康风险

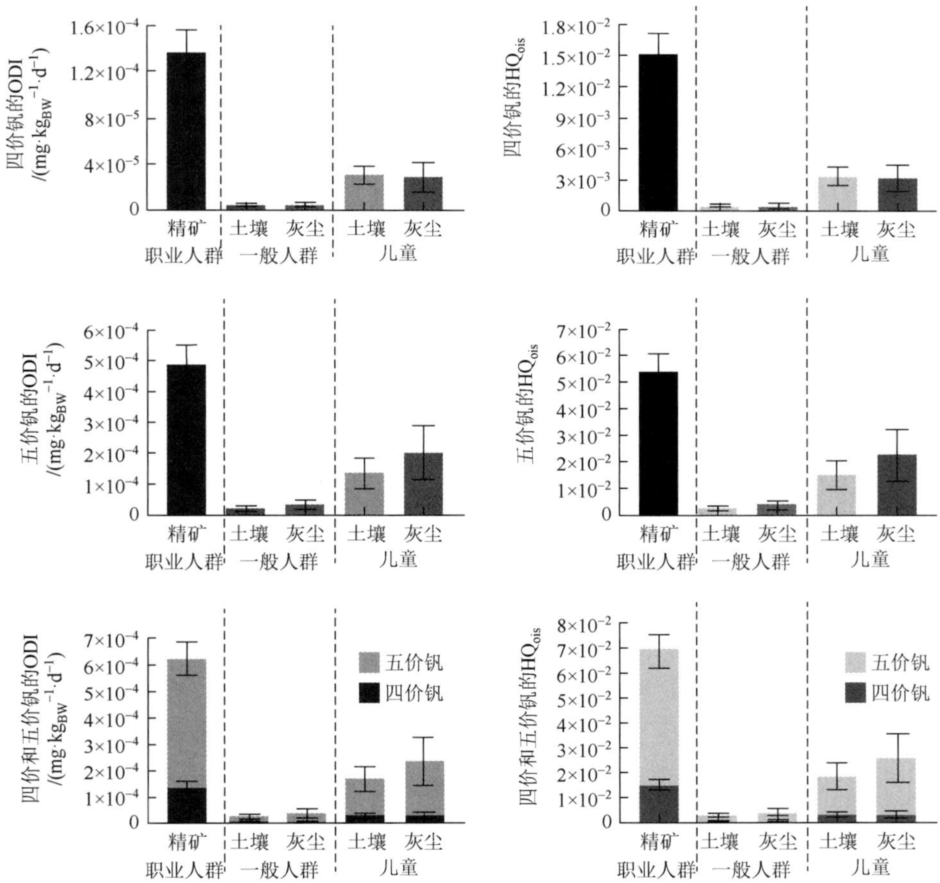

图 5.28　同时添加汗液和食物后的基于经口暴露生物可给性的钒在全消化道阶段（Phase Ⅳ）的健康风险

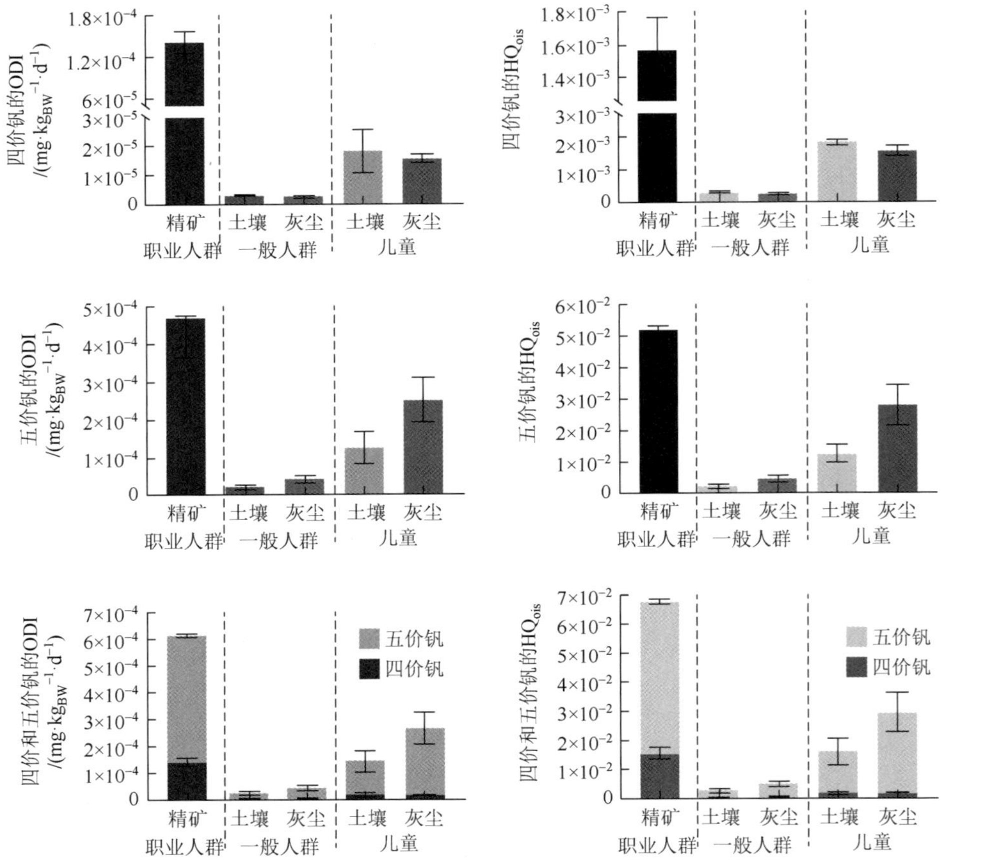

图 5.29　同时添加汗液和食物后的基于经口暴露生物可给性的钒在血浆阶段（Phase Ⅴ）的健康风险

5.5.4　呼吸吸入途径的健康风险

不考虑目标污染物的生物可给性时，基于污染物总量的风险评估结果如表 5.9 所示，当前研究条件下，对于全部目标人群，钒经由呼吸吸入暴露途径造成的健康风险均处于可接受水平，即暴露剂量均低于钒的日均摄入量限值，且危害商均小于 1。另外，整体上职业人群遭受的健康风险相对一般人群和儿童更高，这主要是由于不同环境介质中所含有的目标污染物的浓度水平不同。对于一般人群和儿童，相同类型的环境介质中目标污染物的暴露剂量虽然不同，但最终的危害商相同，这主要是由于在危害商的计算中除了考虑暴露剂量外，还考虑了体重及日均呼吸量等参数。

表 5.9　基于污染物总量的呼吸暴露健康风险分析

目标人群	样品类型	平均暴露剂量/(mg·kg$_{BW}^{-1}$·d^{-1})	危害商
职业人群	精矿	8.01×10^{-7}	4.25×10^{-1}
一般人群	土壤	4.11×10^{-8}	2.18×10^{-2}

续表

目标人群	样品类型	平均暴露剂量/($mg \cdot kg_{BW}^{-1} \cdot d^{-1}$)	危害商
一般人群	灰尘	9.57×10^{-8}	5.08×10^{-2}
儿童	土壤	8.16×10^{-8}	2.18×10^{-2}
	灰尘	1.90×10^{-7}	5.08×10^{-2}

对于当前研究条件下的全部目标人群，基于在 GS 中测得的目标污染物的生物可给性进行计算的四价钒和五价钒的暴露剂量之和（$2.13 \times 10^{-8} \sim 5.67 \times 10^{-7}$ $mg \cdot kg_{BW}^{-1} \cdot d^{-1}$）（图 5.30）整体上高于基于 ALF 中测得的结果（$1.40 \times 10^{-8} \sim 4.62 \times 10^{-7}$ $mg \cdot kg_{BW}^{-1} \cdot d^{-1}$）（图 5.31）；且职业人群遭受的暴露风险高于一般人群和儿童，这与钒整体上在 GS 中的生物可给性较高且精矿中所含钒的呼吸暴露生物可给性较高的结果相一致，表明将生物可给性纳入健康风险评估中的重要性。另外，不论基于 GS 还是 ALF 中测定的目标污染物的生物可给性，一般成人群体和儿童遭受的呼吸暴露风险分别为 $1.40 \times 10^{-8} \sim 2.93 \times 10^{-8}$ $mg \cdot kg_{BW}^{-1} \cdot d^{-1}$ 和 $2.77 \times 10^{-8} \sim 5.82 \times 10^{-8}$ $mg \cdot kg_{BW}^{-1} \cdot d^{-1}$，表明儿童遭受的呼吸暴露风

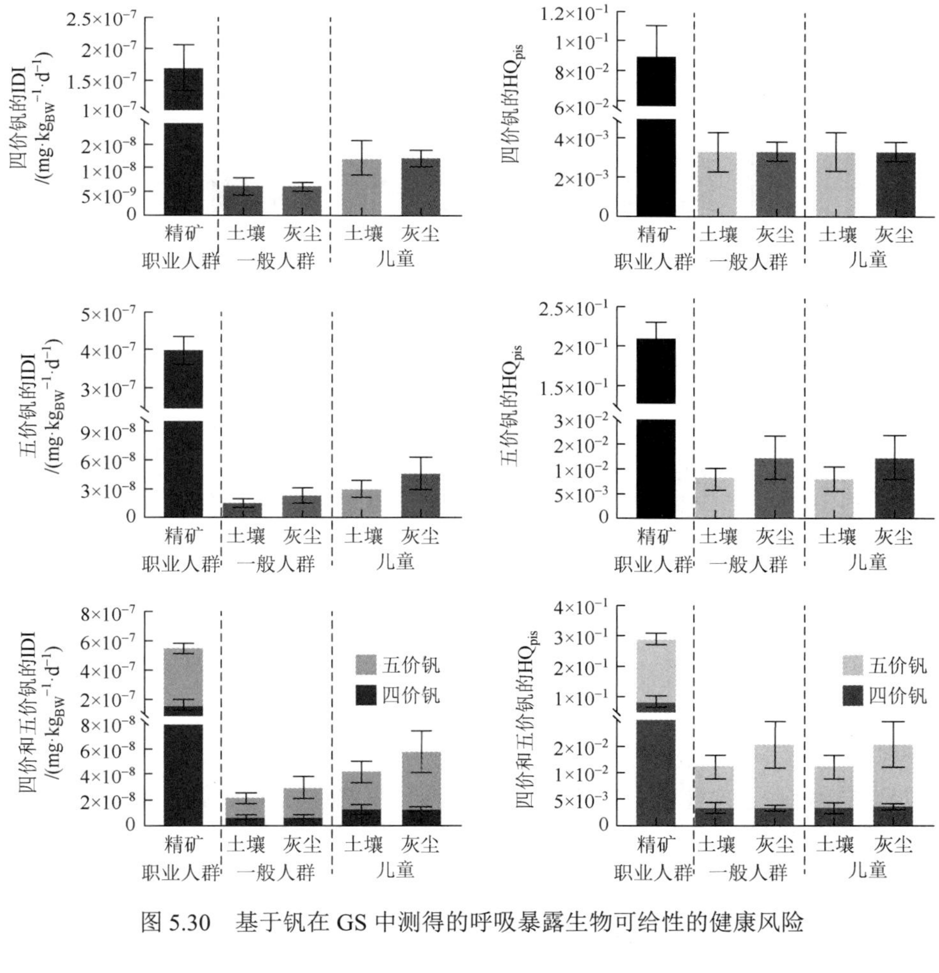

图 5.30　基于钒在 GS 中测得的呼吸暴露生物可给性的健康风险

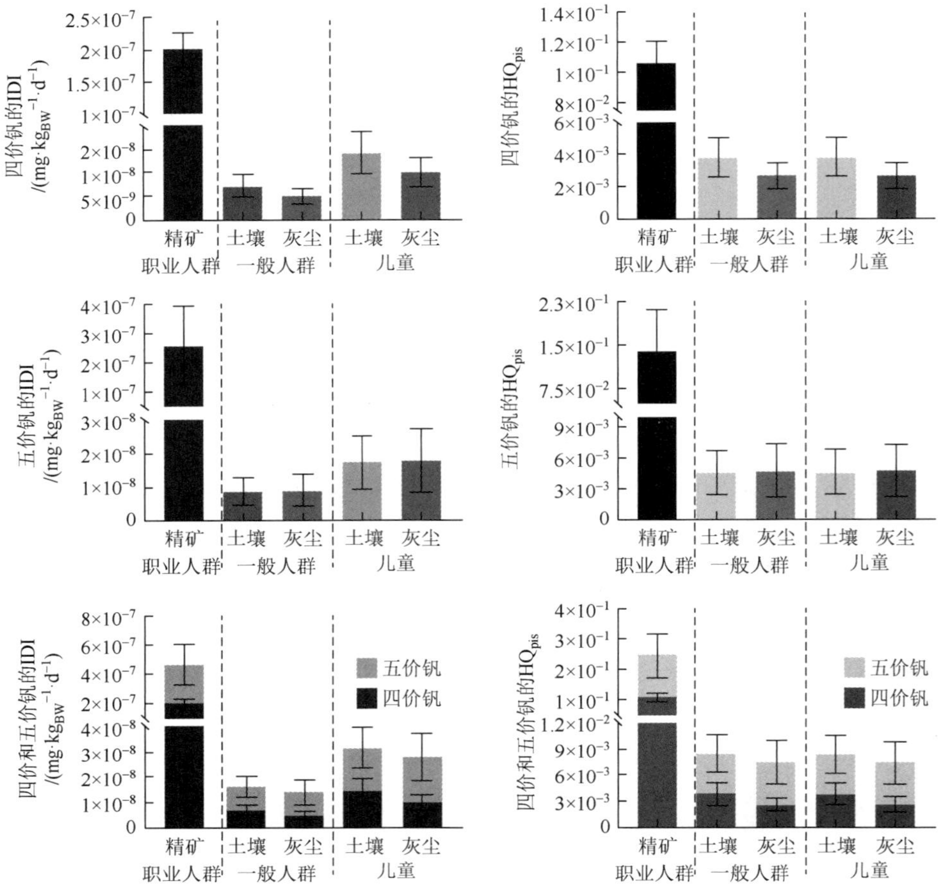

图 5.31　基于钒在 ALF 中测得的呼吸暴露生物可给性的健康风险

险更高，这与先前 Khelifi 等（2021）对镉、锌、铬等几类重金属基于其呼吸生物可给性的健康风险评估结果一致。此外，当考虑呼吸暴露生物可给性时，计算所得的危害商仍小于 1，这与表 5.9 中所示的基于污染物总量的计算结果相一致，再次表明当前钒通过呼吸吸入途径造成的非致癌风险可接受，但显然基于总量计算所得的危害商数值大于基于呼吸暴露生物可给性的计算值，表明直接基于总量的分析会高估目标污染物造成的实际健康风险。

5.5.5　皮肤接触途径的健康风险

当前基于总量的目标污染物的日均暴露剂量均未超过限值且危害商均小于 1（表 5.10），表明通过皮肤接触途径暴露于人体的钒造成的健康风险在当前研究条件下是可接受的。结合钒的经口摄入和呼吸吸入造成的健康风险评估结果，当不考虑生物可给性的影响时，污染物通过经口摄入对目标人群造成的健康危害整体上显然高于皮肤接触和呼吸吸入造成的健康危害，类似的研究结果已在许多研究中得到证明（Khelifi et al.，2021；Han et al.，2020）。

表 5.10　基于污染物总量的皮肤暴露健康风险分析

目标人群	样品类型	平均暴露剂量/($mg·kg_{BW}^{-1}·d^{-1}$)	危害商
职业人群	精矿	2.50×10^{-5}	1.07×10^{-2}
一般人群	土壤	1.28×10^{-6}	5.48×10^{-3}
	灰尘	2.98×10^{-6}	1.28×10^{-2}
儿童	土壤	5.88×10^{-6}	2.51×10^{-2}
	灰尘	1.37×10^{-5}	5.85×10^{-2}

图 5.32～图 5.34 展示了基于皮肤暴露生物可给性的钒对不同目标人群造成的暴露风险和非致癌风险。与经口摄入和呼吸吸入暴露途径的风险评估结果一致，职业人群遭受的钒的皮肤接触暴露危害显然高于一般人群和儿童，这与钒精矿中钒的生物可给性较高密切相关。此外，通过比较一般人群和儿童遭受的钒的皮肤接触健康危害可以发现，儿

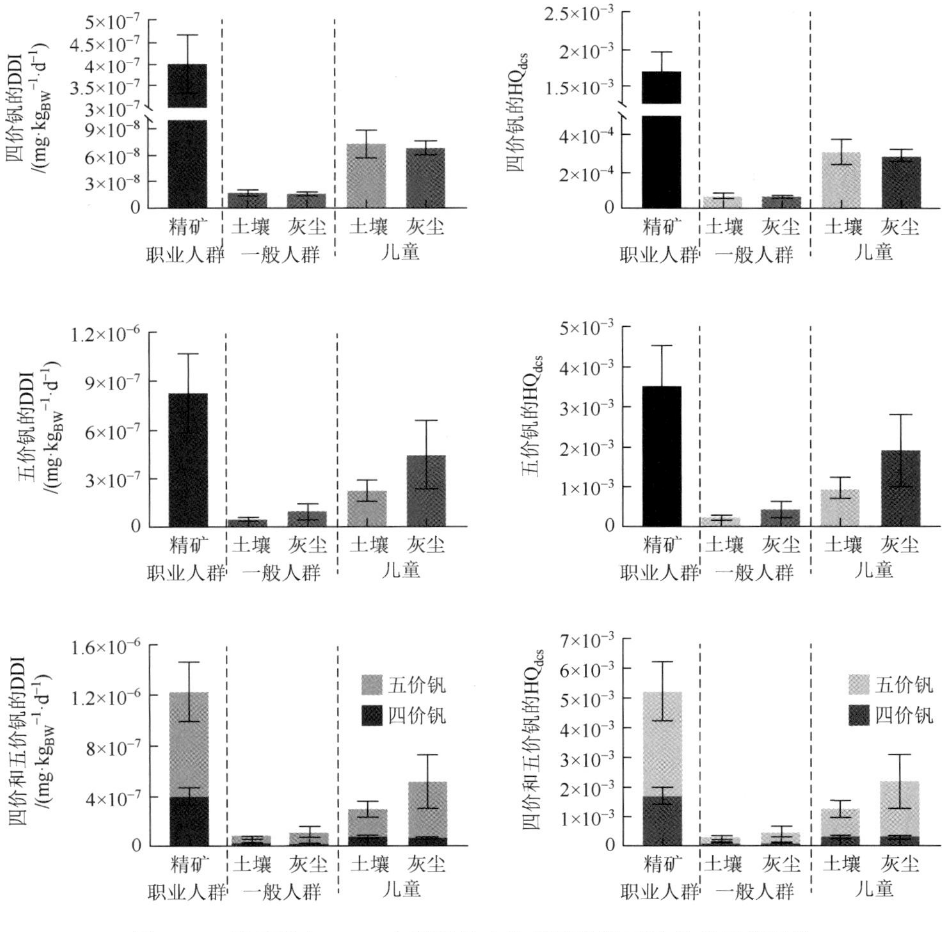

图 5.32　基于钒在 BS-1 中测得的皮肤暴露生物可给性的健康风险

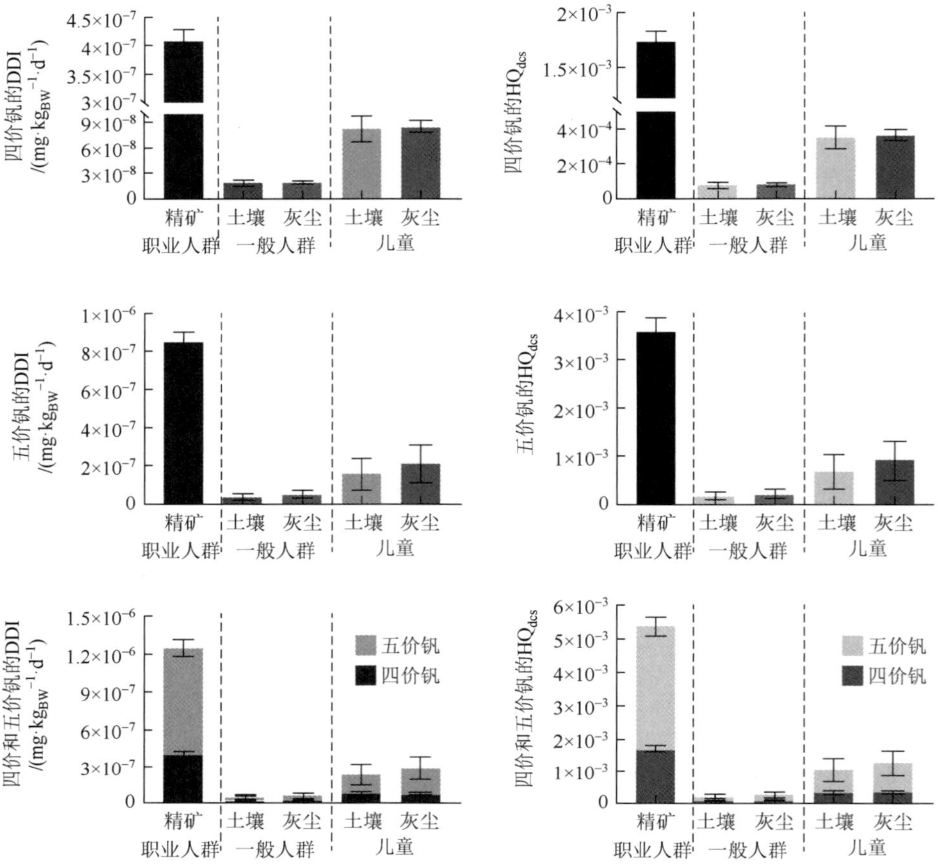

图 5.33　基于钒在 BS-2 中测得的皮肤暴露生物可给性的健康风险

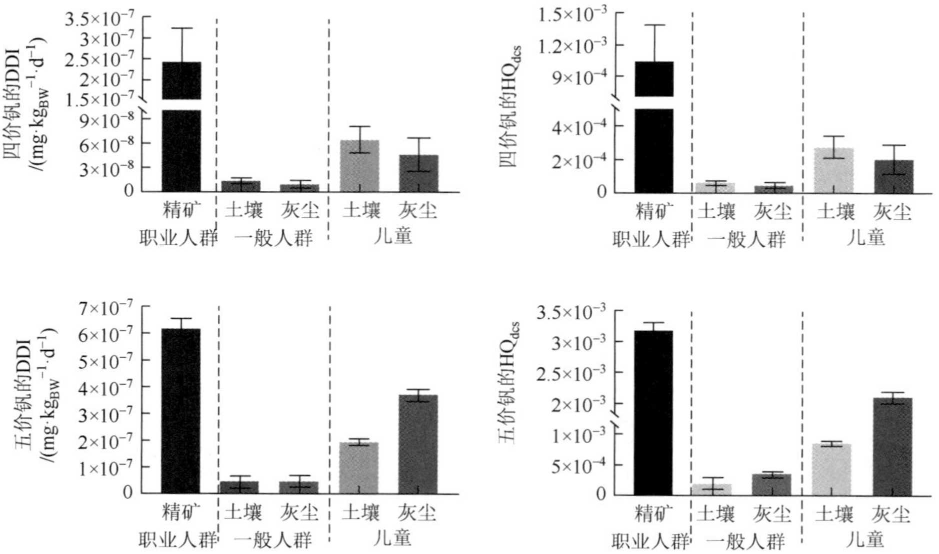

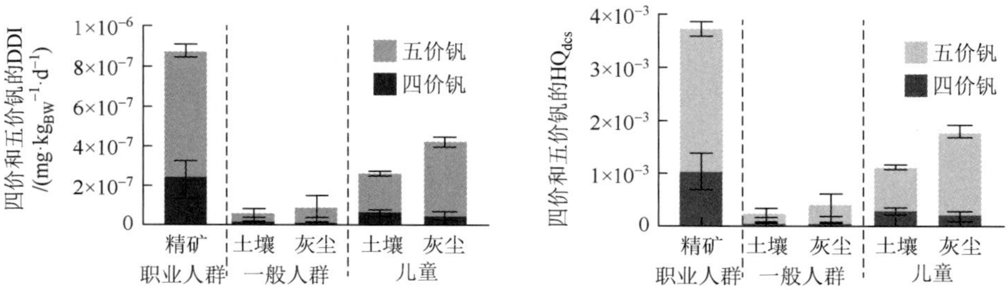

图 5.34　基于钒在 BS-3 中测得的皮肤暴露生物可给性的健康风险

童受到的危害要高于一般成人群体。虽然成人可接触污染物的皮肤面积相对更高，然而根据美国环境保护署推荐使用的特征参数值，儿童对污染介质的皮肤黏附率相对更高，从而导致最终儿童通过皮肤接触遭受更高的钒的危害（USEPA，2011）。

参 考 文 献

白贯荣. 2012. 土壤中钒全量和有效态含量分析方法研究：1-(2-吡啶偶氮)-2-萘酚-过氧化氢-十二烷基苯磺酸钠比色法[D]. 济南：山东师范大学.

保琦蓓. 2011. 有机肥释放的水分散性胶体的性质特征及其对土壤重金属迁移活化的研究[D]. 杭州：浙江大学.

鲍士旦. 2000. 土壤农化分析[M]. 3 版. 北京：中国农业出版社.

毕东苏，钱春龙. 2007. Hg^{2+}与 Cr(Ⅵ)对富营养化水体中藻类生长的毒性效应[J]. 安徽农业科学，35（26）：8306-8308.

车荣睿. 1991. 离子交换法在治理含钒废水中的应用[J]. 水处理技术，17（5）：333-337.

车玉伶，王慧，胡洪营，等. 2005. 微生物群落结构和多样性解析技术研究进展[J]. 生态环境，14（1）：127-133.

陈赋杏，魏复盛. 1990. *N*-苯甲酰苯基羟胺光度法测土壤中微量钒[J]. 中国环境监测，6（1）：133-135.

陈红歌，胡元森，贾新成，等. 2005. 垃圾填埋场细菌种群空间分布及组成多样性研究[J]. 环境科学学报，25（6）：809-815.

陈昕，张漪丽. 2009. 亚铁离子改性沸石对废水中钒（Ⅴ）的吸附研究[J]. 湖南师范大学学报（医学版），6（2）：5-8.

陈有鑑，黄艺，曹军，等. 2003. 玉米根际土壤中不同重金属的形态变化[J]. 土壤学报，40（3）：367-373.

成应向，罗咏，戴友芝，等. 2013. 改性活性炭对石煤提钒废水中低浓度 NH_3-N 和 V 等的吸附[J]. 环境工程学报，7（9）：3455-3460.

程宝鸾. 2006. 动物细胞培养技术[M]. 广州：中山大学出版社：76-85.

崔志强，张宇峰，俞斌，等. 2007. 长三角地区 4 种典型土壤对 Zn 吸附-解吸的特性[J]. 南京工业大学学报（自然科学版），29（2）：20-24.

戴丽明. 2005. 腐殖酸含量测定的新方法[J]. 河北化工，（1）：60-61.

丁旭彤. 2018. 微生物与植物联合修复钒矿污染土壤的研究[D]. 哈尔滨：哈尔滨师范大学.

丁旭彤，蒋建国，李德安，等. 2016. 钙基固化剂对钒矿污染土壤固化效果的研究[J]. 农业环境科学学报，35（2）：274-280.

董长勋，李恋卿，王芳，等. 2007. 黄泥土对铜的吸附解吸及其 pH 变化[J]. 农业环境科学学报，26（2）：521-525.

樊灏，杨金燕，边静虹，等. 2014. V(Ⅴ)与 V(Ⅳ)在不同土壤中的吸附-解吸行为研究[J]. 环境科学与技术，37（8）：1-7.

方维萱，兀鹏武，左建莉，等. 2005. 硒、钼、钒污染环境的生态地球化学修复物种筛选与展望[J]. 矿物岩石地球化学通报，24（3）：222-231.

冯屏，冯小兵，徐玉佩. 2006. 植酸与金属离子络合的研究[J]. 中国油脂，31（8）：63-66.

冯子道，安智珠. 1989. 生命元素[M]. 成都：四川教育出版社.

高焕梅，孙燕，和林涛. 2007. 重金属污染对土壤微生物种群数量及活性的影响[J]. 江西农业学报，19（8）：83-85.

高理想. 2016. 猪饲粮非淀粉多糖酶谱仿生优化方法的研究[D]. 北京：中国农业科学院.

高巍. 2010. 羊血超氧化物歧化酶（SOD）的分离纯化及化学修饰研究[D]. 呼和浩特：内蒙古农业大学.

葛孟团. 2016. 水合氧化铁胶体对 U(Ⅵ)在饱和石英砂柱中运移的影响[D]. 兰州：兰州大学.
龚平，李培军，孙铁珩. 1997. Cd、Zn、菲和多效唑复合污染土壤的微生物生态毒理效应[J]. 中国环境科学，17（1）：58-62.
顾宗濂，谢思琴，吴留松，等. 1987. 土壤中镉、砷、铅的微生物效应及其临界值[J]. 土壤学报，24（4）：318-324.
国家药典委员会. 2015. 中华人民共和国药典[M]. 北京：中国医药科技出版社.
何为红. 2007. 重金属离子在粘土矿物-胡敏酸复合体上的吸附研究[D]. 南京：南京农业大学.
何振立，朱祖祥，袁可能，等. 1988. 土壤对磷的吸持特性及其与土壤供磷指标之间的关系[J]. 土壤学报，25（4）：397-404.
贺婧，颜丽，杨凯，等. 2003. 不同来源腐殖酸的组成和性质的研究[J]. 土壤通报，34（4）：343-345.
侯明，王香桂. 2010. 土壤有效态钒的浸提剂和浸提条件研究[J]. 土壤通报，41（5）：1241-1245.
侯明，郭零，何剑亮. 2013. 不同水稻品种对钒的积累及化学形态[J]. 农业环境科学学报，32（9）：1738-1744.
侯明，陈国勇，梁福晓，等. 2014a. 钒胁迫对水稻幼苗生理生化和富集特性的影响[J]. 生态环境学报，23（10）：1657-1663.
侯明，胡存杰，郭零. 2014b. 钒在不同蔬菜体内的吸收转运及其亚细胞分布[J]. 核农学报，28（3）：492-499.
侯明，黄以峰. 何剑亮，等. 2009. 蔬菜根际环境钒的形态变化及植物有效性[J]. 农业环境科学学报，28（7）：1353-1357.
侯明，韦明奉，杨心瀚，等. 2016. 不同甜玉米品种对钒的积累富集特性[J]. 生态环境学报，25（9）：1555-1561.
侯清麟，李露. 2012. 氨基功能化介孔二氧化硅的一步合成及吸附性能研究[J]. 湖南工业大学学报，26（6）：1-3，12.
胡晗华，石岩峻，丛威，等. 2003. 微小原甲藻的生长及其对锌限制的响应[J]. 应用生态学报，14（7）：1140-1142.
胡鸿钧，魏印心. 2006. 中国淡水藻类：系统、分类及生态[M]. 北京：科学出版社.
胡俊栋，陈静，王学军，等. 2005. 多环芳烃室内土柱淋溶行为的 CDE 模型模拟[J]. 环境科学学报，25（6）：821-828.
胡莹，黄益宗，刘云霞，等. 2003. 钒对水稻生长的影响：溶液培养研究[J]. 环境化学，22（5）：507-510.
黄益宗，郝晓伟，雷鸣，等. 2013. 重金属污染土壤修复技术及其修复实践[J]. 农业环境科学学报，32（3）：409-417.
贾广梅. 2016. 土壤胶体中铅的分配特征研究[D]. 北京：北京化工大学.
贾志红，杨珍平，张永清，等. 2004. 麦田土壤微生物三大种群数量的研究[J]. 麦类作物学报，24（3）：53-56.
姜智超，肖细元，郭朝晖，等. 2015. 钒在石煤提钒区水稻土中的吸附-解吸特征[J]. 环境化学，34（9）：1722-1728.
蒋建国，丁旭彤，李天然. 2016. 一种利用牛筋草修复钒铬污染土壤的方法及应用：CN105689378A[P].
蒋新宇，黄海伟，曹理想，等. 2010. 毛木耳对 Cd^{2+}、Cu^{2+}、Pb^{2+}、Zn^{2+}生物吸附的动力学和吸附平衡研究[J]. 环境科学学报，30（7）：1431-1438.
蒋煜峰，张媛，马明广，等. 2006. 腐植酸对 Cd 在西部黄土上吸附特性影响的研究[J]. 农业环境科学学报，25（5）：1379-1382.
矫旭东，滕彦国. 2007. 我国矿山环境保护与管理对策评述[J]. 国土资源科技管理，24（1）：68-73.
矫旭东，滕彦国. 2008. 土壤中钒污染的修复与治理技术研究[J]. 土壤通报，39（2）：448-452.
邝贵赢，潘杏熙，刘善柳. 1980. 用分光光度法连续测定钒触媒中的四价钒和五价钒[J]. 广西化工技术，

9（2）：1-6.
李爱民，朱燕，代静玉. 2005. 胡敏酸在高岭土上的吸附行为[J]. 岩石矿物学杂志，24（2）：145-150.
李家熙，吴功建. 1996. 硒氟的地球化学特征与人体健康[J]. 岩矿测试，15（4）：241-250.
李林，朱伟，罗永刚. 2012. 钙、镁离子在水流作用下对铜绿微囊藻生长的影响[J]. 环境科学与技术，35（5）：9-13.
李天然，蒋建国，李德安，等. 2017. 液态铁基稳定剂对钒矿污染土壤的稳定化效果[J]. 中国环境科学，37（9）：3481-3488.
李仪. 2013. 土壤和灰尘中铜锌铅生物可接受性的体外消化方法研究[D]. 杭州：浙江大学.
李永涛，Becquer T，Quantin C，等. 2004. 酸性矿山废水污染的水稻田土壤中重金属的微生物学效应[J]. 生态学报，24（11）：2430-2436.
李韵珠，李保国. 1998. 土壤溶质运移[M]. 北京：科学出版社.
梁粱，包申旭，张一敏，等. 2015. P204 浸渍树脂对钒的吸附性能研究[J]. 有色金属（冶炼部分）（11）：21-25，46.
廖文. 2019. 砷和汞生物可给性及形态变化研究：以食品为例[D]. 广州：中国科学院大学.
廖自基. 1992. 微量元素的环境化学及生物效应[M]. 北京：中国环境科学出版社.
林海，田野，董颖博，等. 2016. 钒冶炼厂周边陆生植物对重金属的富集特征[J]. 工程科学学报，38（10）：1410-1416.
刘国祥，胡征宇. 2001. 藻类的空气传播[C]. 中国藻类学会第十一次学术讨论会论文摘要集. 昆明：中国藻类学会第十一次学术讨论会.
刘梦，王华静，王鲲鹏，等. 2016. 腐植酸对水体中五价钒的吸附[J]. 农业环境科学学报，35（5）：969-975.
刘庆玲，徐绍辉，刘建立. 2007. 离子强度和 pH 对高岭石胶体运移影响的实验研究[J]. 土壤学报，44（3）：425-429.
刘莎，吴烈善，黄世友，等. 2008. 五氧化二钒生产中的污染问题及治理研究[J]. 环境科学与管理，33（9）：42-44，59.
刘世友. 2000. 钒的应用与展望[J]. 稀有金属与硬质合金，28（2）：58-61.
刘亚子，高占启. 2011. 腐殖质提取与表征研究进展[J]. 环境科技，24（S1）：76-80.
刘有才，钟宏，刘洪萍. 2005. 重金属废水处理技术研究现状与发展趋势[J]. 广东化工，32（4）：36-39.
鲁栋梁，夏璐. 2008. 重金属废水处理方法与进展[J]. 化工技术与开发，37（12）：32-36.
鲁如坤. 2000. 土壤农业化学分析方法[M]. 北京：中国农业科学技术出版社.
陆泗进，谭文峰，刘凡，等. 2006. 一种改进的盐滴定法测定氧化锰矿物的电荷零点[J]. 土壤学报，43（5）：756-763.
吕俊佳. 2013. 土壤胶体及菲在饱和多孔介质中运移作用研究[D]. 阜新：辽宁工程技术大学.
马宏飞，李薇，韩秋菊，等. 2013. 茶叶渣对 Ni(Ⅱ)的吸附动力学及等温吸附模型研究[J]. 科学技术与工程，13（16）：4761-4764.
马杰. 2016. 砷在含水介质中迁移转化的胶体效应[D]. 北京：中国地质大学（北京）.
马克平，黄建辉，于顺利，等. 1995. 北京东灵山地区植物群落多样性的研究Ⅱ丰富度、均匀度和物种多样性指数[J]. 生态学报，15（3）：268-277.
马克平，刘玉明. 1994. 生物群落多样性的测度方法Ⅰα 多样性的测度方法（下）[J]. 生物多样性，2（4）：231-239.
马明广，周敏，蒋煜峰，等. 2006. 不溶性腐殖酸对重金属离子的吸附研究[J]. 安全与环境学报，6（3）：68-71.
缪鑫，李兆君，龙健，等. 2012. 不同类型土壤对汞和砷的吸附解吸特征研究[J]. 核农学报，26（3）：552-557.

莫凌云，刘海玲，刘树深，等. 2006. 5 种取代酚化合物对淡水发光菌的联合毒性[J]. 生态毒理学报，1（3）：259-264.
潘鹤政. 2014. 吸附重金属的二氧化硅的研究[D].南昌：南昌大学.
商书波. 2008. 包气带中的土壤可移动胶体及对重金属迁移影响的研究[D]. 长春：吉林大学.
申大卫，段辉，田瑄. 2008. 西北地区 6 种卫矛科植物种子氨基酸和 20 种重要元素分析[J]. 兰州大学学报（自然科学版），44（6）：83-86.
石碧清，赵育，闾振华. 2007. 环境污染与人体健康[M]. 北京：中国环境科学出版社.
舒型武. 2007. 石煤提钒工艺及废物治理综述[J]. 钢铁技术，（1）：47-50.
四川省攀枝花市东区志编纂委员会. 2001. 攀枝花市志[M]. 北京：方志出版社.
四川省攀枝花市仁和区志编纂委员会. 2001. 攀枝花市志[M]. 成都：四川科学技术出版社.
四川省攀枝花市志编纂委员会. 1994. 攀枝花市志[M]. 成都：四川科学技术出版社.
苏海燕. 2009. U(Ⅵ)和 Th(Ⅳ)在 SiO_2 上的吸附[D]. 兰州：兰州大学.
孙翠玲，顾万春，郭玉文. 1999. 废弃矿区生态环境恢复林业复垦技术的研究[J]. 资源科学，21（3）：68-71.
孙慧敏. 2011. 粘土矿物胶体对铅的环境行为影响研究[D]. 杨凌：西北农林科技大学.
孙慧敏，殷宪强，王益权. 2012. pH 对粘土矿物胶体在饱和多孔介质中运移的影响[J]. 环境科学学报，32（2）：419-424.
孙军娜. 2009. Cu/Pb/Zn/Cd 在多孔介质中的迁移规律及模拟预测[D]. 青岛：青岛大学.
孙莹莹，徐绍辉. 2013. 不同 pH 值和离子强度下土壤 Zn^{2+}/Cd^{2+}/ NH_4^+ 的运移特征[J]. 农业工程学报，29（12）：218-227.
谈辉明，杨启文. 1997. 重金属废水处理技术的现状与展望[J]. 环境科学与技术，20（1）：35-36，23.
滕彦国，矫旭东，王金生. 2009. 攀枝花矿区土壤对钒的吸附特征研究[J]. 土壤学报，46（2）：356-360.
滕彦国，矫旭东，左锐，等. 2007. 攀枝花矿区表层土壤中钒的环境地球化学研究[J]. 吉林大学学报（地球科学版），37（2）：278-283.
滕彦国，徐争启，王金生，等. 2011. 钒的环境生物地球化学[M]. 北京：科学出版社.
万红友，黎成厚，师会勤，等. 2003. 几种土壤的氟吸附特性研究[J]. 农业环境科学学报，22（3）：329-332.
汪金舫，刘铮. 1994. 钒在土壤中的含量分布和影响因素[J]. 土壤学报，31（1）：61-67.
汪金舫，刘铮. 1995. 土壤中钒的化学结合形态与转化条件的研究[J]. 中国环境科学，15（1）：34-39.
汪金舫，刘铮. 1999. 钒对大豆幼苗的毒害与土壤特性的关系[J]. 土壤与环境，8（3）：208-211.
王江雪，李炜，刘颖，等. 2008. 二氧化钛纳米材料的环境健康和生态毒理效应[J]. 生态毒理学报，3（2）：105-113.
王将克，常弘，廖金凤，等. 1999. 生物地球化学[M]. 广州：广东科技出版社.
王夔. 1996. 生命科学中的微量元素[M]. 2 版. 北京：中国计量出版社.
王蕾，滕彦国，王金生，等. 2009. 攀枝花尾矿库溪流中钒的分布及化学形态[J]. 环境化学，28（3）：445-448.
王胜利，武文飞，南忠仁，等. 2010. 绿洲区土壤镍的吸附解吸特性[J]. 干旱区研究，27（6）：825-831.
王天罡. 2012. 镁铝水滑石对钒的吸附特性及选择性研究[D]. 大连：大连理工大学.
王亚军，朱琨，王进喜，等. 2007. 腐殖酸对铬在砂质土壤中吸附行为的影响研究[J]. 安全与环境学报，7（5）：42-47.
王英. 2012. 沉钒废水处理技术的研究现状[J]. 铁合金，43（6）：41-45.
王雨鹭. 2016. 钒与土壤胶体在饱和多孔介质中的运移及交互作用研究[D]. 杨凌：西北农林科技大学.
王云，魏复盛. 1995. 土壤环境元素化学[M]. 北京：中国环境科学出版社.
魏清清，李姜维，杨金燕，等. 2015. 钒抗性微生物的筛选[J]. 湖北农业科学，54（5）：1073-1076.

吴宏海，刘佩红，高嵩，等. 2005. 高岭石-水溶液的界面反应特征[J]. 地球化学，34（4）：410-416.
吴平霄，徐玉芬，朱能武，等. 2008. 高岭土/胡敏酸复合体对重金属离子吸附解吸实验研究[J]. 矿物岩石地球化学通报，27（4）：7.
吴涛，兰昌云. 2004. 环境中的钒及其对人体健康的影响[J]. 广东微量元素科学，11（1）：11-15.
伍钧，漆辉，郭佳. 2003. 黄壤对铬(Ⅵ)吸附特性的研究[J]. 农业环境科学学报，22（3）：333-336.
夏瑶，娄运生，杨超光，等. 2002. 几种水稻土对磷的吸附与解吸特性研究[J]. 中国农业科学，35（11）：1369-1374.
肖广全，温华，魏世强. 2007. 三峡水库消落区土壤胶体对 Cd 在土壤中迁移的影响[J]. 水土保持学报，21（4）：16-20.
熊毅，等. 1983. 土壤胶体[M]. 北京：科学出版社.
徐明岗. 1997. 土壤离子吸附 1.离子吸附的类型及研究方法[J]. 土壤肥料（5）：3-7.
徐玉芬. 2008. 粘土矿物胡敏酸复合体对重金属的吸附：解吸机理研究[D]. 广州：华南理工大学.
徐争启. 2009. 攀枝花钒钛磁铁矿区重金属元素地球化学特征[D]. 成都：成都理工大学.
杨洁，司傲男，解琳，等. 2020. 耕作土壤中钒的形态特征研究[J]. 环境污染与防治，42（4）：401-405.
杨金燕，杨锴. 2013. 钒对作物种子发芽及幼苗生长的影响[J]. 农业环境科学学报，32（5）：895-901.
杨金燕，杨肖娥，何振立，等. 2005. 土壤中铅的吸附-解吸行为研究进展[J]. 生态环境，14（1）：102-107.
杨金燕，杨锴，李廷强，等. 2010a. 环境样品中总钒、钒(Ⅴ)和钒(Ⅳ)分离测定方法探讨[J]. 生态环境学报，19（3）：518-527.
杨金燕，唐亚，李廷强，等. 2010b. 我国钒资源现状及土壤中钒的生物效应[J]. 土壤通报，41（6）：1511-1517.
杨金燕，黄龙，唐亚，等. 2014. 钒钛磁铁矿尾矿及尾矿坝周边土壤中重金属的淋滤特征[J]. 环境化学，33（3）：440-446.
杨娜，朱申敏，张荻. 2007. 氨基改性介孔二氧化硅的制备及其吸附性能研究[J]. 无机化学学报，23（9）：1627-1630.
杨炜春，刘维屏，胡晓捷. 2003. Zeta 电位法研究除草剂在土壤胶体中的吸附[J]. 中国环境科学，23（1）：51-54.
杨毅，王晓昌，金鹏康，等. 2013. 水环境中腐殖酸与镉离子结合作用的影响因素[J]. 环境工程学报，7（12）：4603-4606.
杨悦锁，王园园，宋晓明，等. 2017. 土壤和地下水环境中胶体与污染物共迁移研究进展[J]. 化工学报，68（1）：23-36.
于春光. 2013. 改性山核桃壳吸附水中重金属的效能研究[D]. 哈尔滨：哈尔滨工业大学.
于天仁，季国亮，丁昌璞. 1996. 可变电荷土壤的电化学[M]. 北京：科学出版社.
余贵芬，蒋新，吴泓涛，等. 2002. 镉铅在粘土上的吸附及受腐殖酸的影响[J]. 环境科学，23（5）：109-112.
苑海涛，占先进，王扬. 2016. 用磷钨钼钒杂多酸分光光度法测定多价态钒混合物[J]. 湿法冶金，35（3）：264-267.
曾英，倪师军，张成江. 2004. 钒的生物效应及其环境地球化学行为[J]. 地球科学进展，19（S1）：472-476.
曾昭华，曾雪萍. 1996. 地下水中钒的形成及其与人群健康的关系[J]. 云南环境科学，15（3）：56-57.
张际峰，王洋，汪成润，等. 2012. 高通量测序技术及其在表观遗传学上的应用[J]. 生命科学，24（7）：705-711.
张清明，艾南山，徐帅，等. 2007. 含钒废水的处理现状及发展趋势[J]. 科技情报开发与经济，17（2）：142-144.
张铁明. 2006. 微量元素——锌、铁、锰对淡水浮游藻类增殖的影响[D]. 北京：首都师范大学.
张文杰，蒋建国，李德安，等. 2016. 吸附材料对钒矿污染土壤重金属的稳定化效果[J]. 中国环境科学，

36（5）：1500-1505.
张蕴华. 2006. 五氧化二钒的生产工艺及其污染治理[J]. 广东化工，33（4）：77-79.
张正明. 2011. 含钒废水处理现状及发展趋势探讨[J]. 中国包装科技博览，（10）：7.
张宗锦，刘世全，成本喜，等. 2006. 金沙江干热河谷土地资源特点与特色生态农业建设途径探讨[J]. 四川农业大学学报，24（1）：77-82.
中国环境监测总站. 1994. 中华人民共和国土壤环境背景值图集[M]. 北京：中国环境科学出版社.
中国营养学会. 2014. 中国居民膳食营养素参考摄入量（2013 版）[M]. 北京：科学出版社.
中华人民共和国环境保护部. 2013. 中国人群暴露参数手册（成人卷）[M]. 北京：中国环境科学出版社.
中华人民共和国环境保护部. 2014. 污染场地风险评估技术导则 HJ/25.3—2014[S]. 北京：中国环境科学出版社.
中华人民共和国环境保护部. 2016. 中国人群暴露参数手册（儿童卷 0～5 岁）[M]. 北京：中国环境科学出版社.
中华人民共和国农业部. 2006. 土壤检测 第 2 部分：土壤 pH 的测定（NY/T 1121.2—2006）[S].
中华人民共和国农业部. 2007. 土壤 pH 的测定：NY-T 1377—2007 [S]. 北京：中国农业出版社.
钟继洪，唐淑英，谭军. 2002. 广东红壤类土壤结构特征及其影响因素[J]. 土壤与环境，11（1）：61-65.
周皓. 2008. 地下水中胶体形成机理及对污染物迁移的影响[J]. 西部探矿工程，20（11）：68-72.
周静，於利慧. 2014. 磷钨钒杂多酸分光光度法测定钛精矿中五氧化二钒[J]. 冶金分析，34（12）：66-69.
周玫，陈瑗. 1985. 谷胱甘肽过氧化物酶[J]. 生命的化学（中国生物化学会通讯），5（4）：16-17.
周鸣，董铁有，程明涛，等. 2013. 电化学方法去除模拟血液中铅的研究[J]. 化学研究与应用，25（5）：723-726.
朱文涛，司马小峰，方涛. 2011. 几种基质对水中磷的吸附特性[J]. 中国环境科学，31（7）：1186-1191.
邹宝方，何增耀. 1992. 钒对大豆生长的影响[J]. 农业环境科学学报，11（6）：261-263，277.
邹宝方，何增耀. 1993a. 钒的环境化学[J]. 环境污染与防治，15（1）：26-31，48.
邹宝方，何增耀. 1993b. 钒对大豆结瘤和固氮的影响[J]. 农业环境科学学报，12（5）：198-200，203.
邹照华，何素芳，韩彩芸，等. 2010. 重金属废水处理技术研究进展[J]. 水处理技术，36（6）：17-21.
Abedin M J，Meharg A A. 2002. Relative toxicity of arsenite and arsenate on germination and early seedling growth of rice（*Oryza sativa* L.）[J]. Plant and Soil，243（1）：57-66.
Abedini M，Mohammadian F. 2018. Vanadium effects on phenolic content and photosynthetic pigments of sunflower[J]. South Western Journal of Horticulture，Biology and Environment，9（2）：77-86.
Adriano D C. 2001. Trace elements in terrestrial environments：biogeochemistry，bioavailability and risk of metals[M]. 2nd ed. Berlin：Springer.
Agency for Toxic Substances and Disease Registry（ATSDR）. 2012. Toxicological profile for vanadium[S]. Atlanta：Department of Health and Human Services，Public Health Services.
Ahmad P，Umar S，Sharma S. 2010. Mechanism of free radical scavenging and role of phytohormones in plants under abiotic stresses[M]//Ashraf M，Ozturk M，Ahmad M S A. Plant Adaptation and Phytoremediation. Dordrecht：Springer Netherlands：99-118.
Aihemaiti A，Gao Y C，Meng Y，et al. 2020. Review of plant-vanadium physiological interactions，bioaccumulation，and bioremediation of vanadium-contaminated sites[J]. Science of the Total Environment，712：135637.
Aihemaiti A，Jiang J G，Blaney L，et al. 2019. The detoxification effect of liquid digestate on vanadium toxicity to seed germination and seedling growth of dog's tail grass[J]. Journal of Hazardous Materials，369：456-464.
Aihemaiti A，Jiang J G，Li D A，et al. 2017. Toxic metal tolerance in native plant species grown in a vanadium

mining area[J]. Environmental Science and Pollution Research International，24（34）：26839-26850.
Aihemaiti A，Jiang J G，Li D A，et al. 2018. The interactions of metal concentrations and soil properties on toxic metal accumulation of native plants in vanadium mining area[J]. Journal of Environmental Management，222：216-226.
Ali R M，Hamad H A，Hussein M M，et al. 2016. Potential of using green adsorbent of heavy metal removal from aqueous solutions：adsorption kinetics，isotherm，thermodynamic，mechanism and economic analysis[J]. Ecological Engineering，91：317-332.
Ali S，Rizwan M，Arif M S，et al. 2020. Approaches in enhancing thermotolerance in plants：an updated review[J]. Journal of Plant Growth Regulation，39（1）：456-480.
Alimonti A，Petrucci F，Krachler M，et al. 2000. Reference values for chromium，nickel and vanadium in urine of youngsters from the urban area of Rome[J]. Journal of Environmental Monitoring，2（4）：351-354.
Ameh E G，Omatola O D，Akinde S B. 2019. Phytoremediation of toxic metal polluted soil：screening for new indigenous accumulator and translocator plant species，northern Anambra Basin，Nigeria[J]. Environmental Earth Sciences，78（12）：345.
Anke M. 2005. Vanadium：An element both essential and toxic to plants，animals and humans？[J]. Anales de la Real Academia Nacional Farmacia，70（4）：961-999.
Antipov A N，Lyalikova N N，L'Vov N P. 2000. Vanadium-binding protein excreted by vanadate-reducing bacteria[J]. IUBMB Life，49（2）：137-141.
Arnon D I，Wessel G. 1953. Vanadium as an essential element for green plants[J]. Nature，172（4388）：1039-1040.
Ashraf M，Öztürk M A，Ahmad M S A. 2010. Plant adaptation and phytoremediation[M]. Dordrecht：Springer.
Aslam M. 2017. Specific role of proline against heavy metals toxicity in plants[J]. International Journal of Pure & Applied Bioscience，5（6）：27-34.
Aureliano M. 2011. Recent perspectives into biochemistry of decavanadate[J]. World Journal of Biological Chemistry，2（10）：215-225.
Aureliano M. 2014. Decavanadate contribution to vanadium biochemistry：*in vitro* and *in vivo* studies[J]. Inorganica Chimica Acta，420：4-7.
Badmaev V，Prakash S，Majeed M. 1999. Vanadium：a review of its potential role in the fight against diabetes[J]. Journal of Alternative and Complementary Medicine，5（3）：273-291.
Bae J，Benoit D L，Watson A K. 2016. Effect of heavy metals on seed germination and seedling growth of common ragweed and roadside ground cover legumes[J]. Environmental Pollution，213：112-118.
Baes C F，Mesmer R E. 1976. The hydrolysis of cations[M]. New York：John Wiley & Sons.
Bakhshandeh E，Pirdashti H，Vahabinia F，et al. 2020. Quantification of the effect of environmental factors on seed germination and seedling growth of *Eruca*（*Eruca sativa*）using mathematical models[J]. Journal of Plant Growth Regulation，39（1）：190-204.
Behr M，Baldacci-Cresp F，Kohler A，et al. 2020. Alterations in the phenylpropanoid pathway affect poplar ability for ectomycorrhizal colonisation and susceptibility to root-knot nematodes[J]. Mycorrhiza，30（5）：555-566.
Ben Rejeb K，Abdelly C，Savouré A. 2014. How reactive oxygen species and proline face stress together[J]. Plant Physiology and Biochemistry，80：278-284.
Ben Saad R，Ben Hsouna A，Saibi W，et al. 2018. A stress-associated protein，LmSAP，from the halophyte *Lobularia maritima* provides tolerance to heavy metals in tobacco through increased ROS scavenging and metal detoxification processes[J]. Journal of Plant Physiology，231：234-243.

Beusen J M，Neven B. 1987. Toxicity of vanadium to different freshwater organisms[J]. Bulletin of Environmental Contamination and Toxicology，39（2）：194-201.

Bewley J D，Bradford K J，Hilhorst H W M，et al. 2013. Seeds：physiology of development，germination and dormancy[M]. 3rd ed. New York：Springer.

Bhaduri A M，Fulekar M H. 2012. Antioxidant enzyme responses of plants to heavy metal stress[J]. Reviews in Environmental Science and Bio/Technology，11（1）：55-69.

Boim A G F，Patinha C，Wragg J，et al. 2021. Respiratory bioaccessibility and solid phase partitioning of potentially harmful elements in urban environmental matrices[J]. Science of the Total Environment，765：142791.

Bolan S，Seshadri B，Grainge I，et al. 2021. Gut microbes modulate bioaccessibility of lead in soil[J]. Chemosphere，270：128657.

Bowen H J M. 1979. Environmental chemistry of the elements[M]. New York：Academic Press.

Bradford S A，Yates S R，Bettahar M，et al. 2002. Physical factors affecting the transport and fate of colloids in saturated porous media[J]. Water Resources Research，38（12）：63-1-63-12.

Brookins D G. 1988. Eh-pH diagrams for geochemistry[M]. Berlin：Springer.

Burke I T，Mayes W M，Peacock C L，et al. 2012. Speciation of arsenic，chromium，and vanadium in red mud samples from the Ajka spill site，Hungary[J]. Environmental Science & Technology，46（6）：3085-3092.

Cabañero A I，Madrid Y，Cámara C. 2004. Selenium and mercury bioaccessibility in fish samples：an *in vitro* digestion method[J]. Analytica Chimica Acta，526（1）：51-61.

Cammack R. 1986. Nitrogen fixation：a role for vanadium at last[J]. Nature，322：312.

Canadian Council of Ministers of the Environment. 1997. Canadian Soil Quality Guidelines for the Protection of Environmental and Human Health：Vanadium[S].

Cao X L，Diao M H，Zhang B G，et al. 2017. Spatial distribution of vanadium and microbial community responses in surface soil of Panzhihua mining and smelting area，China[J]. Chemosphere，183：9-17.

Cappuyns V，Swennen R. 2014. Release of vanadium from oxidized sediments：insights from different extraction and leaching procedures[J]. Environmental Science and Pollution Research International，21（3）：2272-2282.

Carlson C L，Adriano D C，Sajwan K S，et al. 1991. Effects of selected trace metals on germinating seeds of six plant species[J]. Water，Air，& Soil Pollution，59（3）：231-240.

Carpentier W，Sandra K，De Smet I，et al. 2003. Microbial reduction and precipitation of vanadium by *Shewanella oneidensis*[J]. Applied and Environmental Microbiology，69（6）：3636-3639.

Charles F，Baes R E M. 1976. The hydrolysis of cations[M]. New York：John Wiley & Sons.

Charman W N，Porter C J H，Mithani S，et al. 1997. Physicochemical and physiological mechanisms for the effects of food on drug absorption：the role of lipids and pH[J]. Journal of Pharmaceutical Sciences，86（3）：269-282.

Chen J S，Wei F S，Zheng C J，et al. 1991. Background concentrations of elements in soils of China[J]. Water，Air，& Soil Pollution，57（1）：699-712.

Chen Z J，Liu H Y，Cheng Z，et al. 2014. Polybrominated diphenyl ethers（PBDEs）in human samples of mother-newborn pairs in South China and their placental transfer characteristics[J]. Environment International，73：77-84.

Christensen F N，Davis S S，Hardy J G，et al. 1985. The use of gamma scintigraphy to follow the gastrointestinal transit of pharmaceutical formulations[J]. Journal of Pharmacy and Pharmacology，37（2）：91-95.

Colombo C，Monhemius A J，Plant J A. 2008. Platinum，palladium and rhodium release from vehicle exhaust catalysts and road dust exposed to simulated lung fluids[J]. Ecotoxicology and Environmental Safety，71（3）：722-730.

Corso M，Schvartzman M S，Guzzo F，et al. 2018. Contrasting cadmium resistance strategies in two metallicolous populations of Arabidopsis halleri[J]. New Phytologist，218（1）：283-297.

Corte-Real J，Desmarchelier C，Borel P，et al. 2018. Magnesium affects spinach carotenoid bioaccessibility *in vitro* depending on intestinal bile and pancreatic enzyme concentrations[J]. Food Chemistry，239：751-759.

Cota-Ruiz K，Hernández-Viezcas J A，Varela-Ramírez A，et al. 2018. Toxicity of copper hydroxide nanoparticles，bulk copper hydroxide，and ionic copper to alfalfa plants：a spectroscopic and gene expression study[J]. Environmental Pollution，243（Pt A）：703-712.

Dar M I，Naikoo M I，Rehman F，et al. 2016. Proline accumulation in plants：roles in stress tolerance and plant development[M]//Iqbal N，Nazar R，Khan N A. Osmolytes and Plants Acclimation to Changing Environment：Emerging Omics Technologies. New Delhi：Springer India：155-166.

Davis A，Ruby M V，Bergstrom P D. 1994. Factors controlling lead bioavailability in the Butte mining district，Montana，USA[J]. Environmental Geochemistry and Health，16（3/4）：147-157.

De Araújo F F，de Paulo Farias D，Neri-Numa I A，et al. 2021. Gastrointestinal bioaccessibility and bioactivity of phenolic compounds from araçá-boi fruit[J]. LWT，135：110230.

Degen L P，Phillips S F. 1996. Variability of gastrointestinal transit in healthy women and men[J]. Gut，39（2）：299-305.

Dhindsa R S，Plumb-Dhindsa P，Thorpe T A. 1981. Leaf senescence：correlated with increased levels of membrane permeability and lipid peroxidation，and decreased levels of superoxide dismutase and catalase[J]. Journal of Experimental Botany，32（1）：93-101.

Di Salvatore M，Carafa A M，Carratù G. 2008. Assessment of heavy metals phytotoxicity using seed germination and root elongation tests：a comparison of two growth substrates[J]. Chemosphere，73（9）：1461-1464.

Disante K B，Fuentes D，Cortina J. 2011. Response to drought of Zn-stressed *Quercus suber* L. seedlings[J]. Environmental and Experimental Botany，70（2/3）：96-103.

Dudka S，Markert B. 1992. Baseline concentrations of As，Ba，Be，Li，Nb，Sr and V in surface soils of Poland[J]. Science of the Total Environment，122（3）：279-290.

Efroymson R A，Suter G W. 1995. Preliminary remediation goals for ecological endpoints[J]. Office of Scientific & Technical Information Technical Reports，DOI：10.2172/204209.

Ensafi A A，Amini M K，Mazloum-Ardakani M. 1999. Spectrophotometric reaction rate method for the determination of trace amounts of vanadium（V）by its catalytic effect on the oxidation of Nile blue with bromate[J]. Analytical Letters，32（9）：1927-1937.

European Environment Agency. 1998. Environmental risk assessment：approaches，experiences and information sources[R]. London：European Environment Agency.

Fang J，Zhang K K，Sun P D，et al. 2016. Co-transport of $Pb^{2+}$and TiO_2，nanoparticles in repacked homogeneous soil columns under saturation condition：effect of ionic strength and fulvic acid[J]. Science of the Total Environment，571：471-478.

Fantus I G，Deragon G，Lai R，et al. 1995. Modulation of insulin action by vanadate：evidence of a role for phosphotyrosine phosphatase activity to alter cellular signaling[J]. Molecular and Cellular Biochemistry，153（1/2）：103-112.

Farré M，Gajda-Schrantz K，Kantiani L，et al. 2009. Ecotoxicity and analysis of nanomaterials in the aquatic environment[J]. Analytical and Bioanalytical Chemistry，393（1）：81-95.

Fawcett J P，Farquhar S J，Thou T，et al. 1997. Oral vanadyl sulphate does not affect blood cells，viscosity or biochemistry in humans[J]. Pharmacology & Toxicology，80（4）：202-206.

Feng Z，Ding C Q，Li W H，et al. 2020. Applications of metabolomics in the research of soybean plant under abiotic stress[J]. Food Chemistry，310：125914.

Ferreira-Baptista L，De Miguel E. 2005. Geochemistry and risk assessment of street dust in Luanda，Angola：a tropical urban environment[J]. Atmospheric Environment，39（25）：4501-4512.

Flury M，Qiu H X. 2008. Modeling colloid-facilitated contaminant transport in the vadose zone[J]. Vadose Zone Journal，7（2）：682-697.

Frank A A，Madej A，Galgan V，et al. 1996. Vanadium poisoning of cattle with basic slag. Concentrations in tissues from poisoned animals and from a reference，slaughter-house material[J]. Science of the Total Environment，181（1）：73-92.

Fuentes J，Arias-Santé M F，Atala E，et al. 2020. Low nanomolar concentrations of a quercetin oxidation product，which naturally occurs in onion peel，protect cells against oxidative damage[J]. Food Chemistry，314：126166.

Gäbler H E，Glüh K，Bahr A，et al. 2009. Quantification of vanadium adsorption by German soils[J]. Journal of Geochemical Exploration，103（1）：37-44.

Gaillard J，Banas D，Thomas M，et al. 2014. Bioavailability and bioaccumulation of sediment-bound polychlorinated biphenyls to carp[J]. Environmental Toxicology and Chemistry，33（6）：1324-1330.

Galloway J N，Thornton J D，Norton S A，et al. 1982. Trace metals in atmospheric deposition：a review and assessment[J]. Atmospheric Environment，16（7）：1677-1700.

Gan C D，Chen T，Yang J Y. 2020. Remediation of vanadium contaminated soil by alfalfa（*Medicago sativa* L.）combined with vanadium-resistant bacterial strain[J]. Environmental Technology & Innovation，20：101090.

Gan C D，Tang Q X，Wang H，et al. 2023. Shewanella oneidensis MR-1 and oxalic acid mediated vanadium reduction and redistribution in vanadium-containing tailings[J]. Journal of Hazardous Materials，451：131077.

García-Jiménez A，Trejo-Téllez L I，Guillén-Sánchez D，et al. 2018. Vanadium stimulates pepper plant growth and flowering，increases concentrations of amino acids，sugars and chlorophylls，and modifies nutrient concentrations[J]. PLoS One，13（8）：e0201908.

Ghosh K，Schnitzer M. 1980. Fluorescence excitation spectra of humic substances[J]. Canadian Journal of Soil Science，60（2）：373-379.

Ghosh S K，Saha R，Saha B. 2015. Toxicity of inorganic vanadium compounds[J]. Research on Chemical Intermediates，41（7）：4873-4897.

Gil J，Alvarez C E，Martinez M C，et al. 1995. Effect of vanadium on lettuce growth，cationic nutrition，and yield[J]. Journal of Environmental Science and Health Part A：Environmental Science and Engineering and Toxicology，30（1）：73-87.

Goetz D，Holz C，Meyenburg G. 1995. Influence of thermal treatment on the mobility of arsenic，chromium and vanadium in soils[M]//Van Den Brink W J，Bosman R，Arendt F. Contaminated Soil '95. Dordrecht：Springer Netherlands：1215-1216.

Gosselin M，Zagury G J. 2020. Metal（loid）s inhalation bioaccessibility and oxidative potential of particulate matter from chromated copper arsenate（CCA）-contaminated soils[J]. Chemosphere，238：124557.

Govindaraju K. 2007. 1994 compilation of working values and sample description for 383 geostandards[J]. Geostandards Newsletter，18（S1）：1-158.

Guidotti T L，Audette R J，Martin C J. 1997. Interpretation of the trace metal analysis profile for patients occupationally exposed to metals[J]. Occupational Medicine，47（8）：497-503.

Gummow B. 2011. Vanadium：environmental pollution and health effects[M]//Nriagu J O. Encyclopedia of Environmental Health. Amsterdam：Elsevier：628-636.

Guney M，Bourges C M J，Chapuis R P，et al. 2017. Lung bioaccessibility of As，Cu，Fe，Mn，Ni，Pb，and Zn in fine fraction（<20 μm）from contaminated soils and mine tailings[J]. Science of the Total Environment，579：378-386.

Guney M，Chapuis R P，Zagury G J. 2016. Lung bioaccessibility of contaminants in particulate matter of geological origin[J]. Environmental Science and Pollution Research，23（24）：24422-24434.

Guo Y，Gao C Y，Wang M K，et al. 2020. Metabolome and transcriptome analyses reveal flavonoids biosynthesis differences in Ginkgo biloba associated with environmental conditions[J]. Industrial Crops and Products，158：112963.

Gustafsson Ö，Bucheli T D，Kukulska Z，et al. 2001. Evaluation of a protocol for the quantification of black carbon in sediments [J]. Global Biogeochemical Cycles，15（4）：881-890.

Han Q，Wang M S，Cao J L，et al. 2020. Health risk assessment and bioaccessibilities of heavy metals for children in soil and dust from urban parks and schools of Jiaozuo，China[J]. Ecotoxicology and Environmental Safety，191：110157.

Hao L T，Liu Y J，Chen N，et al. 2021. Microbial removal of vanadium（Ⅴ）from groundwater by sawdust used as a sole carbon source[J]. Science of the Total Environment，751：142161.

Hao L T，Zhang B G，Tian C X，et al. 2015. Enhanced microbial reduction of vanadium（Ⅴ）in groundwater with bioelectricity from microbial fuel cells[J]. Journal of Power Sources，287：43-49.

He A N，Li X P，Ai Y W，et al. 2020. Potentially toxic metals and the risk to children's health in a coal mining city：an investigation of soil and dust levels，bioaccessibility and blood lead levels[J]. Environment International，141：105788.

Hernandez H，Rodriguez R. 2012. Geochemical evidence for the origin of vanadium in an urban environment[J]. Environmental Monitoring and Assessment，184（9）：5327-5342.

Hidalgo A，Navas P，Garcia-Herdugo G. 1988. Growth inhibition induced by vanadate in onion roots[J]. Environmental and Experimental Botany，28（2）：131-136.

Hillwalker W E，Anderson K A. 2014. Bioaccessibility of metals in alloys：evaluation of three surrogate biofluids[J]. Environmental Pollution，185：52-58.

Hirano S，Suzuki K T. 1996. Exposure，metabolism，and toxicity of rare earths and related compounds[J]. Environmental Health Perspectives，104（1）：85-95.

Hoagland D R，Arnon D I. 1938. The water culture method for growing plants without soil[J]. California Agricultural Experiment Station Bulletin，347：36-39.

Holfordi I C R，Mattingly G E G. 1975. The high-and low-energy phosphate adsorbing surfaces in calcareous soils[J]. Journal of Soil Science，26（4）：407-417.

Holko P，Ligeza J，Kisielewska J，et al. 2008. The effect of vanadyl sulphate（$VOSO_4$）on autocrine growth of human epithelial cancer cell lines[J]. Polish Journal of Pathology，59（1）：3-8.

Hope B K. 1994. A global biogeochemical budget for vanadium[J]. Science of the Total Environment，141（1-3）：1-10.

Hope B K. 1997. An assessment of the global impact of anthropogenic vanadium[J]. Biogeochemistry，37（1）：1-13.

Hörter D，Dressman J B. 1997. Influence of physicochemical properties on dissolution of drugs in the gastrointestinal tract[J]. Advanced Drug Delivery Reviews，25（1）：3-14.

Horton T R，Bruns T D. 2001. The molecular revolution in ectomycorrhizal ecology：peeking into the black-box[J]. Molecular Ecology，10（8）：1855-1871.

Hou M，Hu C J，Xiong L，et al. 2013. Tissue accumulation and subcellular distribution of vanadium in *Brassica juncea* and *Brassica chinensis*[J]. Microchemical Journal，110：575-578.

Hou M，Li M Y，Yang X H，et al. 2019. Responses of nonprotein thiols to stress of vanadium and mercury in maize（*Zea mays* L.）seedlings[J]. Bulletin of Environmental Contamination and Toxicology，102（3）：425-431.

Huang J H，Huang F，Evans L，et al. 2015. Vanadium：global（bio）geochemistry[J]. Chemical Geology，417：68-89.

Huang S H，Li Q，Yang Y，et al. 2017. Risk assessment of heavy metals in soils of a lead-zinc mining area in Hunan province（China）[J]. Kemija u Industriji，66（3/4）：173-178.

Huang Z Y，Liu S S，Bradford K J，et al. 2016. The contribution of germination functional traits to population dynamics of a desert plant community[J]. Ecology，97（1）：250-261.

Imtiaz M，Tu S X，Xie Z J，et al. 2015a. Growth，V uptake，and antioxidant enzymes responses of chickpea（*Cicer arietinum* L.）genotypes under vanadium stress[J]. Plant and Soil，390（1）：17-27.

Imtiaz M，Rizwan M S，Xiong S L，et al. 2015b. Vanadium，recent advancements and research prospects：A review[J]. Environment International，80：79-88.

Imtiaz M，Mushtaq M A，Rizwan M S，et al. 2016. Comparison of antioxidant enzyme activities and DNA damage in chickpea（*Cicer arietinum* L.）genotypes exposed to vanadium[J]. Environmental Science and Pollution Research International，23（19）：19787-19796.

Imtiaz M，Ashraf M，Rizwan M S，et al. 2018. Vanadium toxicity in chickpea（*Cicer arietinum* L.）grown in red soil：Effects on cell death，ROS and antioxidative systems[J]. Ecotoxicology and Environmental Safety，158：139-144.

Intawongse M，Dean J R. 2006. Uptake of heavy metals by vegetable plants grown on contaminated soil and their bioavailability in the human gastrointestinal tract[J]. Food Additives and Contaminants，23（1）：36-48.

International Agency for Research on Cancer（IARC）. 1994. Working Group on the Evaluation of Carcinogenic Risks to Humans[R]. Lyon.

Iyer H V，Przybycien T M. 1996. A model for metal affinity protein precipitation[J]. Journal of Colloid and Interface Science，177（2）：391-400.

Jabłońska-Trypuć A，Pankiewicz W，Czerpak R. 2016. Traumatic acid reduces oxidative stress and enhances collagen biosynthesis in cultured human skin fibroblasts[J]. Lipids，51（9）：1021-1035.

James S C，Chrysikopoulos C V. 1999. Transport of polydisperse colloid suspensions in a single fracture[J]. Water Resources Research，35（3）：707-718.

Jiang J G，Yang M，Gao Y C，et al. 2017. Removal of toxic metals from vanadium-contaminated soils using a washing method：reagent selection and parameter optimization[J]. Chemosphere，180：295-301.

Jiang Y F，Yuan L M，Lin Q H，et al. 2019. Polybrominated diphenyl ethers in the environment and human external and internal exposure in China：a review[J]. Science of the Total Environment，696：133902.

Jie N，Zhang Q，Yao G. 2001. Study on the adsorption of vanadium（V）with Scenedesmus obliquus[J]. Bulletin of Environmental Contamination and Toxicology，67（3）：431-437.

Kabata-Pendias A. 2010. Trace elements in soils and plants[M]. Boca Raton：CRC Press.

Kabir A H，Hossain M M，Khatun M A，et al. 2016. Role of silicon counteracting cadmium toxicity in alfalfa

(*Medicago sativa* L.) [J]. Frontiers in Plant Science，7：1117.

Kahle H. 1993. Response of roots of trees to heavy metals[J]. Environmental and Experimental Botany，33（1）：99-119.

Kamika I，Momba M N B. 2014. Effect of vanadium toxicity at its different oxidation states on selected bacterial and protozoan isolates in wastewater systems[J]. Environmental Technology，35（16）：2075-2085.

Kamra S K，Lennartz B，Van Genuchten M T，et al. 2001. Evaluating non-equilibrium solute transport in small soil columns[J]. Journal of Contaminant Hydrology，48（3-4）：189-212.

Kandeler E，Tscherko D，Bruce K D，et al. 2000. Structure and function of the soil microbial community in microhabitats of a heavy metal polluted soil[J]. Biology and Fertility of Soils，32（5）：390-400.

Kaplan D I，Adriano D C，Carlson C L，et al. 1990a. Vanadium：toxicity and accumulation by beans[J]. Water，Air，& Soil Pollution，49（1）：81-91.

Kaplan D I，Sajwan K S，Adriano D C，et al. 1990b. Phytoavailability and toxicity of beryllium and vanadium[J]. Water，Air，& Soil Pollution，53（3）：203-212.

Karickhoff S W，Brown D S，Scott T A. 1979. Sorption of hydrophobic pollutants on natural sediments[J]. Water Research，13（3）：241-248.

Karna R R，Noerpel M，Betts A R，et al. 2017. Lead and arsenic bioaccessibility and speciation as a function of soil particle size[J]. Journal of Environmental Quality，46（6）：1225-1235.

Kastury F，Smith E，Juhasz A L. 2017. A critical review of approaches and limitations of inhalation bioavailability and bioaccessibility of metal（loid）s from ambient particulate matter or dust[J]. Science of the Total Environment，574：1054-1074.

Kavčič A，BudičB，Vogel-Mikuš K. 2020. The effects of selenium biofortification on mercury bioavailability and toxicity in the lettuce-slug food chain[J]. Food and Chemical Toxicology，135：110939.

Khalid S，Shahid M，Niazi N K，et al. 2017. A comparison of technologies for remediation of heavy metal contaminated soils [J]. Journal of Geochemical Exploration，182：247-268.

Khelifi F，Caporale A G，Hamed Y，et al. 2021. Bioaccessibility of potentially toxic metals in soil，sediments and tailings from a north Africa phosphate-mining area：insight into human health risk assessment[J]. Journal of Environmental Management，279：111634.

Klein A，Holko P，Ligeza J，et al. 2008. Sodium orthovanadate affects growth of some human epithelial cancer cells（A549，HTB44，DU145）[J]. Folia Biologica，56（3-4）：115-121.

Kranner I，Colville L. 2011. Metals and seeds：biochemical and molecular implications and their significance for seed germination[J]. Environmental and Experimental Botany，72（1）：93-105.

Kretzschmar R，Barmettler K，Grolimund D，et al. 1997. Experimental determination of colloid deposition rates and collision efficiencies in natural porous media[J]. Water Resources Research，33（5）：1129-1137.

Kretzschmar R，Sticher H. 1998. Colloid transport in natural porous media：influence of surface chemistry and flow velocity[J]. Physics and Chemistry of the Earth，23（2）：133-139.

Kumar A，Galaev I Y，Mattiasson B. 1998. Metal chelate affinity precipitation：a new approach to protein purification[J]. Bioseparation，7（4）：185-194.

Larsson M A. 2014. Vanadium in soils[M]. Uppsala：Acta Universitatis Agriculturae Sueciae.

Larsson M A，D'Amato M，Cubadda F，et al. 2015. Long-term fate and transformations of vanadium in a pine forest soil with added converter lime[J]. Geoderma，259：271-278.

Leal L，Guney M，Zagury G J. 2018. *In vitro* dermal bioaccessibility of selected metals in contaminated soil and mine tailings and human health risk characterization[J]. Chemosphere，197：42-49.

Lenhart J J，Saiers J E. 2002. Transport of silica colloids through unsaturated porous media：experimental results and model comparisons[J]. Environmental Science & Technology，36（4）：769-777.

León-Cañedo J A，Alarcón-Silvas S G，Fierro-Sañudo J F，et al. 2019. Mercury and other trace metals in lettuce（*Lactuca sativa*）grown with two low-salinity shrimp effluents：accumulation and human health risk assessment[J]. Science of the Total Environment，650（Pt 2）：2535-2544.

Li D P，Gaquerel E. 2021. Next-generation mass spectrometry metabolomics revives the functional analysis of plant metabolic diversity[J]. Annual Review of Plant Biology，72：867-891.

Li H B，Li M Y，Zhao D，et al. 2019. Oral bioavailability of As，Pb，and Cd in contaminated soils，dust，and foods based on animal bioassays：a review[J]. Environmental Science & Technology，53（18）：10545-10559.

Li J，Elberg G，Crans D C，et al. 1996. Evidence for the distinct vanadyl（+4）-dependent activating system for manifesting insulin-like effects[J]. Biochemistry，35（25）：8314-8318.

Li W Q，Khan M A，Yamaguchi S，et al. 2005. Effects of heavy metals on seed germination and early seedling growth of Arabidopsis thaliana[J]. Plant Growth Regulation. 46（1）：45-50.

Li X，Ma X D，Cheng Y H，et al. 2021. Transcriptomic and metabolomic insights into the adaptive response of *Salix viminalis* to phenanthrene[J]. Chemosphere，262：127573.

Li Y，Chen Y，Zhou L，et al. 2020. MicroTom metabolic network：rewiring tomato metabolic regulatory network throughout the growth cycle[J]. Molecular Plant，13（8）：1203-1218.

Li Y J，Wang W Y，Zhou L Q，et al. 2017. Remediation of hexavalent chromium spiked soil by using synthesized iron sulfide particles[J]. Chemosphere，169（5）：131-138.

Liang C N，Tabatabai M A. 1977. Effects of trace elements on nitrogen mineralisation in soils[J]. Environmental Pollution（1970），12（2）：141-147.

Liao Y L，Yang J Y. 2020. Remediation of vanadium contaminated soil by nano-hydroxyapatite[J]. Journal of Soils and Sediments，20（3）：1534-1544.

Lichtenthaler H K，Wellburn A R. 1983. Determinations of total carotenoids and chlorophylls a and b of leaf extracts in different solvents[J]. Biochemical Society Transactions，11（5）：591-592.

Lin C Y，Trinh N N，Lin C W，et al. 2013. Transcriptome analysis of phytohormone，transporters and signaling pathways in response to vanadium stress in rice roots[J]. Plant Physiology and Biochemistry，66：98-104.

Lin S Q，Li L，Li M，et al. 2019. Raffinose increases autophagy and reduces cell death in UVB-irradiated keratinocytes[J]. Journal of Photochemistry and Photobiology B：Biology，201：111653.

Linstedt K D，Kruger P. 1969. Vanadium concentrations in Colorado river basin waters[J]. Journal American Water Works Association，61（2）：85-88.

Linton R W，Loh A，Natusch D F，et al. 1976. Surface predominance of trace elements in airborne particles[J]. Science，191（4229）：852-854.

Liu D H，Zou J，Meng Q M，et al. 2009. Uptake and accumulation and oxidative stress in garlic（*Allium sativum* L.）under lead phytotoxicity[J]. Ecotoxicology，18（1）：134-143.

Liu J Y，Osbourn A，Ma P D. 2015. MYB transcription factors as regulators of phenylpropanoid metabolism in plants[J]. Molecular Plant，8（5）：689-708.

Liu X L，Zhang S Z，Shan X Q，et al. 2005. Toxicity of arsenate and arsenite on germination，seedling growth and amylolytic activity of wheat[J]. Chemosphere. 61（2）：293-301.

Liu Y，Liu G J，Qu Q Y，et al. 2017. Geochemistry of vanadium(Ⅴ) in Chinese coals[J]. Environmental Geochemistry and Health，39（5）：967-986.

Llobet J M，Colomina M T，Sirvent J J，et al. 1993. Reproductive toxicity evaluation of vanadium in male mice[J]. Toxicology，80（2/3）：199-206.

Llobet J M，Domingo J L. 1984. Acute toxicity of vanadium compounds in rats and mice[J]. Toxicology Letters，23（2）：227-231.

López F E，Cabrera C，Luisa Lorenzo M，et al. 2002. Aluminum levels in convenience and fast foods：*in vitro* study of the absorbable fraction[J]. Science of the Total Environment，300（1-3）：69-79.

Lu X Y，Chen Z，Gao J L，et al. 2020. Combined metabolome and transcriptome analyses of photosynthetic pigments in red maple[J]. Plant Physiology and Biochemistry，154：476-490.

Luo X S，Yu S，Zhu Y G，et al. 2012. Trace metal contamination in urban soils of China[J]. Science of the Total Environment，421-422：17-30.

Ma Y L，Li P，Jin J，et al. 2017. Current halogenated flame retardant concentrations in serum from residents of Shandong Province，China，and temporal changes in the concentrations[J]. Environmental Research，155：116-122.

Maarit N R，Heiskanen I，Wallenius K，et al. 2001. Extraction and purification of DNA in rhizosphere soil samples for PCR-DGGE analysis of bacterial consortia[J]. Journal of Microbiological Methods，45（3）：155-165.

Maddaloni M，Lolacono N，Manton W，et al. 1998. Bioavailability of soilborne lead in adults，by stable isotope dilution[J]. Environmental Health Perspectives，106（Suppl 6）：1589-1594.

Mannazzu I. 2001. Vanadium detoxification and resistance in yeast：a minireview[J]. Annals of Microbiology，51：1-9.

Marín L，Gutiérrez-Del-Río I，Entrialgo-Cadierno R，et al. 2018. *De novo* biosynthesis of myricetin，kaempferol and quercetin in *Streptomyces albus* and *Streptomyces coelicolor*[J]. PLoS One，13（11）：e0207278.

Marin Villegas C A，Guney M，Zagury G J. 2019. Comparison of five artificial skin surface film liquids for assessing dermal bioaccessibility of metals in certified reference soils[J]. Science of the Total Environment，692：595-601.

Marquardt D W. 1963. An algorithm for least-squares estimation of nonlinear parameters[J]. Journal of the Society for Industrial and Applied Mathematics，11（2）：431-441.

Marteinsson V T，Kristjánsson J K，Kristmannsdóttir H，et al. 2001. Discovery and description of giant submarine smectite cones on the seafloor in Eyjafjordur，northern Iceland，and a novel thermal microbial habitat[J]. Applied and Environmental Microbiology，67（2）：827-833.

Martin H W，Kaplan D I. 1998. Temporal changes in cadmium，thallium，and vanadium mobility in soil and phytoavailability under field conditions[J]. Water，Air，& Soil Pollution，101（1）：399-410.

Medlin A E. 1997. An *in vitro* method for estimating the relative bioavailability of lead in humans[D]. Boulder：University of Colorado.

Mejia J A，Rodriguez R，Armienta A，et al. 2007. Aquifer vulnerability zoning，an indicator of atmospheric pollutants input? Vanadium in the Salamanca aquifer，Mexico[J]. Water，Air，& Soil Pollution，185（1）：95-100.

Mekawy A M M，Abdelaziz M N，Ueda A. 2018. Apigenin pretreatment enhances growth and salinity tolerance of rice seedlings[J]. Plant Physiology and Biochemistry，130：94-104.

Metwally A I，Mashhady A S，Falatah A M，et al. 1993. Effect of pH on zinc adsorption and solubility in suspensions of different clays and soils[J]. Zeitschrift Für Pflanzenernährung und Bodenkunde，156（2）：131-135.

Midander K，Pan J，Leygraf C. 2006. Elaboration of a test method for the study of metal release from stainless steel particles in artificial biological media[J]. Corrosion Science，48（9）：2855-2866.

Midander K，Pan J，Odnevall Wallinder I，et al. 2007. Metal release from stainless steel particles *in vitro*-influence of particle size[J]. Journal of Environmental Monitoring，9（1）：74-81.

Mielmann A. 2013. The utilisation of lucerne（*Medicago sativa*）：a review[J]. British Food Journal，115（4）：590-600.

Mikkonen A，Tummavuori J. 1994. Retention of vanadium（Ⅴ）by three Finnish mineral soils[J]. European Journal of Soil Science，45（3）：361-368.

Miramand P，Fowler S W. 1998. Bioaccumulation and transfer of vanadium in marine organisms[M]. New York：John Wiley & Sons.

Mishra D，Kim D J，Ralph D E，et al. 2007. Bioleaching of vanadium rich spent refinery catalysts using sulfur oxidizing lithotrophs [J]. Hydrometallurgy，88（1-4）：202-209.

Mitchell R L. 1960. Trace elements in Scottish soils[J]. Proceedings of the Nutrition Society，19（2）：148-154.

Mochizuki M，Kudo E，Kikuchi M，et al. 2011. A basic study on the biological monitoring for vanadium-effects of vanadium on vero cells and the evaluation of intracellular vanadium contents[J]. Biological Trace Element Research，142（1）：117-126.

Moïse J A，Han S Y，Gudynaitę-Savitch L，et al. 2005. Seed coats：structure，development，composition，and biotechnology[J]. In Vitro Cellular & Developmental Biology-Plant，41（5）：620-644.

Mokhtarzadeh Z，Keshavarzi B，Moore F，et al. 2020. Potentially toxic elements in the Middle East oldest oil refinery zone soils：source apportionment，speciation，bioaccessibility and human health risk assessment[J]. Environmental Science and Pollution Research International，27（32）：40573-40591.

Morrell B G，Lepp N W，Phipps D A. 1986. Vanadium uptake by higher plants：some recent developments[J]. Environmental Geochemistry and Health，8（1）：14-18.

Morrison A L，Gulson B L. 2007. Preliminary findings of chemistry and bioaccessibility in base metal smelter slags[J]. Science of the Total Environment，382（1）：30-42.

Mthombeni N H，Mbakop S，Ochieng A，et al. 2016. Vanadium(Ⅴ) adsorption isotherms and kinetics using polypyrrole coated magnetized natural zeolite[J]. Journal of the Taiwan Institute of Chemical Engineers，66：172-180.

Munzuroglu O，Geckil H. 2002. Effects of metals on seed germination，root elongation，and coleoptile and hypocotyl growth in *Triticum aestivum* and *Cucumis sativus*[J]. Archives of Environmental Contamination and Toxicology，43（2）：203-213.

Naeem A，Westerhoff P，Mustafa S. 2007. Vanadium removal by metal（hydr）oxide adsorbents[J]. Water Research，41（7）：1596-1602.

Nakamura M T，Sherman G D. 1961. Vanadium content of hawaiian island soils[M]. Hawaii：Hawaii Agricultural Experiment Station.

Nawaz M A，Jiao Y Y，Chen C，et al. 2018. Melatonin pretreatment improves vanadium stress tolerance of watermelon seedlings by reducing vanadium concentration in the leaves and regulating melatonin biosynthesis and antioxidant-related gene expression[J]. Journal of Plant Physiology，220：115-127.

Nedrich S M，Chappaz A，Hudson M L，et al. 2018. Biogeochemical controls on the speciation and aquatic toxicity of vanadium and other metals in sediments from a river reservoir[J]. Science of the Total Environment，612：313-320.

Nielsen F H，Uthus E O. 1990. The essentiality and metabolism of vanadium[M]//Chasteen N D. Vanadium in Biological Systems. Dordrecht：Springer Netherlands：51-62.

Ning J F，Ai S Y，Yang S H，et al. 2015. Physiological and antioxidant responses of *Basella alba* to NaCl or Na_2SO_4 stress[J]. Acta Physiologiae Plantarum，37（7）：126.

Ning Z P，Liu E G，Yao D J，et al. 2021. Contamination，oral bioaccessibility and human health risk assessment of thallium and other metal（loid）s in farmland soils around a historic TlHg mining area[J]. Science of the Total Environment，758：143577.

Nolan K B，Duffin P A，McWeeny D J. 1987. Effects of phytate on mineral bioavailability. *In vitro* studies on Mg^{2+}，Ca^{2+}，Fe^{3+}，Cu^{2+}，and Zn^{2+}（also Cd^{2+}）solubilities in the presence of phytate[J]. Journal of the Science of Food and Agriculture，40（1）：79-85.

Nriagu J O. 1998. Vanadium in the environment. Part 1：chemistry and biochemistry [M]. New York：John Wiley & Sons.

Nriagu J O，Pacyna J M. 1988. Quantitative assessment of worldwide contamination of air，water and soils by trace metals[J]. Nature，333（6169）：134-139.

Olness A，Gesch R，Forcella F，et al. 2005. Importance of vanadium and nutrient ionic ratios on the development of hydroponically grown cuphea[J]. Industrial Crops and Products，21（2）：165-171.

Oomen A G，Hack A，Minekus M，et al. 2002. Comparison of five *in vitro* digestion models to study the bioaccessibility of soil contaminants[J]. Environmental Science & Technology，36（15）：3326-3334.

Oomen A G，Rompelberg C M，Bruil M A，et al. 2003. Development of an *in vitro* digestion model for estimating the bioaccessibility of soil contaminants[J]. Archives of Environmental Contamination and Toxicology，44（3）：281-287.

Oomen A G，Rompelberg C J M，Van De Kamp E，et al. 2004. Effect of bile type on the bioaccessibility of soil contaminants in an *in vitro* digestion model[J]. Archives of Environmental Contamination and Toxicology，46（2）：183-188.

Pan W J，Kang Y，Zeng L X，et al. 2016. Comparison of *in vitro* digestion model with *in vivo* relative bioavailability of BDE-209 in indoor dust and combination of *in vitro* digestion/Caco-2 cell model to estimate the daily intake of BDE-209 via indoor dust[J]. Environmental Pollution，218：497-504.

Panda S K，Choudhury S，Patra H K. 2016. Heavy-metal-induced oxidative stress in plants：physiological and molecular perspectives[M]//Tuteja N，Gill S S. Abiotic stress response in plants. Weinheim：Wiley-VCH Verlag GmbH & Co. KGaA：221-236.

Panday K K，Prasad G，Singh V N. 1985. Copper(Ⅱ) removal from aqueous solutions by fly ash[J]. Water Research，19（7）：869-873.

Panichev N，Mandiwana K，Moema D，et al. 2006. Distribution of vanadium(Ⅴ) species between soil and plants in the vicinity of vanadium mine[J]. Journal of Hazardous Materials，137（2）：649-653.

Paternain J L，Domingo J L，Gómez M，et al. 1990. Developmental toxicity of vanadium in mice after oral administration[J]. Journal of Applied Toxicology，10（3）：181-186.

Patterson B W，Hansard S L，Ammerman C B，et al. 1986. Kinetic model of whole-body vanadium metabolism：studies in sheep[J]. The American Journal of Physiology，251：325-332.

Peacock C L，Sherman D M. 2004. Vanadium(Ⅴ) adsorption onto goethite（α-FeOOH）at pH 1.5 to 12：a surface complexation model based on *ab initio* molecular geometries and EXAFS spectroscopy[J]. Geochimica et Cosmochimica Acta，68（8）：1723-1733.

Pelfrêne A，Cave M R，Wragg J，et al. 2017. *In vitro* investigations of human bioaccessibility from reference materials using simulated lung fluids[J]. International Journal of Environmental Research and Public Health，14（2）：112-127.

Pelfrêne A，Sahmer K，Waterlot C，et al. 2020. Evaluation of single-extraction methods to estimate the oral bioaccessibility of metal（loid）s in soils[J]. Science of the Total Environment，727：138553.

Peng M，Shahzad R，Gul A，et al. 2017. Differentially evolved glucosyltransferases determine natural variation of rice flavone accumulation and UV-tolerance[J]. Nature Communications，8（1）：1975.

Per T S，Khan N A，Reddy P S，et al. 2017. Approaches in modulating proline metabolism in plants for salt and drought stress tolerance：phytohormones，mineral nutrients and transgenics[J]. Plant Physiology and Biochemistry，115：126-140.

Peralta-Videa J R，Gardea-Torresdey J L，Gomez E，et al. 2002. Effect of mixed cadmium，copper，nickel and zinc at different pHs upon alfalfa growth and heavy metal uptake[J]. Environmental Pollution，119（3）：291-301.

Pessoa J C，Santos M F A，Correia I，et al. 2021. Binding of vanadium ions and complexes to proteins and enzymes in aqueous solution[J]. Coordination Chemistry Reviews，449：214192.

Podsędek A，Majewska I，Redzynia M，et al. 2014. *In vitro* inhibitory effect on digestive enzymes and antioxidant potential of commonly consumed fruits[J]. Journal of Agricultural and Food Chemistry，62（20）：4610-4617.

Połedniok J，Buhl F. 2003. Speciation of vanadium in soil[J]. Talanta，59（1）：1-8.

Praveena S M，Ismail S N S，Aris A Z. 2015. Health risk assessment of heavy metal exposure in urban soil from Seri Kembangan（Malaysia）[J]. Arabian Journal of Geosciences，8（11）：9753-9761.

Pyrzyńska K. 2006. Selected problems in speciation analysis of vanadium in water samples[J]. Chemia Analityczna，51（3）：339-350.

Qian Y，Gallagher F J，Feng H，et al. 2014. Vanadium uptake and translocation in dominant plant species on an urban coastal brownfield site[J]. Science of the Total Environment，476：696-704.

Qie X J，Wu Y R，Chen Y，et al. 2021. Competitive interactions among tea catechins，proteins，and digestive enzymes modulate *in vitro* protein digestibility，catechin bioaccessibility，and antioxidant activity of milk tea beverage model systems[J]. Food Research International，140：110050.

Ramanadham S，Heyliger C，Gresser M J，et al. 1991. The distribution and half-life for retention of vanadium in the organs of normal and diabetic rats orally fed vanadium(Ⅳ) and vanadium(Ⅴ)[J]. Biological Trace Element Research，30（2）：119-124.

Ranville J F，Chittleborough D J，Beckett R. 2005. Particle-size and element distributions of soil colloids[J]. Soil Science Society of America Journal，69（4）：1173-1184.

Raven J A，Evans M C W，Korb R E. 1999. The role of trace metals in photosynthetic electron transport in O_2-evolving organisms[J]. Photosynthesis Research，60（2）：111-150.

Rayapati P J，Stewart C R，Hack E. 1989. Pyrroline-5-carboxylate reductase is in pea（*Pisum sativum* L.）leaf chloroplasts[J]. Plant Physiology，91（2）：581-586.

Rehder D. 1991. The bioinorganic chemistry of vanadium [J]. Angewandte Chemie International Edition in English，30（2）：148-167.

Rehder D. 2008. Bioinorganic vanadium chemistry[M]. New York：John Wiley & Sons.

Ren H L，Yu Y X，An T C. 2020. Bioaccessibilities of metal（loid）s and organic contaminants in particulates measured in simulated human lung fluids：A critical review[J]. Environmental Pollution，265：115070.

Rengaraj S，Kim Y，Joo C K，et al. 2004. Removal of copper from aqueous solution by aminated and protonated mesoporous aluminas：Kinetics and equilibrium[J]. Journal of Colloid and Interface Science，273（1）：14-21.

Richards B K，McCarthy J F，Steenhuis T S，et al. 2007. Colloidal transport：the facilitated movement of contaminants into groundwater[J]. Journal of Soil & Water Conservation，62（3）：55A-56A.

Rodriguez R R，Basta N T，Casteel S W，et al. 1999. An *in vitro* gastrointestinal method to estimate bioavailable arsenic in contaminated soils and solid media[J]. Environmental Science & Technology，

33（4）：642-649.

Rostami S，Azhdarpoor A. 2019. The application of plant growth regulators to improve phytoremediation of contaminated soils：a review[J]. Chemosphere，220：818-827.

Roussel H，Waterlot C，Pelfrêne A，et al. 2010. Cd，Pb and Zn oral bioaccessibility of urban soils contaminated in the past by atmospheric emissions from two lead and zinc smelters[J]. Archives of Environmental Contamination and Toxicology，58（4）：945-954.

Ruby M V，Davis A，Link T E，et al. 1993. Development of an *in-vitro* screening-test to evaluate the *in-vivo* bioaccessibility of ingested mine-waste lead[J]. Environmental Science & Technology，27（13）：2870-2877.

Ruby M V，Schoof R，Brattin W，et al. 1999. Advances in evaluating the oral bioavailability of inorganics in soil for use in human health risk assessment[J]. Environmental Science & Technology，33（21）：3697-3705.

Ryser P，Emerson P. 2007. Growth，root and leaf structure，and biomass allocation in *Leucanthemum vulgare* Lam.（*Asteraceae*）as influenced by heavy-metal-containing slag[J]. Plant and Soil，301（1）：315-324.

Saco D，Martín S，San José P. 2013. Vanadium distribution in roots and leaves of Phaseolus vulgaris：morphological and ultrastructural effects[J]. Biologia Plantarum，57（1）：128-132.

Safavi A，Abdollahi H，Sedaghatpour F，et al. 2000. Kinetic spectrophotometric determination of V(Ⅳ)in the presence of V(Ⅴ) by the H-point standard addition method[J]. Analytica Chimica Acta，409（1-2）：275-282.

Safonova O V，Florea M，Bilde J，et al. 2009. Local environment of vanadium in V/Al/O-mixed oxide catalyst for propane ammoxidation：characterization by *in situ* valence-to-core X-ray emission spectroscopy and X-ray absorption spectroscopy[J]. Journal of Catalysis，268（1）：156-164.

Safruk A M，Berger R G，Jackson B J，et al. 2015. The bioaccessibility of soil-based mercury as determined by physiological based extraction tests and human biomonitoring in children[J]. Science of the Total Environment，518：545-553.

Saijo Y，Loo E P. 2020. Plant immunity in signal integration between biotic and abiotic stress responses[J]. New Phytologist，225（1）：87-104.

Sakurai H. 2002. A new concept：The use of vanadium complexes in the treatment of diabetes mellitus[J]. Chemical Record，2（4）：237-248.

Salminen R，Batista M J，Bidovec M，et al. 2005. Geochemical Atlas of Europe. Part 1：background information，methodology and maps[M]. Espoo：Geological Survey of Finland.

Sanchez D J，Colomina M T，Domingo J L. 1998. Effects of vanadium on activity and learning in rats[J]. Physiology & Behavior，63（3）：345-350.

Sato K，Kusaka Y，Akino H，et al. 2002. Direct effect of vanadium on citrate uptake by rat renal brush border membrane vesicles（BBMV）[J]. Industrial Health，40（3）：278-281.

Saxe H，Rajagopal R. 1981. Effect of vanadate on bean leaf movement，stomatal conductance，barley leaf unrolling，respiration，and phosphatase activity[J]. Plant Physiology，68（4）：880-884.

Scheckel K G，Chaney R L，Basta N T，et al. 2009. Chapter 1 advances in assessing bioavailability of metal（loid）s in contaminated soils[J]. Advances in Agronomy，104：1-52.

Schlesinger W H，Klein E M，Vengosh A. 2017. Global biogeochemical cycle of vanadium[J]. Proceedings of the National Academy of Sciences of the United States of America，114（52）：E11092-E11100.

Schroder J L，Basta N T，Si J T，et al. 2003. *In vitro* gastrointestinal method to estimate relative bioavailable cadmium in contaminated soil[J]. Environmental Science & Technology，37（7）：1365-1370.

Seargeant L E，Stinson R A. 1979. Inhibition of human alkaline phosphatases by vanadate[J]. Biochemical Journal，181（1）：247-250.

Sen T K，Khilar K C. 2006. Review on subsurface colloids and colloid-associated contaminant transport in saturated porous media[J]. Advances in Colloid and Interface Science，119（2-3）：71-96.

Seneviratne M，Rajakaruna N，Rizwan M，et al. 2019. Heavy metal-induced oxidative stress on seed germination and seedling development：a critical review[J]. Environmental Geochemistry and Health，41（4）：1813-1831.

Seredin V V，Finkelman R B. 2008. Metalliferous coals：a review of the main genetic and geochemical types[J]. International Journal of Coal Geology，76（4）：253-289.

Shafiq M，Iqbal M Z. 2005. The toxicity effects of heavy metals on germination and seedling growth of *Cassia siamea* lamk[J]. Journal of New Seeds，7（4）：95-105.

Shaheen S M，Alessi D S，Tack F M G，et al. 2019. Redox chemistry of vanadium in soils and sediments：Interactions with colloidal materials，mobilization，speciation，and relevant environmental implications：a review[J]. Advances in Colloid and Interface Science，265：1-13.

Sham F R，Ahmadl N，Masood K R，et al. 2008. The influence of cadmium and chromium on the biomass production of shisham（*Dalbergia sissooroxb*）seedlings[J]. Pakistan Journalof Botany，40（4）：1341-1348.

Shevchenko V，Lisitzin A，Vinogradova A，et al. 2003. Heavy metals in aerosols over the seas of the Russian Arctic[J]. Science of the Total Environment，306（1-3）：11-25.

Shi T H，Jia S G，Chen Y，et al. 2009. Adsorption of Pb(Ⅱ)，Cr(III)，Cu(Ⅱ)，Cd(Ⅱ) and Ni(Ⅱ) onto a vanadium mine tailing from aqueous solution[J]. Journal of Hazardous Materials，169（1-3）：838-846.

Shi W，Becker J，Bischoff M，et al. 2002. Association of microbial community composition and activity with lead，chromium，and hydrocarbon contamination[J]. Applied and Environmental Microbiology，68（8）：3859-3866.

Shiller A M，Mao L J. 2000. Dissolved vanadium in rivers：effects of silicate weathering[J]. Chemical Geology，165（1-2）：13-22.

Siddiqui M M，Abbasi B H，Ahmad N，et al. 2014. Toxic effects of heavy metals（Cd，Cr and Pb）on seed germination and growth and DPPH-scavenging activity in *Brassica rapa* var. *turnip*[J]. Toxicology and Industrial Health，30（3）：238-249.

Sierro N，Battey J N D，Ouadi S，et al. 2014. The tobacco genome sequence and its comparison with those of tomato and potato[J]. Nature Communications，5：3833.

Singh M，Thind P S，John S. 2018. Health risk assessment of the workers exposed to the heavy metals in e-waste recycling sites of Chandigarh and Ludhiana，Punjab，India[J]. Chemosphere，203：426-433.

Smith P G，Boutin C，Knopper L. 2013. Vanadium pentoxide phytotoxicity：effects of species selection and nutrient concentration[J]. Archives of Environmental Contamination and Toxicology，64（1）：87-96.

Stefaniak A B，Duling M G，Geer L，et al. 2014. Dissolution of the metal sensitizers Ni，Be，Cr in artificial sweat to improve estimates of dermal bioaccessibility[J]. Environmental Science Processes & Impacts，16（2）：341-351.

Stefaniak A B，Harvey C J. 2006. Dissolution of materials in artificial skin surface film liquids[J]. Toxicology in Vitro，20（8）：1265-1283.

Štefanić P P，Cvjetko P，Biba R，et al. 2018. Physiological，ultrastructural and proteomic responses of tobacco seedlings exposed to silver nanoparticles and silver nitrate[J]. Chemosphere，209：640-653.

Street R A，Kulkarni M G，Stirk W A，et al. 2007. Toxicity of metal elements on germination and seedling growth of widely used medicinal plants belonging to hyacinthaceae[J]. Bulletin of Environmental

Contamination and Toxicology. 79（4）：371-376.

Sultana M S，Wang P F，Yin N Y，et al. 2020. Assessment of nutrients effect on the bioaccessibility of Cd and Cu in contaminated soil[J]. Ecotoxicology and Environmental Safety，202：110913.

Sun X X，Qiu L，Kolton M，et al. 2020. V^{V} Reduction by *Polaromonas* spp. in vanadium mine tailings[J]. Environmental Science & Technology，54（22）：14442-14454.

Sun Y，Yang Z L，Soloway R D，et al. 2000. Effects of various divalent metal ions（Co^{2+}，Cu^{2+}，and Ca^{2+}）on the cation composition of precipitates from a mixed micelle（$M(DC)_2$-NaDC）system[J]. Gastroenterology，118（4）：A11.

Tajudin S A，Azmi M M，Nabila A A. 2016. Stabilization/solidification remediation method for contaminated soil：A review[J]. IOP Conference Series：Materials Science and Engineering，136：012043.

Takeda A，Kimura K，Yamasaki S I. 2004. Analysis of 57 elements in Japanese soils，with special reference to soil group and agricultural use[J]. Geoderma，119（3-4）：291-307.

Tang W Z，Xia Q，Shan B Q，et al. 2018. Relationship of bioaccessibility and fractionation of cadmium in long-term spiked soils for health risk assessment based on four *in vitro* gastrointestinal simulation models[J]. Science of the Total Environment，631：1582-1589.

Taylor D，Maddock B G，Mance G. 1985. The acute toxicity of nine 'grey list' metals（arsenic，boron，chromium，copper，lead，nickel，tin，vanadium and zinc）to two marine fish species：Dab（*Limanda limanda*）and grey mullet（*Chelon labrosus*）[J]. Aquatic Toxicology，7（3）：135-144.

Teng Y G，Ni S J，Zhang C J，et al. 2006. Environmental geochemistry and ecological risk of vanadium pollution in Panzhihua mining and smelting area，Sichuan，China[J]. Chinese Journal of Geochemistry，25（4）：379-385.

Teng Y G，Yang J，Sun Z J，et al. 2011b. Environmental vanadium distribution，mobility and bioaccumulation in different land-use districts in Panzhihua Region，SW China[J]. Environmental Monitoring and Assessment，176（1-4）：605-620.

Teng Y G，Yang J，Wang J S，et al. 2011a. Bioavailability of vanadium extracted by EDTA，HCl，HOAC，and $NaNO_3$ in topsoil in the Panzhihua urban park，located in southwest China[J]. Biological Trace Element Research，144（1-3）：1394-1404.

Tepanosyan G，Sahakyan L，Belyaeva O，et al. 2017. Human health risk assessment and riskiest heavy metal origin identification in urban soils of Yerevan，Armenia[J]. Chemosphere，184：1230-1240.

Tessier A，Campbell P G C，Bisson M. 1979. Sequential extraction procedure for the speciation of particulate trace metals[J]. Analytical Chemistry，51（7）：844-851.

Tham L X，Nagasawa N，Matsuhashi S，et al. 2001. Effect of radiation-degraded chitosan on plants stressed with vanadium[J]. Radiation Physics and Chemistry，61（2）：171-175.

Theil E C. 1998. Translational regulation of bioiron[M]//Silver S，Walden W. Metal Ions in Gene Regulation. Boston：Springer：131-156.

Thompson K H，Orvig C. 2006. Vanadium in diabetes：100 years from phase 0 to phase I[J]. Journal of Inorganic Biochemistry，100（12）：1925-1935.

Tian C L，Liu S，Jiang L，et al. 2020. The expression characteristics of methyl jasmonate biosynthesis-related genes in *Cymbidium faberi* and influence of heterologous expression of CfJMT in *Petunia hybrida*[J]. Plant Physiology and Biochemistry，151：400-410.

Tian L Y，Yang J Y，Huang J H. 2015. Uptake and speciation of vanadium in the rhizosphere soils of rape（*Brassica juncea* L.）[J]. Environmental Science and Pollution Research，22（12）：9215-9223.

Tilston E L，Gibson G R，Collins C D. 2011. Colon extended physiologically based extraction test（CE-PBET） increases bioaccessibility of soil-bound PAH[J]. Environmental Science & Technology，45（12）：5301-5308.

Tong R P，Yang X Y，Su H R，et al. 2018. Levels，sources and probabilistic health risks of polycyclic aromatic hydrocarbons in the agricultural soils from sites neighboring suburban industries in Shanghai[J]. Science of the Total Environment，616：1365-1373.

Toride N，Leij F J，Van Genuchten M T. 1995. The CXTFIT code for estimat ing transport parameters from laboratory or field tracer experiments[R]. Riverside：US Salinity Laboratory Agriculture Research Service，US Department of Agriculture.

Tracey A S，Willsky G R，Takeuchi E S. 2007. Vanadium：chemistry，biochemistry，pharmacology，and practical applications[M]. Boca Raton：CRC Press.

US Environmental Protection Agency（USEPA）. 1989. Risk assessment guidance for superfund Volume I Human health evaluation manual（part A）[S]. Washington：Environmental Protection Agency，EPA/540/1.

US Environmental Protection Agency（USEPA）. 2004. Risk Assessment guidance for superfund. Human Health evaluation manual（part E，supplement guidance for dermal risk assessment）[S]. Washington：Office of Superfund Remediation and Technology Innovation，EPA/540/R/99/005.

US Environmental Protection Agency（USEPA）. 2005. Guidelines for carcinogen risk assessment[S]. Washington：Risk Assessment Forum.

US Environmental Protection Agency（USEPA）. 2006. Drinking water standards and health advisories[S]. Washington：Environmental Protection Agency，EPA/822/S/12/001.

US Environmental Protection Agency（USEPA）. 2011. Exposure factors handbook 2011 edition（Final）[S]. Washington：Environmental Protection Agency，EPA/600/R-09/052F.

US Environmental Protection Agency（USEPA）. 2013. Mid atlantic risk assessment[S]. Washington：Regional Screening Level（RSL）Summary Table.

Valdrighi M M，Pera A，Agnolucci M，et al. 1996. Effects of compost-derived humic acids on vegetable biomass production and microbial growth within a plant（*Cichorium intybus*）-soil system：a comparative study[J]. Agriculture Ecosystems & Environment，58（2-3）：133-144.

Van Elsas J D，Smalla K. 1995. Extraction of microbial community DNA from soils[M]//Akkermans A D L，Van Elsas J D，De Bruijn F J. Molecular Microbial Ecology Manual. Dordrecht：Springer Netherlands：61-71.

Van Elsas J D，Duarte G F，Rosado A S，et al. 1998. Microbiological and molecular biological methods for monitoring microbial inoculants and their effects in the soil environment[J]. Journal of Microbiological Methods，32（2）：133-154.

Van Genuchten M T，Wagenet R J. 1989. Two-site/two-region models for pesticide transport and degradation：Theoretical development and analytical solutions[J]. Soil Science Society of America Journal，53（5）：1303-1310.

Vandenberg L N，Colborn T，Hayes T B，et al. 2012. Hormones and endocrine-disrupting chemicals：low-dose effects and nonmonotonic dose responses[J]. Endocrine Reviews，33（3）：378-455.

Velikova V，Yordanov I，Edreva A. 2000. Oxidative stress and some antioxidant systems in acid rain-treated bean plants：protective role of exogenous polyamines[J]. Plant Science，151（1）：59-66.

Verburg K，Baveye P. 1994. Hysteresis in the binary exchange of cations on 2∶1 clay minerals：a critical review [J]. Clays and Clay Minerals，42（2）：207-220.

Vogt T. 2010. Phenylpropanoid biosynthesis[J]. Molecular Plant，3（1）：2-20.

Wainman T，Hazen R E，Lioy P J. 1994. The extractability of Cr(Ⅵ) from contaminated soil in synthetic sweat[J]. Journal of Exposure Analysis and Environmental Epidemiology，4（2）：171-181.

Wallace A，Alexander G V，Chaudhry F M. 1977. Phytotoxicity of cobalt，vanadium，titanium，silver，and chromium[J]. Communications in Soil Science and Plant Analysis，8（9）：751-756.

Wang D J，Bradford S A，Harvey R W，et al. 2012. Humic acid facilitates the transport of ARS-labeled hydroxyapatite nanoparticles in iron oxyhydroxide-coated sand[J]. Environmental Science & Technology，46（5）：2738-2745.

Wang L，Lin H，Dong Y B，et al. 2018. Isolation of vanadium-resistance endophytic bacterium PRE01 from Pteris vittata in stone coal smelting district and characterization for potential use in phytoremediation[J]. Journal of Hazardous Materials，341：1-9.

Wang P，Sun X，Li C，et al. 2013. Long-term exogenous application of melatonin delays drought-induced leaf senescence in apple[J]. Journal of Pineal Research，54（3）：292-302.

Wang S，Zhang B G，Li T T，et al. 2020. Soil vanadium(Ⅴ)-reducing related bacteria drive community response to vanadium pollution from a smelting plant over multiple gradients[J]. Environment International，138：105630.

Wang T，Liu W，Xiong L，et al. 2013 Influence of pH，ionic strength and humic acid on competitive adsorption of Pb(Ⅱ)，Cd(Ⅱ) and Cr(Ⅲ) onto titanate nanotubes[J]. Chemical Engineering Journal，215-216：366-374.

Wang X F，Zhou Q X. 2005. Ecotoxicological effects of cadmium on three ornamental plants[J]. Chemosphere，60（1）：16-21.

Wang Z J，Ge Q，Chen C，et al. 2017. Function analysis of caffeoyl-CoA O-methyltransferase for biosynthesis of lignin and phenolic acid in Salvia miltiorrhiza[J]. Applied Biochemistry and Biotechnology，181（2）：562-572.

Warren G P，Alloway B J. 2003. Reduction of arsenic uptake by lettuce with ferrous sulfate applied to contaminated soil[J]. Journal of Environmental Quality，32（3）：767-772.

Watt J A J，Burke I T，Edwards R A，et al. 2018. Vanadium：a re-emerging environmental hazard[J]. Environmental Science & Technology，52（21）：11973-11974.

Weil R，Brady N. 2017. The nature and properties of soils，15 th edition[M]. Upper Saddle River：Pearson Prentice Hall.

Wilkinson R E，Duncan R R. 1993. Vanadate influence on calcium（$^{45}Ca^{2+}$）absorption by *Sorghum* root tips[J]. Journal of Plant Nutrition，16（10）：1991-1994.

Weng L P，Van Riemsdijk W H，Koopal L K，et al. 2006. Adsorption of humic substances on goethite：Comparison between humic acids and fulvic acids[J]. Environmental Science & Technology，40（24）：7494-7500.

World Health Organization（WHO）. 1990. Environmental health criteria 81：vanadium[S]. Geneva：World Health Organization，1-35.

World Health Organization（WHO）. 2001. Vanadium pentoxide and other inorganic vanadium compounds（concise international chemical assessment document 29）[S]. Geneva：World Health Organization，1-53.

World Health Organization（WHO）. 2006. Environmental health criteria 235：dermal absorption[S]. Copenhagen：World Health Organization，Regional Office for Europe.

Wragg J，Cave M，Basta N，et al. 2011. An inter-laboratory trial of the unified BARGE bioaccessibility method for arsenic，cadmium and lead in soil[J]. Science of the Total Environment，409（19）：4016-4030.

Wright M T，Belitz K. 2010. Factors controlling the regional distribution of vanadium in groundwater[J]. Groundwater，48（4）：515-525.

Wu Z，Feng X B，Li P，et al. 2018. Comparison of *in vitro* digestion methods for determining bioaccessibility of Hg in rice of China[J]. Journal of Environmental Sciences，68：185-193.

Wu Z Z，Yang J Y，Huang Y，et al. 2023. Effect of vanadium on *Nicotiana tabacum* L. grown in vanadium-loaded soil[J]. Archives of Agronomy and Soil Science，69（14）：2799-2813.

Xiang Q Y，Lott A A，Assmann S M，et al. 2021. Advances and perspectives in the metabolomics of stomatal movement and the disease triangle[J]. Plant Science，302：110697.

Xiao J J，Fu Y Y，Ye Z，et al. 2019. Analysis of the pesticide behavior in Chaenomelis speciosa and the role of digestive enzyme *in vitro* oral bioaccessibility[J]. Chemosphere，231：538-545.

Xiao X Y，Wang M W，Zhu H W，et al. 2017. Response of soil microbial activities and microbial community structure to vanadium stress[J]. Ecotoxicology and Environmental Safety，142：200-206.

Xie M，Zhang J，Tschaplinski T J，et al. 2018. Regulation of lignin biosynthesis and its role in growth-defense tradeoffs[J]. Frontiers in Plant Science，9：1427.

Xu X Y，Xia S Q，Zhou L J，et al. 2015. Bioreduction of vanadium(Ⅴ) in groundwater by autohydrogentrophic bacteria：Mechanisms and microorganisms[J]. Journal of Environmental Sciences（China），30：122-128.

Yang J，Teng Y G，Wang J S，et al. 2011. Vanadium uptake by alfalfa grown in V-Cd-contaminated soil by pot experiment[J]. Biological Trace Element Research，142（3）：787-795.

Yang J，Teng Y G，Wu J，et al. 2017a. Current status and associated human health risk of vanadium in soil in China[J]. Chemosphere，171：635-643.

Yang J Y，Tang Y. 2015. Accumulation and biotransformation of vanadium in *Opuntia microdasys*[J]. Bulletin of Environmental Contamination and Toxicology，94（4）：448-452.

Yang J Y，Yang X E，He Z L，et al. 2004. Adsorption-desorption characteristics of lead in variable charge soils[J]. Journal of Environmental Science and Health，39（8）：1949-1967.

Yang J Y，Huang J H，Lazzaro A，et al. 2014. Response of soil enzyme activity and microbial community in vanadium-loaded soil[J]. Water，Air，& Soil Pollution，225（7）：2012.

Yang J Y，Wang M，Jia Y B，et al. 2017b. Toxicity of vanadium in soil on soybean at different growth stages[J]. Environmental Pollution，231：48-58.

Ye Z H，Zhong R Q，Morrison W H，et al. 2001. Caffeoyl coenzyme A *O*-methyltransferase and lignin biosynthesis[J]. Phytochemistry，57（7）：1177-1185.

Yelton A P，Williams K H，Fournelle J，et al. 2013. Vanadate and acetate biostimulation of contaminated sediments decreases diversity，selects for specific taxa，and decreases aqueous V^{5+} concentration[J]. Environmental Science & Technology，47（12）：6500-6509.

Zander M，Lewsey M G，Clark N M，et al. 2020. Integrated multi-omics framework of the plant response to jasmonic acid[J]. Nature Plants，6（3）：290-302.

Zenz C，Berg B A. 1967. Human responses to controlled vanadium pentoxide exposure[J]. Archives of Environmental Health，14（5）：709-712.

Zhang B G，Cheng Y T，Shi J X，et al. 2019. Insights into interactions between vanadium(Ⅴ) bio-reduction and pentachlorophenol dechlorination in synthetic groundwater[J]. Chemical Engineering Journal，375：121965.

Zhang B G，Hao L T，Tian C X，et al. 2015. Microbial reduction and precipitation of vanadium(Ⅴ) in groundwater by immobilized mixed anaerobic culture[J]. Bioresource Technology，192：410-417.

Zhang B G，Li Y N，Fei Y M，et al. 2021. Novel pathway for vanadium(Ⅴ) bio-detoxification by gram-positive *Lactococcus raffinolactis*[J]. Environmental Science & Technology，55（3）：2121-2131.

Zhang L C，Zhou K Z. 1992. Background values and geochemical charateristics of 15 trace elements in the source area of the Yangtze river [J]. The Journal of Chinese Geography，2（2）：43-56.

Zhang N，Zhao B，Zhang H J，et al. 2013. Melatonin promotes water-stress tolerance，lateral root formation，and seed germination in cucumber（*Cucumis sativus* L.）[J]. Journal of Pineal Research，54（1）：15-23.

Zhao Y，Feng D，Zhang Y，et al. 2016. Effect of pyrolysis temperature on char structure and chemical speciation of alkali and alkaline earth metallic species in biochar[J]. Fuel Processing Technology，141：54-60.

Zhao L L，Liu A Q，Song T F，et al. 2018. Transcriptome analysis reveals the effects of grafting on sugar and α-linolenic acid metabolisms in fruits of cucumber with two different rootstocks[J]. Plant Physiology and Biochemistry，130：289-302.

Zheng F Y，Li S X，Lin L X. 2007. Assessment of bioavailability and risk of iron in phytomedicines Aconitum carmichaeli and Paeonia lactiflora[J]. Journal of Trace Elements in Medicine and Biology，21（2）：77-83.

Zhou X Y，Yue J Q，Yang H B，et al. 2021. Integration of metabolome，histochemistry and transcriptome analysis provides insights into lignin accumulation in oleocellosis-damaged flavedo of *Citrus* fruit[J]. Postharvest Biology and Technology，172：111362.

Zhu B，Alva A K. 1993. Differential adsorption of trace metals by soils as influenced by exchangeable cations and ionic strength[J]. Soil Science，155（1）：61-66.

Zhu G T，Wang S C，Huang Z J，et al. 2018. Rewiring of the fruit metabolome in tomato breeding[J]. Cell，172（1/2）：249-261.

Zwolak I. 2014. Vanadium carcinogenic，immunotoxic and neurotoxic effects：a review of *in vitro* studies[J]. Toxicology Mechanisms and Methods，24（1）：1-12.

附　图

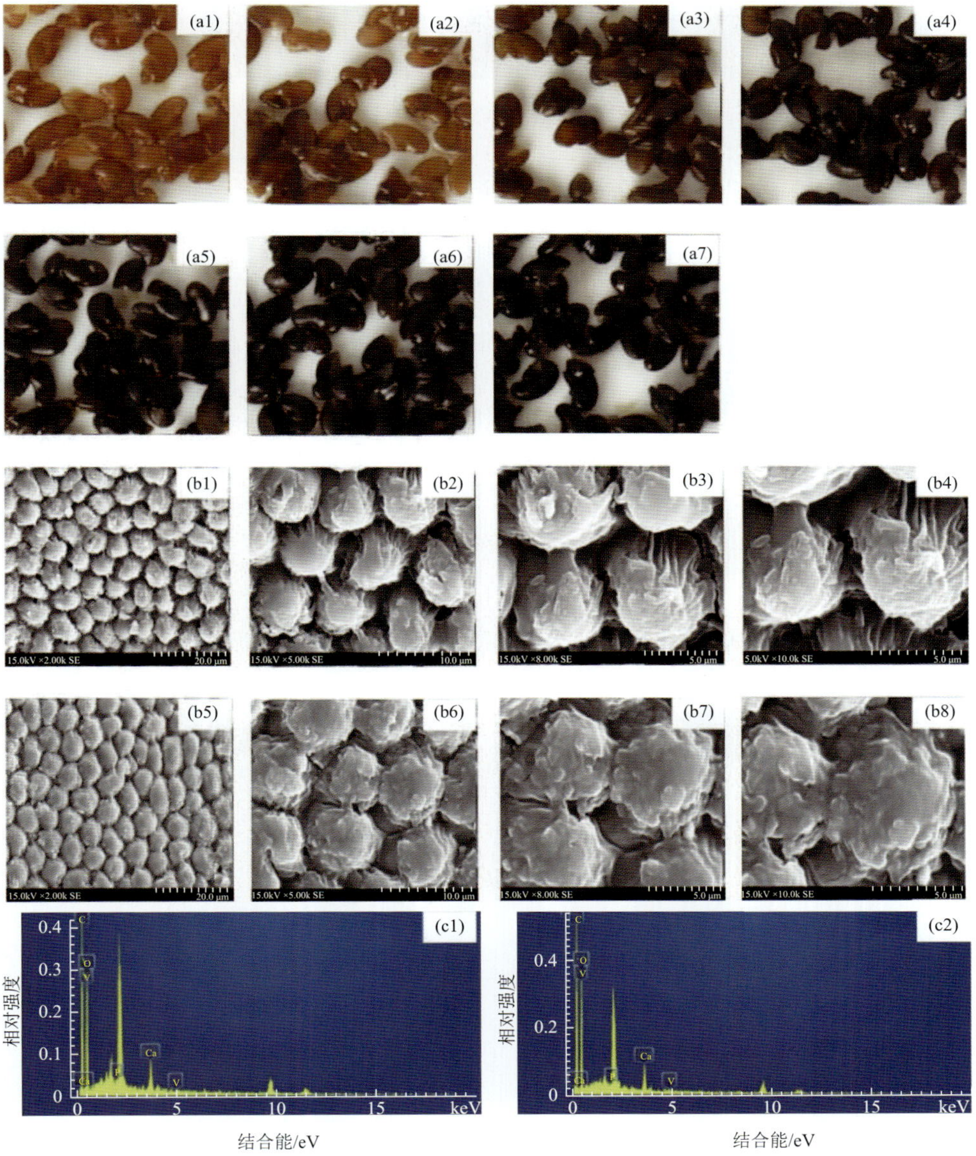

图 3.7　钒对紫花苜蓿种皮颜色、表面结构和元素含量的影响

（a1）～（a7）分别在 0 mg·L^{-1}、0.1 mg·L^{-1}、0.5 mg·L^{-1}、2.0 mg·L^{-1}、4.0 mg·L^{-1}、10.0 mg·L^{-1} 和 50.0 mg·L^{-1} 钒处理时种皮颜色变化；（b）对照和 50.0 mg·L^{-1} 钒处理下种皮扫描电子显微镜（SEM）图像，（b1）～（b4）分别为对照处理放大倍数为 2000 倍、5000 倍、8000 倍、10000 倍的图像，（b5）～（b8）为 50.0 mg·L^{-1} 钒处理时应与（b1）～（b4）对应相同放大倍数的图像；（c）用 EDS 半定量分析的部分元素的含量，（c1）、（c2）分别是对照和 50.0 mg·L^{-1} 钒处理下的元素

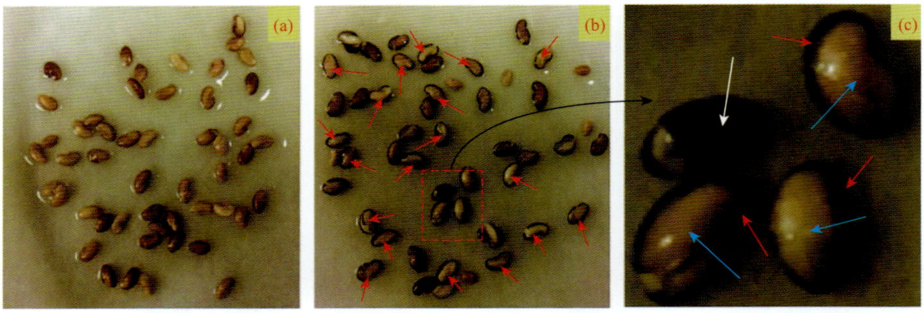

图 3.9　萌发初期紫花苜蓿种子在对照（a）和 50.0 mg·L^{-1} 钒处理（b 和 c）时种皮颜色变化

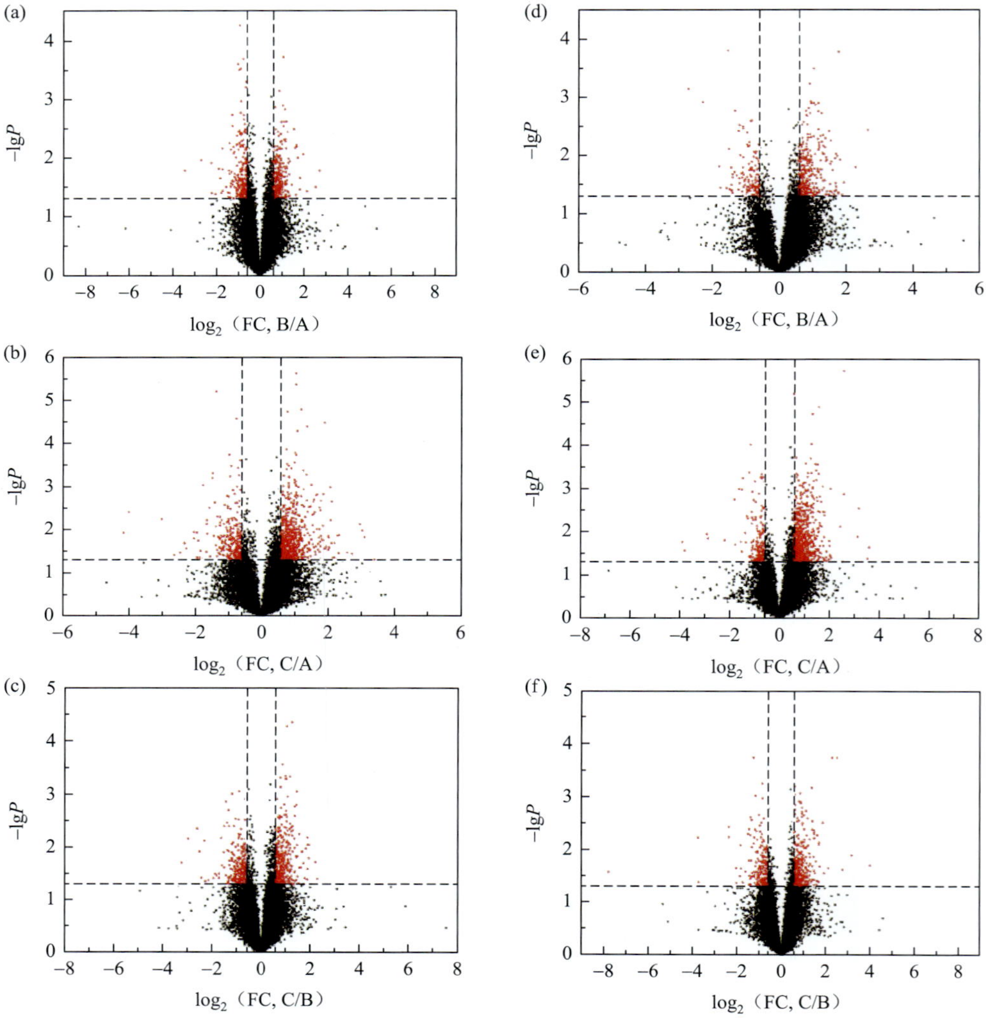

图 3.29　B/A（a）、C/A（b）、C/B（c）组正离子模式显著变化代谢物火山图；B/A（d）、C/A（e）、C/B（f）组负离子模式显著变化代谢物火山图

红色像素点表示显著变化（上调或下调）的代谢物，黑色像素点表示无显著变化的代谢物。A、B、C 分别表示 0 mg·L^{-1}（对照）、0.1 mg·L^{-1}、0.5 mg·L^{-1} 钒处理

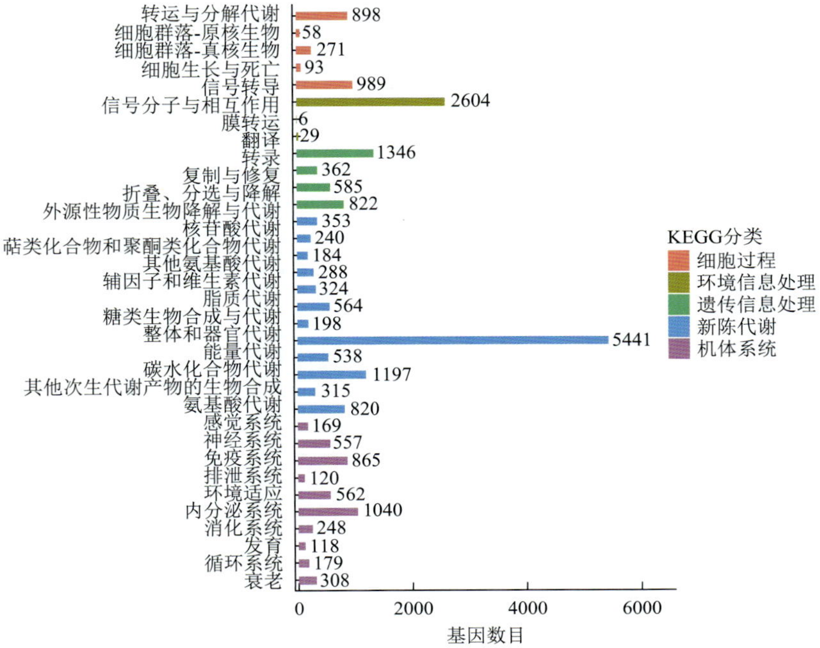

图 3.33　差异表达基因的 KEGG 分类

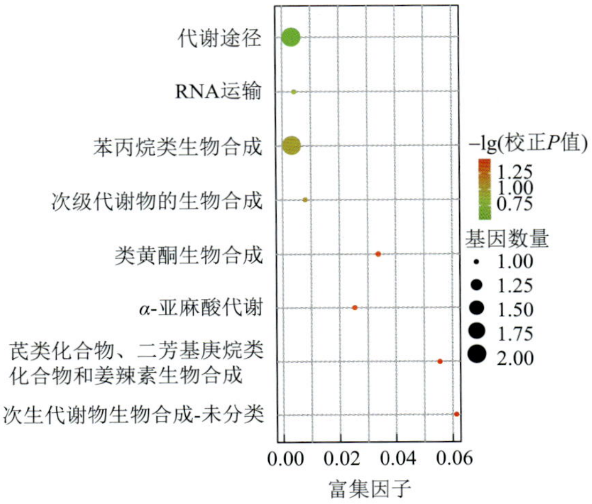

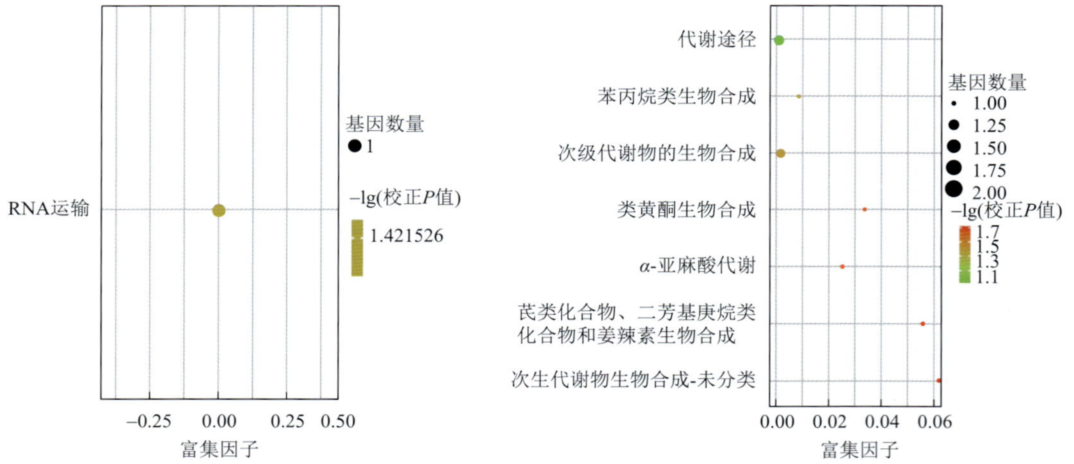

图 3.34　C/A 组差异表达基因 KEGG 富集散点图

横坐标为富集因子，纵坐标为 KEGG 通路。富集程度由富集因子错误发现率（FDR）（经多重假设检验校正后的 *P* 值）和该通路中富集的基因数量来估计。富集因子表示位于该通路的 DEGs 数目与位于同一通路的所有注释基因的数目之比。*P* 值的范围从 0 到 1，越接近零，富集越显著。A 和 C 分别表示 0 mg·L^{-1}（对照）和 0.5 mg·L^{-1} 钒处理

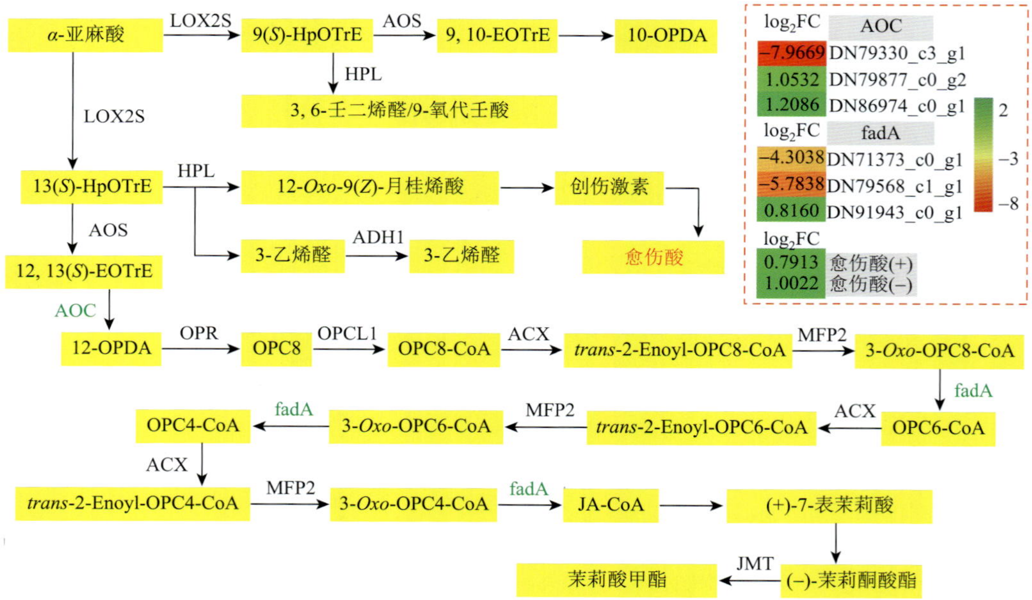

图 3.36　*α*-亚麻酸代谢途径简化图

参与 *α*-亚麻酸代谢的转录本（箭头任一侧物质）和不同丰度的代谢物（□）被注释到相应的 KEGG 通路中。红色表示上调，绿色表示下调。下调的转录本为丙二烯氧化物环化酶（AOC）[EC:5.3.99.6]和乙酰辅酶 A 酰基转移酶（fadA）[EC:2.3.1.16]。上调的代谢物为创伤酸。缩写如下：LOX2S，脂氧合酶；HPL，氢过氧化物裂合酶；AOS，氢过氧化物脱水酶；ADH1，p 类乙醇脱氢酶；AOC，丙二烯氧化物环氧化酶；OPR，12-氧-植物二烯酸还原酶；OPCL1，OPC-8:0 辅酶 A 连接酶 1；ACX，乙酰辅酶 A 氧化酶；MFP2，3-羟基酰基辅酶 A 脱氢酶；fadA，乙酰辅酶 A 酰基转移酶；JMT，茉莉酸盐 *O*-甲基转移酶。图的右上方虚线框表示参与 AOC 和 fadA 生成的基因及其对应的 log_2FC 值。虚线框内也包括阳离子和阴离子模式下显著上调代谢物（创伤酸）的 log_2FC 值。−8～2 的颜色刻度（右上角）表示在 0.5 mg· L^{-1} 钒处理下的基因或代谢物与无钒对照组的 log_2FC 值

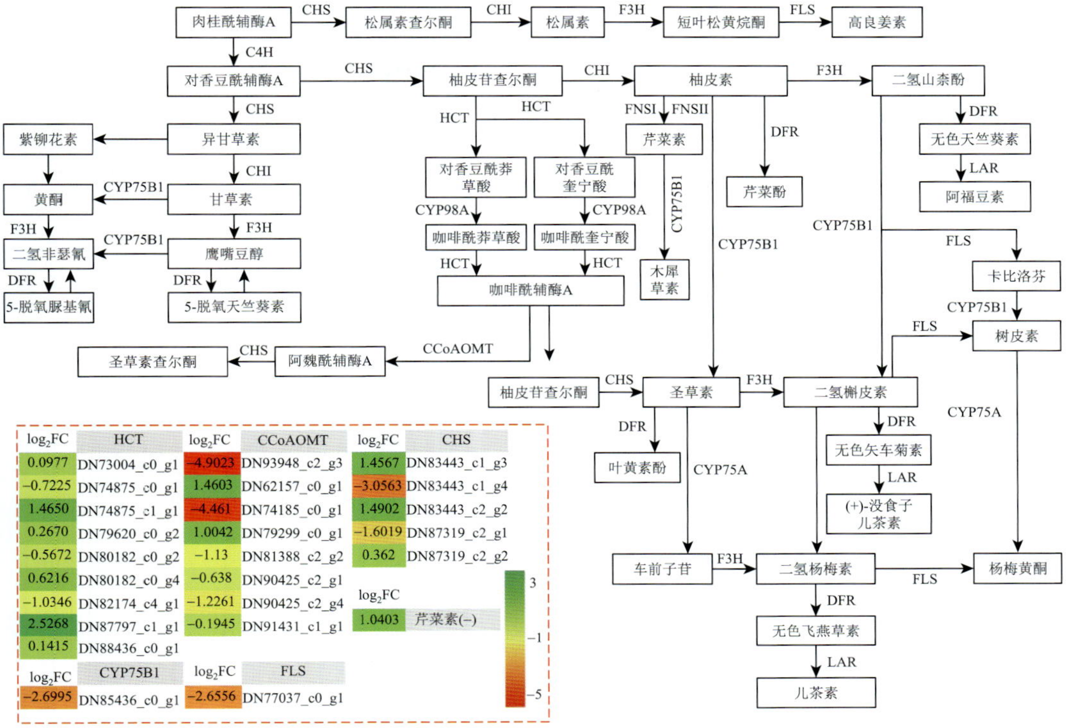

图 3.37　类黄酮生物合成途径简化图

参与类黄酮生物合成的转录本（箭头任一侧物质）和不同丰度的代谢产物（□）被注释到相应的 KEGG 通路中。红色表示上调，绿色表示下调。下调的基因为查耳酮合成酶（CHS）[EC:2.3.1.74]、类黄酮-3'-单加氧酶[EC:1.14.14.82]和黄酮醇合酶[EC:1.14.20.6]。上调转录本为莽草酸 *O*-羟基肉桂酰转移酶[EC:2.3.1.133]和咖啡酰辅酶 A-*O*-甲基转移酶[EC:2.1.1.104]。上调的代谢产物为芹菜素。与该通路相关基因的缩写为：C4H（CYP73A），反肉桂酸 4-单加氧酶；HCT，莽草酸 *O*-羟基肉桂酰转移酶；CHS，查耳酮合成酶；CYP98A（C3'H），5-*O*-4-酰基-D-奎尼酸-3'-单氧酶；CCoAOMT，咖啡酰辅酶 A-*O*-甲基转移酶；CHI，查耳酮异构酶；CYP75B1，类黄酮-3'-单氧酶；F3H，柚苷配基-3-加双氧酶；DFR，黄烷酮-4-还原酶；FLS，黄酮醇合酶；LAR，无色花色素还原酶。图左下角虚线框表示 HCT、CCoAOMT、CHS、CYP75B1、FLS 的生成相关基因及其对应的 $\log_2FC$ 值。负离子模式下显著上调代谢物（芹菜素）的 $\log_2FC$ 值也包括在虚线框中。−3～5（左下角）的颜色刻度表示基因或代谢物在 0.5 mg· L^{-1} 钒处理下与无钒对照组的 $\log_2FC$ 值

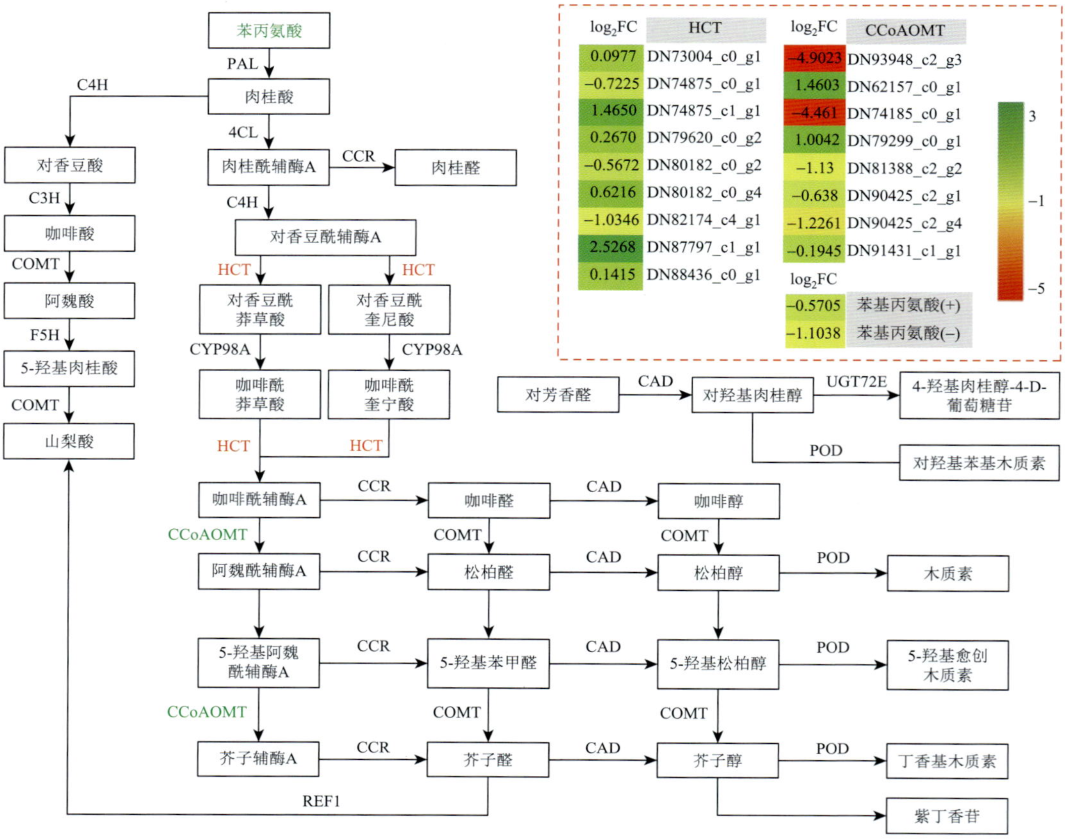

图 3.38　类苯基丙烷生物合成途径简化图

参与类苯基丙烷生物合成的转录本（箭头任一侧物质）和不同丰度的代谢物（□）被注释到相应 KEGG 代谢通路中。红色表示上调，绿色表示下调。上调的转录本为莽草酸 *O*-羟基肉桂酰转移酶（HCT）[EC:2.3.1.133]，下调的转录本为咖啡酰辅酶 A-*O*-甲基转移酶[EC:2.1.1.104]，下调的代谢物为 L-苯丙氨酸。与该途径相关基因的缩写如下：PAL，苯丙氨酸解氨酶；C4H（CYP73A），反肉桂酸 4-单加氧酶；C3H，香豆酸-3-羟化酶；CCR，肉桂酰辅酶 A 还原酶；POD，过氧化物酶；CAD，肉桂醇脱氢酶；UGT72E，松柏醇葡糖基转移酶；HCT，莽草酸 *O*-羟基肉桂酰转移酶；CYP98A，5-*O*-4-酰基-D-奎尼酸-3'-单加氧酶；COMT，咖啡酸 3-*O*-甲基转移酶；CCoAOMT，咖啡酰辅酶 A-*O*-甲基转移酶；4CL，4-香豆酸辅酶 A 连接酶；F5H（CYP84A），阿魏酸-5-羟化酶；REF1，松柏基-乙醛脱氢酶。图右上方虚线框表示与 HCT 和 CCoAOMT 生成有关的基因以及各基因的 log$_2$FC 值。正离子和负离子模式下显著下调的代谢物（苯丙氨酸）log$_2$FC 值也包括在红色虚线框中。−5～3 的颜色刻度（右上角）表示基因或代谢物在 0.5 mg·L^{-1} 钒处理下与无钒对照组的 log$_2$FC 值

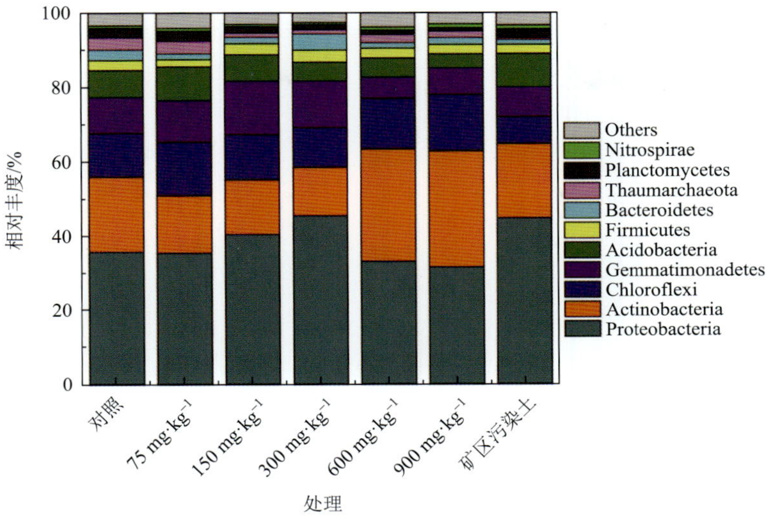

图 3.58　种植生菜后根际细菌群落组成（门水平）

Others 表示其他门的丰度和不能鉴定到的门水平的序列丰度总和。“对照”表示在采集的清洁土样中种植生菜的处理，75 mg·kg^{-1}、150 mg·kg^{-1}、300 mg·kg^{-1}、600 mg·kg^{-1}、900 mg·kg^{-1} 表示在采集的清洁土样中分别添加 75 mg·kg^{-1}、150 mg·kg^{-1}、300 mg·kg^{-1}、600 mg·kg^{-1}、900 mg·kg^{-1}，“矿区污染土”表示在采集的矿区污染土壤中种植生菜的处理

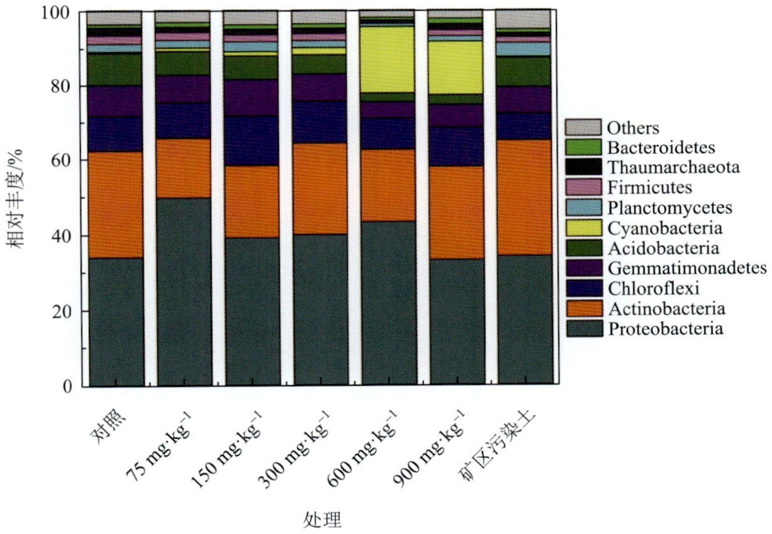

图 3.59　种植烟草后根际细菌群落组成（门水平）

Others 表示其他门的丰度和不能鉴定到的门水平的序列丰度总和。“对照”表示在采集的清洁土样中种植烟草的处理，75 mg·kg^{-1}、150 mg·kg^{-1}、300 mg·kg^{-1}、600 mg·kg^{-1}、900 mg·kg^{-1} 表示在采集的清洁土样中分别添加 75 mg·kg^{-1}、150 mg·kg^{-1}、300 mg·kg^{-1}、600 mg·kg^{-1}、900 mg·kg^{-1}，“矿区污染土”表示在采集的矿区污染土壤中种植烟草的处理

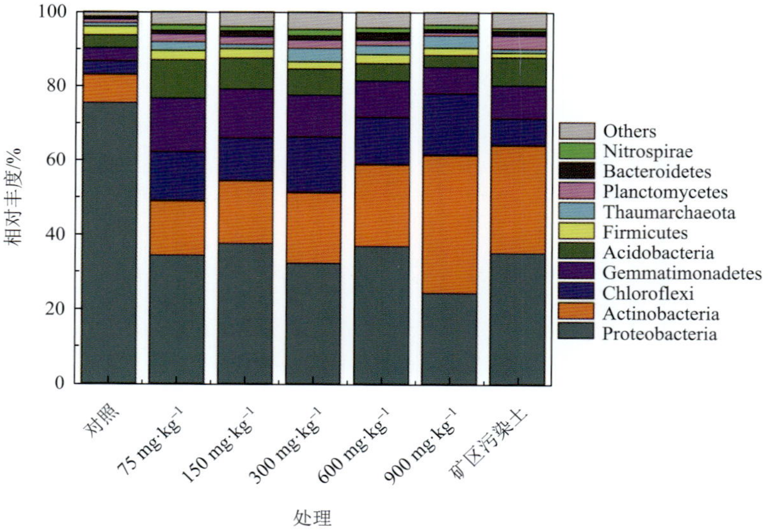

图 3.60　种植紫花苜蓿后根际细菌群落组成（门水平）

Others 表示其他门的丰度和不能鉴定到的门水平的序列丰度总和。“对照”表示在采集的清洁土样中种植紫花苜蓿的处理，75 mg·kg^{-1}、150 mg·kg^{-1}V、300 mg·kg^{-1}、600 mg·kg^{-1}、900 mg·kg^{-1} 表示在采集的清洁土样中分别添加 75 mg·kg^{-1}、150 mg·kg^{-1}、300 mg·kg^{-1}、600 mg·kg^{-1}、900 mg·kg^{-1}，“矿区污染土”表示在采集的矿区污染土壤中种植紫花苜蓿的处理

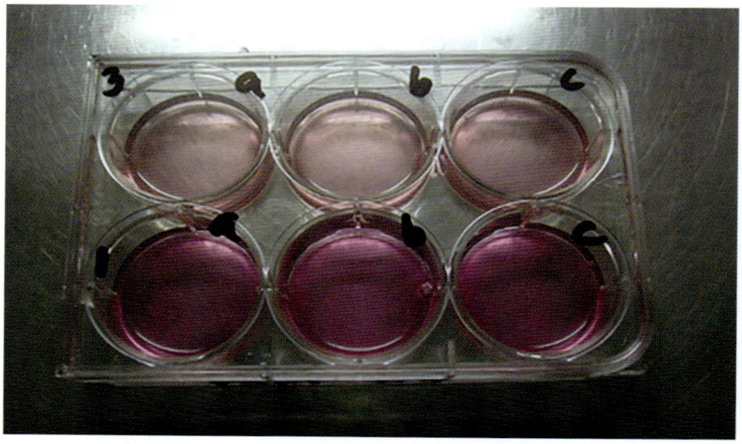

图 4.16　不同浓度的钒对培养基 pH 的影响